Truth In Fantasy 87

樹木の伝説

秦 寛博　編著

新紀元社

樹木からの贈り物

“樹木”と聞いて、あなたが思い浮かべるものは、何でしょう？

冬、クリスマスにはいわゆるモミが、正月にはマツが、飾られます。季節の終わりには、ウメの花がほころびます。

春、スギの花粉が我々を悩ましたかと思えば、サクラが淡い桃色の花を華やかに咲かせます。

夏、ヤナギが風にそよぎ、涼を運んでくれます。桃が収穫されるのは、この季節です。

秋、カエデやイチョウは鮮やかに紅葉し、林檎・葡萄・栗など、さまざまな実りがもたらされます。

街路樹としてよく植えられるポプラ、良材として名高いヒノキやキリを思い浮かべる方もいるでしょう。

しかしそのイメージのほとんどは、“花”や“果実”という樹木の一部分もしくは加工された品物という形が多く、木の姿そのものを想像される方は少ないように思われます。

字義からいえば、“木”は象形文字で、もちろん立ち木を表しています。

“樹”は会意形声文字で、尌《じゅ》には「太鼓を打ち立てる」意があります。なぜ太鼓なのか定かではありませんが、転じて「植える」という意味が生まれていることからすると、古代には「太鼓の音頭に合わせ、木を植える」ことが、日常的に行われていたのかもしれません。巨木信仰の一端が垣間見える気がします。

“樹木”という熟語になると、木本植物《もくほんしょくぶつ》の総称を意味します。

木本植物とは、地中から出た茎の部分が発達して木質となる、多年生の植物のことです。こうなると茎ではなく、“幹”と呼ばれます。

木本の対義語は“草本《そうほん》”いわゆる“草”のことで、こちらは一年草です。視覚的にいえば、木本はゴツゴツとした主に茶系の幹となり、草本はツルッとした緑の茎のままです。

さらに樹木は、用途の観点から、主に木材となる“高木《こうぼく》”と、園芸に使われる“低《てい》木《ぼく》”に分けられます。

戦前、高木は“喬木《きょうぼく》”、低木は“灌木《かんぼく》”と呼ばれました。“喬”には「高い」という意味のほかに、「上のほうが曲がっている」というニュアンスが、“灌”には「群がって生える」という意味が、それぞれあります。どちらの語も樹形を連想させてくれるのですが、常用漢字に含まれなかったため、現在の呼称に変えられてしまいました。
分ける基準は1丈（約3メートル）で、それより高いものが“喬木”、低いものが“灌木”でした。現在では専門家のあいだでも意見が分かれ、3～10メートルとずいぶんと幅があります。

この呼称の置き換えに端的に表れていますが、簡略／効率（そして情報の洪水）化という時代の流れの中で、我々は知らず知らずのうちに、想像力を奪われているのではないでしょうか。
その証拠のひとつが、本書でご紹介したエピソードの数々です。正直これだけの話があったのかと驚きました。多くの物語が生まれたのは、植物に対する関心が並々ならぬものであったことはもちろん、昔の人々が想像をたくましく働かせた結果でしょう。
過去、ヨーロッパでは、キリスト教の布教とともに巨木が伐り倒されました。しかし樹木にまつわる神話伝説は、聖人譚へと置き換えられたりして残りました。はっきりと隔絶されたのは、産業革命以降です。
八百万の神々がおわした日本でも、近代以後、建築資材や燃料としての利用価値のみに関心が集まり、採算性が重視された結果、山は荒れ地となり、花粉の害が広まりました。
自然を犠牲にしたことによって、我々の今の生活があり、それを否定することはできません。現在は反動で、植物への関心は高まっています。
舗装された道路や立ち並ぶビル群の中にも、木々や花々が点在しており、完全に人工物で囲まれた場所は案外見かけません。緑化が推進されて久しいこともありますが、根元的には「どこか寂しい。自然とつながっていたい」という意志が働いているように思えます。視点を変えれば、高層ビルの建設は、巨木信仰の復活ともいえるのではないでしょうか。

近頃の私は、移動のたびに、植物に目を向けるようにしています。
たとえば、コンクリートや鉄筋で囲まれた駅の構内から、樹木の姿を見かけることができると、どこかホッとします。普段意識しない存在だとしても、ちゃんとそこにあるという事実が心を和ませてくれるのでしょう。
太平洋側の沿線の電車に乗ったときには、車窓からマツやヤシのたぐいの姿を見かけることができます。植物は土地の印象を決定づける要素のひとつであり、意識することで、よりその風土が想い起こしやすくなります。
関心がいくようになったのも、物語の効用でしょう。自然から隔絶された私たちと植物を再び結びつけてくれるのは、主義主張といった押しつけがましいものではなく、染み渡るようなエピソードなのだと、私には思われます。

祝いごとがあるたびに“花”が贈られますが、たいていは切り花です。
長くおつき合いしたい相手には、鉢植えの樹木を贈るのがいいかもしれません。ものにもよりますが、樹木は人間の寿命をはるかに超える存在であり、一生あなたとともにあります。動物と違ってモノはいいませんが、手入れを怠らなければ、きっとあなたの心に応えてくれるでしょう。
ケルト人が木の暦を作ったように、あなたも自身の木を見つけてみてはいかがでしょうか。樹木はあなたの心を癒やし、明日への活力を与えてくれる、生命のシンボルなのですから。

大原広行 拝

もくじ

第3章 樹木の伝説

第4章 幻想の聖木

第1章

果実の伝説

Peach

モモ

聖なる力で冥府の使いも鬼も退ける

バラ科サクラ属の落葉小高木で、アンズやスモモ、ウメ、アーモンドなどの近縁種です。中国西北部の黄河上流地帯が原産地とされ、ヨーロッパには1世紀ごろに、シルクロードからペルシア（現在のイラン）を経由して伝わりました。4月ごろに淡紅色や白、濃紅色の花を咲かせ、夏に球形で肉厚な果実が熟します。日本には弥生時代（あるいはそれ以前）に伝わり、平安・鎌倉時代には“みずかし”と呼ばれて珍重されていました。しかし、当時の品種はそれほど甘くなく、主に薬用や観賞用として用いられていたともいわれています。その流れを汲んでいるものが蟠桃《ばんとう》と呼ばれる品種で、7月から8月ごろに果実が熟し、形は厚い円盤のようです。

現在日本で食用に栽培されている品種は、明治時代初期に中国やヨーロッパから伝わった白蜜桃を品種改良したものが大勢を占めており、皮に細かい毛の生えた白桃、毛の生えていない黄桃（ネクタリン）、扁桃《へんとう》系（清水白桃など）があります。観賞用のモモはハナモモと呼ばれ、源平桃《げんぺいもも》や枝垂《しだ》れ桃《もも》などの品種があります。庭木として、また華道においては切り花として用いられます。

モモの語源

モモの学名はプラヌス・ペルシカ（*Prunus persica*）です。“Prunus”はサクラ属を指し、“persica”はラテン語で「ペルシアの果物」という意味です。ヨーロッパではペルシアに自生する果物であると信じられたことから、この名前がついたと考えられます。

モモの英名 Peach もペルシアが語源で、ラテン語の“persicum malum（ペルシアのリンゴ）”に由来します。ギリシアでは“Melon Persikon（ペルシアのメロン）”といわれていました。ここでいう「メロン」とは、おなじみの網目模様が表面を覆っているものではなく、もとは果物全般を指す言葉でもありました。この名前はローマに伝わり、呼び名がつまって“Persicum”になり、やがてフランス語のペシェ（Peche）や英語のピーチに変化していきました。モモがペルシアの果実という認識は、近世でも変わっていません。詩人のヘンリー・ピーチャム（Henry Peacham）が1612年に出版した『寓意集（Emblems）』の中で、イングランドのとある果樹園を舞台にした詩に「ペルシアのモモと香り豊かなマルメロ」を書いています。

和名の“もも”の語源には諸説あり、真実《まみ》より転じたとする説、実の色から燃《もえ》実《み》より転じたとする説や、多くの実をつけることから百《もも》とする説などがあります。

モモの使い道

生食はもちろん、コンポートやジュー

ス、果実酒や缶詰、デザート、製菓材料など、その用途は豊富です。黄桃は缶詰に加工されることが多いのですが、生食用としては黄金桃《こがねもも》が栽培されています。モモを使ったリキュールには、クレーム・ド・ペシェやペーシュ・ドゥ・ヴィーニュが知られています。ストレートやソーダ割り、カクテルの材料として飲まれるほか、お菓子の香りづけにも使われます。

モモの種子の中にある核を桃仁《とうじん》といい、漢方では血行障害を伴う婦人科系疾患の薬や利尿剤、下剤として処方されます。また、乾燥させた葉を入浴剤としても利用します。近世ヨーロッパにおいても薬用として使われ、葉と花で黄疸を治療する薬を作ったり、粉末にした葉を傷口に塗布して止血剤にしたりしました。また、温めたワインにモモの葉を一晩漬け込み、漉して飲めば便秘に効果があるとされました。同時に咳止めや百日咳にも効果があるとされ、桃仁を砕いてワインで煮詰めたものは、脱毛症にも効くといわれていました。

また、古代エジプトの処刑方法に“桃の刑罰”がありました。桃仁を生のまますりつぶし、罪人に大量に飲ませるという方法です。これは、アーモンドやウメ、アンズにも含まれている青酸配糖体アミグダリン（ビタミンB17）が人間の体内に吸収されると青酸化合物（シアン化水素）を発生するため、その毒素で死に至らしめる効果を利用したものでした。

中国では、古くから仙果《せんか》として、道教などの信仰と固く結びついています。『典術』には、「桃は五木の精なり。故に邪気を圧伏し、百鬼を制す。故に今の人桃符を作り、門の上に著《つ》けて邪気を圧《おさ》う。これ仙木也」という記述があります。また『荊楚歳時記』には「桃は五行の精なり。邪気を圧伏し百怪を制す」と記されています。医薬的効果も高いとされていましたが、呪術的な要素のほうが強い果実であったようです。

誕生花と花言葉

モモは4月12日、14日、25日の誕生花です。花言葉は“気立てのいい娘”“恋の奴隷”“天下無敵”“私はあなたに夢中”。淡紅色の花には“気立てのよさ”“記念日”という言葉が与えられ、3月3日の誕生花とされています。白色の花は3月5日の誕生花で、花言葉は“純真”“人柄のよさ”。また、モモの木の花言葉は“立派”、果実には“愛嬌”“あなたは私と同じ魅力を持っている（イギリス）”“妨害に遭っても消えぬ熱情（フランス）”、枝垂れ桃には“私はあなたの虜”という花言葉があります。洋の東西を問わず、芽吹く生命や人間の持つ生命力、愛の力を象徴するものとして親しまれてきた、モモならではの言葉です。

上巳の節句から桃の節句へ

中国では、年の最初の巳の日（上巳《じょうし》）に厄払いの行事として、身の穢れや災いを人形《ひとがた》に封じ込め、川に流していました。魏《ぎ》の時代に入ると、この行事が行われる日が旧暦の3月3日に変更され、そのまま定着しました。一方、古代日本でも同じような祭礼として、木や粘土などで人間の形に似せた形代《かたしろ》を作り、身代わりとして川に流していました。中国からの風習が伝わると同時にこのふたつが融合し、厄除けの行事として定着しました。『日本書紀』にも「3月3日が上巳の節句」との記述が残っています。

平安時代には、祓《はら》えの行事として河原で人形に自己の穢れや災いを移し替え、川に流してからモモの花を浸した酒を飲むというものになりました。これがおそらく日本での桃の節句の原型であろうと考えられています。ちょうどモモの花の咲く時期が上巳の日と同じ時期であったこと、古代日本でもモモが悪霊や災厄を祓い、生命の象徴とされていたことも関係しています。

一方で、天児《あまがつ》や這子《ほうこ》という、子供に降りかかる災厄を祓い、健やかな成長を願うものが伝わっていました。これらも上巳の日に合わせて作られ、赤ん坊の産着を着せて子供の枕元に置いてお守りにしたのですが、おもちゃとしても使われました。天児を男子、這子を女子に見立てて一対にしたものが立雛《たちひな》と呼ばれるようになり、現在の"雛人形"の原型となったといわれています。一方、貴族社会では幼女向けに「ひひな遊び」の人形が作られていました。祓えの行事や節句とは関係のないものでしたが、これも天児や這子と結びついて"雛人形"の形をなしていったと考えられます。中世以降、これらの人形はしだいに立派なものとなっていきました。もとは災厄を封じ込め、川に流されるだけのものでしたが、手元に残して女児の幸福を願う"飾り雛"が作られ始めました。

江戸時代に入ると、平安時代の宮廷を模した、現在主流となっている雛壇飾りが現れました。同時に幕府が3月3日の節日を五節句のひとつである「桃の節句」に定めたことから、それまでの"雛遊び"は"雛祭り"へと姿を変えました。宝暦年間（1751～1764）以降、京都の文化は江戸にも波及していき、文化・文政年間（1804～1830）ごろには江戸にも雛人形を飾る風習が広がりました。しかし需要時期が春先に限られていたため、雛《ひな》市《いち》と呼ばれる非常設の市場で取り扱われるようになりました。人形の商いは京都や江戸、その周辺都市で盛んに行われていたようです。明治時代になって政府が「節供禁止令」を発布したことにより雛市は廃れてしまいましたが、その役目は百貨店に受け継がれ、現在に至っています。

西王母のモモ

中国の神話・伝承には、西王母《さいおうぼ》という女神が登場します。西の果ての西王国あるいは崑崙山に住む、鳥と侍女を従える美貌の女性です。崑崙山には、数千年に一度花が咲き果実が実るといわれた樹木があり、それを食べると不老不死になれるという言い伝えが残っています。これは仙桃七顆《せんとうしちか》と呼ばれ、モモの木と果実だとされています。西王母はその樹木を守り、不老不死を司る女神として人々の尊敬を集めてきました。漢代の絵画には、西王母と侍者が木の枝を持っている姿を描いたものが多くあります。この枝は稲穂や三珠樹《さんしゅじゅ》（崑崙山にあるといわれた樹木）という説もあるのですが、西王母の伝説と照らし合わせれば、この枝はモモなのではないでしょうか。

ところで、西王母は本来、死を司る女

神でした。『山海経《せんがいきょう》』の「大荒西経」には「人面虎身、文《あや》有り尾有り、皆白し」「蓬髪に勝を抱く」「虎の歯、豹の尾有り、穴に処《す》み、名は西王母と曰う」と記されています。乱れ髪に髪飾りを挿した人面獣身の怪物です。また、西王母を象徴する動物は“九尾狐”で、日本でも帝を狂わせる妖婦「玉藻の前」として物語に登場します。山の中に潜んで獲物を待ち、山を下りて襲いかかるというところから、死を象徴する存在と考えられたようですが、中国では“死”は“二度目の生”をも表し、時代が下るにつれ西王母の姿も人間に近くなって、不老不死を象徴する存在となりました。

ちなみに、『西遊記』で天界の果樹園の番人となった斉天大聖《せいてんたいせい》こと孫悟空は、3000年に一度実るといわれた仙木の果実を食べて不死身の体になりました。その果実は蟠桃であるとされ、西王母の伝承に出てくる仙桃も同じものです。

武帝と西王母

西王母はいろいろな仙薬を持っており、不死の薬を人間に授けたという伝承が残っています。また、洛陽の華林国という場所に王母桃《おうぼとう》と呼ばれる木があり、実を食べると疲れがたちどころに癒え、人々はこの不思議なモモを“西王母のモモ”と呼んでいました。漢の武帝と西王母には、次のような伝説が残っています。

漢の武帝の御世に、東郡の民が帝に小人を献上しました。

「これは珍しいものだ。東方朔《とうほうさく》(漢代に実在したとされる才知に長けた仙人)にも見せてやらねば」

武帝はそう思い、すぐに東方朔を呼び寄せました。彼が参上すると、小人はこういいました。

「西王母さまがモモの木を植えたのですが、その木は3000年ごとに実を結びます。しかし、この男はお世辞にも心根がいいとはいえません。なぜなら、今までに3度もモモの実を盗んで食べているからです」

仙界での自分の所業をあからさまにいわれては、東方朔も苦笑いするほかありませんでした。

その後、西王母が武帝のいる宮殿に降り立ち、モモの実を7つ取り出しました。彼女はそのうちのふたつを食べ、残りを帝に与えました。彼が残った種を大事そうに懐にしまったのを見て、西王母は武帝に尋ねました。

「なぜ種を取っておくのです？」

「あのように立派なモモならば、土にまいて植えれば、またあのような実ができると思ってな」

そう答える帝に、西王母は笑っていいました。

「あのモモは3000年に一度花が咲き、実を結ぶのです。人間の世界にまいても無駄ですよ」

この説話は『漢武故事』に記されていますが、『博物志』には異伝が存在します。武帝はたいそう仙術を好み、名高い山や渓谷を祀っては神仙に会おうとしていました。西王母はこのことを知り、使いを武帝のもとに遣わせました。使いの者は白い鹿に乗り、帝のもとに現れました。

「ほどなく西王母さまがこちらにお見えになります。用意を整えてお待ちくださいますよう」

帝はたいそう喜び、宮殿を美しく飾り立てるように命じました。果たして7月7日、7つ刻に西王母が紫の雲をまとった車に乗り、3羽の鳥をそばに従えて宮殿に降り立ちました。そしてモモを7つ取り出し、ふたつを口にしてから残りを武帝に与えました。彼はモモを食べ終え、種を大事そうに懐にしまいました。西王母が、

「種など残しておいてどうなさるおつもりです？」と尋ねるのに、

「この種を植えれば、またあのような立派なモモが食べられるではないか」

と武帝は答えました。

「そんなことをしても駄目ですよ。あのモモは3000年に一度実を結ぶものです。人間の世界でできるはずがありません」

西王母は笑いながらいいました。その後、自分の部屋でかすかな明かりを9つほどともし連ねて、武帝は西王母と語り合いました。彼は家来たちを近づけないようにしていましたが、東方朔は宮殿の南にある窓からふたりの様子をそっとのぞき込んでいました。西王母はその姿を見つけ、こう武帝にいいました。

「今窓からのぞいている者は東方朔といいます。あの子は私が育てているモモの木から3度も実を盗んだのですよ」

帝は、そのような不思議なモモを3度も盗むことができたことを、いぶかしく思いました。この話が世間に広まると、

「東方朔はきっとただの人間ではない。神仙か何かのたぐいであろう」

人々はそう噂し合ったといいます。

桃源郷の伝説・1

晋の太元年間（376～396）のこと、武陵《ぶりょう》というところにひとりの男が住んでいました。川へ漁に出かけた彼は、船で川をさかのぼっていくうちに、いつしか渓谷へ迷い込んでしまいました。やがて、岸を挟んだところにモモの木が花を咲かせている場所へ出くわしました。けれども、見わたす限りほかの木が生えている様子はありません。

「これは何と素晴らしいモモの花だろう。どこまで続いているのか、見にいってやるか」

男はそういうと、さらに船を漕いでいきました。

そのうちモモの林は途切れ、谷川の源と思われるところに出てきました。そこにはひとつの山があり、小さい穴が開いていました。穴のそばに近づいてみると、奥のほうから光が差しているようにも見えました。試しに、男は穴の中に入ってみました。最初はやっと人が通れるほどの狭さでしたが、数十歩ほども進むとたちまち広く平らな場所へと出ました。そこには立派な田畑と民家があり、鶏や犬の鳴き声が空に響きわたっていました。道を行き交う人々の服も、男が住んでいる村のものとはまるで違います。そして、彼らの顔はみな穏やかでのんびりしていて、ここにいるのが楽しくてたまらないといった風情でした。彼らは男の姿を見つけると、驚き怪しむような顔をしました。

「あなたはどこからいらしたのですか？」

彼らの中のひとりがそう尋ねてきました。男が事の次第を話すと、
「それなら、私の家にいらっしゃい」
そういって男を自分の家に招き入れました。鶏をさばいて酒を用意し、ご馳走を作って男をもてなしていましたが、村中の人々が男のことを聞きつけ、集まり始めました。
「あなたたちはなぜ、このような場所にお住まいなのですか？」
男は人々に、不思議がって尋ねてみました。すると集まった人々は代わる代わる、
「私たちの先祖は秦のころ、戦から逃れるため家族とともに人里離れたこの地にやって来たそうです。しかしそれ以来誰ひとりもここを出ませんので、世の中が今どうなっているのか、さっぱり分からないのです」
と答えました。彼らはどうやら、秦が滅びたあとの漢や魏、今の時代すらまったく分かっていないようでした。そこで男が現在のことを詳しく話し始めると、みな目を丸くして驚きました。その後はこの、隠れ里の人々が男を順に自分の家へ招き入れ、いろいろな話を尋ねてきました。
男はふと、この地に迷い込んでかなりの日数がたっていたことに気がつきました。そこで隠れ里の人々に別れを告げ、自分の村へ戻っていきました。その途中、帰り道にいくつか目印をつけておきました。そして無事家に戻ると、すぐに武陵の太守のもとへと馳せ参じました。そうして今までの自分の身に起こったことをすべて話して聞かせました。太守はそのことを非常に興味深く思い、
「私もその里とやらを探してみたいものだ」
「それならわけはございません。ここへ戻ってきたとき、帰り道に目印をつけてございます」
そこで太守は、男に数人家来をつけさせました。そしてもう一度その隠れ里を探すように命じました。男は自分が最初に迷い込んだ谷川を船でさかのぼり始めましたが、つけておいたはずの目印がなぜかなくなっていました。なおも彼らは川をさかのぼって探してみましたが、どうやってもあの場所にたどり着くことはできませんでした。

桃源郷の伝説・2

昔のこと、史論《しろん》という男が斉州《せいしゅう》に住んでいました。ある日狩りに出かけて、ある僧院で休憩をしていると、どこからともなくモモの香りが漂ってきました。それは、世の中にある香りとはまったく違っているものでした。
「何とかぐわしい香りでしょう。さぞ、珍しいモモの実があるのでしょうな」
史論は近くにいた僧に話しかけました。モモの香りのことを聞かれては黙っていることもできず、
「近頃、人からモモをふたつもらいまして」
といいました。
彼は経机《きょうづくえ》の下からモモの実を取り出すと、史論に与えました。ふたつとも非常に大きく、飯椀ほどもあるモモでした。空腹のあまり、史論はあっという間にふたつとも食べてしまいました。改めてモモの種を見ると、これもまた大きく、鶏

の卵ほどもありました。
「こんな珍しいモモは、普通の人間のところにはないと思うのですが」
僧は笑いながら答えました。
「そうです。さっき人からもらったと申したのは偽りです」
僧は言葉を続けました。
「そのモモは、この僧院から10里あまり離れたところの、険しい山路にある木に実っていました。私が、そこをたまたま行脚《あんぎゃ》していたときに見つけまして、3つほどもいできたものなのです」
史論は話を聞くと、はやってくる気持ちを抑えながらいいました。
「私もぜひ、そこへ連れていってください」
しばらくして、ふたりは連れ立って僧院を出ました。5里ばかり北のほうへ行くと、川が流れているのが見えました。それを渡って西北の方面へ足を向けると、またふたつの小川がありました。そこも踏み越えて山に登り、谷を渡って数里歩くと、数百本と思われるほどのモモの木が密生している場所へと出ました。高さはいずれも2、3尺はあり、何ともいえない、いい香りが鼻をついてきました。史論は大いに喜び、すぐに上衣を脱ぎました。その中にモモの実を詰め込もうとすると、僧は史論の手を押し留めました。
「そのように欲張ったことをしてはなりません。ここはきっと霊境に違いありませんぞ。私がいつぞや長老から聞いた話では、昔、ひとりの男がここへ来合わせてモモの実を5つ6つもぎ取って帰ろうとしたそうです。しかし道に迷ってしまい、どうしても人里に出ることができなかったと聞きました」
史論はなるほどと思い、ふたつだけ持ち帰ることにしました。連れ立って帰る道すがら、僧は彼にいいました。
「このモモの里のことは、決して誰にも口外してはなりませんぞ。あなたひとりの胸に納めておいてください」
史論は自分の家に帰り着くと、僧院へ使いをやりました。しかしそのときには、僧はもう死んでいたといいます。あのモモの所在を漏らした罰が当たったのかもしれません。

桃源郷の伝説・3

燕《えん》の時代のこと、ある僧が広固《こうこ》という町から長白山《ちょうはくさん》にやって来ました。するとどこからともなく、鐘の音が聞こえてきました。その音を頼りに山道を登っていくと、立派な寺院がそびえ立っていました。彼は空腹でしたので、寺の中に入って食べる物を所望しました。すると修行者とおぼしき者が出てきました。
「それではこれをお食べください」
モモの実を差し出して、僧がひとつを食べきったころにもうひとつ実を渡します。
「もうお帰りになられたほうがよろしいでしょう。ここにいらして大分時間がたってしまったようでございます」
まだ2個のモモを食べただけなのにと思いながら、僧は修行者にいわれるまま山道を下りていきます。ふと後ろを振り返ると、今まで建っていたはずの寺院が跡形もなく消え去っているではありませんか。不思議なこともあるものだと考えながら広固へ帰り着き、自分の修行している寺院へ戻ってみると、弟子たちが慌てて彼を取り囲みました。

「お師匠さま。今までどこに行っておられたのです？」

僧には、弟子たちが何をいっているのかさっぱり分かりません。

「今までとはどういうことだ。私は長白山に登って、今戻ってきたばかりだぞ」

弟子たちは、口を揃えて答えます。

「いいえ、少しばかりではございません。お師匠さまは出ていかれてから今日まで、2年もこの寺をお空けになっていらっしゃいました」

僧は、さっき山の頂にあった寺院で食べたモモのことを思い出しました。

「では、あのモモをひとつ食べるごとに、時間が1年過ぎたということか……」

これらの桃源郷伝説とよく似ているのが、浦島伝説です。

どちらも険しい山や渓谷の狭間、海の底などの人が寄りつかぬところに理想郷があります。また、異郷の地と現世の時間軸が異なっていて、現世へ戻ったり、異境のことを他人に話すと二度と戻れなくなったり死を招くのです。

龍宮城や桃源郷は、常世《とこよ》の国と同じく先祖や神々の住む“死者の国＝冥界”であり、山や渓谷、海が現世とをつなぐ入り口だと考えられます。桃源郷（龍宮城）へ入れば現世の苦しさや辛さから逃れられ、楽園のような生活が手に入ります。しかし現世へ戻ってしまえば、そこは二度と足を踏み入れることのできない場所へと変貌してしまいます。

浦島伝説で、主人公が手に入れる箱や桃源郷の所在を他人に漏らした者の後日譚は、楽園への決別と、神仙や先祖たちから受ける報復の物語でもあるのです。

モモの試練

後漢の時代に、道教の一派である五斗米道を開いた張陵《ちょうりょう》のもとに、趙升《ちょうしょう》という男が、術を教えてもらおうと弟子入りをしてきました。

「道術を学ぶ者は心根がしっかりしておらねばならぬ。私はお前の心を試したいと思っておる」

張陵は趙升に、7つの難しい仕事を与えることにします。趙升もさるもの、試練を次々にこなし、とうとう最後の試みだけになりました。

「それでは私のあとへついてくるがよい」

張陵は趙升とほかの弟子たちを引き連れ、蜀（現在の四川省）にある雲台山《うんだいさん》に登り始めます。やがて崖っぷちにそそり立っている高い岩の頂に上がると、その根元に斜めに1本のモモの木が生えていて、大きな実がたくさんなっていました。張陵は弟子たちに向かい、いいました。

「あのモモの実を取ってこれたなら、私の持つ道術の極意を教えてやろう」

しかし、そのモモの木は絶壁の彼方に枝を伸ばしており、落ちたら命はありません。しかも根元は岩が邪魔で、立っていることさえも難しそうな険しい場所です。弟子たちはすっかり恐れをなしてしまいました。

しかし趙升だけは違います。

「神様が私を守ってくださるのだ。何の難しいことがあろう」

いうなり、岩から身を躍らせてモモの

木に飛びつき、枝に手を伸ばし懐が満杯になるまで実をちぎって入れました。そして張陵が待っている岩の上に戻ろうとしたのですが、モモが重くて、とても飛び上がれそうにありません。仕方なく、趙升は幹を伝って岩の側面へと降り立ちました。そして岩を這って登ろうとしたのですが、あまりにも岩が険しくそそり立っているのと、モモを詰め込んだ懐が重過ぎて、うまくいきません。そこで趙升は、懐に入っていたモモの実をすべて岩の上に投げ上げて、もう一度登り始めます。

張陵は投げ上げられたモモの実を2個だけ取り、あとはすべて弟子たちに分け与えました。やがて趙升が岩の陰から姿を見せると、手を差し伸べて引き上げました。

「よくやったの、感心じゃ。そなたは最後の課題にも、見事合格しおった。では道術の極意をお前に教えてやろう。まずはこのモモを食べるがよい」

そういって自分が持っていた実をひとつ、趙升に分け与えたのです。

道士の夫婦喧嘩

清代の文筆家・蒲松齢《ほしょうれい》の伝奇小説集『聊斎志異《りょうさいしい》』には、モモにまつわる滑稽な話があります。

その昔、劉剛《りゅうごう》という道士がいました。その妻も術に長けた女で、どちらも自分の腕を自慢していました。

「何といってもわしの術がこの世で一番であろう」

劉剛がいうと、妻が言葉を返しました。

「あら、それは私のほうですわよ」

ふたりはひとしきり話し合っていましたが、どちらも自分の術が上だといい張るだけで埒があきません。そこで、家の庭にあるモモの木に勝負をつけさせようということになりました。中庭には何本かのモモの木が生えていて、夫がまず、そのうちの1本に術をかけました。すると木が、生きているかのようにむくむくと動き出します。妻も負けじと呪文を唱え、もう1本の木を動かしました。

術に操られた2本のモモの木は、激しく殴り合い始めました。しばらくのあいだはどちらが勝つか分からないほどの接戦でしたが、やがて劉剛が術をかけた木が押され始め、逃げるように垣のそばへと引っ込みました。木に咲いていた花も、今まで淡い紅色だったはずが白旗を上げたように真っ白になってしまいました。

「あなた、どうです。私のほうが一枚上手でしょう」

妻は勝ち誇って笑ったのです。

たとえ神仙に至らずとも、モモと道士の関係は深いもののようです。

穢れを祓うモモ

我が国の創世神話で、イザナギノミコトが、火の神であるヒノカグツチを生んだ傷がもとで死んだ妻のイザナミノミコトのあとを追い、黄泉の国まで行ったときのことです。

妻のイザナミノミコトの朽ちかけた体と、そばに8体の雷神がうごめいているのを見てしまったイザナギノミコトは、驚いて逃げ出しました。イザナミノミコトは激怒します。

「よくも私に恥をかかせたな！」

あの世の女である黄泉醜女《よもつしこめ》や雷神を遣わして、イザナギノミコトを捕らえようとしました。何とか撃退しながら、イザナギノミコトはやっとのことで、あの世とこの世をつなぐ黄泉比良坂《よもつひらさか》まで逃げました。そして振り向くと、すぐ近くまで女たちの影が迫っているではありませんか。

イザナギノミコトはとっさに、そばにあったモモの木から果実を3つもぎ取って投げつけました。すると不思議なことに、追っ手たちは慌てて黄泉の国へ逃げ帰っていったのです。イザナギノミコトは、自分を救ってくれたモモの木と果実に感謝します。

「よくぞ私の命を救ってくれた。これからは、葦原の中つ国に住むすべての生ある人々を助けてやるのだぞ」

そしてモモに“意富加牟豆美命《おおかむずのみこと》”という名前を与えました。意味は“邪気を祓う偉大な神霊”です。

現在の、モモの枝で邪気を祓うという神事は、この神話がもとになっているといわれています。

桃太郎伝説

日本でモモの伝説といえば、桃太郎が最も有名でしょう。桃太郎伝説の源流のひとつが『古事記』に登場する第七代孝霊天皇の皇子である吉備津彦《きびつひこ》と稚武彦《わかたけひこ》の伝承です。

吉備津彦は第10代崇神天皇の命で吉備国（現在の岡山県）の平定に向かい、温羅《うら》という人物を討伐しました。その際、犬飼武《いぬかいたける》、中山彦《なかやまひこ》、楽々森彦《ささもりひこ》という地元の豪族を従えていました。それぞれ犬飼《いぬかい》部《べ》、猿飼部《さるかいべ》、鳥飼部《とりかいべ》という、犬、猿、鳥を飼育する役目を負った部民《べのたみ》を支配下に置いていたことが、民話で桃太郎の家来になる犬、猿、雉のもとになったようです。

吉備国を平定した功績により、吉備津彦は国の統治権を与えられ“吉備臣《きびのおみ》”の祖先になったと伝えられています。岡山県津山市にある吉備津神社と吉備津彦神社は、この吉備津彦命を祭神としています。

稚武彦は吉備津彦の弟で、兄の吉備国平定に同行していました。ふたりのあいだには倭迹々日百襲比売《やまとととひももそひめ》という姉妹がおり、わけあって讃岐国（現在の香川県）に隠棲していました。稚武彦が彼女に会うため讃岐国へ渡ったとき、住民から鬼がこの地へやって来ては略奪の限りを尽くしていく、という話を聞きます。稚武彦は住民から鬼の討伐へ参加する者を募り、鬼が住むといわれた島（現在の男木《おぎ》島《しま》、女木島《めぎしま》）へ向かいました。ここでいう“鬼”は海賊のことで、稚武彦につき従った者は犬島（現在の岡山市、岡山水道南東部にある島）と猿王（現在の香川県綾歌郡綾川町）、雉ヶ谷（現在の香川県高松市鬼無地区）の住民であったといわれ、それぞれ航海術、変装術、健脚を誇る人々でした。その後勢力を盛り返し、再び襲ってきた鬼たちを再び撃退したことから、讃岐国には鬼がいなくなり、鬼を葬った場所には“鬼無”の地名がついたとされています。

このあと、稚武彦は讃岐国へ渡ったときに出会った娘と結婚し、この地に住んだと伝えられています。高松市鬼無地区にある桃太郎神社は、その名の通り桃太郎を祀っていますが、祭神は稚武彦命であると考えられています。

もうひとつの元祖

もうひとつは、愛知県犬山市に伝わる桃太郎の伝承です。木曽川のほとりで洗濯をしていたお婆さんが、川上から流れてくるモモを拾いました。お爺さんが柴刈りから戻り、持ち帰ったモモを一緒に食べようとして包丁で切ると、中から男の子が出てきました。子供に恵まれなかった夫婦は神様からの授かりものだと喜び、“桃太郎”と名づけて大切に育てました。ある日お爺さんの手伝いで柴刈りをするため山に入った桃太郎は、子供を連れた女たちに出会います。彼女たちから、

「可児川に住む鬼たちに住んでいる村を荒らされ、逃れるためにこの山に逃げ込んでいる」

という話を聞いた桃太郎は、お婆さんにきび団子を作ってもらい、鬼の征伐に出かけました。途中、犬と猿と雉を家来に従え、木曽川を渡って可児川の奥にある鬼の棲み家へ乗り込みました。そして鬼たちを倒し、彼らが奪っていた財宝などを取り返しました。桃太郎と鬼の戦いが繰り広げられた場所には、それに関係した地名が残されています。その桃太郎は、黄泉比良坂の近くに生えていたイザナギノミコトの危機を救ったモモの木の実・オオカムズノミコトの化身であったとされています。犬山市にある桃太郎神社の祭神はオオカムズノミコトで、神社に併設された資料館には、お婆さんがきび団子を作ったといわれる臼や杵、練り鉢をはじめ、鬼のものとされるミイラや骸骨の写真が展示されています。5月5日には、桃太郎に扮した子供たちによって「桃太郎まつり」が行われます。

時代で変わる桃太郎

上にあげた伝承を下敷きとした、民話としての“桃太郎”が成立したのは室町時代ごろとされています。

江戸時代には、一般庶民向けの書物であった草双紙のうち、子供向けに書かれた赤本『桃太郎』『桃太郎昔話』によって、桃太郎の伝承は広く流布していきました。作者によって多少の異聞は見られたものの、大差はありませんでした。

しかし、明治時代に入って作家の巖谷《いわや》小波《さざなみ》（1870～1933）が『日本昔話』に「桃太郎」を記したことが、この民話のその後の方向性を決定づけます。

この話では、鬼を退治する目的はお爺さんやお婆さん、村の人々のためではなく、お国のためでした。桃太郎は“神の使い”にして“桃太郎大将”と名乗り、鬼たちを退治します。

この『日本昔話』が発表された明治27年（1894）は日清戦争が開戦した年でもあり、当時の世相を反映した物語だったわけです。

その後、桃太郎に退治された鬼の生き残りである夫婦が人間に対する復讐を企てる『鬼桃太郎』（尾崎紅葉）や、鬼と桃太郎の立場を逆転させ、桃太郎によって平和の園であった鬼が島が征服される模様を描いた『桃太郎』（芥川龍之介）が発表されます。変わり種では、“東京牛込区筑土八幡前尾沢薬舗”の安全分

娩具の広告として、石橋思案が『是非御覧日本一』という作品を発表します。この物語は、鬼を退治した桃太郎が辰の年に龍宮へ出かける夢を見て、亀の背中に乗って龍宮城を訪れるというストーリーです。桃太郎は乙姫と出会い結婚しますが、身ごもった乙姫は尾沢薬舗の分娩具を使ってひとつの玉を生み落とします。この玉の輝きは東京中を明るく照らし、発売元の尾沢薬舗の名声も高まっていきました。ちなみに、乙姫が生み落とした玉は“お年玉”でありました。

佐藤紅緑（1874～1949）が昭和8年（1933）から昭和9年（1934）に発表した『桃太郎遠征記』では、さらに戦争賛美色が濃くなります。外国から帰ってきた者たちが桃太郎の住む大和の村の秩序を乱し始め、憤った桃太郎は犬と雉、猿を家来にして鬼の征伐に出かけます。彼は「鬼の国」を征伐し、すべてを日本風にしなければ村の秩序は取り戻せないと考えたのです。そして、海の向こうにある怠惰国、モダン国、食欲国、粗暴国、野心国を次々に平定していきます。日中戦争開戦、太平洋戦争へとつながる世相の中で、桃太郎の説話は時代を映す鏡として機能します。日本初の長編アニメ映画である『桃太郎の海鷲』『桃太郎 海の神兵』は、海軍省の製作協力で昭和18年（1943）と昭和20年（1945）に発表されました。この事実は、桃太郎の説話が人々に広く親しまれ、ストーリー展開も明快であったがために、時代の波に弄ばれた悲劇の側面も持ち合わせていることを示しているといえるでしょう。

戦後、桃太郎の説話は軍国主義を推進したという名目で、教科書からも削除されてしまいました。しかし、政治の力が人々の記憶にまで及ぶわけもなく、これまでと同じように桃太郎の説話は人々に語り継がれていきました。昭和35年（1960）に岡山市が桃太郎の銅像を国鉄岡山駅前に建立し、駅前の通りも“桃太郎通り”と名づけられました。また、桃太郎をモチーフにしたゲームや漫画、トマトの品種名にも採用されたり、桃太郎が犬、猿、雉に与えたといわれるきび団子も商品化され、岡山県の銘菓として知られるようにもなりました。

現在では、争うことが乱暴だという理由で鬼退治の場面が話し合いに変わったり、ジェンダー議論の影響か女の子を主人公とした物語も発表されています。

モモに魅せられた人々

民俗学者の柳田國男（1875～1962）は、自著『桃太郎の誕生』で、モモが川などの水の上に浮いて流れてきたということから、船などに乗って渡ってきた渡来人系種族の始祖や神と同列であるとみなし、桃太郎もある種神聖な存在であったとしています。桃太郎のほか、瓜子姫やかぐや姫などの、いわゆる“小さ子”（生まれた当初は非常に小さいが、成長するにつれ人間の身長と変わらなくなっていく）伝説とも照らし合わせ、現世とは違った世界からやって来た者の伝説が広く伝わり、時代が下るにつれ変化していったのだろうとの考察をしました。時代とともに説話が対象とする層も変わり、年齢が低くなるにつれ表現が変化して、なおかつ簡素化して伝播していくようになったと述べています。

桃太郎の民話には、川上から流れてきたモモを拾い、食べようとして包丁で割ると男の赤ん坊が出てくる形と、老婆が流れてきたモモを食べて若返り、夫にも食べさせて睦み合った結果、生まれた男の子供を“桃太郎”と名づけたという形に分かれます。現在流布している“桃太郎”の民話のパターンは前者ですが、川上から流れてきたモモが物語の鍵になっているのは共通しています。柳田國男は『桃太郎の誕生』の中で、「至って賤しい爺と婆の拾い上げた瓜や桃の実の中からでも、鬼を退治するやうなすぐれた現人《あらびと》神《がみ》が出現し得るものと、信ずる人ばかりの住んでいた世界に於いて、この桃太郎の昔話も誕生したのであった」と記しています。

モモは、これまでにも触れたように“聖なる果実”として、また冥界と現世をつなぐ木として説話や伝承に登場します。中国の神仙思想は日本にも定着し、桃太郎の説話にも大きな影響を及ぼしたと考えられます。実の中から子供が出てきたり、食べれば若返るという回春効果を持ったモモは、桃源郷の伝承にも痕跡を見ることができます。数ある桃太郎の説話に共通しているのは、モモが川から流れてくるという点です。桃源郷の伝承に述べられているように、仙桃を生む木は険しい山中や渓谷のそばに自生しています。そこは人外の境地であり、現世の人間が容易に手に入れられるものではありませんでした。柳田國男のいう「元の樹の所在は不明になったが、まだその果実の新鮮味を失わぬ」モモは、洋の東西を問わず人々の心をとらえて離さない果実であったことも、各地に残る説話や伝説からうかがえます。

「外来の説話は伝播した先でその土地の環境に合った物語に作り変えられる」という点から見ても、“桃太郎のモモ”は“桃源郷”と密接なかかわりがあると考えられます。

Apricot

アンズ

シルクロードを越えて東西をつなぐ

アンズはバラ科サクラ属の落葉高木です。ウメやスモモの近縁種で、交雑することができます。栽培地域は北アメリカやユーラシア大陸の温帯から冷帯です。原産地は東アジアで、原生種は中国の山東省、山西省、河北省の山岳地帯から東北区南部に分布しています。3月末から4月上旬にかけて梅によく似た桃色の花を咲かせ、6月末から7月中旬ごろに、黄色から橙色をした果実が収穫できます。

紀元前5世紀に成立した『礼記《らいき》』にはアンズの栽培について書かれており、中国で最も古い栽培果樹のひとつです。

ヨーロッパへは、漢王朝が領土を広め、シルクロードを通しての交易が盛んになった紀元前2世紀ごろに伝わりました。

日本にいつ伝来したかは、はっきりしません。奈良時代に編纂された『万葉集』『古事記』『日本書紀』には名前がなく、10世紀初めに書かれた『本朝和名』や『和名類聚抄』に唐桃《からもも》という古名で出てくることから、平安時代と考えられています。

唐桃は読んで字のごとく、唐つまり中国から渡ってきた桃のような実という意味です。アンズという呼び方は江戸時代になってからのもので、漢語の“杏子”の音アンツーから、アンズと呼ばれるようになりました。また、アーモンドは漢語では巴旦杏《はだんきょう》または扁桃《へんとう》ですが、種子をアンズと同じく杏仁《きょうにん》と呼びます。こちらについては別項の「アーモンド」をご覧ください。

英名のアプリコットは、ポルトガル語“albricoque”またはスペイン語“albarcoque”がもとで、これはアラブ語の定冠詞 Al ＋ラテン語の praecox（早熟な桃）が語源です。

学名は*Prunas Armeniaca*です。シルクロードを伝ってきたのが、途中のコーカサス地方アルメニア原産と考えられたのです。

誕生花と花言葉

アンズは2月23日、3月1日の誕生花です。花言葉は“疑惑”“遠慮”“気後れ”などの後ろ向きなもののほか、“乙女のはにかみ”“誘惑”“慎み深さ”といった、恋愛に関係するものがあります。

薬と毒

アンズは生食もしますが、加工して食べることが多い果物です。アプリコット・ジャムはロシアン・ティーに欠かせません。また、ワインや蒸留酒に浸漬させたリキュールは、そのまま飲用、またはケーキの香りづけやカクテルの素材に使います。蜜漬けや、乾燥させた干しアンズなどもあり、そのまま食用にしたりお菓子の材料にもします。アンズの実の色はビタミンAであるカロチノイドなので、常食すれば鳥目の防止にもなります。

杏仁と数種類の香草や果実を酒に漬けて造ったアマレット（Amaretto）というリキュールがあります。アーモンドの芳香がし、そのまま飲むほか、カクテルにも使われます。1525年にイタリアのミラノ市北部サローノ村で、サンタマリア・デレ・グラツィエ教会の聖堂にキリスト降誕のフレスコ画を描いたベルナディノ・ルイーニに贈られたものが元祖とされています。現在サローノ村で生産されているアマレット・ディサローノ（Amaretto Disaronno）は、19世紀にレシピを復活させたものです。

種子を乾燥させると、杏仁という鎮咳効果がある生薬になります。5世紀に医師の陶弘景《とうこうけい》が編纂した『神農本草経集注』にも“杏核仁”の名で書かれています。また圧搾して採れる杏仁油は、石鹸、軟膏、毛髪油としても使われます。

ただし、若いアンズや生の種子はシアン化化合物を含むので、摂取すると下痢や腹痛を起こしたり、量によっては生命にかかわる場合もありますから、注意が

必要です。

将軍のアンズ

劉宇廉の『敦煌の伝説』(1989)によれば、紀元前2世紀、弓の達人である漢の将軍・李広《りこう》が、匈奴討伐のため軍を引き連れ敦煌にやって来ました。慣れない砂漠を進むうちに道に迷ってしまい、水不足に陥ります。困り果てていると、砂漠のはるか彼方に虹色の2枚の布が浮かび上がり、蜜のように甘い香りが風に乗って漂ってきました。李広や兵たちが布を追いかけましたが、近づくとふわりと逃げるように遠ざかるのです。何度も追いかけたあと、怒った李広は布に向かって矢を放ちました。矢は見事に1枚を射抜き、布は地面に落ちます。李広たちが行ってみると、そこにはアンズの林がありました。水不足で喉が渇いていた李広や兵は、助かったとアンズを口にします。ところが皮が厚いばかりで、実は薄く苦くて、喉が痛みましたから、腹を立てて枝をみな切り落としてしまいました。

実は2枚の布は、李広たちを助けるために西王母《さいおうぼ》に遣わされた、姉妹のアンズの仙女だったのです。悪戯心を起こしたために妹が射落とされてしまい、痛みに泣き続けたので、本来なら食べられるはずが食べられない苦いアンズになってしまったのでした。

やがて李広たちが寝静まると、甘いアンズの仙女は、生えた苦いアンズの幹に自分のアンズの枝を接ぎ木しました。そして姉妹の仙女が踊ると、木はどんどん成長し、たくさんの実をつけたのです。

翌朝、目覚めた李広はアンズの実が復活しているのに気づいて、食べてみました。すると、とても美味しかったので兵士たちにも食べるようにいいました。そして、飢えと渇きを癒やした李広と兵たちは、再び匈奴討伐に向かったのです。

のちに李広が敦煌に立ち寄ったとき、敦煌の役人にこのアンズのことを話し、接ぎ木して栽培するように勧めました。人々は李広に感謝し、このアンズを“李《り》広杏子《こうきょうし》”と名づけました。

現在でも李広杏子は、接ぎ木をしないで種から育てると苦くて食べられず、よその土地に植えると味が変わってしまうといいます。

アンズと故事

『荘子』の「漁父篇」には、孔子が弟子に教えを授けた壇が、アンズの木の下であったことから“杏壇《きょうだん》”と名づけられたとあります。これが転じて、学問を講ずるところを杏壇と呼ぶようになりました。ちなみに現在、山東省曲阜市の孔子廟にある孔子の杏壇は、ずっとのちの北宋の時代（960～1127）に作られたものです。

3世紀に書かれた葛洪の『神仙伝』によれば、当時豫章《よしょう》郡（現在の江西省）の廬山《ろざん》に住んでいた董奉《とうほう》は、若いころ官吏をしていましたが、引退して故郷に帰ったあとは、近くの人々の病気や怪我の治療などをしていました。患者の病気が治ってもお礼のお金は受け取らず、重病だった者にはアンズの木5株を、軽病だった者には1株を植えさせていました。

そしていつしか、10万本以上の立派なアンズ林ができたのです。成長したアンズの木は、たくさんの実をつけました。その種は、杏仁と呼ばれるいい漢方薬になりました。人々は、このアンズ林を董《とう》仙杏林《せんきょうりん》と呼ぶようになりました。

このことから、中国では杏林といえば医者のことを指すようになりました。

7世紀から10世紀初頭に栄えた唐のころ、都の長安の西にアンズが植えられた庭園がありました。この庭園では、アンズの花が咲くころ、官僚の入試である進士試験に及第した者のための宴が催されました。このことから、アンズの花のことを“及第花”と呼び、縁起のいいものとされるようになりました。

泥棒と赤ん坊

童話作家・立原えりかの『あんず林のどろぼう』は、ある町にやって来たすご腕の泥棒が、人に見られずアンパンと牛乳を食べられる場所を探しているうちに、アンズ林に迷い込んでしまいます。

アンズの木は花満開で美しく、泥棒は「後ろめたい身の自分が、こんなところで食事してはいけない」と、林から出ようとします。ところがいくら行ってもアンズ林は途切れず、歩き回っているうちに赤ん坊が捨てられているのを見つけます。泥棒はお腹を空かせた赤ん坊に、自分が飲むために買った牛乳を、口移しで与えます。すると赤ん坊は、泥棒を見上げてにこにこと笑ったのです。

それを見ていると、泥棒の目からは涙が出てきました。なぜなら泥棒には両親も友達もおらず、誰かに笑顔を向けてもらったことも、誰かに笑いかけたこともなかったばかりか、犬も吠えかかるだけ、鳥ですら彼から逃げていったのです。

しかし、泥棒の口から牛乳を飲んだ赤ん坊は、無邪気に笑いかけてくれたのです。その唇は、アンズの花を集めたような味がしました。

泥棒は泣きながら、これまで盗んだものをすべて捨てて、赤ん坊だけを抱いて去っていきます。その目に映るアンズの花は、もう眩しく見えることはありませんでした。

アンズには、人の体ばかりではなく、心を癒やす効果もあるのかもしれませんね。

Apple

リンゴ

運命を動かす聖なる果実

リンゴは、バラ科リンゴ属の落葉高木です。ナシとは近縁種にあたるため、互いの苗木を接ぎ木して繁殖させることもあります。春に5枚の花弁を持つ白い花が咲き、夏から秋に丸い果実が熟します。原産はカザフスタン南部、キルギスタン、タジキスタン、中国の新疆ウイグル自治区など中央アジアの山岳地帯、コーカサス地方から西アジアにかけての寒冷地だといわれています。歴史の古い果物で、トルコでは約8000年前の炭化したリンゴが発見されています。また、スイスでは約4000年前のリンゴの化石が発掘されており、そのころには栽培が始まっていたとする説もあります。16世紀から17世紀ごろにはヨーロッパでもリンゴの栽培が盛んになり、17世紀前半にはヨーロッパからアメリカへ持ち込まれました。日本では、和リンゴや中国から輸入された品種が栽培されていましたが、現在出回っているものは、明治初期に北海道開拓使によってもたらされたセイヨウリンゴ種を改良したものです。現在、和リンゴは長野県上水内郡飯綱町で1軒の農家が栽培しており、今もその姿を伝えています。

昭和46年（1971）には青森県政100周年を記念して、県の花にも指定されました。

リンゴの語源

セイヨウリンゴ種の学名は“*Malus pumila*”または“*Malus domestica*”です。“Malus”はラテン語で「リンゴの木」を指し、ギリシア語の“malon”から転じたものです。“pumila”はラテン語で「小さいもの」、“domestica”には「栽培された、ならされた」という意味があります。ただ、現在見ることのできるリンゴの種類はいろいろな品種が交配されたり、自然交雑を経て作られていったものであるため、このふたつの使い分けは判然としていません。

ゲルマン人が入植していたイギリスやヨーロッパ北西部にも、リンゴは野生種として定着していたようです。アングロ＝サクソン語では、リンゴを“apple（アペル）”と呼んでいました。古英語では“aeppel”と綴られていましたが、現在はアングロ＝サクソン語表記の“apple（アップル）”で定着しています。リンゴのフランス語読みは“Pomme（ポム）”ですが、ラテン語の影響を強く受けているロマンス語圏の言語であるため、果実を指すラテン語の“pomum（ポムム）”が転じてリンゴのみを表す言葉となり、変化していったと考えられています。

一方、漢語では“林檎”という字をあてます。中国の書物『本草綱目』に「林《りん》檎《きん》の果は味が甘く能く、多くの禽《とり》をその林に来らしむ。故、来禽《らいきん》の別名あり」と記されています。『和名類聚抄』では読みがなとして「利宇古宇《りうこう》（りうごうとも読む）」とあり、これが訛って“リンゴ”になったと考えられています。

リンゴの使い道

酸味と甘みが強く、生食のほか、その風味を生かしてアップルパイや焼きリンゴなどの製菓用、ジュース、缶詰、ブランデー、シードルなどの果実酒として使われます。特にフランス・ノルマンディー地方のうちでも最上級のリンゴが産出される、ペイ・ドージュのものを材料にしたブランデーを「カルヴァドス」と呼びます。主な銘柄にルコント、ブラーがあります。

「1日1個のリンゴは医者を遠ざける」ということわざがあるように、栄養価が高い果物としてよく知られています。クエン酸やビタミンC、ミネラルを多量に含み、食物繊維も多く含まれています。最近では抗酸化物質ポリフェノールを含んでいることも知られるようになりました。体内の活性酸素を除去する働きがあり、老化防止にも役立つといわれています。皮と果実のあいだにペクチンを含みますが、加熱すると糊状になるため、ジャムを作るには非常に適しています。また、コレステロール値を下げたり、整腸作用もあります。眠気覚ましにコーヒーが効くのはよく知られていますが、実はリンゴにもその効果があります。コーヒーに比べて即効性があるのも特徴です。エチレンガスを多量に発生させるため、熟していないほかの果物と一緒に置いておくと、熟成を促進させる作用も確認されています。

日本では青森県や長野県などで栽培されていて、主な品種として、ふじ、つがる、むつ、王林、紅玉、スターキング、アルプス乙女などが知られています。日本で一般に“姫リンゴ”といわれるのはアルプス乙女で、生食もできることから、縁日でよく目にするりんご飴の材料にもなっています。そのほかにも、アメリカやカナダで多く栽培されている品種にゴールデンデリシャス、ジョナゴールド、マッキントッシュがあります。このうちマッキントッシュは“旭リンゴ”とも呼ばれ、北海道でも栽培されていますが、その数は多くありません。

誕生花と花言葉

リンゴは4月8日、5月11日、9月29日、10月30日の誕生花です。花言葉は“選ばれた恋”“選択”、果実は“誘惑”“好物”

"不従順(フランス)"。樹木の花言葉は"名誉"、トゲは"虚偽の誠実"です。野生種(クラブアップル Crab-Apple)の花言葉は"導かれるままに"。知恵の実を食べたアダムとイヴが楽園を追われたエピソードや、古くから伝わる慣習から連想した言葉なのでしょう。

リンゴにまつわる慣習

リンゴは"聖なる果実"と解釈されていたのと同時に、魔術的な要素も持つといわれました。そのため、地方によっては食用にふさわしくない果物として敬遠されることもありました。ただ、そういった地方でも、聖ペテロの日(6月27日)や聖スウィズンの祝日(7月15日)に雨が降り、そのしずくがリンゴを濡らすと"祝福された"果実として大事にされました。クリスマスまたはイースター(復活祭)の日の夜明け、リンゴから太陽の光が差すと、次の年は豊作であるという言い伝えも残っています。しかし、秋に花が咲いたり、同じ枝に花と実がある場合には、その木の所有者の家族に死人が出る前兆ともいわれました。収穫のとき、熟していなくても枝に実を残すのはよくないとされましたが、これも地方によっては鳥や妖精たちのために残しておくものといわれていました。

ヨーロッパでは、古くから伝わる慣習にリンゴの木祭り(apple-wassaling)がありました。リンゴの豊作を祈願するもので、十二夜もしくは大晦日の夕暮れ頃に行われました。果樹園に、銃やヤカン、鍋で武装し、サイダー(アップルジュース、もしくはリンゴから造った酒と考えられます)瓶を持った人々が集まって1本のリンゴの木を選ぶと、その木を囲んで全員が乾杯の礼をします。それが終わると、木の根にサイダーが注がれました。さらに、眠っている木の霊を起こすため、木のてっぺんに向かって銃が乱射されました。そののち、人々は持ってきていた鍋や盆、ヤカンを叩きながら夜通し歌い踊るのです。

ハロウィンでは、恋を占う儀式にリンゴが使われました。糸に通したリンゴを火の前で回し、早く地上に落ちた人から結婚できるとされました。また、長くむいたリンゴの皮を振り向かずに左の肩ごしに投げると、落ちたところの地面に結婚相手の名前の頭文字が現れるといわれました。リンゴの種を使った恋占いも盛んに行われ、ひとつは男性の名前を書いた種を頬にくっつけ、一番長く貼りついていたものが将来の夫になるというものでした。もうひとつは、暖炉の横棒の上に種をふたつ並べ、"リンゴの種よ、彼がもし私を愛しているのなら跳ねて飛びなさい。そうでないなら、焦げて死んでしまいなさい。"と唱えるというものです。ただ、地方によって結果は異なり、リンゴの種がはぜると恋人が心変わりし、焦げると恋人同士になれるという言い伝えもあります。

また、薬用としても盛んに活用され、躁鬱症の特効薬としてリンゴが使われたこともありました。イボの治療ではふたつに割ったリンゴを患部に擦りつけ、もう一度ひとつに戻して土の中に埋めました。しばらくたって取り出したときにリンゴが腐っていれば、きれいに治ると信じられました。ちなみに、現在男性の整髪料として使われているポマード（pommade）の原型は、柔らかく煮たリンゴに豚の脂と薔薇の香水を混ぜ、クリーム状にしたものです。

リンゴを守る女神

北欧の女神イドゥン（Idun）は詩の神ブラギ（Brag）の妻で、若さを保つリンゴが入った箱を持っていました。ある日、火の神ロキ（Loki）が霜の巨人シアスィ（Thassi）に捕らわれたとき、イドゥンの持つリンゴを盗んでくるという条件で解放してもらう約束を取りつけました。ロキは女神のいる城塞・アーズガルド（Asgard）に戻ると、

「あなたが持っているリンゴよりも、もっと素晴らしいものを見つけました。今から採りにいきましょう」

といって女神を森の中に連れていきました。そこには鷲に姿を変えたシアスィが待ち構えており、彼女を捕らえて霜の巨人族の国・ヨトゥンヘイム（Jötunnheim）に連れ去ってしまいました。

女神イドゥンとリンゴが消えたアーズガルドでは、神々は急激に年老いていき、生命の危険にさらされ始めました。それを知った主神オーディン（Odin）はロキを捜し出して捕らえ、イドゥンとリンゴを取り戻すように迫ります。彼は仕方なくヨトゥンヘイムに戻り、捕らわれの身となっていたイドゥンを木の実に変えて連れ戻してきました。ロキに裏切られたシアスィは怒り、鷲となって追いかけましたが、アーズガルドの城塞で焚かれていた炎に包まれ焼け死んでしまいました。

ロキは女神をもとの姿に戻し、神々にリンゴを与えて病気を治したといいます。

ウェルトゥムヌスとポモナ

ローマの四季の神・ウェルトゥムヌスの妻となるポモナ（Pomona 果実）は、果樹園で樹木を丹精するのに長けている妖精《ニュンペー》でした。彼女に求愛する神々はたくさんいましたが、決して心を開くことはありませんでした。ウェルトゥムヌスもポモナを愛したひとりだったのですが、彼は特に熱心でした。ある日ウェルトゥムヌスは老婆の姿に変装し、果樹園に入り込むことに成功しました。そこで出会ったポモナに、キュプロスの乙女アナクサレテーの話を始めました。

彼女は貴族の娘で、身分の低い者には冷たくあたっていたため、イービスという若者がどれだけ愛を語ってきても聞き入れようとはしませんでした。逆にアナクサレテーの邸宅に通う姿を軽蔑し、嘲笑までしたのです。彼は絶望のあまり、彼女の家の前で首を吊って自殺してしまいます。葬儀の日、イービスの棺を担いだ葬列がアナクサレテーの家の前を通りました。彼女はその光景を侍女とともにおもしろ半分に眺めていたため、とうとう女神アフロディーテー（Aphrodite 別名ヴィーナス Venus）の怒りを買って石にされてしまいます。

「その石は今もなお、アフロディーテーの神殿の中で残っています。あなたはアナクサレテーの仕打ちと同じく、ウェルトゥムヌスに対してつれない態度を取ってこられた。いつ神があなたのことをお怒りになって罰を与えるとも限りませ

ん。ここは私の話を信じ、ウェルトゥムヌスをあなたの夫となさいませ」
老婆はそういい、たちまち若く美しい男性に姿を変えました。それはまさしく、四季の神ウェルトゥムヌスでありました。ポモナはもう拒むことなく、彼を夫として迎えることにしました。そして彼女も果樹や果実の女神として人々に信仰されるようになり、果実の中でも取り分けリンゴを象徴するようになりました。

怪物テュポンのエピソード

テュポン（Typhon）は地母神ガイアとタルタロスのあいだに生まれました。その姿は蛇のように長く、1000の顔を持っていました。背中には羽を生やし、目から炎を放つ恐ろしい怪物でした。
彼をはじめとした巨人族はオリュンポスの神々へ反乱を起こしますが、主神ゼウス（Zeus）によってことごとく鎮圧されてしまいます。ティターン族が戦いに敗れたあと、ゼウスに勝負を挑んだのがテュポンでした。しかし、ゼウスに味方した運命を司る3人の女神が、テュポンにある果物を食べさせます。それは、食べたすべての者に死をもたらすといわれるリンゴでした。毒が体に回り、衰弱してきたところをゼウスによって攻め込まれ、とうとう山の下に押しつぶされてしまいました。

ヘーラクレースの12の試練

ギリシアの王・エウリュステウスがヘーラクレース（Herclues）に与えた12の試練の中に、“黄金のリンゴ”を取りにいく話が出てきます。かつて女神ヘーラーが地母神ガイアから与えられたものに黄金の木があり、その枝に実を結ぶのが、ヘーラクレースの求める黄金のリンゴなのでした。
彼はまず、巨人プロメテウスのもとへ向かいました。事の始まりを話して助言を求めると、
「果樹園のリンゴは自分で取りにいってはならない。ほかの者に取らせるのだ」という言葉を得ました。さらに話を聞くと、黄金のリンゴが実る果樹園を管理しているのは巨人アトラス（Atlas）の娘・ヘスペリデスたちだということでした。そこでまず、ヘーラクレースはアトラスに近づきました。
「あなたさえよければ、天を担ぐのは私が肩代わりしましょう。そのかわり、あなたにお願いしたいことがあります」と彼はいいました。
「あなたの娘さんが管理している果樹園からリンゴを取ってきていただきたいのです」
アトラスは「よかろう」と、いとも簡単に了承し、果樹園へ向かいました。そうして娘たちをいいくるめ、リンゴを手に入れてきます。ヘーラクレースのところに戻ってきたアトラスは、「私がかわりにエウリュステウスのもとへ届けよう」といいました。
自分に課せられた罰から逃れることができたアトラスは、ほかの巨人たちに呼びかけ、再びオリュンポスに反乱を企てようと考えていました。しかしその魂胆を、ヘーラクレースはとうに見抜いていました。そこで、
「分かりました。それでは少しでいい

ので、天空を担いでもらえませんか？」と答えます。あっさりと天を担ぎ直したアトラスに向かい、

「あなたは私を騙そうとしましたね。あなたがオリュンポスの神々に反乱を起こすなど、私はとうてい許すことができません。ですから、このリンゴは私が王へと届けてまいります」

ヘーラクレースはそういい、黄金のリンゴを抱えてアトラスのもとから去っていきました。

トロイ戦争の発端

ギリシア神話で戦いと知恵の女神とされるアテーナー（Athena）は、同じオリュンポスの神であるペレウスとテティスの婚礼に招待されました。ほかにもあまたの神が列席する豪華なものでしたが、その中にひとりだけ招待されない女神がいました。不和を呼ぶ女神のエリスです。彼女は自分だけがのけ者にされたと怒り、黄金のリンゴを婚礼の席へ投げ入れました。

そのリンゴには“一番美しい方へこの実をお贈りします”と書かれてありました。それを見つけたアテーナー、ヘーラー（Hera）、アフロディーテー（Aphrodite）は、我先に奪い合い、「このリンゴは自分のものだ」といい張って譲ろうとしませんでした。結局この争いは主神ゼウスの審判にゆだねられることとなりましたが、彼はまったく乗り気ではありません。とりあえず、女神たちをイダ山へ向かわせることにしました。そこには羊飼いの少年であるパリス（Paris）がおり、彼にこの顛末を審判させせようとしたのです。

イダ山に着いたアテーナー、ヘーラー、アフロディーテーはパリスの姿を見つけ、近づきました。そして3人は口々に、少年に向かっていいました。

まず、ヘーラーが口を開きました。

「パリスよ、私たち3人の中で一番美しいのは誰だと思う？　もし私であるというなら、限りない富と力をそなたに授けましょう」

アテーナーはパリスにこう持ちかけます。

「私が一番美しいといってくれるのなら、功名と名誉をお前に一生与え続けましょう」

アフロディーテーはいいました。

「パリスよ。この私が誰よりも美しいと思うなら、遠慮しなくてもよいのです。お前にはこの世で一番美しい女を妻として与えましょう」

そういわれたパリスは、女神たちから渡された黄金のリンゴをアフロディーテーに渡し、一番美しいのは彼女だと答えました。

その日から、パリスはヘーラーとアテーナーの憎悪の的となりました。彼の危機を察知したアフロディーテーは、すぐギリシアに送り届け、王メネラオスのもとへ遣わせました。しかしパリスは、そこで出会った王妃ヘレネー（Helen）の美しさに一目惚れしてしまいます。彼女は、世界で一番美しい女性といわれていました。そのため求婚者も後を絶たず、彼らの争いはいつ終わるか予想もつきませんでした。そこへオリュンポスの神オデュッセウス（Odysseus）が乗り込み、“すべての迫害からヘレネーと、彼女が愛している男を守る。場合によっては復讐も

厭わない”と宣言しました。その甲斐あり、ヘレネーは求婚者のひとりであったメネラオスを選び、幸せに暮らしていたのでした。

しかしパリスはヘレネーへの思いを断ち切れず、彼女を伴って故郷のトロイアへ帰ってしまいます。実のところアフロディーテーは、ヘレネーが数ある女性の中で一番美しいことを知っており、自分を3人の女神の中で一番美しいと認めてくれたパリスと出会わせるよう仕向けたのです。結局は人妻を奪う形となってしまいましたが、彼女はパリスへの約束を果たしたことにもなりました。そしてこの顛末が、そののち10年以上続いたトロイアとアテーナイの戦争へとつながっていくのです。

知恵の果実とは？

『旧約聖書』に登場するアダム（Adam）とイヴ（Ive）が食べた“善悪を知る果実”はリンゴである、という説がよく知られています。しかし、この定義は聖書自体には見当たりません。『旧約聖書』の「創世記」2章9節、3章6節では、神が庭園に「命の木と善悪の知識の木を生えさせたあと」、蛇の誘惑に負けたアダムとイヴはそそのかされるままに「善悪の知識の木になる」果実を食べてしまいます。事実を神に知られたふたりは楽園から追放され、人間に与えられるすべての苦しみを背負わされることになったと述べているだけです。

この説の発端は、『旧約聖書』をモチーフに叙事詩『失楽園（Paradise Lost）』を執筆したジョン・ミルトン（John Milton 1608～1674）に始まるものでした。

「その枝のあたりから何とも言えぬ甘い香りが漂ってきて、私の食欲をそそりました。それは、あの馥郁たる茴香《かいこう》の香りよりも、また子羊や山羊が夕方になっても遊んでくれないので、乳が滴り落ちている雌山羊や雌羊の乳房よりも、さらに私の食欲をそそりました。その美しい林檎の実を味わいたいという烈しい欲望にかられ、それ以上ためらう気持ちをきれいに捨てました」

しかし、モルデンケは『聖書の植物』の中で、描かれている木がリンゴであるとする説を否定しています。『失楽園』の中にあるリンゴの描写が、その当時のものとはそぐわないというのが根拠のひとつです。リンゴの原種といわれるクラブアップルは果実も小さく酸味が強いため、食用に向かなかったからです。彼は『旧約聖書』の内容から考えて、“善悪を知る果実”をアンズと考えています。パレスチナ近辺で調査隊がアンズの木を目にした事実をあげているのですが、現在ではアンズの原産地は中国北部と確定されており、小アジアやギリシアに伝わったのは紀元前4世紀のアレクサンダー大王の時代です。しかし聖書の成立時期は最古でも紀元前900年とされているため、『モーセ五書』のひとつである「創世記」の時代背景とは一致しないのです。

“善悪を知る果実”と考えられているものは、リンゴのほかにもイチジクやオレンジなど諸説があり、現在もはっきりと確定されていません。

ニュートンのリンゴ

イギリスの科学者アイザック・ニュートン（Sir Isaac Newton 1642～1727）については、自宅にあったリンゴの木から実が落ちるのを見て「万有引力の法則」を発見したというエピソードがよく知られています。しかし、この話はフランスの哲学者ヴォルテール（Voltaire 1694～1778）がニュートンの姪に聞いた話として伝えたもので、真偽のほどは定かでありません。実は“ニュートンのリンゴ”と呼ばれた木はすでに枯れてしまっており、現在は接ぎ木をして増やした2世代以降の木が栽培されています。この木は“ケントの花（Flower of Kent）”というもので、生食用ではなく料理用として使われました。渋みと酸味が強いため食用には向いていないとされましたが、早めに収穫して貯蔵し、追熟《ついじゅく》させると甘く、酸味も効いたいい味になるため、食用にもされています。

昭和39年（1964）、イギリス物理学研究所から日本学士院にニュートンのリンゴの苗木が寄贈されました。しかし、防疫検査により高接病《こうせつびょう》ウイルスに汚染されていることが発覚します。高接病とは、リンゴの台木が衰弱し、壊死を起こして樹木全体が枯れてしまう病気です。ウイルスに感染した苗木を接ぎ木に使うために起こるもので、一時は焼却処分が検討されました。しかし、学術上貴重なものであることから、東京大学理学部附属小石川植物園に隔離され、ウイルス除去の研究対象となりました。昭和55年（1980）、ようやくこの木からウイルスに汚染されていない接ぎ穂の切り出しに成功します。これ以降、ニュートンのリンゴは国内各地に移植され、日本でも広く栽培されるようになりました。

リンゴと歌

島崎藤村（1872～1943）は処女詩集『若菜集』で、“まだあげ初めし前髪の 林檎のもとに見えしとき”で始まる「初恋」という詩を発表しています。このころにはセイヨウリンゴが日本にも定着しており、果樹園の光景に着想を得たと考えられます。

日本の歌謡曲の中でリンゴをモチーフにしたものに、並木路子『リンゴの唄』、美空ひばり『リンゴ追分』があります。どちらの曲も太平洋戦争に負けた当時の日本の世情の中で、爆発的にヒットした歌です。リンゴの赤い色にもう一度希望を託した人々の思いとうまく重なっていたのかもしれません。そのほかにも、三橋美智也『リンゴ村から』、野口五郎『青いリンゴ』などがあります。

Pear

ナシ

新品種はとんでもないところから

ナシはバラ科ナシ属の果樹で、春にノバラに似た白い花を咲かせ、秋に実をつけます。リンゴとは近縁にあたり、互いに接ぎ木することができます。現在の中国の西部から南西部に自生していたヤマナシが、7000万年前の白亜紀に分布を広げたものと推定されています。このうち中央アジアを経てコーカサス地方で発展したのがセイヨウナシで、東に広まったのがアジアナシ、天山山脈北で交雑したのがチュウゴクナシです。

セイヨウナシ(またはヨウナシ)はヒョウタンに似た形の果実で、果肉が固いうちに収穫し、7日から20日かけて追熟《ついじゅく》させます。英語ではペアー（Pear）ですが、クリームのような柔らかさと濃厚な甘み、甘い芳香の高さからフレンチ・バター・ペアー（Frenchi Butter Pear フランスの乳白《バター》梨）と呼ぶこともあります。1世紀のローマの博物学者・大プリニウスの『博物誌』によれば、当時すでに小アジア、ギリシア、イタリア、北アフリカ、イベリアなどの地中海沿岸で、広くセイヨウナシを栽培していました。

チュウゴクナシは形状こそセイヨウナシに似ていますが、食味はアジアナシに近いものです。紀元前1世紀に司馬遷が記した『史記』に、すでに栽培法が記されています。

アジアナシは果実が丸く、木につけた状態で果実を完熟させます。果肉は水分と糖分が多く、酸味はほとんどありません。硬い石細胞を多く含むため、シャリシャリとした歯ごたえがします。このため英語ではサンド・ペアー（Sand Pear 砂梨）といいます。日本でも最古の栽培果樹といわれるほど古く、静岡県にある弥生時代の登呂遺跡からも、炭化したナシの種子が発見されています。また、日本最古の歌集『万葉集』の詠み人しらずの歌「成棗《なしなつめ》 寸《き》三《み》二《に》粟嗣《あわつぎ》 延《は》田《ふ》葛《くず》乃《の》 後《のち》毛《も》将《あ》相《わ》跡《むと》 葵《あふひ》花咲《はなさく》」でも、ナツメやキビ、アワとともに、秋の産物として並べられています。

洋の東西を問わず、古くから愛されてきた果実なのです。

名前の由来

非常に古くからあるため、“ナシ”の語源は、はっきりしません。果肉の色から“中白《なかしろ》”だった、芯が酸っぱいため“中酢《なかす》”といったという説がありますが、まゆつばものです。ワリンゴの仲間で小さな実がなるカラナシの木が“柰”に実を意味する“子”をつけた“柰子“の音読からナシとなったという説が有力です。『和名類聚抄』にも“奈之”とあります。

“ありのみ”と呼ばれることもありますが、これは“ナシ”が“無し”につながり縁起が悪いと、逆の言葉をあてたものです。

英語の“ペアー”は、ラテン語で「ナシの実」を意味するPirumがもとになっています。ナシ属の学名*Pyrus*も同語源です。

漢字では“梨”と書きます。この字の冠“利”は、鋤《すき》で耕すという意味です。人の手で栽培された果樹なため、“梨”としたのです。また美味しい実、つまり利益を生む木という意味もあります。

誕生花と花言葉

ナシは4月20日の誕生花で、花言葉は“博愛”と“和やかな愛情”です。花の風情だけでなく、果実の穏やかな味わいからつけられた言葉でしょう。

さまざまな用途

ナシ、ヨウナシともに、果実は生食するほか、ジャム、タルトやシャーベットなどのお菓子にも使われます。また酒も造られており、果汁を発酵させたワインのほか、スピリッツや焼酎に果実を漬け込んだリキュールや、ワインを蒸留してブランデーにもなります。フランスのアルザス地方ヴィレ町の名産ポワール・ウィリアムス（Poire Williams）は、セイヨウナシの香りが立つブランデーの逸品です。

大プリニウスの『博物誌』では、ナシを煎じたものに胃の働きを助ける効果があるとしています。漢方医学では、ナシは咳を鎮め喉を癒やすほか、緩下剤にもされます。これはナシの実に含まれる石細胞が消化されず、胃腸を刺激する作用によるものです。また、果実に多く含まれるカリウムは高血圧に効き、糖分とアスパラギン酸は疲労回復に役立ちます。

梨園の音曲

8世紀の中国の王朝・唐の玄宗は歌舞音曲を非常に愛し、音楽を司る部署を改革して、音楽を教える学坊の最上位に“梨園《りえん》”を置きました。この呼び名は、建物が禁裏のナシ園に造られたことによります。玄宗自らが指導することもあったので、この学坊に入れることは名誉であり、皇帝梨園弟子《こうていりえんでし》と呼ばれました。

梨園は玄宗の治世の末期に起きた安史の乱によって失われましたが、収まったのち再建されました。制度としては唐の崩壊とともになくなりましたが、芸能の最高峰として“梨園”という言葉は残り、のちに京劇の世界を指すようになりました。

我が国でも、江戸時代に京劇と同じ舞台劇・歌舞伎の世界のことを指すようになりました。現在でもこの言葉は残っていて、歌舞伎の名門の御曹司を「梨園の貴公子」と呼ぶのです。

ナシの木の呪い

羅貫中《らかんちゅう》の『三国志演義』によれば、英傑のひとり・魏《ぎ》の曹操《そうそう》が宮殿を造営しようとしたとき、名工の蘇越《そえつ》は洛陽（河南省洛陽市）郊外の躍龍潭《やくりょうたん》にある、高さ20メートルを超える大きなナシの神木を梁に推薦しました。そして人足を連れて伐採に行ったのですが、神宿る木なためか斧の刃も立ちません。

この報告を受けた曹操は「神であろう

と私に逆らうことは許さん」と怒りました。そして自ら現場に赴き、剣を抜いてナシの大木に切りつけます。すると剣は木に食い込み、そこから血のような赤い樹液が噴き出したのです。怯える蘇越や人足に、曹操は「木が祟るとすれば私であろう。心配せずに伐りなさい」と告げて帰りました。

その晩、ナシの木の神が夢に現れ、曹操に斬りつけました。以来、彼はひどい頭痛に悩まされるようになり、のちにこの病が原因で命を落としたのです。

ナシ売りと道士

17世紀中国の作家・蒲松齢《ほしょうれい》の伝奇集『聊斎志異《りょうさいしい》』によれば、市場である百姓が、香り高く甘いナシを売っていました。とても美味しいので、高値でも買う人は後を絶ちません。

そこにボロボロの衣服を着た道士がやって来て「ひとつ、めぐんでくださらんか」と頼みました。百姓は、高く売れるものをタダで渡すのは嫌で、にべもなく断ります。それでも道士がほしがったので、近くの店の主が憐れみ、1個買って与えました。すると道士は「私はたくさんの美味しいナシを持っています。みなさんに分けてあげましょう」と、意外なことをいい出しました。見ていた者たちは「持っているならなぜほしがったのか？」といぶかります。

その前で道士はもらったナシを食べ、種を取り出して地面にまきました。すると、あっという間に木が生えて、見事なナシをたわわに実らせたのです。道士はそれを、次々ともいでは人々に配りました。やがて実をすべて取ってしまうと、道士はナシの木を伐り倒し、担いで去っていきました。

あっけに取られて見ていた百姓が気づいてみると、荷車いっぱいにあったナシの実が、ひとつもなくなっていました。そして百姓の持っていた棒が、半分に切れていたのです。実はあのナシの木は棒で、実はすべて荷車から盗ったものだったわけです。

百姓が悔しがるのを、市場の人々は「あんまりケチケチするからだ」と笑いました。

意外な発見

明治21年（1888）、千葉県松戸市に住む13歳の少年・松戸平八郎は、親類宅の裏庭のゴミ捨て場に小さなナシの木を見つけました。そこで、父親が経営するナシ園に植えて、育てることにします。

10年後、ついに実ったナシは、それまでのものよりずっと大きく、果肉が白く、口当たりもよくて汁気も多い美味しいものでした。この新種は初め“太白”と名づけられましたが、明治38年（1905）に種苗家の渡瀬寅次郎により“二十世紀”と命名され、ナシ苗のカタログに掲載されました。「広く世界に目を向け日本をよい国へという夢を持ち、20世紀を支配する果物のひとつにとの願いを込めて」命名された名前です。ちょうど世紀が代わったばかりで、進取の空気盛んな時期でした。

二十世紀は現在でも高級ナシであり続けています。また、現在一般的な“幸水”などナシの品種の8割が、二十世紀を交配して作られたものです。渡瀬の願いが通じたのでしょう、20世紀はおろか21世紀の現在でも、このナシの魔力は続いています。

人為ではなく、偶然から見つかった素晴らしい品種“二十世紀”は、自然の采配の妙を私たちに教えてくれているのです。

Berry

ベリー

悪や不正に毒されず自己を全うする正義の士

ベリーとは、果汁が多い小さな果実、漿果《しょうか》のことです。イチゴ、キイチゴ、ブルーベリー、スグリなどが代表的なもので、主に北半球の温帯から冷帯で広く自生・栽培され、食用にされています。

オランダイチゴ（ストロベリー Strawberry）はバラ科オランダイチゴ属の一年草です。通常“イチゴ”というと、この果実を示します。一年草に実るため、農林水産省の分類では野菜ですが、一般的には果物として扱われています。花は桜や桃に似ていますが、花弁が7枚から8枚で、雄しべ、雌しべともにずっと多いのが特徴です。食用にする赤い部分は花托《かたく》で、本当の実は表面にある粒々の部分です。14世紀に南アメリカ原産の野生種（キタヘビイチゴ Wild Strawberry）の栽培が始まり、16世紀のオランダで現在栽培しているものの祖先が作り出されました。

キイチゴ（ラズベリー Rapsberry）は、バラ科キイチゴ属の蔓性の落葉樹です。東アジアからアメリカにかけての北半球に多く分布しています。日本に自生するキイチゴの仲間・クサイチゴは地面に広がりますが、木部が残るため名前に反して草ではありません。果実は小さな実がたくさん集まった集合果をつけます。春から夏にかけてイチゴとよく似た花をつけますが、年に1回だけ実がなるものと2回収穫期があるものがあります。果実が熟れても白い白色種、オレンジ色になる黄色種、赤くなる赤色種などがあります。多くの種は幹や枝に鋭いトゲがあり、果実の採取にあたっては気をつけなければ擦り傷や刺し傷を作るハメになります。クロミキイチゴ（ブラックベリー Blackberry）も、キイチゴの一種です。ラズベリーには集合果の中心に空洞がありますが、ブラックベリーにはないのが区別のポイントです。

ブルーベリー（Blueberry）は、ツツジ科スノキ属の低木です。主に温帯から冷帯のアジア、ヨーロッパ、北アメリカに仲間が分布しています。スノキ、コケモモ（カウベリー Cowberry：牝牛のベリー、牧場によく生えることから）、ツルコケモモ（クランベリー Cranberry 蔓 crane＋berry）がこの仲間です。ブルーベリーは青紫色ですが、その仲間は赤、青、紫、黒とさまざまな色があります。マーク・トゥウェインの『トム・ソーヤの冒険』

や『ハックルベリー・フィンの冒険』に出てくるキャラクターの名前であるハックルベリーも、北アメリカ原産ツツジ科のベリーの仲間で、ブルーベリーより小さく酸味が強いほか、種が多く皮がやや堅いのが特徴です。北アメリカ原産のツツジ科のベリーには、アルブツス属のイチゴノキもあります。こちらはヤマモモのような突起が多数つき、熟れると赤くなる大きめの果実が特徴です。

スグリ(グースベリー Gooseberry)は、スグリ科スグリ属の低木です。リキュールやジャムで知られるクロスグリ（カシス Cassis）もこの仲間です。熟したときの色は緑、赤、黒っぽい濃紫とさまざまです。

このほか、別項で紹介したクワの実(mulberry)や、北海道名産のハスカップ（Honnyberry）、ヤマモモ科ヤマモモ属のヤマモモやナツグミなど、グミ科グミ属の果実もベリーに入ります。

いずれも野生種が多く自生していたため、栽培の歴史は浅く、ほとんどは20世紀になってからです。

誕生花と花言葉

イチゴは3月31日、4月13日、5月7日の誕生花です。花言葉は“先見”と“無邪気”です。後者は亡くなった子供に与えられた食物という伝承によるものでしょう。

キイチゴは3月4日の誕生花で、花言葉は“深い後悔”と“愛情”です。仲間のブラックベリーは11月23日の誕生花で、“人を思いやる心”が花言葉です。

ブルーベリーは8月30日の誕生花で、花言葉は“思い続ける”です。

スグリは7月7日の誕生花です。“期待感”が花言葉なのは、花開くことで、冬の長い北ヨーロッパの人々が待望する春が来たことを告げるためでしょう。

彩を添える

ベリーは生食されるほか、乾果やジャムにもされます。酸味を生かして料理のソースとしてもよく使われます。ヨーグルトやデザートにはブルーベリー・ソースやラズベリー・ソースが添えられることがあります。クリスマスに食べられるロースト・ターキーには、クランベリー・ソースが使われます。果汁を発酵させてワインも造ります。

お菓子の材料や飾りつけにも、ベリーは欠かせません。ラズベリーやブルーベリーをたっぷり載せたタルトは、目にも鮮やかで食欲をそそります。ショートケーキからイチゴがなくなったら、ずいぶん寂しい印象を受けるでしょう。ベリーは鮮やかな色合いで、食卓に彩《いろどり》を添えるのです。

それだけではありません。ベリーの多くはビタミンCを多く含み、疲労回復に役立ちます。ブルーベリーの仲間やハスカップは、ポリフェノールの一種アントシアニンを多く含みます。目の疲れや肝機能の改善に効果があるという実験結果が出ており、健康食品としても期待されています。

女神から聖母へ

イチゴは、キリスト教では“正義”を

表す象徴として使われます。ヨーロッパには昔から、違う植物を一緒に植えると互いに相手に影響を与え合うという考え方があり、プラスになる場合もあるが、相手を苦しめることのほうが多いとされました。ところがイチゴは、イラクサのような嫌な植物の下で育てられても美味しい果実をつけるので、周囲の悪や不正に毒されずに自己を全うする正義の士にたとえられたのです。

またキイチゴは、もともと北欧の女神フリッグに捧げられた果物でした。北欧では赤い食べ物は死者のためのものだという考え方があり、フリッグは死んだ子供たちにイチゴを食べさせて、天国へ送ったのです。

やがて北欧にキリスト教が広まってくると、この属性は聖母マリアに代わっていきます。こちらではマリアはイチゴが大好きで、天国の門に唇にイチゴのしみをつけた母親が来ると、慈悲深い聖母にもかかわらず「私の畑から盗みを働いた！」と地獄行きにするという話に変わっています。天に召される幼児のためのイチゴを、母親が奪わないようにと怒ったのでしょう。

悪魔の恐れる木

またイギリスでは、ブラックベリーはイエスが磔にされたときに茨の冠として使われたことから、悪魔が苦手とする木だとされています。エジプトのシナイ山でモーゼの前に天使が姿を現したとき、燃やされたのがこの木だといわれます。そのため悪魔は毎年10月28日の聖シモンの日に、ブラックベリーの周りを踏みつけ、生えないようにしてしまうのです。しかしブラックベリーの分布地はヨーロッパから北アメリカですから、イエスのいたパレスチナやエジプトで使われたというのは、おかしな話です。

実はこの悪魔は妖精です。実際アイルランドには、妖精のプーカがブラックベリーの木に悪さをして葉を枯らしてしまうという話があります。秋になると葉を散らしてしまうのを妖精の仕業と考えていたのが、キリスト教の広まりとともに悪魔の仕業と考えられるようになったわけです。

王女と王子

イギリス南西部のコーンウォール州は、ブラックベリーの名産地です。土地が痩せているため、貴重な食物でもありました。

そのため、ブラックベリーにまつわる話が伝えられています。

その昔、気難しく意地の悪い男に、オールウェンという娘がいました。聡明で気立てもよく美しい女性です。彼女にはガーサという双子の姉がおり、こちらは父親に似て腹黒く嫉妬深い性格でした。とはいえ、ある日王子が1杯のミルクを請いにくるまで、姉妹でいさかいを起こすことなどなかったのです。このとき応対し、ミルクをあげたのはオールウェンでした。王子は心優しい彼女に心惹かれ、オールウェンも好意を抱きます。

これを見たガーサは、妹に代わり自分が王子を誘惑して玉の輿に乗ろうと画策しました。父親も賛成して、オールウェンを魔女に預けてしまいます。1日かそ

こうして再び王子がミルクをもらいにきたとき、ミルクを注いだのがオールウェンでなかったことを知って、王子はとても悲しそうな顔をします。ガーサは妹に嫉妬し、ますます憎むようになりました。

一方王子は、オールウェンの居所を捜します。そして宮廷魔術師の力も借りて、魔女の小屋にいることをつきとめ、会いにいきました。すると魔女は「すでにオールウェンは亡くなった」と告げました。その言葉通り、魔女の小屋にオールウェンの姿はなく、墓と教えられた場所には大きく茂ったブラックベリーの木が、季節外れの花を咲かせているだけでした。王子は悲しみに沈みながら城へ帰ります。

王子が去ったあと、あのブラックベリーの木がオールウェンになりました。実はガーサや父親の頼みで魔女によって姿を変えられており、王子を騙せたので、もとに戻してもらえたのです。ただ、魔女にも誤算がありました。宮廷魔術師は魔女より一枚上手で、このことに気づいていたのです。そこで王子に真実を確かめさせるために、アカアシガラスに変身させてオールウェンのもとに行かせました。

愛しい人の姿を見た王子は非常に喜び、急いで変身を解き彼女の前に立ちました。人の姿になった王子を認め、オールウェンも「この世が続く限り、あなたとともにまいりたいのです」と願いました。ふたりはしっかりと愛を確かめ合います。しかし、すぐに魔女に見つかってしまいます。オールウェンは再びブラックベリーの木にされてしまい、王子はカラスに変身して城に逃げ帰るほかありませんでした。不誠実で腹黒な父と姉は、王子に出し抜かれたことを憤り、呪いの言葉を吐きます。

「オールウェンは永遠にブラックベリーになってしまえ！　そのブラックベリーの実は、代わる代わる緑と黒になれ！　そして酸っぱくなれ！　茎はトゲで覆われよ！」

呪いは現実のものとなり、ブラックベリーはトゲトゲだらけで、果実は緑から黒くなる酸味があるものになったわけです。

悲しむ王子を再び鳥に変身させ、宮廷魔術師はいいました。

「恋人のところに行って、ブラックベリーの花に口づけなさい。そして実が最も甘くなったときに、摘んで持ってくるのです」

王子はその言葉に従い、飛んでいって花にキスをしました。そしてブラックベリーの実が黒く熟れ、たっぷりと蜜を蓄えたときに採って魔術師のもとに持っていきました。すると宮廷魔術師は呪いを解き、オールウェンは美しい姿を取り戻すことができたのです。

冬と夏の精

ネイティブ・アメリカンの民話には、イチゴノキの話があります。

冬の精《マニトゥー》老ピーボワンは、そのときぼろぼろになったテントの中に、ひとり座っていました。頭の毛はすっかり薄くなり、残りも白く染まっていました。鼻のところまで毛皮で包んでいましたが、寒さと、さらにひどい空腹のためすっかり弱っていました。何しろもう3日も外を歩き回っても、何の獲物も得られない日が続いていたのです。ピーボワンは神に訴えました。

「わしだ。冬の精のピーボワンだ。もう食物がないのだ。すっかり歳を取って、足が重い。だというのに、北のほうまで行って、白熊を獲れというのか」

ピーボワンはわずかに残る火に、そっと息を吹きかけました。しばらくすると、炎がメラメラと燃え上がり、まるで温かな風がテントを駆け巡ったような心地になりました。神が彼の訴えを聞き届けたのです。

やがてテントの入り口が持ち上げられ、美しい少女が小鹿のような瞳をきらめかせながら入ってきました。頬はバラ色に輝き、緑の黒髪はしなやかに流れて体を覆っています。彼女の服は甘い草と若葉で綴られ、両の手には柳の若枝が携えられていました。少女はセガンと名乗ります。

セガンを火のそばに誘って、ピーボワンは尋ねました。

「わしは神に助けを求めたところだ。で、あんたは何ができなさるのかね？」

セガンは「あなたこそ、何ができるの？」と問い返します。

「わしは冬の精だ。若いころはそれは強かった。ほんの一息吹きかけるだけで、河は凍って流れがよどみ、葉は枯れ落ち、花はしおれたものさ」

「私は夏の精です。私が息をすると花が開き、私が歩くと凍りついた河も解けて流れ始めます」

ピーボワンが雪や寒さをもたらす力と厳しさを示せば、セガンも温かな雨で大地を育み、豊かな世界を力強く謳いました。

「ピーボワン、もうあなたはここに留まることはできません。偉大な神は、あなたの季節が終わったことを告げるために、私を遣わしたのです」

ピーボワンは顔を上げ、寒さに耐えるように毛皮を引き寄せました。くずおれるようにして体を地面に横たえると、雪解けの水が滴るような音が響き始めます。セガンがピーボワンの体の上で手を振ると、老いた冬の精はだんだんと小さくなり、ついには消えてしまいました。彼のまとっていた毛皮は緑の葉となり、テントは1本の木になりました。葉にはまだ凍てついているものもありましたが、セガンが髪の中に入れると花に形を変え、吐息をかけると生き生きと蘇り、芳香を放つようになったのです。

このときできたのが、イチゴノキの初めといわれています。イチゴノキの花は、春を象徴するものだったのです。

可愛いイチゴ

メディアワークスの《月刊コミック電撃大王》で連載中の『苺ましまろ』は、小学生の女の子4人と、彼女たちにお姉さんと慕われる高校生の日常を、フワフワとした絵柄で描いた作品です。小学生たちは生意気だったりボケていたり、それぞれ個性的ですが、平成17年（2005）にアニメとゲームに進出しました。

キティやミッフィーなどの愛らしいキャラクターで知られる株式会社サンリオの広報誌が《いちご新聞》です。

小さく赤いイチゴの実を見ると、可愛らしい感じがします。上記のふたつは、いずれもその可愛らしさをたとえて名づけられたタイトルでしょう。

青春の味

イチゴの見た目は可愛らしさですが、味もまた別のものを象徴しています。

スチュワート・ハグマン監督、ジョージ・クネン原作の『いちご白書：The Strawberry Statement』(1970) は、コロンビア大学での学生闘争の姿を描いています。革命運動家リンダに恋をした普通の学生サイモンは、その想いから学生運動に身を投じます。しかしやがて当局と衝突し、さなかに引き離されるふたり……と、社会的な題材に若い男女の悲恋を織り込んでいます。ちょうど東大の安田講堂攻防戦直後とあって、日本でも多くの人がシンパシーを感じた作品で、この映画をもとに松任谷由実（当時は荒井由実）は『「いちご白書」をもう一度』という歌を作っています。

集英社の《週刊少年ジャンプ》で連載していた『いちご100％』は、中学3年のときに校舎の屋上で出会ったいちごパンツの美少女に恋をした少年・真中淳平が魅力的な女の子たちに翻弄される、思春期の出来事を描いています。

アニメ『超時空要塞マクロス』のリン・ミンメイ役として有名な飯島真理のデビュー・アルバム『Rosé』収録の「ブルーベリー・ジャム」(1994) は、坂本龍一がプロデュースした、優しくも切なさを感じられる曲です。アルバムが出て17年、若かりし日に思いを馳せるにもいい歌です。ちょうどブルーベリーが一般に出回るようになり始めたころだったため、この歌で「ブルーベリー・ジャムを食べてみたい」と思った方もいるようです。

ベリーの甘酸っぱい味わいは、青春時代にピッタリなのです。

Mulberry

クワ

絹は馬とともに海を越えて扶桑の国へ

クワ科クワ属の植物の総称です。24種1亜種が、東アジアを中心にユーラシア大陸に分布しています。3月から4月に花が咲きますが、1ミリメートル程度の小さな花が穂のように集まったもので、花びらも薄い黄緑色なため目立ちません。5月から6月にかけてキイチゴに似た果実をつけます。完熟した果実は黒に近い濃い赤紫色で、強い甘みと若干の酸味があります。例外としてアカミグワのように黒くならず赤く熟すものや、トウグワのように実が白いままの種もあります。養蚕が盛んな東アジアでは、果樹としてよりも葉が蚕の飼料になる木として知られています。

古代文明とともに

原産は中国東部から朝鮮半島とされています。実際、中国における養蚕の歴史は古く、4500～5000年前からすでに絹が使われていました。クワの栽培も、ほぼ同じころに始められたと考えられます。

蚕がいないヨーロッパでは、実を食用とする果樹であるクロミグワが昔から親しまれています。大プリニウスの『博物誌』にも「接ぎ木や挿し木などの方法も、クワについては研究されていない」とあるように、栽培するものではなく、ノイチゴやキイチゴのように天然の実りを喜ぶ果物でした。

クワの語源

クワの語源は、蚕の幼虫を意味するコ＋葉で、発音は koha であったものが kuha と変化し、ha と wa が混用される日本語の性質のためクワになったのでしょう。実際、旧かな遣いでは“くは”と表記しています。

漢字の“桑”は、「柔らかな葉が茂った木」を表しています。

英語のマルベリーは、ラテン語で「クワ」を意味する“morus”に、「水分の多い食用小果実」を意味する“berry”がついてできた言葉です。

誕生花と花言葉

クワは10月8日の誕生花です。花の見栄えがしないため、秋になると徐々に黄色に染まる葉から決められたのでしょう。花言葉は“知恵”と“私を裁け”。どちらも後述のギリシア・ローマ時代の伝説から生まれたものです。

見直されるクワ

クワの実は生食されるほか、砂糖漬け、蜂蜜漬け、果実酒などに利用されます。

クワの木そのものは美しい木目と堅さからクワ材として、和ダンスや鏡台、将棋の駒などに使われます。江戸指物には伊豆七島産の“島桑”が使われます。丈夫なため、縄文時代には船の櫂《かい》にも使われていました。福井県若狭町の鳥浜貝塚から、5000～6000年前のクワやケヤキ製の櫂が50本以上出土しています。

クワの葉は前述のように蚕の飼料にされます。このほか最近では、ミネラル、ビタミン、ポリフェノール、フラボノイドを豊富に含み、糖の消化を抑制し血糖値を下げるデオキシノジリマイシンという特有物質があることが注目され、健康食品にもなっています。養蚕が廃れてきた今、別方面からクワが注目されるようになっているのです。

知者を求む

クレタ島の王ミーノース（Minos）の幼い息子グラウコス（Glaukos）が行方不明になったとき、王はどうしたらよいかと神託を求めました。すると「王の家畜の中に不思議な子牛がいるので、その子牛が何に似ているかいい当てた者が、見つけて生き返らせてくれる」という答えを得たのです。

果たして、昼のあいだに白、赤、黒と色を変える不思議な子牛が見つかったので、ミーノースは国中の占い師を集めましたが、答えは出ませんでした。そのとき、ちょうど島に来ていた渡り占い師のポリュエイドスがいいました。「その子牛は桑の実に似ています。初めは白く、だんだん赤くなり、終わりには黒くなります」

神託通り、彼はグラウコスを見つけて生き返らせることができました。

赤黒く染まる果実

オウィディウスの『変身物語』には、なぜクワがそのように色を変えるかの説明があります。

バビロンに住むピュラモス（Pyramus）という青年の隣家に、ティスベー（Thisbe）という少女がいました。ふたりは愛し合っていましたが、親同士はいがみ合っていたため、交際や結婚どころか、外で顔を合わせることもできません。仕方なく家のあいだにある壁の、わずかに崩れたところで、隠れるようにして逢い引きしていました。しかし情熱は募るばかりです。そこでついに、夜、町外れにある泉のそばのクワの木のところで待ち合わせ、駆け落ちすることに決めました。

先に来たティスベーは、白い実がたわわになったクワの木陰で、愛する人が来るのを待っていました。そこに獲物の血で口を赤く染めたライオンが、泉で喉を潤しにやって来ます。驚いたティスベーは、つけていたヴェールが落ちるのも気づかず急いで逃げました。ライオンは水を飲んだあとでヴェールを見つけ、引き裂き去っていきました。

やがてピュラモスがやって来ます。血がついて裂けたティスベーのヴェールと、ライオンの足跡を見つけた彼は「自分が待ち合わせに遅れたばかりに、彼女を獣に食わせてしまったのだ！」と思い込み、深く悔やみます。そして後を追おうとヴェールを抱きしめ、短剣を自らの脇腹に突き立てました。飛び散り、根から吸い上げた血で、白いクワの実は見る見る赤黒く染まります。

そこに恐る恐るティスベーが戻ってきて、恋人の姿を捜し始めました。そのうち、ふとクワの実の変化に気づき、恋人の変わり果てた姿を目にします。駆け寄って抱き起こし、必死に声をかけると、ピュラモスは死の眠りに捕らえかけられた目をかすかに開きました。しかしすぐに閉ざされてしまいます。抱きしめられていた血染めのヴェールを見てティスベーは、自分が死んだと勘違いをして、彼が自殺してしまったのだと気づきます。ティスベーはクワの木に「自分たちの死の形見に、嘆きにふさわしい黒い実をつけて」と頼むと、ピュラモスの短剣を胸にあてがい、命を絶ちました。

以来クワの実は、白から血のような赤を経て、黒く染まるようになったのです。

クワの木の子

偉人が不思議な誕生をする話は、洋の東西を問わず珍しくありません。紀元前3世紀に書かれた『呂氏春秋』にも、クワの木にまつわる話があります。

古代夏《か》王朝のころ、ある女性が妊娠し

たとき夢に神女が現れて「臼やかまどに蛙が出たら洪水の前兆です。すぐに邑《むら》を立ち去って、決して振り返ってはならない」と告げました。やがて、予言の通りになります。

母は驚き急いで東に走りましたが、どうしても気になって振り返ってしまいました。すると邑はすでに水没していたのです。しかも「振り返るな」という忠告を破った母は、うろがあるクワの木となってしまいました。

のちにこの木のうろで赤ん坊が発見されます。その赤ん坊が、のちに殷王朝の草創期を支える名宰相・伊尹《いいん》になるのです。

馬の恋愛

4世紀に成立した干宝《かんぽう》撰の神怪譚集『捜神記《そうじんき》』には、蚕に関する話があります。

遠くの任地へ父親が赴任していたある娘がいました。家にはほかに牡馬が1頭いるだけです。留守番をしているのが寂しくなった娘は、馬に「父を連れ帰ってくれたら、結婚してあげる」とこぼしました。すると馬は手綱をちぎり駆け出して、本当に父親を連れて戻ってきたのです。

娘から話を聞いた父親は「家の恥だ！」と腹を立てて馬を殺し、皮を剥がします。娘も自分が頼んだことを棚に上げ「畜生の分際で私を娶ろうなんて考えるから、皮剥ぎにされるのだ」と、牡馬の皮を足蹴にしました。

すると馬の皮が起き上がり、娘をくるんでさらっていったのです。馬の皮は娘ごと大木の枝に取りつくと、もろとも大きな蚕に姿を変えます。その繭は普通より太く厚く、隣の女がこれを取って飼うと、通常の何倍もの量の絹が採れました。人々はその木を“喪《そう》”と同じ音の“桑”と名づけ、この蚕を育てるようになりました。

オシラサマ信仰とクワ

東北地方から関東甲信越地方にかけて信仰される“オシラサマ”という神がいます。東北では養蚕と馬の神であるほか、家、農業、かまどなど、さまざまなものを守る神です。関東甲信越地方では、もっぱら蚕の神とされています。東北の場合、小さなふたつ一組の人形で、芯はクワの木です。関東では多くの場合、馬に騎乗した仏で養蚕の守護者である馬鳴菩薩《めみょうぼさつ》として描かれます。

岩手県遠野地方で語り伝えられるオシラサマの話は、先の『捜神記』のものと似た馬と娘の悲恋です。

昔、あるところに貧しい百姓夫婦がいました。夫婦には娘がひとりありました。飼っている馬と談笑する少し変わった娘です。そのうちに娘は「この馬を愛しております。ぜひ夫婦にならせてください」と親に訴えます。親は怒り、馬をクワの木に縛りつけると、生きたまま皮を剥いでしまいました。やがて馬が息絶えると、その皮が娘を包み、天高く天高く舞い飛んでいき“オシラサマ”という神になりました。

百姓夫婦は悔やみ、3日3晩泣き続けました。すると夢枕に娘が立って「何の親孝行もしないうちに天に来てしまったことをお許しください。来年の3月14日、

土間の臼の中を見てください。そこに馬の頭に似た虫がいます」といいました。

娘はさらに、虫にクワの葉を与えて繭を作るまで育てること、繭から糸を紡ぐ方法、機織りの仕方などを教えます。そして「その布を売って、父さまと母さまの暮らしを立ててください」と伝えて去ったのです。

このオシラサマという呼び名が、何に由来するのかははっきりしません。事件や災害が起きるときに知らせる「お知らせさま」から来た説や、オヒナサマが訛った説などがありますが、蚕や馬とのつながりが説明できません。

養蚕も馬も大陸から渡ってきたこと、東北の伝承が大陸由来であること、シラという発音はもともと新羅《しらぎ》を示すことから、朝鮮半島南東部にあった新羅がもとになっているとする説があります。またオシラサマの中には、芯木にオセンダクと呼ばれる豪華な衣装をまとわせるものがあります。絹に必須である蚕の神だからこそ、豪華な衣装をまとわせるのでしょう。古代日本で絹の生産に従事したのは、新羅から渡来した秦氏で『日本書紀』の雄略天皇十五年の条には「秦酒《はだのさけの》公《きみ》が百八十種勝《ももあまりやそのすぐり》を領率《ひき》ゐて、庸《ちからつき》調の絹《きぬ》縑《かとり》を奉献《たてまつ》りて、朝庭《みかど》に積む」とあります。東北や関東甲信越は、実際秦氏に代表される新羅人が多く住んでいた地ですから、絹の生産を伝えた彼らの神を“お新《し》羅《ら》さま”として祀ったのではないでしょうか。

また、白神大権現と墨書したオシラサマから白山信仰があるともいわれています。これ以外に明確なつながりは確認できませんが、白山信仰が本来朝鮮半島から来たことと、信仰の中心である白神山を開基した僧・泰澄《たいちょう》が秦氏出身だったことから、やはり新羅とのかかわりが見て取れます。また白神山の祭神キクリヒメは、黄泉比良坂《よもつひらさか》であの世から逃げるイザナギと、追うイザナミのあいだを調停した、いわばこの世とあの世をつなぐ女神ですが、東北ではオシラサマもあの世とこの世、ふたつの世界をつなぐイタコの神でもあります。蚕は『荀子』の賦篇に「屢化すること神の如し」とあり、幼虫から繭になり、さらに蛾に変身することで、死して別の姿に転生する神のような虫と考えられていました。となれば、蚕神であるオシラサマが、冥界と現世をつなぐのも不思議はありません。

東北、関東、甲信越は、11世紀の後三年の役で活躍した源義光とかかわりが深い地です。滋賀県の新羅明神《しんらみょうじん》前で元服したことから新羅三郎《しんらさぶろう》と呼ばれる彼の子孫は、北関東の小山氏、常陸の佐竹氏、甲斐の武田氏、東北の南部氏などで、この地域に集中します。実際、オシラサマ崇拝が盛んな青森県には、源義光を祀った新羅神社が、その後裔の南部氏によって数多く建てられています。また、宮城県川崎町には新羅郷と呼ばれた地があり、後三年の役のとき源義光が37人の朝鮮人を率いてきて住まわせたという伝承がありますから、新羅三郎から採った可能性もなくはありません。もっとも、東北の要衝であった胆沢城《いさわじょう》跡から発見された木簡に「白木郷中臣秋《しらきのさとなかとみのあき》」と記されており、同じ場所から発掘された土器が9世紀のものと推定されていますので、実際はさらに以前からこの名前があったことが分かります。

いずれにせよオシラサマは、新羅から渡来した者たちに何らかのつながりがあると思われます。

もっとも、ひょっとするとこの信仰はもっと以前、縄文時代からの伝統なのかもしれません。というのも、青森県青森市にある縄文時代の三内丸山遺跡から、大量のクワの種子が発見されているのです。発掘の結果、クワはもっぱら食用または酒造用であったと考えられていますが、栽培技術とともに養蚕伝説や蚕が伝わった可能性もあります。

また馬娘婚礼譚は、鳥取県や島根県にも残っています。こちらも古代に一大文化地域であった出雲のあたりです。ひょっとすると馬娘婚礼譚は、古代の先進地域であった証拠なのかもしれませんね。

Grape

ブドウ

イエス・キリストの血と体、善行の象徴

ブドウは、ブドウ科ブドウ属の蔓性果樹です。変形した巻き髭でほかの木などに絡みつくので、栽培するときには虫害予防のため接ぎ木を行い、棚にしつらえた柱に巻きつかせ繁殖させます。世界で最も品種の多い果実で、その数は1万以上に上るともいわれています。中央アジア、小アジア原産のものと北アメリカ原産のものとに大別され、それぞれヨーロッパ種、アメリカ種と呼ばれます。歴史的にも非常に古く、新石器時代の野生種にまでさかのぼります。紀元前2000年ごろにはメソポタミアで栽培が始まっていたという記録も残っています。

日本へは、平安時代ごろに中国を経由してヨーロッパ種が輸入されました。鎌倉時代初期には甲斐国（現在の山梨県）勝沼で栽培されており、「甲州」と呼ばれる特産品として珍重されました。山ブドウも品種のひとつですが、輸入される以前から日本に自生していたもので、ここで取り上げたブドウとは別の系統になります。初夏に緑色の小さい花が集まって咲いたあと、秋に紫色や薄緑色の実が房状に垂れ下がります。日本では雨に弱いヨーロッパ種に代わって、丈夫で実が大きく果汁も多いアメリカ種が主に栽培されています。

ブドウの語源

ヨーロッパ種（European grape）の学名はヴィティス・ヴィニフェラ（*Vitis vinefera*）、アメリカ種（Fox grape）はヴィティス・ラブルスカ（*Vitis labrusca*）と名づけられています。“Vitis”は「蔓」、“labrusca”と“vinefera”はそれぞれ「香りのある」「ブドウ酒に適した品種」という意味のラテン語です。英名 Grape はイタリア語の“grappolo（花や果物の房）”から転じたとされています。本来はブドウそのものを指す言葉ではありま

せんでしたが、英語圏ではそのまま定着したと考えられます。アメリカ種ブドウの英名“Fox grape”は、この品種が持つ独特の香りを“Foxy”ということから名づけられたようですが、イソップ童話の『キツネとブドウ』も下敷きになっているかもしれません。

漢語の“葡萄”はペルシア語の“budaw”の音訳当て字といわれます。『図経』に漢の武帝が異民族討伐のために張騫《ちょうけん》を総大将とし、西域へ大軍を送ったときに苗木を持ち帰ったとあるので、少なくとも漢の時代には“ブドウ”の呼び名が定着していました。日本では“葡萄”の古名は“えび”で、『和名類聚抄』『伊呂波字類抄』『医心方』には「紫損、蒲萄、和名エヒカツラ、エヒカツラノミ」と記載されています。

江戸時代の儒学者・新井白石の著書『東雅』には、「エビは其(そ)の色の葡萄(えび)に似たるをいひ、俗に海老の字を用ひしは、その長髯《ちょうぜん》傴僂《うる》たるに似たる故也」と、エビの語源がブドウにあることと、海老の字義が載っています。

誕生花と花言葉

ブドウは4月18日の誕生花です。花言葉は“豊穣”“元気”“いい仲間”“快楽”“欲望”“若さ”。『旧約聖書』の「創世記」にあるノア(Noa)の伝承、ギリシアの酒と豊穣の神ディオニューソス(Dionysos 二度生まれた者)の伝承をもとにしたのでしょう。

ブドウの使い道

生食のほか、ジュースやジャム、フルーツソースの材料、干しブドウ、製菓材料などがあります。また、ワインやブランデーなどの酒にもします。生食用とワイン用に栽培される品種は、巨峰、甲州、ピオーネ、デラウェア、マスカット、コンコード、レッドグローブなどです。主にワイン醸造用として使われるものの中では、カベルネ・ソーヴィニヨンやメルロー・シャルドネ・リースリングがよく知られています。

ブドウの蔓や葉も薬用として用いられます。ローマ帝国時代の博物学者・大プリニウスの『博物誌』によれば、ブドウの葉と大麦を粉状にしたものを合わせて練ったものは湿布剤として使われ、ブドウの蔓を焼いた灰は歯磨き粉にされました。また、春に剪定したブドウの枝から落ちる液体をシロップ状になるまで煮詰めたものは、女性向けの薬や泌尿器の薬として効果があったとされています。中国でも現存する最古の薬草書『神農本草』で、365種類の薬剤の中にあげられています。薬効は「筋骨を丈夫にし気を益し、力を倍増し志を強め湿痺を除き、肥《ふと》らせ健やかになり飢えや風寒に耐え、長く続けて摂取すると身を軽くし歳をとらず、長生きす」とされています。また、ブドウ酒は利尿効果にも優れていると信じられました。現代の漢方では虚弱体質や肺の機能低下、寝汗や浮腫、リウマチ、淋病などの薬として処方されます。

人の歴史とともにあるアルコール

ブドウで造られるものの中でも、ワインと人の結びつきはとても古く、野生種のブドウを人間が栽培し始めたと思われるころ、およそ新石器時代にさかのぼるといわれています。シュメール人により初めて造られたとされ、ビールの製造法とともに古代エジプトに伝わり、その後フェニキア人によってギリシアへ伝えられ、さらに地中海沿岸へと広まっていきました。ワインを製造する技術はローマ帝国時代に飛躍的な進歩を遂げ、現在の製法の基礎が確立したとされています。

ヨーロッパの各地にはキリスト教の伝播に従って広まり、現在でもワインを醸造する僧院が多くあります。イエス・キリストは自分の血をワインになぞらえたといわれ、儀式には必要不可欠なものとなりました。イスラム教では飲酒が教義により禁止されているため、ブドウの発祥地でもある中東諸国でワインが生産されている地域は、戒律の非常に緩いトルコ、比較的リベラルなイスラム教徒やキリスト教徒が住むレバノン、ヨルダン、パレスチナなどに限られています。

ワインは色によって赤、白、ロゼに分けられます。ブドウの果皮には天然の酵母菌が付着していて、果汁が外に漏れることで自然に発酵が始まります。そのため酵母を加えずに発酵させることもありますが、一般的には別に酵母を加えて発酵させます。また、赤ワインではマロラクティック発酵（乳酸菌を加え、酸味の強いリンゴ酸を乳酸に変化させる）を2次発酵に用いることもあります。赤は黒ブドウや赤ブドウをそのまま砕いて発酵させ、白は果皮が薄いものや白ブドウの皮を取り、果汁だけを絞って発酵させます。赤のほうが白より渋みや甘み、風味が濃厚で、赤は肉料理に合うといわれています。白は赤よりも発酵期間が長いものの、さっぱりとした風味のものが多く、酸味が強い白ワインは魚料理と合わせて出されます。ロゼは“バラ色（rose）”という意味で、赤みを帯びた淡い色調から“ピンク・ワイン”と呼ばれることもあります。果皮の色が薄いブドウを赤ワインのように醸造する方法や、赤ワインに使うものを白ワインと同じ醸造法で発酵させたり、赤と白のブドウを混ぜて醸造するなどの方法が採られます。

そのほかの種類として、製造過程で炭酸ガスを含むようになったものをスパークリング・ワインといいます。フランスのシャンパーニュ地方で造られるシャンパンが代表です。

ワインを蒸留させて樽に移し、一定の期間熟成させたものがブランデーで、その中でも特にフランス南西部のシャラント川沿岸で生産されるブドウを使ったものをコニャックと呼びます。使用する品種はサンテミリオン・デ・シャラントと呼ばれるもので、主なメーカーとして日本ではレミー・マルタンやヘネシー、マーテルなどが知られています。

聖書におけるブドウ

キリスト教の初期信仰では、ブドウはリンゴの解毒剤であるとされました。リンゴがアダムとイヴを楽園から追いやった罪悪の果実になったのとは反対に、ブドウはキリストの血と体、善行の象徴と信じられていたのです。そのブドウから造られたワインは神の国へと誘う大事な飲み物でした。小麦とともに生命を育むものとされ、人々はパンとブドウを食することでキリストの力を取り込むことができると信じ、作物の豊穣を祈願しました。これがのちの“聖体拝領”の儀式へとつながっていくことになります。

『旧約聖書』の「創世記」6章22節と9章21節には、「ノアは全ての神に命じられたようにした」「彼はぶどう酒を飲んで酒に酔い、天幕の中で裸になっていた」と記されています。洪水から逃れるために造った箱舟の中には、かめ1杯のブドウ酒が載せられていました。その後神から与えられた土地で作った作物の中にも、ブドウの木がありました。人類が快楽に溺れ堕落していく中で信仰を守り通し、生き残ったノアの姿をブドウとともに描いたのが、『旧約聖書』の「創世記」の物語なのです。

ディオニューソスの神話

ギリシア・オリュンポスの神として崇められたディオニューソス（Dionysos ニューサのゼウス、または二度生まれた神）は、ブドウの房と枝で作った冠を頭に掲げていたり、ブドウ酒の大杯を持った姿で描かれています。別名としてブロミオス（Bromius）、レナイオス（ブドウ酒を醸造する桶）、“解放者”リュアイオス、“木々の”デンドリティスなどがあります。ギリシア神話では、オリュンポスの主神ゼウス（Zeus 天空の主）とテーバイの王女セメレーの子とされています。ゼウスの妻ヘーラー（Hela 女主人）は、セメレーが妊娠したことを知って非常に憎み、彼女をそそのかして「本当の姿を見たい」といわせます。ゼウスは彼女の頼みを断れず、雷電を持った本来の姿をセメレーに見せました。彼女はその光で焼け死んでしまいますが、胎児はかろうじて無事でした。そこでゼウスは胎児を自らの腿を裂いて埋め込み、月満ちるまで匿ったといいます。また彼は、農耕と豊穣の女神デーメーテールの娘ペルセポネーとゼウスのあいだに誕生したザグレウスの心臓を持って生まれてきたといわれます。ザグレウスはティターン族に襲われ、数々の動物に変身して戦いましたが、牛になったときに捕らえられて八つ裂きにされ、食べられてしまいました。知恵の女神アテーナーがその心臓を救い出し、ゼウスが飲み込んだといいます。のちに生まれたセメレーとのあいだの子の心臓は、本来はザグレウスのものであったとされています。この神話は、ディオニューソスがかつて農耕神であったことも示しています。しかし、もとはトラーキアまたはプリュギア（小アジア半島、トルコ）から渡来した神といわれ、本来はオリュンポスの神々に列せられる存在ではありませんでした。彼を信仰する者たちは祭りのときに動物を生贄として屠ったり、男女入り交じって食事をむさぼり酒を飲み、果ては乱痴気騒ぎまで起こしていました。それを野蛮だと嫌ったギリシアの支配階級の人間は、ディオニューソスにまつわる信仰を排斥します。

しかし紀元前7世紀の終わりに信仰が認められ、ディオニューソスを祀る祝祭の制度も設けられました。彼の神話に、迫害する者が応報の罰を受けるエピソードが伝えられているのも、こういった政治的背景をモチーフにしていると考えられます。また、ディオニューソスの出生と受難など、オリュンポスに至るまでの経歴を語る神話は、ブドウの木がギリシアをはじめ、アジア、ヨーロッパ、北アフリカ一帯に広がっていった過程を示したものです。のちに長い放浪の旅を終え、母セメレーを冥界から救い出したディオニューソスは、晴れてオリュンポスの神々と並び信仰されるようになります。ちなみに、ディオニューソスが一番最初にブドウ酒を造ったといわれるのが、ニューサという山の中です。女神ヘーラーに命を狙われていた彼が、妖精《ニュンペー》たちに守られながら生活していたときのことでした。

ブドウを広めた父と娘

ディオニューソスは旅の途中でアテーナイへ立ち寄りました。そこで彼をもてなしたイカリオスとその娘のエーリゴネーに、返礼としてブドウの栽培方法とブドウ酒の作り方を教えました。イカリオスはできあがったばかりのブドウ酒を人々に振る舞いましたが、彼らはそれを飲んだことがありませんでした。酔いが回ってきたのを「毒を飲まされた」と勘違いし、襲ってきた人々にイカリオスは殺されてしまいます。一方エーリゴネーは、帰らぬ父を捜しにアテーナイ中を回りました。が、彼は冷たい土の上で変わり果てた姿となっていました。その光景を見たエーリゴネーは悲しみのあまり、首をくくって自ら命を絶ちました。話を聞きつけたディオニューソスは大いに怒り、罰としてアテーナイの人々を発狂させ、殺し合いをするように仕向けたのです。

やがて彼らは、アポローンの神託によってこの事実を知り、ディオニューソスを信仰する祭りを始めました。そのときには、イカリオスとエーリゴネーをかたどった2体の人形を木の枝に吊しました。非業の死を遂げたこの親子を敬い、冥界での幸福を祈るためといわれています。

ホメーロスが称えたディオニューソス

紀元前9世紀ごろのギリシア詩人ホメーロス（Homer）は、「誉れ高きセメレーの御子ディオニューソスが、実りもたらさぬ海の浜辺たる、突き出たる岬の辺《ほとり》に、咲き初むる花のごと美しき若者の姿にて現れ給いし次第を、いざ物語ろう」というフレーズで始まる59行の詩を書き残しました。

あるとき若きディオニューソスがとある岬のほとりでたたずんでいるところを、通りかかったテュルセーニア（現在のエトルリア）の海賊たちが見つけました。海賊たちは拉致して身代金を奪おうと、やにわに船から跳《おど》りかかって、若者を捕らえて喜々として船へ引き立てて帰ります。ディオニューソスの身なりが立派なものですから、これなるはゼウスの庇護を受ける王侯、いずれかの子に違いないと思い込んだのです。

ところが、拉致したはいいものの、彼をどれだけ縄で縛ろうとしてもひとりで

に解けてしまうのです。しかも若者を見れば、黒い眼に微笑みをたたえたまま、泰然としてそこに座しています。

海賊の中でただひとり、舵取りの男はこれを見てディオニューソスが普通の若者でないことを悟り、仲間に呼びかけます。

「おい罰当たりめらが。どうしてこれほどの力強い神様を捕まえて縛ろうなどの気を起こすのだね。俺たちの見事な船でも、この御方を運べはしないぞ。この御方はゼウスさまか、銀の弓持つアポローンさまか、さもなくばポセイドーンさまに相違ない。何せ死すべき身の人間には似ておられず、オリュンポスに宮居の座を持ち給う神々に似ておいでなのだからな。さあ、直ちにこの神様を黒い陸地にお放ししよう。神様がご立腹なされて、荒れ狂う風と大嵐を起こしたりなさらぬように」

しかし海賊たちは、その言葉を聞き入れようとはしません。

「馬鹿者めが。こやつめはどうせエジプトかキュプロスか、ヒュペルボレオイ人《びと》（極北の地に住んでいると信じられた人々）の住むところか、もっと遠いところへ行くことになるのだ。とどのつまりは俺たちに屈して口を割り、奴の友人、兄弟から身代全部についてしゃべってしまうことだろう。何しろ、神様がこやつめを俺たちの手の中に投げ出してくださったのだからな」

そのとき、船の中がブドウ酒であふれ始め、ブドウの蔓が無数に現れ絡み合い始めました。枝からは無数の房が垂れ下がり、あっという間に舵や帆、帆柱にまで伸びていくではありませんか。

その光景を目にした海賊たちは驚き、すぐさま進路を変えようとしましたが、ディオニューソスは獅子に姿を変え、さらには熊を作り出して彼らを襲いました。狂乱状態になった海賊たちは次々と海の中に飛び込み、イルカに姿を変えて泳ぎ去っていきました。ひとり残された舵取りの男に、ディオニューソスはこう告げました。

「恐れることはない、気高きヘカトールよ。汝は我が心にかなった者である。我は響動《どよめき》起こす神、ディオニューソスなるぞ。我が母、カドモスなるセメレーが、ゼウスと愛の交わりをなし、我を生みしなり」

そののち、舵取りの男は神の下僕《しもべ》となりました。自らは神官となってディオニューソスを祀り崇めたといわれています。

キツネとブドウ

古代ギリシアで集められたとされるイソップ寓話には、ブドウにまつわるいくつかの話があります。

お腹を空かせていたキツネが、高い枝にぶら下がっているブドウを見つけました。房はたわわに実り、今にも木から落ちてきそうな風情でした。キツネは木をめがけて何度も跳び上がっていましたが、いっこうに実を取ることはできません。

「お前はまだ酸っぱいから落ちてこないんだよ。僕だってそんなもの食べたくないさ」

キツネは悔しまぎれにそういいながら去っていきました。

火のついたキツネ

同じくイソップ寓話で、ブドウの木と庭を荒らし回るキツネを、どうにかして懲らしめようとする男の話もあります。

男がどうにか捕まえたキツネの尻尾に麻縄を結わえつけ、火をつけて解き放つと、キツネは熱がってあたりを走り回りました。

それを見ていた神霊ダイモン(Daimon)は、キツネを男の畑へと導いていきました。時は実りの季節、待ちに待った刈り入れどきのことでした。作物がすべて燃えてしまったことを知った男は、自分の行いを悔やみながらキツネを追いかけました。

ヤギとブドウ

イソップ寓話には、キツネ以外の動物とブドウの話もあります。

ブドウの木が芽を吹いたとき、お腹を空かせたヤギが食べてしまいました。それを見たブドウは、ヤギにこういいました。

「どうして私を傷つけるのですか？けれど、まあいいでしょう。いずれあなたが生贄に捧げられるときには、必要な分のブドウ酒は私が賄ってあげますから」

コクワとブドウ

アイヌ神話にも、ブドウの話があります。

アイヌの神アエオイナが彼らの住む村へ降り立ったとき、銅の色をした木を持っていました。その木にまとわりついていた蔓が、コクワとブドウです。

村の誰かが病気になると、ブドウの蔓を切って患者の枕元に置き、蔓に向かって呼びかけました。

「あなたは天から下ってきた蔓であり、人々の病気を治すのがその役目です。あなたの持つ命を薬に変えて、この病人に力を与えてください」

そして、その蔓を細かく切り刻んで水とともに煮込み、その汁を病人に飲ませました。コクワの蔓も同じように、まず祈りを捧げてから同じ方法で病人の薬に使いました。

ニューヨークのリターンマッチ

ブドウの生産地では、必ずといっていいほどワインが醸造されています。特にヨーロッパの人々にとっては、ブドウとワインは切り離せないものです。ヨーロッパからの移民が多いアメリカにも、さまざまな銘柄のワインがあるのですが、アメリカ種のブドウは独特の芳香を持つため、ワインにもその香りが残っています。ヨーロッパのワイン専門家には“フォクシー（Foxy 狐臭）”と呼んで嫌う人もいるほどです。

1976年、アメリカ建国200年を記念して、あるワイン商が「一流のカリフォルニアワインとフランスワインを戦わせてみよう」と考えました。審査の方式はブラインドテイスティング（銘柄は伏せて試飲する）で、9人の専門家を集めてパリのインターコンチネンタルホテルで行われました。赤白合わせてフランスからは8本、カリフォルニアからは12本の合計20本が審査に出され、テイスティングの結果、赤ワインの1位はカリフォルニア産“スタグズ・リーブ・カスク23”、白の1位もカリフォルニア産“シャトー・モンテリーナ”だったのです。

審査員はもとより、この事実は世界に衝撃を与えました。“コカ・コーラの味がする”と散々カリフォルニアワインをけなしていたフランス側としては、おもしろくない事実でもあります。何とかしてフランス側の優位を守ろうと、同じワインを10年熟成させ、もう一度比べることにしました。これがのちに“ニューヨークのリターンマッチ”と呼ばれるようになったエピソードです。

今度は審査を行う場所をニューヨークに移し、その方法も前回と同じくブラインドテイスティングで行いました。結果はまたもカリフォルニアワインの勝利でした。赤の1位に“クロ・デュ・ヴァル”、2位は“リッジ・モンテ・ベロ”。3位にやっとフランス産の“シャトー・モンローズ”が入りました。10年熟成させたワインでもフランス側が勝てなかったことにより、カリフォルニアワインの地位は大幅に上がりました。ちなみに、1、2位を独占したワインの産地はナパ・ヴァレーで、土地や気候、風土すべてがブドウの栽培に適している事実を証明することにもなりました。現在ではこの地に250ものワイナリーが造られ、盛んにワインが醸造されています。

これは、古代から連綿と続く人とブドウの関係が、今日も進化し続けている証拠ではないでしょうか。

Pomegranate

ザクロ

人を食らう鬼女に与えられた御仏の施し

ザクロ科ザクロ属の樹木の総称で、温帯では落葉樹、亜熱帯では常緑樹となります。

原産地はイラン高原を中心とした小アジア地方から西インド一帯といわれ、新生代第三紀の終わり、約1200万年から100万年前の鮮新世《せんしんせい》と呼ばれる時期には、すでに自生していました。今では、イタリアやフランスなどの地中海沿岸諸国をはじめ、アメリカ、ロシア、インド、中国でも広く栽培されています。

日本には10世紀から11世紀に、中国から伝来しました。日本の気候では果実が甘味を増さないため、中国と同じように薬や染料などの実用品として利用してきました。樹木はもっぱら観賞用として植えられ、赤い花が一重に咲いて結実するものを実ザクロ、雄しべが花弁に変化して八重咲きや色違いの一重咲きになるものを花ザクロと呼びます。しかしこれらは、特定の種を指しているわけではありません。

特性と主な種類

5月から6月にかけて、枝から新しく生え出した梢の先に、赤色の花を咲かせます。その下には、がくと一体化した子房がついていて、10月から11月ごろに大きく結実します。果皮は熟するにつれ堅くぬめったような艶を持ち、縦に裂けていきます。食用になるのは、内部にある種子を包む外種皮《がいしゅひ》と呼ばれる部分で、透明感があり、果汁を豊富に含んでいます。乾燥や寒さにも強く、土地の風土にも高い親和性を持ちますが、夏と秋の気温が高い場所では果実は甘く、低い場所では酸味が多くなります。

外種皮は、品種によって2色に分かれます。欧米で産出されるグラナダ(Granada)やペーパー・シェル(Paper Shell)は淡黄色や黄紅色です。スパニッシュ・ルビー(Spanish Ruby)、ローマン(Roman)、ワンダフル(Wonderful)、ロバータ(Roberta)は赤紫色から深紅になります。ザクロの一大産地のイランで栽培されているシャフヴァル(Schahvar)やロバブ(Robab)も、外種皮が赤くなる品種です。

変種には、小型でやや寒さに弱いヒメザクロがあります。日本では、朝鮮半島経由で伝来したことから、チョウセンザクロとも呼ばれています。中国の雲南地方やアフガニスタンでは、種皮の内部が木質化したタネナシザクロが栽培されています。またイエメン領ソコトラ島には、一般に知られているザクロとは別種のものが自生しています。

語源

学名は“*Punica granatum*”です。

科名 Punica は、ラテン古語で北アフリカの古代都市カルタゴ(現在のチュニジア東部)を指す“Punicum”がもとになっています。実際、カルタゴの人々は“カルタゴのリンゴ(Malum Punicum)”と呼び、愛好していました。

属名 granatum は「粒」または「漿《しょう》果《か》」を意味する“granum”から派生した言葉で、ザクロを指します。

ヒメザクロの学名は“*Punica granatum‘nana’*”で、‘nana’はラテン語で「小型」という意味です。

英名ポメグラネット(Pomegranate)は「種子の多いリンゴ」という意味で、この名前もラテン語に由来します。フランス語名グレナディエール(Grenadier)、ドイツ語名グラナタッフェル(Granatapfel)も、属名“granum”がそれぞれの言語圏に取り入れられ、変化したと考えられます。

漢字では“石榴”もしくは“柘榴”と書きます。これは紀元前3世紀から3世紀半ばにかけて、カスピ海沿岸で強い勢力を持っていた安石国《あんせきこく》(パルティアの中国語名。“安息”とも)に由来します。

この国からもたらされた“榴《りゅう》”(こぶのある果実をつける木)という意味で、“安石榴《あんせきりゅう》”が省略されて“石榴”になったとも、安石国の西端にあったザクロの生産地ザグロス(Zagrous)山地の音訳であるともいわれています(別表記の“柘榴”は、“柘《しゃ》”が木から採れる黄赤色の染料を意味することから、果皮の色を連想した当て字と思われます)。

古い文献には“若榴《じゃくりゅう》”という表記が見られます。これは古代において“石”と“若”が似た発音であったことの名残です。日本でも、この“若榴”が転訛して“ジャクロ”となり、さらに“ザクロ“と発音されるようになりました。

霊薬にして、美味しい果実

古くから医療に使われ、インド医学アーユルヴェーダ(aayurveda)をはじめ、ローマ帝国時代の博物学者・大プリニウスが編纂した『博物誌』やディオスコリデスが著したとされる『薬物誌』、中国の医術書で明代の医学者・薛己《せつき》の『食物本草』、李時珍《りじちん》の『本草綱目』や、江戸時代の医師・寺島良安が編纂した『和漢三才図会』などにも頻繁に登場します。当時は外傷や内臓疾患以外にも、いろいろな病気に効く万能薬であると考えられていたようです。古代ペルシアの医学では、血液を浄化する果物として知られていました。

花は、月経不順や吐血など、血液が関係する症状や中耳炎の治療薬になります。歯がぐらぐらしたときに食べれば固定できるといわれ、花の蒸留水にも同じ効果があるとされました。熟した果皮は慢性下痢の治療薬、整腸薬としても使います。

樹皮と根には、植物性アルカロイドで麻痺作用を持つイソペレチエリン、プソイドペレチエリンや水溶性化合物タンニンが含まれ、皮や根を煎じて虫下しやうがい薬にします。

果汁には、クエン酸、リンゴ酸、ビタミンB1とB2、ナイアシンや、女性ホルモンの一種であるエストロゲンを含んでいて、健康食品としても販売されています。近年の調査では、前立腺がんの細胞を死滅させる効果があることも判明しました。

薬効が高いだけではなく、食用としても美味しくいただけます。

果実は生食するほか、ジュースやペースト、果実酒の材料になります。中近東では、デザートにザクロを使ったものが多く見られます。種子でも柔らかいものは砂糖をまぶして食べたり、ドライフルーツにすることもあります。

ザクロを使ったリキュールには、ドイツ産のオルデスローエ・グレナディン(Oldesloer Grenadin)や中国産の柘榴酒があり、日本でも比較的簡単に手に入れることができます。果皮を使った酒は三《さん》尸《し》酒《しゅ》といい、道教ではこの酒を飲むと体内に巣くう“三戸の虫”(庚申の夜に体内から抜け出し、天帝にその人の行状を報告しにいくといわれる3匹の虫)を抑えることができると信じられました。

グレナディン・シロップ(Grenadine Sirop)は、ザクロの香りと色をシロップに加えたもので、カクテルやお菓子の素材としてよく使われます。

熟したザクロの皮から抽出する黒い色素は濃く長持ちすることから、インクの材料としても好まれました。インド産のものが特に良質であるといわれ、大変珍重されました。

未熟な果実から採った果皮は赤の染料として使われるほか、革をなめす材料にもなります。スペインのコルドバ地方は世界的な皮革の産地として知られていますが、その技法を伝えたのはアフリカからスペイン地方へ移住したムーア人でした。

誕生花と花言葉

6月10日、8月7日、12月28日の誕生花です。

花言葉は“愚かしさ”と“円熟した優雅さ”。果実を指す花言葉は“女性的原理”“希望”“愛”“処女性”です。古くから人間、生命と多産を象徴する果実であると信じられていたことから、女性の特性を表す言葉が使われるようになったと思われます。

冥界の果実

ギリシア神話では、主神ゼウス（Zeus）の妻ヘーラー（Hela 貴婦人）の好物であるとされています。ローマ帝国時代に作られたゼウスことジュピター（Jupiter）の彫像も、手にザクロを持った姿で描かれています。

そんなザクロの誕生にまつわる逸話は、いろいろあります。

ギリシアの古代都市テーバイの伝承では、兄弟間の覇権争いのため、兄ポリュネイケースが弟エテオクレースに追放されたことがありました。その後、兄が隣国と結託して攻めてきたとき「未婚の王子が、軍神アレースの犠牲になれば勝てるであろう」という予言がされ、そのひとりであったメノイケウスが進んで命を捧げました。その墓からザクロの木が生え出し、血の色をした果実が実るようになったとのことです。

神話では、酒と快楽の神ディオニューソス（Dionysos 二度生まれた神）の血から生まれたとも、彼が情けをかけた妖精《ニュンペー》が姿を変えたからともいわれています。

別な伝承によれば、とある村に住むシデー（Side ザクロ）という若い娘が、母が死んだあと、父の手にかかりそうになったのを嘆き、命を絶ちました。シデーを哀れんだ神は、彼女の魂をザクロの木に宿らせ、父をトンビに変えました。ザクロがトンビを枝に止まらせないのは、そのためです。

シデーとは、巨人オーリーオーン（Orion 尿）の最初の妻の名でもあります。彼女はその美しさをヘーラーと競おうとしたことから、ゼウスの手によって冥界に落とされ、ザクロに姿を変えられました。

豊穣の女神デーメーテール（Demeter 母なる大地）の娘コレー（Kore 乙女）は、花と冥界に対して関係が深い女神です。

ある日、コロノス島の草原で妖精《ニュンペー》たちと花摘みをしていたのですが、目の前に広がる美しい花を摘むのに夢中になるあまり、妖精《ニュンペー》たちとはぐれたのも、気にとめませんでした。

そんなとき、咲き乱れる花の木陰にスイセンが咲いているのを見つけました。手に取ろうと近づくと、いきなり轟音があたりに響きました。地面が真っぷたつに割れ、そこから暗青色の馬が引く馬車が現れたのです。乗っていたのは、冥界の神ハーデース（Hades 目に見えぬもの）でした。悲鳴を上げるコレーを抱きかかえ、冥界へと連れ帰ってしまいました。

実はハーデースは、コレーがまだ幼いとき、オリュンポスの主神にして弟のゼウスに「デーメーテールの娘を妻にしたい」と申し出ていました。ゼウスはそのことをデーメーテールに相談するのを失念していたのですが、ハーデースが美しく成長したコレーに恋したのを知ると、例のスイセンを咲かせ、合図としたのです。

一方デーメーテールは、妖精《ニュンペー》たちの証言から娘がさらわれたと知って、娘の姿を求めて地上をさまよいます。太陽神ヘーリオス（Helios 太陽）から冥界にいると聞きつけると、単身ハーデースのもとへ乗り込み、娘を返すように迫りました。こうなってはゼウスも黙っているわけにはいかず「コレーが冥界の食事を口にしていなければ連れて帰ってもよい」といいました。

ところがコレーは、ハーデースにザクロの実を勧められ、つい口にしてしまっていたのでした。

オリュンポスの掟では、冥界の食べ物を口にした者は地上へ戻ることはできません。もちろん神でさえその掟を破ることは許されていませんでした。話し合いの末、1年のうちコレーが食べたザクロの実の数と同じ4か月を冥界で、残りを母デーメーテールと過ごすと決まりました。

ハーデースの妻となったコレーは、ペルセポネー（Persephone 破滅をもたらす女）と呼ばれ、夫とともに冥界を治める女王となりました。

これらの逸話は、ザクロが穀物と同じように、豊穣を意味する植物と考えられた証拠といえるでしょう。

ギリシアの影響が強いアナトリア半島にあるトルコでは、結婚式のとき花嫁が熟したザクロの実を地面に投げる風習があります。こぼれ落ちた種子の数は、花嫁が生む子供の数を示すとされています。

神の祝福を受けた生命の実

昔、イスラエルのある町にとても信仰深い男が住んでいました。しかし病を得た床の中で、彼は息子である若者にこういい残しました。

「わしが死んだら、毎朝川に大きなパンを1個ずつ投げてくれ。それともうひとつ、自分のものでないものは決して取ってはならんぞ」

若者はいいつけの通り、父親の死んだあとは毎朝川へパンを投げ入れていました。

ある朝、いつものように川へ行くと、水の流れがザクロを押し上げてきたのが見えました。拾い上げてふたつに割り、実をひとつ口に含んだところで、父がいい残したあの言葉を思い出しました。

もしかしたら誰かが落としてしまったザクロかもしれない。なら、持ち主に返さなくては。

そう考えた若者は、ザクロが流れてきた川の上流をたどり、3日3晩歩き続け、ようやく源らしき場所へとたどり着きました。そこは果樹園の中にまで達しており、目の前には門がそびえ立っています。若者が門を叩くと、長い髭を生やした老人が出てきました。

「はて、わしに何の用じゃ？」

「私は川のそばでこのザクロを拾った

者です。実は亡くなった父から、自分のものでないものは絶対に食べてはいけないといわれていながら、つい割って食べてしまいました。ですので、あなたの許しを請わなければと思い、ここまでやってまいりました。お代が必要でしたら、いくらでもお支払いさせていただきます」

老人はその言葉を聞き、こういいました。

「そのザクロはわしが育てたものの中で、一番美しく貴重なものじゃ。金などはいらぬが、そのかわり娘をお前さんの嫁にしてもらおう。ただ手足がなく、丸い球のような体をしておるがの」

「分かりました。しかし母にもこのことを話さねばなりません」

若者はいったん自宅へ戻り、母親にザクロと老人のことを話しました。

「そのご老人のおっしゃる通り、娘さんをお嫁に迎えなさい。それもお父さんのご意思に間違いありませんよ」

彼はその言葉通り、老人のもとへ行って娘を娶ることにします。

花嫁の父は婚礼の用意を整え、若者を案内しました。するとそこには、布にくるまった花嫁とおぼしき娘が座っていました。

「式がすんでから、娘の姿を見せるとしよう」

そして祝宴のあと、ラクダに婚礼の品と土産物と花嫁を乗せて若者に預けました。

「では一緒に連れて帰っておくれ」

家に着いてから、若者は花嫁を自分の部屋に案内しました。しかし彼女をくるむ布を取るにはもうひとつ勇気が出ず、しばし逡巡します。

「……ええい。自分が決めたことだ」

意を決した彼は布を引き下ろしました。

するとそこには、美しく、まばゆい光を放つ娘がいました。その光景を見た母親も大いに驚き、喜ばんばかりの勢いです。

それからしばらくたって、花嫁の父であるあの老人が家まで訪ねてきました。そこで若者は老人に、なぜ娘には手足がないといったのか、と聞いてみました。

「わしは長いあいだ、この娘のために礼儀正しく立派な若者を探し求めておった。お前が来たとき、まさに娘にふさわしい男だと思ったのだが、本当にそうなのかちょっと試してみたのだよ」

この逸話は、ユダヤ・キリスト教における、ザクロの神聖さを示すものです。

実際、『旧約聖書』「申命記」8章8節において「小麦、大麦、ぶどう、いちじく、ざくろが実る土地、オリーブの木と蜜のある土地である」(新共同訳。以降の引用も同様)と、約束の地カナンの記述があるため、神の祝福を受けた七大産物のひとつに数えられました。

「民数記」13章23節「エシュコルの谷に着くと、彼らは一房のぶどうの付いた枝を切り取り、棒に下げ、ふたりで担いだ。また、ざくろやいちじくも取った」によれば、カナンの偵察に行った者たちが喉の渇きを癒やした果実のひとつでもありました。

男女間の愛の歌が収められた「雅歌」には、4章13節「ほとりには、みごとな実を結ぶざくろの森」、6章7節「ベールの陰のこめかみはざくろの花」などと、女性をザクロにたとえている箇所も見受けられ、生命のシンボルであることも強調されました。

こういった記述を踏まえ、エデンの園にある“生命の樹”（別項参照）は、ザクロであるともいわれています。

イスラム教の聖典『コーラン』では、オリーヴやナツメヤシ、ブドウとともに、唯一神が創造した果物とされました。木を育て、果実を食することでイスラムの信仰の真実に触れることができるといいます。

これは、当時から知られていたザクロの薬効を、唯一神アッラーが持つとされた絶対的な能力と同一視したためと考えられます。

文様から紋章へ

多産や生命のシンボルとされたザクロは、装飾のモチーフとして使われることが多い植物でもあります。

紀元前2500年ごろのエジプトでは、墓のレリーフに描かれたりしました。ラムセス4世（在位前1166～1160）のものと思われるピラミッドからも、ザクロの種が見つかっています。

エーゲ海のロードス島では、花が王室の紋章の一部として使われました。

古代オリエント世界を統一したペルシア帝国では、王が持つ笏の頭部にザクロが彫り込まれていました。美しい文様で知られるペルシアじゅうたんの柄にも、必ずといっていいほどザクロの花や実がモチーフとして使われています。

ユダヤのソロモン王にまつわる言い伝えでは、神殿の装飾文様はザクロをかたどっており、神官の衣装やユダヤの法律を記した巻物にもザクロが描かれていました。また、王の勅命により、ザクロの果樹園も造らせていたとされますが、この事実は3000年ほど前にさかのぼります。

『旧約聖書』「歴代誌下」4章13節に「格子模様の浮き彫りふたつに付けるざくろの実四百、そのざくろの実は、柱の頂《いただき》にあるふたつの柱頭の玉を覆う格子模様の浮き彫りのそれぞれに、二列に並べられていた」とあるように、装飾や意匠としても用いられました。

パレスチナの古都カペルナウム（Capernaum）には、イエス・キリストが教えを広めたとされる場所があり、そこに建てられたユダヤ教の寺院の壁には、ザクロをモチーフにした装飾が施されていました。

聖母子を題材にした絵画には、聖母マリアがザクロの実を手に持つ様子が描かれているものがあります。

がくが王冠とよく似た形をしていることから、ヨーロッパにおいては王家の紋章のモチーフとして使われるようになりました。

スペイン南部の地方都市グラナダ（Granada）は、スペイン語でザクロという意味です。同じくザクロを指すアラビア語からきており、市の紋章にもザクロが使われています。これは、イスラム国家であった時代から代々の王によって受け継がれていたものです。

イングランド国王ヘンリー4世（Henry Ⅳ 在位1399～1413）も彼らにならい、ザクロの実を自らの紋章に選びました。王が添えた銘は「酸っぱいが、それでいて甘い」というもので「善い王であるためには、厳しさを穏健さによって和らげねばならない」という意味が込められています。

のちに、ザクロの紋章はヘンリー8世の最初の妃でアラゴン王家出身のキャサリン・オヴ・アラゴン（Catherine of Aragon）を表すものになりました。残っている記録によれば、彼女のために催された宮廷仮面劇で、バラとザクロで飾られた列が登場したと記されています。これは、イングランドとスペインとの同盟関係をも暗示していました。

のちにキャサリンは離縁されますが、夫ヘンリー8世とのあいだに生まれた娘のメアリー・チューダー（Mary Tudor）は、イングランド最初の女王メアリー1世（Mary Ⅰ）として即位します。彼女は敬虔なカトリック教徒で、プロテスタントの指導者を次々に処刑したことから、ブラディ・メアリー（Bloody Mary 血まみれのメアリー）と称されるようになります。その紋章も、ザクロと紅白のバラをモチーフにしていました。

安石国の樹

紀元前2世紀の中国で、張騫《ちょうけん》は前漢の武帝より西域の討伐を命じられました。その際逗留した安石国《あんせきこく》の館のそばに“石榴《ザクロ》”と呼ばれる、燃えるような朱の花をつけた1本の木が生えていました。彼の故国では、このような鮮やかな色をした花はなく、折に触れてはその姿を愛でていました。

ところが安石国では日照りが続き、ザクロの花も危うく枯れそうになりました。心を痛めた張騫は木に毎日水を与え、館の者に手厚く世話をするように命じます。その甲斐あって、花と木はやっと生気を取り戻しました。

与えられた任務が終わり、翌日には国へ戻ろうという夜のこと。張騫の部屋に、赤い上着に緑の下衣《したぎぬ》を着けた若い女が突然現れました。

「張騫さま、明日は使節のみなさまがご出発される日とうかがいました。どうかわたくしも一緒にお連れくださいませ」

女の言葉に、張騫はたいそう驚きました。素性は分かりませんが、姿形はこの国の女官のように見えます。もしそうならば、黙って連れて帰るわけにもいかぬと思い、声を荒げました。

「こんな夜中にわしの部屋へ入ってくるとは、何と無礼な奴じゃ。早くここを出てゆけ」

女は悲しげに張騫を見つめたあと、部屋を立ち去っていきました。

翌朝、安石国の王は出発のはなむけにと数々の品を用意していました。しかし張騫はそれを断り、滞在中の無聊を慰めてくれたザクロの木を持ち帰りたいと申し出て、許しを得ました。

しかし一行は、道中匈奴の襲撃に遭遇します。戦いのあと、何とか包囲網を突破することはできましたが、混乱にまぎれてあのザクロの木を見失ってしまいました。

ようやく都の長安までたどり着き、民の祝福を受けるあいだにも、張騫はザクロの木をなくしたことに心を痛めていました。

彼が城門の中に入ろうとしたそのと

き、赤と緑の衣に身を包んだ女がひどくやつれた様子で走り寄ってきました。その姿をよく見ると、安石国で張騫に「自分も連れて帰ってほしい」と頼みにやって来たあの女だったのです。

「日照りのとき、命を救っていただいたご恩にお報いしたく、ここまでお慕いしてまいりました」

女は一言いうと地面に倒れ伏し、こと切れました。するとその場所から、青々と葉を茂らせたザクロの木が生え出し、再び葉陰に朱の美しい花を咲かせました。

生命と愛を謳うもの

一般にこの張騫が、ブドウやクルミとともに、中国へザクロをもたらしたと考えられています（3世紀にインド、チベット経由で伝わったともいわれていますが、これは市井に普及した時期を指すのかもしれません）。

そのザクロの木は、武帝が内外の珍しい果樹を集めて造った上林苑《じょうりんえん》という果樹園に植えられました。

三国時代の呉にも、孫権の第2夫人の潘《はん》氏が指輪をかけたというザクロの木があったことが伝わっています。

中国の古い花言葉には、“宜男多子《ぎだんたし》、三多《さんた》”というものがあります。

“宜男”とは、女性が身につけると男子をはらむことができると信じられた萱《かん》草《ぞう》（ワスレグサ）のことで、“多子”がザクロです。“三”とは、ザクロ、モモ、ブシュカンを指し、どれもが生命を象徴する果実ですから、子孫繁栄の願いが封じ込められた言葉であると分かります。

そういうふうにとらえられていたため、ザクロの花は愛を示すシンボルとして、男女のあいだでの贈り物になりました。

特に晋の時代は、ザクロを題材にした詩が流行しました。潘尼《はんに》は『安石榴賦《あんせきりゅうふ》』で、ザクロを“天下の奇樹、九州の名果”と称え、屋敷に植えたザクロの木と実の姿を詩に詠みました。

郭茂倩《かくもせん》編纂の歌謡集『楽府詩集』巻49収録の、東晋時代の歌謡『孟珠《もうしゅ》』には、ザクロを題材にした次のような一節があります。

揚州のザクロの花を　あなたの襟にさしてあげましょう

アマドコロの花は「私を想っておくれ」というしるし

だから、よその女にあげたりしないでちょうだい

アマドコロはユリ科の多年草で、花は白く釣鐘の形をしています。

一説には孟珠とは妓女の名で、なじみの男が浮気しないように花を贈ったときのことを詩にしたともいわれています。

唐の李百薬《りひゃくやく》が執筆した歴史書『北斉《ほくせい》書《じょ》』では、安徳帝が妃の母からザクロの実を2個贈られたものの、帝はその意味が分からずいったんは捨ててしまったという逸話が出てきます。のちに家臣の魏《ぎ》収《しゅう》から「皇子がたくさん生まれ、王室が繁栄するようにという願いを込めたもの」だと進言され、ようやくその意味を悟ったというものです。

“紅一点”は、男性の中にただひとり女性がいることを表す言葉ですが、ここ

にいう“紅”とはザクロの花のことです。

北宋の詩人である王安石の「石榴詩」に「万緑叢中紅一点」という一節があります。「緑色をした草原の中にたったひとつ赤い花が咲いている」という意味で、王安石が庭を散歩していた折、葉むらにぽつりと咲くザクロの花を見つけたときのことを詠んだといわれています。

中秋の名月にザクロの実を供え物にする風習が生まれたのも、この宋の時代だといわれています。

旧暦9月9日の重陽の節句では、小麦粉やもち米で作った饅頭《マントウ》にザクロの種、栗の実、銀杏、松の実をちりばめ、贈り物の上に載せるという習わしがありました。現在でも、結婚式には蓮の実とともにザクロを供え物にし、夫婦円満と子孫の繁栄を願います。

明代にまとめられた小説『西遊記』では、モモやニンジンと並んで仙人の食べ物にされています。

このように、やはり中国でも、種の多さや血を連想させる赤い果実や花などから、西洋と同じように豊穣や生命の象徴とされたのです。

子を食らう鬼女

紀元前6世紀のころ、インドのガンジス川下流にはマガダという国がありました。

その都ラージャグリハには、ハーリティーという女神が住んでいました。彼女は鬼神パンチカの妻で、500人の子を持つ母親でもありました。ところがハーリティーは非常に残忍な性格で、城下に出ては人間の子供をさらい、子に食事として与えていました。

彼女の仕打ちに苦しむ人間たちは、仏陀に「私たちの子供を奪うハーリティーに罰を与えてほしい」と祈ります。その願いを聞き、仏陀は持っていた鉢でハーリティーの末の子、ピンカラの姿を隠して城を立ち去りました。

我が子がいなくなったのを知ったハーリティーは、7日7晩ものあいだ捜して回りましたが、いっこうに手がかりをつかむことができません。

「仏陀はこの世のすべてをご存じでおられる。あなたの子がどこにいるのか、仏陀ならお分かりのはず」

道行く人からその言葉を聞いたハーリティーは、仏陀のもとへ急ぎました。

「どうか、我が子ピンカラの行方をお教えください。この7日7晩、どこを捜しても見つからないのでございます」

そういってハーリティーは泣き崩れましたが、仏陀はこう叱りつけました。

「お前には500人の子がいると聞いておる。たったひとりを失っただけでこのように悲しまねばならぬというのなら、お前に食われた子供の親の苦しみ、悲しみはいかばかりであろうぞ。分からぬか、自分の子を奪われなすすべもない者たちの心が」

そして「今後一切、人の子を殺さぬというのであれば、ピンカラを返してやろう。人の肉が食べたくなれば、代わりにザクロを食べよ」とも諭しました。

以後、ハーリティーは自らの行いを改め、子供たちを守ると仏陀に誓いを立てたといいます。

ザクロが生命の実と考えられたことが念頭にあるのはもちろんです。

しかしそれ以外に、その実が実際に赤子の顔のように見えたから、というのも踏まえているのかもしれません。

子供の守り神

仏教の経典に登場する神仏のひとつである鬼子母神《きしもじん》は、女神ハーリティーの漢語訳です。

もとはインド西北部のガンダーラ地方一帯で信仰されていた土俗の神で、子供を襲う病魔を神格化したものです。出土した石像では、ハーリティーは夫パンチカと寄り添って子供を抱き、その手にザクロの実を持っています。

パンチカとハーリティーは、時代が下るにつれ、多産豊穣、財宝の守護神という性格が強くなっていきました。しかしこの信仰も、のちに勃興した仏教に吸収されていきます。仏陀の超人的な力と偉大さを強調するため、異教の神であったハーリティーは、人間に危害を及ぼし恐れられる鬼女となりました。そして仏陀に教化され改心する"鬼子母神"に姿を変えたのです。

大乗仏教の経典では、ハーリティーは"歓喜天"とも訳されました。ガンダーラで描かれた姿と同じように、ザクロの実を持ち赤子を胸に抱く天女として描かれています。

日本で鬼子母神の信仰が始まったのは、日蓮宗が生まれた鎌倉時代になってからです。開祖である日蓮上人は幕府から激しい弾圧を受けましたが、その教えはしだいに多くの人々に信奉されるようになりました。その主要経典である法華経では、鬼子母神が十羅刹女《じゅうらさつにょ》とともに、法華経を信奉する者の守護を謳っています。日蓮はそこから、鬼子母神を法華経の守護神と定めました。

江戸時代に入り、鬼子母神は庶民のあいだで安産と夫婦和合、子供の守り神として広く信仰されるようになりました。"おそれいりやの鬼子母神"で知られる入谷の鬼子母神（法華宗本門流真源寺）、雑司が谷鬼子母神堂（威光山法明寺）のほか、千葉県市川市にある中山法華経寺の鬼子母神が特に有名です。祈願の際、ザクロの絵馬に願い事を書いて奉納する風習が残っています。

ザクロにまつわる名前

私たちにもおなじみの銭湯は、江戸時代に入って急速に広まりました。当時は浴槽に湯を張ったものではなく、湯船の前に引き違いの戸を設置した"戸棚風呂"と呼ばれる蒸し風呂の一種でした。湯船から蒸気が漏れるのを防ぐために改良が加えられ、入り口を極端に狭くした"ざくろ口"という板を張るようになりました。

この名は、湯船に入るため"屈み入る"が"鏡鋳る"（鏡を磨く）に通じたこと、"鏡鋳る"のにザクロの実から作った酢が使われていたのを洒落たものです。

もっとも、ザクロにまつわる名前でよく知られているのは、ガーネットの別名の"ザクロ石"でしょう。1月の誕生石であるガーネットは、石の色がザクロの果実に似ていること、原石が密集したザクロの種子のように見えることから、そう名づけられたのです。

Fig Tree

イチジク

エデンの園に実る知恵の結晶

クワ科イチジク属の落葉高木です。原産地はイスラエルや地中海沿岸で、4000年ほど前から果樹として栽培されてきました。春になると、葉のつけ根に丸い袋状の花嚢《かのう》ができます。内部に多数の雄花と雌花が密集していて、そのまま大きくなって実になります。まるで花が咲かないまま実をつけるよう見えることから、漢字では"無花果"と書きます。もっとも、食用になるのは厳密には果実ではなく、種の周りの花托《かたく》と呼ばれる部分です。

日本には17世紀前半に渡来しました。唐柿《とうがき》、南蛮柿《なんばんがき》という別名は、海を越えてきたことからつけられたものです。現在、国内で広く栽培されているのは、明治42年（1909）に広島の桝井幸次郎が北アメリカから持ち帰ったドーフィン種を改良した、桝井ドーフィンです。栽培しやすく日持ちして、果実が大きいため、国内生産量の8割を占めています。そのほかには、日本の自生種であるといわれる蓬莱柿《ほうらいし》、カドタ、ホワイト・ゼノアなどがあります。いずれも桝井ドーフィンより小さいものの、甘みが強い品種です。

関東以西の本州から沖縄地方には、イチジクと近縁のイヌビワが自生しています。イヌビワはクワ科イチジク属の落葉高木で、コナラ林のそばに生育し、雌雄で木が異なります。初夏にイチジクとよく似た花嚢をつけ、秋ごろに果実が黒紫色に熟します。果実の大きさはイチジクよりも小さいのですが、食感と味はよく似ているのでコイチジクとも呼ばれます。また、傷をつけると乳白色の樹液が出ることから、チチノキという別名もあります。

名前の由来

イチジクの学名はフィクス・カリカ（*Ficus carica*）です。"Ficus"は古代の地中海クレタ島の言語の"fik"あるいは"suk"から転じたものです。フランス語で「汁、液」を意味する"suk"や、ラテン語で「樹液」を意味する"sucum"も語源の由来は同じで、もとはイチジクの果汁を表すものでした。"carica"はラテン語の「イチジク」を指します。

イチジクの英名"fig"はラテン語の"着物"が語源で、知恵の実を食べたアダム（Adam 赤土）とイヴ（Ive）がイチジクの葉を綴り合わせて腰を覆い隠したことと関係しています。フランス語名"figure"も語源は同じです。

また、ペルシア語でイチジクを指す"anjir"や"enjir"が中国に伝わり、音で当て字とした"映日果《インジークォ》"が訛って"イチジク"と呼ばれるようになったともいわれています。日本では別名を"一熟《いちじゅく》"といいました。これは「ひと月で熟する」または「1日にひとつ熟する」とされたことから名づけられたといいますが、これは音が似ていることからの語呂合わせでしょう。

近縁種のイヌビワは、小型でビワの形をした実がなることから名づけられました。学名はフィクス・エレクタ（*Ficus erecta*）です。"erecta" は「直立した」を意味するラテン語で、木が真っすぐなことに由来します。

誕生花と花言葉

イチジクは4月10日の誕生花です。花言葉は"実りある恋""豊富""多産""平安"。結実が早く、ひとつの木に多くの実をつけることから豊穣や多産、充実という意味を持っているのでしょう。

イチジクの使い道

生食のほか、ジャムや甘露煮、デザートなどの製菓材料や、ドライフルーツ、ジャム、果実酒などに加工されます。イチジクを使ったリキュールでは、チュニジア産のブッハ・オアシス（Boukha Oasis）やドイツ産のフィグウォッカ（Fig Votka）が知られています。

イギリスでは、イチジクとニンニクを一緒に煮込んだ料理が恋人同士で食べる料理の定番でもありました。南方熊楠《みなかたくまぐす》の『紀州民間療法記』には、「無花果の枝葉は、煮出せば茶のとおり赤褐色となる。甚だ身を温むるもので、ちょっと入れればたちまち全躯《ぜんく》発汗す。これに浴すると痔を治す」と記されています。

イチジクにはペクチンが多く含まれ、脂肪を分解、減少させる効果があります。肥満の防止や食中毒を防ぐ効果も確認されており、脂肪分の多い食事のあとに食べるのもよいとされています。イチジクの赤ワイン煮は、細胞の老化を防ぎ血管を丈夫にすることでも知られています。

また、熟した果実と葉、茎を乾燥させたものは薬として、下剤や湿布剤などに使われています。茎を傷つけたときに出る白い液体は、できものの治療薬や虫下しとして民間療法に欠かせないものでした。

神々の樹

古代エジプトでは、神々の樹はイチジクであると信じられていました。その樹ははるか東にあり、神々を包み込んで災いから守るほか、果実は生きる糧として食料にもなりました。逆に、西の砂漠の果てには"エジプトイチジクの貴婦人"と呼ばれる女神ハトホルが鎮座し、世界や太陽など、この世のすべてを創造したとされました。女神は大変慈悲深く、死者を迎えるために樹の葉陰から姿を現し、歓迎の水とパンを与えました。エジプトイチジクの枝には、鳥に姿を変えた霊魂が翼を休めます。そこはミイラになって葬られた者たちの仮の棲み家にもなり、時がたつと神の世界に戻ると信じられていました。

ワニと猿

昔のこと、菩薩が猿に生まれ変わり、ヒマラヤ山のふもとで目覚めました。年を追うごとに体も大きく力も強くなり、ガンジス川のほとりで暮らすようになりました。ちょうどそのころ、川の中にはワニの夫婦が住んでいました。
　あるときワニの妻が、猿の心臓を食べたいと夫にいい出しました。
「でも、私たちは水の中に住んでいて、猿は地上で暮らしているんだぞ。どうやってあの猿を捕まえるというんだね？」
「何とかして捕まえてくださいな。あの猿を見るたび心臓が食べたくなって死んでしまいそうになるんですのよ」
　愚痴る妻に、ワニは分かったと答えます。
「私にいい考えがある。きっとお前に心臓を食べさせてやれるから、楽しみにしていなさい」
　しばらくたって猿がガンジス川まで水を飲みにきました。その姿を見つけたワニは猿のそばにすり寄ってこう話しかけました。
「なぜあなたはいつも同じ場所ばかりにいるのです？　ガンジス川の向こう岸になら、マンゴーやパンの木がたくさん茂っていますよ。たまにはあっちでいろんなものを食べてみてはいかがですか？」
「ええ。けれど考えてもごらんなさい。もし私たちが木の上を飛び回るときに、この胸の中に心臓があったなら、きっとめちゃくちゃに壊れてしまうでしょう」
　猿はワニの話にこう返事をしました。
「じゃあ、心臓はどこに置いてあるのです？」
　猿は自分のいるところからさほど遠くない場所に生えているイチジクの木を指差し、
「あれをご覧なさい。私たち猿の心臓は、あそこに見えるイチジクの木にかけてあるんですよ」

といいました。
「その心臓を私にくれるというなら、命は助けてやってもいいですぞ」
ワニがいきなり態度を変えていってきます。そこで猿は、
「では、私をあのイチジクの木まで連れていってください。そうしてくれれば心臓はあげましょう」
といいました。ワニは猿を背中に乗せ、イチジクの木がある場所まで連れていきました。すると猿はワニから離れ、イチジクの木の上に登りました。
「生き物が自分の心臓を木に引っかけるなんて、できるわけないだろう。そんなことを信じるなんて馬鹿としかいいようがない。私はこのイチジクだけで十分だよ」
猿は笑い、歌い始めました。
“川の向こうにあるという マンゴーもジャンプもパンの実も”
“まっぴらごめんだ私には イチジクだけでけっこうさ”
“お前のなりは大きいが 知恵は総身に回らない”
“ワニさんお前は騙された”
“さっさとお帰り、さようなら”
ワニは自分が騙されたことにやっと気がつき、悲しそうな顔をして棲み家へと帰っていきました。

歴史の局面に登場する果実

イチジクは、しばしば国の存亡すら左右するものとして歴史の文献に登場します。
ローマの歴史家ヘロドトスが記した『歴史』では、ペルシアに出兵しようとするリディア王クロイソスに、賢者サンダニスが諫言しています。
「王よ。ただ今出兵を準備しているその相手が、どんなものかお分かりなのですか。彼らは革のズボンを履き、その他の衣類もすべて革製のものを用います。また食事も、土地が不毛ゆえあるだけのものを食べ尽くしてしまうという輩《やから》でございます。さらに彼らは、ブドウ酒を用いず飲むものは水ばかり。食用にするイチジクすらないありさまで、美味しいものなど何ひとつないのです」
しかしクロイソスはサンダニスの言葉を無視して、リディアが滅ぶ原因となりました。
また、2世紀ごろに随筆家のアテナイオスが書き記した『食卓の賢人たち』によれば、クセルクセス1世がペルシアを治めていたとき、宮廷の宦官がアッティカ産の干しイチジクを食卓に持ち込みました。それを見たクセルクセスは尋ねます。
「これはどこから渡来したものか」
「アテーナイから来たものです」
それを聞いて、クセルクセスはイチジクを市場から買ってくるのを禁じました。いずれ遠征するときには、わざわざ金を出さなくても好きなだけ手に入るときが来るであろうと考え、そのときが来るのを待てというわけです。
実際にクセルクセス1世は、軍を率いてギリシアに侵攻し、ペルシア戦争を起こしています。この逸話は、そこからできたのかもしれません。
古代ローマの歴史家プルタルコス(Plutarchos 46もしくは48～127ごろ)の著書『英雄伝 大カトーの巻』には、

こんな一節があります。
「カトーは元老院で、トガを偶然振ったような格好をし、リビアでできたイチジクをわざと落とした。人々がその大きさと美しさに驚いているのを見て『こういう果実を生ずる土地がローマから船旅でわずか3日のところにある』といったそうである」
大カトーの台詞にある、“船旅でわずか3日のところ”とはカルタゴのことです。ローマ帝国の将来を憂い、より生き永らえるため長年の宿敵でもあったカルタゴを支配下に置くことが必要だと大カトーは考えました。そこで“船旅でわずか3日のところ”を攻め立てるためイチジクをたとえに出し、人々の士気を上げるよう仕向けたのです。これがカルタゴ滅亡の引き金ともなった、第3次ポエニ戦争の始まりになりました。

聖なる木、不浄の木

イチジクに関する言葉は、ギリシアや古代ローマでは卑猥な意味を持っていました。実の形状は男性の陰嚢、熟して裂けた実は女性の外陰部を連想させたからです。
フランス語で“faire la figure”という言葉は“人を馬鹿にする”という意味で、“fig”という綴りからも分かるようにイチジクがもとになっており、我が国の、人差し指と中指のあいだから親指を出すしぐさにも同じ意味合いがあります。
また古代ギリシアやローマでは、密告者を“イチジクの秘密を明かす者”と呼んでいました。アテーナイの司法組織では告訴を申し立てる場合、市民がその件に関して必要な情報をもたらす義務がありました。そのため国家は告発を奨励し、犯人に科す罰金の4分の3を報奨金として与えました。これにより密告者が後を絶たない状況を生みましたが、被告人が無罪になった場合、陪審員の票決の数によっては罪を科せられることもありました。しかし、もとは“イチジクを密輸して海外へ持ち出した者”や“イチジクの木から実を盗んで告発した者”を指しており、聖なる果実を冒涜する行為として非難されたことに始まると思われます。
ギリシアではディオニューソスの祭りの捧げ物の行列に“ブドウ酒の壷、ブドウの木、牡山羊、イチジクの籠、男根像”がありました。これらは豊穣のための秘儀に用いられるものでもあり、そこから「黙っているべき秘密や個人の心の奥底を白日のもとにさらす行為」という意味を持つことにもなりました。そういった事実から、イチジクは不浄の木とみなされることにもなりました。
古代ローマの豊穣の女神ディーア（ケレス、あるいはデーメーテールと同一視されている女神）の神殿にイチジクの木が生えると、伐採して根を引き抜くばかりではなく、穢れを祓《はら》うため神殿までも破壊されました。また怪物を火あぶりにするときや、冒涜的な書物を燃やすときにはイチジクの木で作った薪を使いました。
また、プルタルコスの著書に「人間嫌いであったアテーナイのティモン」のエピソードが出てきます。彼は人間嫌いであるがゆえ、人前に姿を現すことはまれでした。しかしある日、集会に姿を見せた彼はこういいます。

「親愛なるアテーナイ市民よ。我が家には小さな庭があり、イチジクの木が横たわっている。すでに何人もの人がその木で首を吊り、縊《くび》れて死んでいる。そこに家を建てようと思ったのもこのためである。私はイチジクの木を伐らせる前に、諸君にそのことを知らせたかった。諸君の中で誰かその木で首を吊りたい者があれば、我が家へ急ぐがよい」

イチジクの木で首を吊るという行為は、『新約聖書』でイエス・キリストを裏切ったイスカリオテのユダのその後にも出てきます。「マタイによる福音書」では、彼は祭司長と長老へ銀貨30枚でイエス・キリストの身柄を売り渡します。しかしキリストの処刑が決まり、おのれの罪深さにおののいたユダは、銀貨を返そうとするものの拒絶されてしまいます。後悔のあまりユダは自らの首を吊って息絶えるのですが、このとき自分を吊した木がイチジクであったといわれています。また、ギリシア神話に登場する巨人のティターン族にリュケウスという怪物がおり、ゼウス（Zeus）との戦いに敗れた際、イチジクに姿を変えられたと伝えられています。そのため、不浄なものを燃やし、消し去るためにイチジクの木が使われたとも考えられます。

しかしその一方で、イチジクの木は神聖な木としても崇められていました。紀元前362年のこと、ローマの中央広場に突然大きな割れ目ができました。その割れ目を閉じるには「国の中で最も貴重な宝物を投げ入れねばならぬ」という神託が下りました。そこでクルティウスという貴族が、「自分の武器がローマで一番優れている」といい、鎧兜に身を固めて馬を躍らせ、割れ目の中へ飛び込みました。すると地割れは口を閉じ、クルティウスが飛び込んだ場所にはイチジクの木が生え出たと伝えられています。また、雷を封じ込める木としても盛んに植えられ、“幸運の木（arbor felix）”と呼ばれました。

イチジクはローマの神マルス（Mals）とその息子たち、ロムルスとレムスを象徴する木でもありました。マルスは古代ギリシアの戦乱の神アレースと同一視される男神ですが、もとは花や自然を象徴する神でした。彼は女神ユーノから生まれたとされていますが、その相手は花々であったといわれています。彼が巫女レア・シルウィアに生ませた双子がロムルスとレムスで、ふたりはレア・シルウィアの父を亡き者にしたアムリウスによって籠に入れられ、ティベリス川に流されます。籠はイチジクの木の根元に流れ着き、牝狼の乳で命を永らえます。そして、彼らを見つけた羊飼いの夫婦によって育てられました。ロムルスはローマを建国した英雄であり、イチジクの木も“ロムルスの樹”と呼ばれました。農耕の神サトゥルヌスの神殿にはイチジクの木が植えられていましたが、この神はギリシア神話のクロノスと同一視されており、イチジクの木を作ったとされる伝説に影響を受けたことを示しています。

ローマにおける生殖の神プリアポスはイチジクの木を象徴する神でもありますが、ディオニューソスあるいはヘルメースの息子とされ、ディオニューソスの祭りに従う行列の一員として名を連ねました。プリアポスは“庭園の守護神”でもあったため、同じ性格を持つディオニューソスと混同されていたと考えられます。先にあげた男根像が彫られたのはイチジクの木で、このことから古代ギリシアやローマの人々は、イチジクを聖なる木としても崇拝していたことが分かります。また、アポローンとアルテミスの祭りでは、祭儀を邪魔しようとする異教の者をイチジクの枝で追い払いました。

北部アフリカでは、イチジクの実は豊穣を意味するばかりではなく、現世と祖先の国をつなぐものと定義されていました。この地方では土地を耕すとき、最初に作った畝にイチジクを置く習わしがありました。また、墓や祭壇にもイチジクの実が捧げられました。これは「目に見えない人のための取り分」であり、“死者のための上質の捧げ物”でもありました。

知恵の実とは？

『旧約聖書』「創世記」3章にアダム（Adam）とイヴ（Ive）が蛇に誘惑されるがまま“知恵の実”を食べたことにより神から楽園を追放され、人間世界へ降り立つくだりがあります。この果実はリンゴであるという意見が大勢を占めていますが、中にはイチジクである、と主張する人もいます。

「ふたりの目は開け、自分たちが裸であることを知り、ふたりはイチジクの葉をつづり合わせ、腰を覆うものとした」

急いで隠したのであれば、実がなっていた木の葉を使うのが道理です。ならば、

知恵の実がイチジクだったというのも、あながちおかしな話ではありません。また、リンゴは中央アジアなどの涼しい地方の産物ですから、パレスチナ原産のイチジクのほうが、より身近であったのではないでしょうか。

イチジクは滋養強壮の効果を持つと信じられていたことを合わせてみると、“知恵の実”はイチジクを指すという意見も説得力を持ってきます。

もっとも、別の考え方もあります。キリスト教の信仰においては、リンゴが「知、生命、美」の精神的価値を象徴するものとされているのに対して、イチジクは「生活の豊かさ、贅沢」を表すものでした。“知恵の実”を食べたアダムとイヴがまず知ったのは“恥じらい”という感情でした。裸でいることの恥ずかしさを知ったふたりは、イチジクの葉で腰のあたりを覆い隠しました。これは、“豊穣”を意味する生殖器を隠すということでもあります。

“知恵の実”がリンゴにしろイチジクにしろ、アダムとイヴは“知性”を身につけたことで、唯一の存在である神の領域すら脅かしてしまうかもしれない、危険な存在となってしまったのです。

イチジク浣腸の歴史

イチジク浣腸は、大正14年（1925）に医師・田村廿三郎が考案し「イチジク印軽便浣腸」と名づけました。大正15年（1926）になって合資会社東京軽便浣腸製造所を設立し、初代社長に就任しました。現在の名称であるイチジク製薬株式会社は、昭和9年（1934）に増資を行って株式を発行したときからの社名です。

田村廿三郎は開業医であったころ、子供たちが便秘によって発熱やひきつけを起こし、夜間急患として運ばれてくる姿に心を痛めていました。そのころの浣腸は太い注射筒に薬液を詰めたもので、医師だけが扱うことのできるものでした。子供たちの苦しみを一刻も早く取り除きたいという思いから、仲間の医師とともに家庭で手軽に使用できる浣腸器の開発を始めました。当時は、現在浣腸の容器に使われるポリエチレンがありませんでした。そのため、加工も容易なセルロイドを浣腸液の容器に使いましたが、素材のきめの粗さから、中身が漏れてしまうという欠点がありました。また、挿入部を滑らかに加工するのは難しく、その技術を完成させるのにも非常に時間がかかりました。そして、液漏れを防ぐために薄い皮膜をかぶせ、挿入部はセルロイドの角を取って滑らかにすることで、現在“イチジク浣腸”として親しまれている形状の原型ができあがりました。

田村廿三郎が開発した新しい浣腸の名前の由来は、イチジクの実の形に似ていることから名づけられたという説が、現在では有力です。しかしこのほかにも、イチジクを干した実は和漢薬の緩下剤として用いられていることや、イチジクの果実は熟するのが早いため、浣腸の速効性を連想するように、と命名されたとの説もあります。また、主原料のグリセリンには甘味があり、イチジクの果実の味を思い起こさせるという説も唱えられています。どの説が確かであるのか、にわかには断定できませんが、“イチジク印の軽便浣腸”の名称は、イチジクの実を思わせる形状や親しみやすい語感の響き、誰でも簡単に覚えられるネーミングとして日本全国に広まり、“浣腸”といえば“イチジク”といわれるまでになりました。

Olive

オリーヴ

古より人とともにありし平和と生命の象徴

オリーヴはモクセイ科オリーヴ(*Olea*)属の常緑樹です。地中海周辺を中心に、インド、マレーシア、北オーストラリアの温暖な地域に約20種が分布しています。日本ではまだなじみが浅いですが、地中海周辺では古くから親しまれてきた果樹です。晩春から夏にかけて花を咲かせ、秋に実をつけます。果実は初め緑色で、熟すにつれて赤紫から黒に変わっていきます。用途と品種によって、若い実から完熟したものまで収穫される時期が変わります。

一般にオリーヴと呼ばれるのは*Olea europaea*(ヨーロッパ・オリーヴ)です。原種は小アジアからシリアに自生していたもので、有史以前に地中海東部に広まりました。栽培の歴史も極めて古く、紀元前3000～4000年には、クレタ島やキプロス、シリアで栽培が始まっていました。このうちシリアにいたフェニキア人は、紀元前16世紀ごろに北アフリカのリビアにもオリーヴ栽培を持ち込みました。このため、最古の栽培果樹はオリーヴだという説もあります。紀元前12世紀ごろにはギリシア本土でも栽培が始められ、紀元前4世紀にはオリーヴ栽培に関する法令も出ています。ローマ帝国の時代にはイタリアでもオリーヴ栽培が始まり、帝国の国土の伸張とともにイベリア半島などにも広まりました。15世紀の大航海時代以降、ヨーロッパ諸国が植民地に伝えることで、オリーヴ栽培は北アメリカ西海岸、南アメリカ、カリブ海沿岸、オーストラリアなど世界的に広まっていきます。

日本には、まずオリーヴ・オイルが16世紀にポルトガル人宣教師から伝えられました。このため、オリーヴ・オイルはポルトガルの油が訛った“ホルト油”と呼ばれました。もっとも、江戸時代にはホルト油はオランダ人医師や、西洋医学を学んだ蘭方医たちしか用いず、普及はしませんでした。木の姿や実の形などは伝わっていたようで、宝暦12年(1762)に本草学者の平賀源内は、よく似たモガシをホルトノキと命名しました。果樹として伝わったのはずっと最近で、文久2年(1862)に医師の林洞海《はやしどうかい》がフランスから輸入した苗木を植えたのが最初とされています。しかし日本の気候が合わなかったため、なかなか栽培には成功しませんでした。その後、明治41年(1908)に農商務省は三重、香川、鹿児島の3県を指定して、アメリカから輸入した苗木で試作を始めます。その中で香川の小豆島だけが栽培に成功しました。瀬戸内の温暖で安定した気候がオリーヴに合ったためでしょう。現在でも、小豆島ではオリーヴとオリーヴ・オイルが特産品です。

誕生花と花言葉

オリーヴは5月26日と12月23日の誕生花です。花が咲く時期と果実の収穫が終わる時期をもとに決められました。花言葉は“平和”です。これは、ギリシア神話や聖書のエピソードからつけられたものでしょう。

また、占いに使われるケルト暦では、オリーヴは秋分の日である9月23日を表す知恵の木とされています。しかし、ケルト人の住んでいたドナウ川流域からブリテン島までは、オリーヴが自生するには寒冷な気候です。ギリシア神話のアテーナーにあたるローマ神話の知恵の女神ミネルヴァの神木が、オリーヴであったことに由来すると考えられます。

恵みの油脂

オリーヴの果実は生ではなく、塩蔵したものを料理に使い、あるいはそのまま食べます。日本では大量に使うことはまれですが、イタリアやギリシアでは、ごろごろとオリーヴの実が入っている料理も珍しくありません。もっとも、カクテルのマティーニには、塩蔵したオリーヴを塩抜きして入れます。

果実よりも、そこから抽出したオリーヴ・オイルのほうが一般的です。スペインやフランスのプロヴァンス地方、イタリア、ギリシアなどの地中海沿岸では、料理に欠かせません。独特な香りがあるため、不慣れなうちは苦手な人もいますが、この匂いが料理を引き立てる役目も果たしています。

オリーヴ・オイルは、不飽和性脂肪酸の中で最も酸化しにくい、一価不飽和脂肪酸であるオレイン酸を非常に多く含みます。精製しないエクストラ・ヴァージン・オイルでは、全脂肪酸のうち実に75パーセントがオレイン酸です。オレイン酸は悪玉コレステロール値を下げ、善玉コレステロール値は保つという効果があります。また、ビタミンB、D、Eやポリフェノールを含有しています。ビタミン類は油脂とともに摂取すると吸収率が高くなるので、栄養源としても非常に有用です。さらに、ビタミンEとポリフェノールは抗酸化作用があり、脂肪の酸化を抑制してくれるのです。オレイン酸の効果と合わせて、動脈硬化を抑えることが期待できます。オリーヴ・オイルを日常的に摂取するイタリアやスペインなどの南ヨーロッパ諸国では、動脈硬化やそれに伴う心筋梗塞が少ないという統計もあります。

ローマ帝国時代の博物学者・大プリニウスの『博物誌』では、オリーヴ・オイルは消炎作用があるとされるほか、膏薬の原料としてもさまざまなところで使われています。現在の研究で実際に消炎作用があることが確認されたほか、肝臓や膵臓の働きを活発にする効果も認められました。内臓や血管の活力を取り戻すことは、美容にもつながります。オリーヴ・オイルは優れた健康・美容食品なのです。ただし油脂であることには変わりありませんから、摂り過ぎは肥満につながります。

酸化防止作用は人体にのみでなく、食物の保存にも使われてきました。地中海諸国では、開栓したワインに少量のオリーヴ・オイルを注ぎ、油膜で質の劣化を防ぐという方法が使われます。また、冷蔵が発達していない時代には、ソーセージを保管するためにオリーヴ・オイルに漬けることもありました。イワシを発酵させて作るアンチョビーは、現在でもオイル漬けにします。

香水の発達以前によく使われた香油は、ほとんどオリーヴ・オイルに花や香草を浸漬させて香りづけしたものでした。現在でもエクストラ・ヴァージン・オイルは化粧用に使われています。

女神の聖木

戦女神アテーナーと海神ポセイドーンが、ギリシア南部のアッティカを巡って争ったことがありました。ポセイドーンがアクロポリスに自分の槍を投げ込むと、たちまち地面から海水が噴き出して泉になりました。自分に所有権があることを誇示したわけです。アテーナーは、この泉のそばにオリーヴの木を植えて、自らの土地であることを示しました。オリュンポスの神々のうち、男神たちは全員ポセイドーンを支持しました。ところが女神たちはみな「平和的な手段で主張した」とアテーナーに賛同したのです。その結果、わずか1票の差で、アテーナーのほうが正しいと議決されました。ポセ

イドーンは腹を立ててアッティカに大洪水を起こします。人々はこれまで住んでいた土地を捨て、アテーナーの導きに従って新たな都市を築きました。これが現在のアテネ市です。

別の神話もあります。セクロプスという王が、それまで遊牧民だった住民を集めてギリシア南部アッティカに小さな集落を作りました。アテーナーとポセイドーンは、この町に名前を与える栄誉を賭けて争い、ふたりのうちどちらがより実用性の高い発明をしたかによって、勝敗を決めることにします。

ポセイドーンは、光輝く立派な馬を持ってきて「この馬は美しく、速く、戦車を引くことができ、戦いに勝つことができる」と誇りました。

対するアテーナーは、1本のオリーヴの木を作ってくると、大地に植えました。

「このオリーヴは、夜に灯をともすための炎を与え、痛手を和らげ、芳香が強く、そして貴重な食料にもなるのです」

人々は、オリーヴのほうが馬よりも大きな利用価値があると判断し、アテーナーがアッティカを統治することを認め、彼女の名を町につけたのです。この神話では、馬は戦争を象徴し、オリーヴは平和な日常を示しています。アテネ市民は、戦争よりも平和を望んだわけです。

オリーヴはアテネ市民に好まれ、町の周りや家屋敷の区切りなどに植えられました。女神から授かったオリーヴの木に対する崇敬の念は以後も衰えず、紀元前6世紀には、慈悲、自由、祈り、純潔、秩序の象徴として、植樹に関する法律が公布されています。また、アテネで行われた競技会の勝者には、オリーヴの枝で作った冠が贈られました。

魔女の木の枝

オウィディウスの『変身物語』によれば、イアーソーンが金羊毛を手に入れてアルゴ号の探検から故郷に帰還したころ、彼の父アイソーンは、自分がすっかり老いてしまったことを嘆いていました。イアーソーンが、このことを魔法が得意な妻のメーデイアに相談します。

彼女は、さまざまな薬草、牡鹿の肝臓、狼の腸、亀の甲羅、カラスの頭などを大釜に入れて煮て、オリーヴの枯れ枝でかき回して秘薬を作ります。すると不思議なことに、釜をかき回すのに使った枝が蘇って緑の葉が茂り、若いオリーヴの実がたわわに実ったのです。やがて、その色が移ったようなどろどろな緑色の液体ができあがりました。メーデイアがアイソーンの喉をかき切り体の血をすべて抜いて、代わりにこの薬を注ぎ込むと、彼はたちまち若い肉体になって蘇ったのです。

薬をかき混ぜるのにオリーヴの枝を使ったのは象徴的です。前記のポセイドーンとアテーナーの話から考えると、オリーヴは古代ギリシア人にとっての大地の恵み、つまり生命の象徴であったのでしょう。

大地の証

『旧約聖書』の「創世記」では、地上に悪がはびこり人々が悪しき心に染まっていることを見て、神は後悔します。そして、洪水を起こして滅ぼしてしまうことにしました。このとき、神に従う無垢な人々であるノアに箱舟の建設を命じます。ノアは神の啓示に従って巨大な箱舟を造り、自分の家族とすべての動物のつがいを1組ずつ乗せました。果たして40日40夜にわたって大雨が降り、大地は水の底に沈みました。水は150日間荒れ狂い、箱舟に乗った者たち以外、地上の生き物たちはみな滅んだのです。

やがて水は引き始め、箱舟はアララト山の頂上に流れ着きます。さらに40日後、ノアはカラスとハトを飛ばしました。周囲に人や動物が住める大地があるかを確かめるためでした。しかし、どちらも休める場所を見つけることができず、そのまま帰ってきました。さらに7日後、ノアはもう一度ハトを飛ばします。するとしばらくして、オリーヴの枝をくわえて戻ってきたのです。これは、オリーヴが生える温暖な地があることを示すとともに、大地の恵みが蘇ったことを告げているのです。

創作のオリーブ

音楽の世界では『オリーブの首飾り：El Bimbo（可愛い娘）』が有名です。フランスのクロード・モーガンが作曲したディスコ・ナンバーです。1974年にポール・モーリア・グランド・オーケストラが演奏したことで有名になりました。「オリーブの首飾り」は、ビンボー（Bimbo）では語呂が悪いとつけられた邦題です。リズムや曲調が、手先で魅せるスライハンド・マジックにピッタリだったので、いつしかマジック・ショーで使われる定番の曲になりました。最初に誰が使い出したのかは諸説ありますが、女性マジシャンの松旭斎すみえだという説が有力です。以後、多くのマジシャンが使ったため、日本では「オリーブの首飾り」＝手品というイメージが定着してしまい、手品と関係ないところでこの曲が流れると、失笑が起きることさえありました。そのため現在では、マジシャンの側から敬遠されるようになってしまいました。

1919年からニューヨーク・ジャーナル紙に連載されたエルージー・クライスラー・シーガーのコミック『シンプル・シアター：Simple Theater』には、オリーブ・オイルというヒロインが登場します。ハロルド・ハム・グレイヴィとガールフレンドのオリーブ、その兄のカスター・オイルの3人が主人公だったのですが、1929年に水兵のポパイが登場すると、この不死身でコミカルなヒーローに人気が集まります。おかげでハロルドとカスターは忘れられ、作品名も『ポパイ：Popeye』になってしまったのです。オリーブがポパイの恋人になったのは、実はこのときからです。以後のオリーブは、彼女に横恋慕するポパイのライバル、ブルータスにさらわれ「助けて！　ポパ～イ！」と叫ぶ捕らわれのお姫さまタイプのヒロインです。この作品はアニメになり、日本でも放送されました。

ロバート・アルトマン監督の実写映画『ポパイ：POPEYE』（1980）では、シェリー・デュヴァルがオリーブを演じました。こちらでは横暴な保安官ブルートの婚約者オリーブが、父親を捜してやって来たポパイに恋をします。悪役からヒロインを救い出すというスタイルはコミック版ポパイと同じですが、この映画版のエピソードのほうが、本来の恋人を捨てたオリーブらしいかもしれませんね。

オリーヴの葉の意味

第二次世界大戦後に設立された国際連合の紋章は、北極を中心にした世界地図をオリーヴの葉で囲んだもので、1947年の第2回国連総会で制定されました。どの国のものでもない北極を中心とすることで国家に左右されないことを、また平和と秩序の象徴としてオリーヴの葉を配した図柄が選ばれたのです。

Jujube

ナツメ

春も遅くなって芽吹く、健康な果実

ナツメはクロウメモドキ科ナツメ属の落葉低木です。5月から7月にかけて、淡黄色の花弁が5枚ある小さな花を葉のつけ根に数個ずつ咲かせ、9月から10月に長さ3～5センチメートルほどの濃赤色から暗赤色の実をつけます。果肉は甘酸っぱく、やや堅めでリンゴに近いシャリッとした食感です。

原産地は南ヨーロッパから南西アジアですが、非常に古くから北アフリカや東アジアなど、ユーラシア大陸の熱帯から温帯にかけて広まりました。

中国では、紀元前2世紀に栽培されていたことが分かっています。モモ、スモモ、アンズ、クリ、ナツメを並べて“五果”と呼んで、重要な果物としてきました。寒さや乾燥にも強いため、救荒食にも使われました。実際にナツメは広く植えられており、日露戦争で旅順要塞を攻めた乃木希介《のぎまれすけ》大将が「庭に一本《ひともと》棗の木 弾丸痕もいちじるく 崩れ落ちれる民屋《みんおく》の ところはいずこ水師営」と書き残しています。現在でも中国は、約40種と最も多くの品種を栽培している国です。

日本には『万葉集』に「玉掃《たまはばき》 苅来鎌麻呂《かりこかままろ》 室乃樹《むろのきと》 與棗本《なつめがもとと》 可吉将掃為《かきはかむため》」などナツメを含む2首が収録されていることから、奈良時代以前に伝来したと考えられます。また、10世紀に編纂された法典『延喜式』には、各地から朝廷に献上されたことが記してあります。しかし、温暖な日本にはほかの果物もあったためか、飛騨などの一部を除いて、中国ほど普及しませんでした。

夏に芽を出す

ナツメという和名は、春も遅くなって芽吹くことから“夏芽”と呼ばれたことによります。また、茶道の抹茶入れのうち、薄茶用のものを“なつめ”と呼びます。これは形がナツメの実に似ていたためです。

漢字では“棗”と書きます。枝に2本生える鋭いトゲから“朿《とげ》”を2文字組み合わせたものです。

学名はジジファス・ジュジュバ(*Ziziphus jujuba*)。これは、「ナツメの木」を意味する古代ペルシア語“ジジャフィーン zyzafzn”が変形した中世ラテン語が語源です。英語のジュジューブは、またチャイニーズ・デーツ（Chainese date 中国のナツメヤシ）とも呼びます。

誕生花と花言葉

ナツメは9月7日の誕生花です。これは、花ではなく実りの季節から決められました。

花言葉は“健康な果実”。薬用としても用いられるこの果実にふさわしいものです。

薬になる果実

生食するほか、ジャムや砂糖漬け、蒸留酒に漬け込んでリキュールにもなります。乾燥させた干しナツメは、そのまま食べたり、料理やハーブティーの材料とします。中国では、干しナツメを餡にして、月餅や饅頭、パイなど、さまざまなお菓子に使います。少し酸味があり、くどくないのが特徴です。旧暦8月15日の中秋の名月には、日本ではダンゴやイモを供えますが、中国ではクリやナツメ、月餅です。

ナツメの実を一度蒸してから燻製にすると、大棗《たいそう》という生薬になります。赤い干しナツメ（紅棗《こうそう》）と異なり黒っぽいので、烏棗《うそう》とも呼ばれます。滋養強壮、胃腸虚弱、不眠症、鎮咳、鎮痛、鎮静、精神安定、貧血、冷え性などに効果があるほか、煎じて咽頭がんや口腔がん用のうがい薬にもされます。さらにアレルギー症状の緩和効果もあることが、最近の研究で分かってきました。韓国に伝わるナツメ茶は、疲れを和らげるほか、鎮咳、鎮痛作用があります。

葉にはジジフィンという配糖体が含まれており、しばらく噛むと甘味が感じにくくなるという効果があります。

また大プリニウスの『博物誌』によれば、古代ローマでは花が花冠に用いられていました。

木材は幹が細いため建築用には向きませんが、木目の美しさから細工物に使われます。

過去を忘れた娘

ブッダの前世について語った仏経説話集『ジャータカ（Jataka 本生経）』によれば、昔、ブラフマダッタという王がインド北部のベナレスを都として治めていたころのこと。彼に仕える大臣として、ブッダの前世であるボーディサッタ(Bodhisatta 仏の情ある者、菩薩）が転生していました。

ある日、王が宮殿の庭を眺めていると、果物売りの娘がナツメの実を入れた籠を頭に乗せて「ナツメはいりませんか」といいながら売り歩いていました。王は一目で娘を気に入り、妃にしました。

それからしばらくして、王が黄金の皿に盛ったナツメを食べていると、妃が尋ねました。

「その金のお皿に盛られた赤い卵は何でしょう？」

王宮の安逸な暮らしに慣れて、ナツメを売っていたころのことを、すっかり忘れていたのです。王は腹を立てて、妃を追い出そうとしました。

このときボーディサッタは「女性が高い位に就けば、このようになるのも仕方がない。許しておあげなさい」といったので、王も納得して妃を許し、それからは仲良く暮らしました。

サルの尻が赤いわけ

河南省の民話によれば、昔、二龍山《にりゅうさん》のふもとの広洋湖《こうようこ》には、青龍と白龍の2頭が住んでいました。湖の岸にはナツメ林があり、棗仙《ザオシェン》という娘が守っています。女神がナツメの木の下でうたた寝をしていたときに、ナツメの実が落ちて口に入って生まれた、赤い服を着た可愛らしい娘です。2頭の龍は棗仙と出会い、たちまち仲良くなりました。

ある日、虎がやって来てナツメ林を壊そうとします。しかし1頭ではできなかったので、今度はムカデやサルをけしかけました。ムカデは木にたかり、サルたちはナツメの実を食べ尽くしてしまいます。ナツメ林が荒れて泣いている棗仙のために、青龍は鈴の入った角を種として、白龍は体の一部を果肉として提供しました。棗仙は自分の赤い服を破いてナツメの皮にして、林中の木に実をならせました。

虎は再びサルたちをけしかけますが、サルは種がリンリン鳴るのに驚いて木から落ちて尻を擦りむいてしまいます。こうしてサルの尻は赤くなったわけです。そして虎は失敗に懲りて、二度と龍と棗仙が守るナツメ林に近づかなくなったのです。

種から生まれた子供

北方の漢民族に伝わる民話「棗核児《そうがくじ》」では、その昔、爺さまと婆さまが、お月見をしていました。満月は美しかったのですが、ふたりにはお供えの月餅を一緒に食べる子供がいなかったので、寂しさでしんみりとしていました。婆さまは食べていた月餅に、たまたま入っていたナツメの種、棗核を手に取り、爺さまに見せながら、ため息交じりにいいます。

「この種くらいの大きさでもいいから、息子がいたらねぇ……」

すると、その種がポンと地面に落ち、可愛らしい声で「父ちゃん、母ちゃん」と叫んだではありませんか。

ビックリして拾い上げてみると、手も足も顔もありました。念願かなって子供ができたと、ふたりは大喜びで育てました。ところが、いつまでたっても大きくなりません。

ある日、爺さまと婆さまの家の前を通りかかった県庁の下役人が、用をたしたくなって、手にしていた酒徳利を窓のところに置きました。棗核児が徳利に興味を持って、ピョンピョン跳ねて近寄ったところ、勢いあまって窓から落としてしまいました。怒った役人は、棗核児を県知事に訴えようと連れていきます。しかし子供はおとなしくせず、出てきた県知事を「へぼ役人」と囃し立てました。これに県知事はカッとなり、大口を開けて叫びました。

「無礼な！　こっちへ来い！」

棗核児はすかさず口に飛び込んで、内臓を引っ張って暴れ回ります。県知事は痛みに苦しみ、褒美をやるから出ていってくれと頼みます。すると腹の中から「これからは賄賂を取るな、冤罪で捕まっている人たちの裁きをやり直せ、百姓を苦しめる地主を逮捕しろ」という声がしました。苦しくてたまらない県知事は、すべて要求通りにします。

棗核児は口から出てくると「嘘をついたら今度はお前の歯を全部へし折ってやるからな」といって、帰っていきました。

心配していた爺さまと婆さまは、子供が無事戻ってきてくれたので、さらに可愛がり、夜に寝ているあいだも、しきりに背中をさすりました。すると、何だかパリパリと音がします。何ごとかと明かりをつけてみると、ナツメの種の皮がむけて、丸々太った人間の坊やが現れていたのです。しかも翌朝になると、棗核児は立派な若者に育っていました。爺さまと婆さまは大喜びしたのでした。

小さな子供が、悪者の腹中に飛び込んで退治し、立派な青年になるというのは、日本の一寸法師とよく似ています。違うところといえば、一寸法師では旅で手に入れた宝を親にあげるところが、棗核児では不正を働く役人を正すという間接的な利益になっているのが、官僚の不正が横行していた中国らしさなのでしょう。グリム童話集にも『仕立屋親指小僧の旅歩き（Des Schneiders Daumerling Wanderschaft）』という類型の話があります。

また、果物の中から生まれるのは桃太郎と同じ流れです。種子から生まれたという点では、長崎県に伝わる「豆太郎」というおとぎ話と同じといえるでしょう。

世界の民話のつながりは、古代の人々の交わりを想像させておもしろいものですね。

Kaki

カキ

親しみ深い秋の味覚は、天からの贈り物

カキノキ科カキノキ属の果樹で、二枚貝の牡蠣との混同を避けるためカキノキと呼びます。カキノキ属の植物は北半球の亜熱帯から熱帯を中心に約190種が分布していますが、食用に栽培される果樹は温帯産のカキノキのみです。

カキノキは、日本、朝鮮半島、中国にかけての東アジアに分布しており、揚子江の中流が原産地です。日本伝来は奈良時代とされていますが、2000年前の地層からカキの実の化石が発見されており、実際はもっと以前からあったと考えられます。5月の終わりから6月にかけて黄白色の花を咲かせます。色が淡く葉の裏側に下向きに咲くため、注意して見ないと咲いていることに気づかないこともあります。10月から11月にかけて、薄い橙色から赤橙色に果実が熟します。果肉も皮と同じく橙色から赤橙色です。カキには富有柿や次郎柿のような甘

柿と、西条柿や平種無のような渋柿があり、一般に生食用のカキとして売っているのは甘柿です。甘柿は鎌倉時代に日本で作り出されました。

同じく温帯産のマメガキ、アブラガキ、アメリカガキなども実をつけますが、カキノキほど食用には適していないため、観賞用や渋の抽出やカキ酢の醸造のほか、木材にするために栽培されます。

また、熱帯産のカキの仲間には、木の芯が黒く高級木材である黒檀が採れるケガキ（フィリピンコクタン）や、リュウキュウコクタン、インドコクタンがあります。もっとも、黒檀にはアフリカコクタンというマメ科の樹木もあります。

神が与えた食物

カキという名前は非常に古く、文書に登場するころにはすでに“カキ”と呼ばれていました。そのため語源ははっきりしませんが、赤き実の“赤き”からアが取れてカキと呼ぶようになったという説が有力です。また、カキは紅葉するため、赤い葉と黄色の実から“赤黄”と呼んだのがもととする説もあります。

漢字の“柿”は木＋市で、古くから商われていたことを示します。

カキノキの学名はディオスピュロス・カキ（*Diospyros Kaki*）です。Diospyrosはラテン語で「神の穀物」という意味です。東洋に太古からあり、栄養価も高いカキを、神が与えた食物とたとえたわけです。ヨーロッパには日本から16世紀に伝えられたため、種名は日本語そのままのカキ（Kaki）です。

英語では“kaki”または“Chinese persimmon”と表記します。パーシモン（persimmon）は北アメリカ原産のアメリカガキのことです。

ケガキは漢字では“毛柿”と書きます。その名の通り、カキと似た実の表面が毛で覆われています。皮をむき渋抜きすれば食用にもできますが、ほかに食べられる果実が多い東南アジアでは重視されませんでした。

黒檀は英語でエボニー（Ebony）といいます。よく対にされた白い象牙(Ivory)から作られた言葉です。

誕生花と花言葉

カキは9月26日の誕生花で、花言葉は“自然美”です。葉に溶け込むような淡い花の色彩からつけられました。

黒檀の花言葉は“陰気”“不機嫌”で、黒から想像される暗いイメージがあります。

お菓子の源流

甘柿は生食されるほか、ジャムや柿羊羹の材料とします。渋柿を生食する場合は、二酸化炭素やアルコールなどで渋抜きします。

皮をむき、乾燥させて作る干し柿は渋が抜けるほか、水分が抜けて糖度が高まり長持ちするという効果もあります。干し加減によって、ゼリーのような柔らかな食感のものと、歯ごたえのあるものがあり、前者は“あんぽ柿”、後者は“ころ柿”と呼ばれます。表面の白い粉は飽和した果糖やブドウ糖が固体になったものです。かつては炊いたご飯を蒸らすときに干し柿を置き、水分で柔らかくなったものを離乳食として使っていました。

カキはお菓子にもなります。干し柿から種とへたを除いてジャム状につぶし、寒天、砂糖、水飴を加えて伸ばし、乾燥させたものがのし柿です。石川県の名産“ゆずまき柿”は、つぶした干し柿に柚子皮と砂糖を加えて伸ばして巻いたものです。完熟したカキや干し柿をつぶして、寒天、砂糖、水飴を加えて固めると、柿羊羹になります。中国の西安《シーアン》名物である黄桂柿子餅は、つぶしたカキと小麦粉を練って餅にし、キンモクセイ、氷砂糖、クルミなどの餡を入れて揚げたお菓子です。

カキの実は糖度が極めて高く、生で15～20パーセント、干し柿では45～70パーセントに達します。これは羊羹などの甘い和菓子並みです。砂糖がなく甘みが乏しかった時代に、カキが菓子として重宝されていたため、実はそれを基準として和菓子の甘みがつけられているのです。

ほかにもビタミンA、C、Kを豊富に含み、また血圧を下げる効果があるタンニンやカリウム、胃腸の働きを助ける食物繊維も多く含有しています。健康にいい果物で「カキが赤くなると医者が青くなる」という言葉があるほどです。もっとも、カキが熟す季節は気候がよく、病気が少ないためという説もあります。

また漢方医学では、乾燥させたカキのへたを柿蔕《してい》という生薬にします。これは、しゃっくりを止めるのに有効とされています。

カキの若葉は、柿の葉茶になります。プロビタミンCが多く、感染症への抵抗力を上げ、コラーゲンの生成を助けます。また、肝臓の働きを助ける効果もあります。タンニンが少ないため渋みがなく、すっきりとした味わいです。カキの葉には殺菌効果もあり、これで包んだ押しずし“柿の葉ずし”は、奈良県吉野地方の名産品です。葉の爽やかな香りが移って、風味も豊かな一品です。

カキの木は木目が細かくて堅く、熱にも強いため、囲炉裏の周りを囲むのに柿材が使われます。また、高級なゴルフクラブに使われるパーシモンは、アメリカガキの木です。黒檀は彫刻や仏壇などに使われるほか、堅さや耐久性と美しさを兼ねるので、ギターの指板や三味線の竿として好まれます。三味線の竿材としては、特に屋久島黒檀（リュウキュウコクタン）が最上とされます。

カキの実やへたから採れる渋は、防腐効果や耐水性があり、接着力にも優れるため、和傘や木塀、魚網など、さまざまな用途に使われています。

鳥の嫁入り

中国の山西省に伝わる民話では、その昔、荒れ地にある山村に、老人とその四男が住んでいました。妻と上の3人の息子たちは病気で亡くなっていたのです。四男には正式な名前がなく、村人は四子《スーズ》と呼んでいました。

ある日子供たちが、四子の家の手前の大木に毎年巣を作っている火鳥《フラミンゴ》を射落としました。かわいそうに思った四子は、火鳥の傷を手当てし、治るまで世話をしてやります。傷が治った火鳥は巣から果樹の枝を取ってきて、四子にいいました。

「これは花果山《かかざん》から持ってきたもので、赤くて甘い実がなります」

火鳥は人間の娘の姿になり、火晶《ファシャン》と名乗って、四子の家に住んで果樹の接ぎ木を手伝いました。そして3年目に、言葉通り赤い実をつけました。父親は、火晶と四子の結婚式の日に村人にその実を配ります。大変美味しかったので、村人はみな喜び、村長はその果物にふたりの呼び名をくっつけた“火晶四子《ファシャンスーズ》と名づけました。これが、いつしか同じ読みの火晶柿子になったといいます。もっとも、この名前は火のような色の、宝石のような柿の実という意味ですから、実際は火晶四子のほうがあとでつけられたと考えられます。

この火晶柿子は、現在でも西安市の名物です。

猿蟹合戦

おとぎ話『猿蟹合戦』では、カニが拾った握り飯をほしくなったサルが、カキの種と交換しようと持ちかけます。カニは「カキの種なんて食べられないじゃないか」と反論しますが、サルは「握り飯は食べれば終わりだが、カキの種は植えておけば、じきにたくさん実がなって得だ」といいくるめ、ついに交換させます。

カニは種を持って帰り、植えました。「早く芽を出せ、出さねばほじくり捨てちゃうぞ」と歌うと、掘り出されることを恐れたカキは芽を出しました。

カニは朝には水をやり、暑いときには日陰を作り、寒いときには暖めるなど、丹念に世話をします。そしてまた「花を咲かせろ、でないとハサミでちょん切るぞ」と歌います。切られてはたまらないと、カキはどんどん成長して花を咲かせ、たわわに実をならせました。カニはこれに大喜びしましたが、どうにも木に登れず、困ってしまいました。

そこへ、そろそろカキが実ったころだろうとサルがやって来ます。カニはサルに相談します。

「サルさんのいう通り、たくさん柿がなったけれど、木に登れないものだから、取れないんだ。風で実が落ちてこないかと待っていたけれど、風も吹かないし……」

サルは、なら自分が取ってやろうというと、するすると木に登り、カキをもいで食べました。甘くて美味しかったので「うまい」と食べてしまいます。カニがそれを見て、自分にも少しくれとせがむと、サルはまだ熟れきっていない渋いカキを投げつけました。カニが「こんな渋いのは食べられない、甘いのをくれ」と文句をいってもサルは知らんぷり。熟した甘いものは自分で食べ、堅くて青く渋いものはカニにぶつけるものですから、とうとうカニはつぶれて死んでしまいました。

怒ったカニの子供は、臼やクリ、ハチを味方にして仇討ちするのです。

この話をもとに、芥川龍之介は世相を批判する『猿蟹合戦』という短編小説を書いています。

頭に生えた木

宮城県には、与太郎というビックリするほど頭の大きな男の話が伝わっています。与太郎はあるときカキの木に登り、実をむしって食べました。美味しいのでバクバクとたくさん食べ、満腹した際、ついふらっとします。枝につかまったのですが、カキの汁でベトベトの手がすべり、頭から真っ逆さまに落ちてしまいました。そこには食べていたカキの種が落ちていて、与太郎の頭にぶっすりと突き刺さります。しかし彼は気づかず、カキを食べ過ぎて喉が渇いたと、川に水を飲みにいくと、どうも頭がむずむずします。水面に映った自分の姿を見ると、何と頭のてっぺんから芽が出ていたのです。与太郎は「これも何かの縁だ」と、この芽に肥やしをやったりして、大事に育てました。すると木はどんどん大きくなり、あっという間に見事なカキの実がなったのです。

与太郎は、このカキを町に売りにいきました。頭の木という珍しさと味のよさから、どんどん売れるのですが、不思議なことにこのカキは次から次に実り、減りません。おかげで与太郎は、あっという間に大金持ちになりました。これをほかのカキ売りは「自分たちが儲けられないのは与太郎の頭の木のせいだ」と妬み、彼が寝ているあいだに根元から伐ってしまいます。

目が覚めて、これに気づいた与太郎は、しばらく泣き暮らしましたが、そのうちにカキの切り株にキノコが生えてきました。そこで与太郎は、今度はこのキノコで大儲けしたのです。するとやはり妬まれて、切り株が引き抜かれてしまうのですが、次はその穴に水がたまって池になり、鯉が泳ぐようになったのです。

この話は「酔っ払いが寝ているとき、

子供がその頭めがけてカキの種の飛ばしっこをして、それがカキの木になった」など、さまざまなバリエーションで日本全国に伝わっており、落語やアニメーション作品《まんが日本昔ばなし》にも取り入れられています。

ツルの返礼

山口県周南市八代に伝わる民話では、昔、秋の空を親子のツルが飛んでいたとき、たわわに実ったカキを見つけて、子供ヅルがほしがりました。ところがツルは枝に止まれなかったので、親ヅルは、ただ木の上をぐるりぐるりと輪を描いて飛ぶだけでした。

そこへ1羽のカラスが飛んできて、カキの木の枝に止まると、美味しそうに実を食べ始めます。そこで親ヅルはカラスに「私たちにも、カキを取ってくれませんか」と頼みました。するとカラスは、「もいでやってもいいが、お前は器量よしだから、熟れたカキじゃ着物が汚れるだろう」と、まだ青く堅い柿を取って投げました。渋くてとても食べられたものではないので、親ヅルは甘いのを取ってくれと頼むのですが、カラスは「なら自分で登って取ればよかろう」と、堅いカキしか渡しません。

これをそばから見ていた百姓は、カラスが憎くなって自らカキの木に登り、カラスを追い払って、甘く熟した実をツルの親子に取ってあげました。ツルは大変喜び、その実を食べるとお礼をいいながら飛んでいきました。

それからしばらくした、ある寒い日のことです。この百姓の子供が、食べていた干し柿の種を喉に詰まらせました。なにぶん田舎のことで医者もおらず、大騒ぎになりました。どうすることもできず、天神さまにお祈りすると、あのときのツルがやって来ました。わけを聞いたツルは、「私がお助けしましょう」と、長い嘴で子供の喉に詰まった種を取り出しました。

百姓は大喜びして「八代のカキは美味いんだが、どうしてか種が多くてしょうがない。種さえなけりゃ、周防一なんだが」といいました。不思議なことに、八代のカキは以後、生のときは種が多くても干し柿にするとなくなるようになったといいます。

これは天神さまの使いであるツルのおかげに違いないと、八代では吊し柿（干し柿）のことを“鶴柿”というようになりました。

現在でもこの地方では、干し柿を鶴柿と呼んでいます。

薬師如来の夢

広島県東広島市西条町にある長福寺の『長福寺縁起』によれば、暦仁元年（1238）に僧の良信《りょうしん》が、本尊である薬師如来の霊夢を受け、鎌倉の永福寺に弟子を派遣して種を持ち帰らせたのが、西条柿の原種だとあります。この種はやがて芽を出して成長し、7年目に初めて実をつけました。全部で12個の実のうち、ひとつを良信が試食し、残りの11個を干し柿にして、5個を守護の親定に、6個を永福寺に献上しました。このとき鎌倉幕府の第4代将軍・九条頼経の子が疱瘡をわずらっていたのですが、永福寺に献上された柿を食べたら病が完治しました。そこで将軍は長福寺に対して領地を寄進し、そのお返しとして寺からはカキを毎年献上したのです。このカキの木は、1800年代まで長福寺にありました。

江戸時代、広島藩では藩の特産物として、非常に甘みが強く美味しい西条柿の生産を奨励しました。現在でも、広島県、鳥取県、島根県などで西条柿が多く生産されており、中国地方を代表するカキになっています。

弘法大師とカキ

高野山の開祖である空海は、弘法大師としてよく知られ、日本の各地に伝説が残っています。

島根県温泉津《ゆのつ》町の清水大師寺には、訪れた弘法大師がカキノキを植樹して栽培を勧めたという伝承があり、付近ではこのカキノキが弘法柿として今も親しまれています。

大分県別府市には、托鉢僧の姿をした弘法大師にカキをあげなかったために、甘柿が渋柿になってしまったという伝承があります。

滋賀県余呉町《よごちょう》の民話では、托鉢に来た弘法大師がたわわに実ったカキを見つけ、近くの小川で鍋を洗っていた女性に「そこのカキをひとつ恵んでくださいませんか」と頼みました。女性は薄汚れた墨染めの衣の僧が弘法大師だと気づかず、鍋墨がついたままの手でカキをむしり、渡します。

弘法大師はお礼をいってカキを大事そうに持って去りましたが、それからというものこのカキは、熟すと必ず黒い斑点がつくようになり、いつしか“鍋墨柿”と呼ばれるようになりました。

墨つきのカキの話は、弘法大師だけでなく東大寺の大仏を造るのに尽力した行基にもあります。

行基さまのおぼしめし

大阪府松原市には、行基が旅の途中に宿を求めたお堂で、飢えで倒れたキツネと出会うという民話があります。

行基がわけを聞くと、キツネは身の上を語りました。

「私は大和で夫とともに幸せに暮らしていましたが、夫は今年の秋に人間に捕まって殺されました。幸い3匹の息子に恵まれていましたので、何かと息子たちが面倒を見てくれ、孫たちもよく遊びにきてくれたので、寂しさに明け暮れることもなく暮らしておりました。ところが、今年は例年になく寒く雪も降り、食べ物も乏しくなりましたが、子供たち3匹は変わることなく私の面倒を見てくれました。毎日吹き荒れる寒風と雪で孫の食べ物すら十分でなくなったにもかかわらず、私には変わることなく食料を運んでくれました。そこで子供たちのためにできることは何かと考え、私が出ていけば子供たちは助かるだろうと思ったのです。そして、暖かいところを求めてここまで来ましたが、空腹と寒さに負けて、こうしてここで休んでおります」

行基は、道を究めた人にもなかなかできぬことと感心しながらも「子供たちの気持ちはどうか、老いた母親を寒空の中に追い出したのではないかと悔いているのではないか」と諭します。

キツネは自分の行動が子供たちを苦しめている可能性に気づき、身をよじって嘆きました。

「それに気づいたなら、あとは元気になり一刻も早く息子や孫のところへ帰ることだ」

行基はそういって、寒風吹く中に出ていき、やがて梢に残されていた4個のカキを持って戻ってきました。そして1個をキツネに与えると、見る見るうちに元気を回復したのです。

一晩看病したあと、残り3個のカキをお土産として首にくくりつけてやると、キツネは喜んで大和へ帰っていったそうです。

この出来事が広まり、松原では柿の木に残された最後の1個の柿を「行基さまのおぼしめし」と呼ぶようになりました。

最後まで生にこだわる

慶長5年（1600）の関ヶ原の戦いで敗れた西軍の将・石田三成は、戦場からは逃れたものの捕縛され、処刑されることになりました。刑場に引かれていく途中、三成は「喉が渇いたので水を所望したい」と訴えます。道中のことで水がちょうどなかったため、護送していた兵はカキならばあると答えます。すると三成は「カキは痰の毒である。いらない」と答えました。

兵は、これから処刑されるのに毒断ちして何になると嘲笑いましたが、三成は泰然自若として答えました。

「大志を持つ者は、最期の時まで命を惜しむものだ」

小説などでは今ひとつ扱いの悪い石田三成ですが、この逸話を見る限りでは、一角《ひとかど》の人物だったようです。

なじみ深い果物

日本では、カキはほかにないほど思い入れが深い果物です。

『万葉集』でいくつもの歌を残している歌人・柿本人麻呂《かきのもとのひとまろ》の姓は、カキノキがある家という意味です。

近代の詩人・正岡子規は「柿食えば 鐘が鳴るなり 法隆寺」という俳句で、秋の清澄にして少し寂しくなるさまを歌っています。

子規の弟子・伊藤左千夫も「おり立ちて 今朝の寒さを 驚きぬ 露しとしとと 柿の落葉深く」という短歌を作りました。

また、山田洋次監督の映画『男はつらいよ 寅次郎夢枕』（1972）では、木曽路を旅する寅さんが、道端の柿の木からひょいと柿をもぎ取って口にするシーンがあります。秋の夕暮れに山寺の鐘が鳴り、さすらいひとり旅の哀感がしみじみと伝わってきます。

リンゴやブドウ以上に、日本人にとってカキは秋と深く結びついた、なじみ深い果実なのです。

Ginkgo

イチョウ
果たされることがなかった約束と愛の証

イチョウ科イチョウ属の落葉樹です。雌雄で株が分かれているため、両方揃っていないと実はなりません。4月から5月にかけて、雄株には房になった花が、雌株には突起状の花がつきます。両者とも葉に近い黄緑色で大きさも小さいため目立ちません。7月から10月ごろに白い粉を吹いた黄橙色の実がなります。裸子植物なので本当は果実ではなく、外側の果肉に見える部分は外種皮《がいしゅひ》といいます。外種皮はアンモニア臭に似た強い臭いがします。食用にするギンナンの白い殻部分は内種皮です。

晩秋になると葉が美しい黄色に染まることから、黄葉する木としても愛されています。

イチョウの起源は非常に古く、約2億8900万年前から2億4700万年前の古生代ペルム紀に発生した裸子植物です。約1億5000万年前の中生代ジュラ紀には、世界中で広く栄えたことが化石から分かっています。このころはすでに、現在のものとほぼ同じ種がありました。しかし中生代の終わりに南半球から消え、2000万年から100万年ほど前に北半球でもほとんどが絶滅しました。現存するのは中国に残った1種のみという、生きた化石です。

日本にも自生種がありましたが、100万年ほど前の氷河期に絶滅しています。現在、街路樹や植木として親しまれているのは、6世紀ごろに中国から渡来したものです。

生きた化石であるイチョウには、花をつける植物としては非常に原始的な特徴が残っています。葉の栄養や水分の通路である葉脈は、どれも同じで主副に分かれていません。葉と花の分化も曖昧で、花が葉から咲き実をつける場合もあります。

種子植物のほとんどは精子を作らず、雌花または雌しべについた花粉が花粉管を伸ばし、生殖核である花粉管核を直に卵に注入します。ところがイチョウは、雌花に花粉が取り込まれ、若い種子の中で精子が作り出されて、種子の中を泳いで卵にたどり着くのです。これはシダ植物と高等な種子植物の生殖方法の中間で、明治29年（1896）に日本の植物学者・平瀬作五郎によって発見されました。

名前の由来

イチョウという和名は、葉が1枚ずつ独立していることから“一葉”、また“銀杏”の漢音ギンキョウが訛ったものという説がありましたが、現在では葉の形がアヒルの水掻きに似ていることからつけられた漢名“鴨脚樹”の鴨脚《ヤーチャオ》の変形という説が有力です。また、実のギンナンは“銀杏”の唐音ギンアンの変形です。

漢名は前述の“鴨脚樹”と“銀杏”のほか、“公孫樹”があります。銀杏は、銀色のアンズに似た実をつける木という意味です。公孫樹は、種をまいてから実がなるまでに孫の代までかかることに由来します。実際、種子から栽培すると10数年から数十年かかります。

英語の“Ginkgo”は、銀杏の音ギンキョウ（Ginkjo）を誤って記したものです。

学名は*Ginkgo biloba*で「葉がふたつに裂けたイチョウ」という意味です。

誕生花と花言葉

イチョウは10月29日と11月29日の誕生花です。花があまり目立たないので、黄葉の時期に合わせて決められています。また、晩秋から初冬の季語にもなっています。

花言葉の“長寿”は、古木が多く残ることからつけられました。“しとやかさ”“鎮魂”は、後述の民話がもとになっているようです。

滋養ある実

イチョウの種であるギンナンは、火を通して食用にされます。独特の香りとかすかな苦味があり、もっちりとした独特な歯ごたえです。焼いたものや塩茹でにしたものは、酒のつまみなどにされます。松葉を串にしたものは、ちょっとおしゃれな先づけとして、懐石料理でも出されます。茶碗蒸しの具としてもよく使われますから、ギンナンが入っていないと物足りないという方も、けっこういるのではないでしょうか。コメとともに炊いたギンナンご飯は、豆ご飯や栗ご飯とちょっと違う食感と香りが魅力です。

疲労回復に効果があるタンパク質と脂質が豊富なほか、カリウムを多く含むことから、血圧を低下させる働きがあり、また、外種皮を除き煎ったものは鎮咳効果がある生薬・白果仁《はくかじん》になります。中国では、シロップ煮にしたギンナンをハレの日の食物とする地方もあります。

葉は、コレステロールを減少させるフラボノイド配糖体ギンコライドを含み、東洋でイチョウ茶として飲まれるほか、ヨーロッパでは医薬品にもなっています。

イチョウ材は木目が真っすぐで緻密なことから、高級まな板によく使われます。カヤ材の代わりに碁盤や将棋盤にされることもあります。木が大きくなるのに時間がかかるため、建材として使われることは滅多にありません。

イチョウの花模様

中国の少数民族・土家《トゥチャ》族に伝わる民話によれば、その昔、シランというとても機織りの上手な娘がいました。ある春の日、可憐な花を見ていたシランは、花で布を織ることを思いつきます。シランの花布は本物の花が咲いたように見えました。何しろ春風が香り、周りをミツバチが飛び交い、蝶が舞うのです。この花布の噂が広まり、多くの若者たちがシランと結婚したいと願いましたが、家が貧乏だったので、彼女の父親は娘を金持ちの家に嫁がせたいと考え、結婚を許しません。

それから2年、シランは自分が知っている花をすべて織ってしまい、未知の花を求めていました。ある日、彼女は白髭の老人に出会い、「この世で一番賢く辛抱強い娘だけが、真夜中に咲く、この世で最も美しくて貴いイチョウの花を見ることができる」と教えられました。シランはそれから3晩、家を抜け出してイチョウの木の下で待ちましたが、花は咲きません。毎日夜更けに出かけるのを見た兄嫁は「さては男と会っているに違いない」と思い込み、父親に告げ口します。

4日目の晩、シランがイチョウの木を見にいくと、白く輝く、神々《こうごう》しくも美しい花が咲いていました。待ち焦がれた花に出会えたシランは、ひと枝を折り取ると嬉しそうに家に戻ります。

泥酔した父親は、喜々としたシランの様子を、告げ口通り男と密会してきたためだと誤解して激怒し、斬り殺してしまいます。やがて酔いがさめると、父親はシランの手にイチョウの花があるのを見つけました。父親は思い込みで娘を殺してしまったと、深く後悔しました。

3日後、小鳥が飛んできて「イチョウの花が咲いた夜、兄嫁の告げ口でお父さんが私をイチョウの根本に切り捨てました」と歌うようになりました。

それから3年、父親が亡き娘を偲んで、彼女が織った花布を寝台の掛布にすると、小鳥は山へ飛び去っていきました。以来、土家族の人々は、美しい花模様の掛布を寝台にかけるようになったのですが、イチョウが美しい花を咲かせることはなくなり、この世で一番美しく貴い花を布に織り込むことは、どの娘もできなくなったのです。

罪を選別する木

韓国の中部、清州《チョンジュ》市の清州中央公園には、樹齢1000年を超える大きなイチョウの木があります。

高麗王朝の末期、高麗の忠臣である鄭《チョン》夢周《モンジュ》と、こののちに李氏朝鮮の太祖となる李成桂《イソンゲ》が争っていたとき、大洪水が起こりました。両軍とも水難を逃れるため、急いでイチョウの木に登ったのですが、不思議なことに、罪がある者はみな滑り落ち、溺れ死んでしまったのです。

忠誠を尽くした鄭夢周はともかく、革命を起こした李成桂も溺れ死んではいません。天が李成桂の革命を認めた証左としての逸話でしょう。

愛のしるし

福岡県水巻町の八劔《やつるぎ》神社に、樹齢1900年といわれる老イチョウがあります。前述のように、イチョウの渡来はもっとあとのことなのですが、北九州は大陸とのつながりが強い地ですから、ヤマトタケルが来たころに、イチョウの木がすでにあったのかもしれません。

水巻町に伝わる民話によれば、父親の景行天皇から熊襲《くまそ》討伐を命じられたヤマトタケルは、周防《すおう》（現在の山口県北西部）から船で渡って、この地の海岸に着き、長旅の疲れを癒やすために、しばし逗留することにしました。余暇をみて岸辺を歩いていると、どこからともなくトントンと布を柔らかくするための木の棒、砧《きぬた》を打つ音が聞こえてきます。音に誘われたヤマトタケルが茂みをかき分けていくと、1軒のあばら屋に、若く美しく上品な娘がいました。話を聞いてみると、もとは都にいたのだが、わけあってこの地に来て、布を打つことで暮らしているというのです。不憫に思ったヤマトタケルは、彼女に自分の身の回りの世話を任せることにしました。

若い男女が近くにいれば、だんだんと親しくなっていくのも不自然ではありません。いつしかふたりは愛し合うようになり、娘は“砧姫”と名を改めました。しかし、ヤマトタケルは熊襲を討つという大任がある身ですから、いつまでも留まっていることはできません。いよいよ戦地へ旅立つというとき、子供を宿して身重の姫に、ヤマトタケルはこういい残して去っていきます。

「使命を果たしたあかつきには必ず帰ってくる。愛のしるしとして、ここに1本のイチョウの幼木を植えるので、それまで大事に育てるがよい」

ヤマトタケルは熊襲討伐を成功させたあと、関東の征伐も命じられます。旅の途中、砧姫から無事に子供が生まれたという手紙をもらい、子供を“砧王《いちょう》”と命名して勇んで戦い、見事戦いに勝利しました。しかし、帰る途中の伊勢で病に倒れ、あえなく亡くなったのです。

愛しい人の死を聞いた砧姫は嘆き悲しみ、ヤマトタケルが遺したイチョウの木のそばでひっそりと暮らして、やがて亡くなりました。

姫の最期を看取った木が、八劔神社に残る老イチョウなのだといいます。

老婆の乳房

和歌山県古座川町三尾川《みとがわ》の光泉寺には、高さ約30メートル、幹の周り7メートルの大イチョウがあります。

江戸時代の末、江住村（現在のすさみ町江住）に日下俊斉《くさかしゅんさい》という医者が住んでいました。近隣の者たちから尊敬されていたといいますから、腕がよかったのでしょう。

ある日、眠っている俊斉の枕元に、髪

を振り乱し顔を真っ青にした娘が現れ、両手をついて、涙ながらに懇願しました。

「私は三尾川村にある光泉寺のイチョウの木の精です。畑作りの邪魔だと、伐り倒されそうになっています。私の命を救ってくださることができるのは、村人から尊敬されている先生のほかにありません。どうかお助けください」

そして娘は消えてしまいました。三尾川村の生まれだったこともあり、俊斉はどうにも気になって、即座に光泉寺に向かいます。いくつかの峠を越える遠路なので、村に着いたときにはすっかり日が暮れていましたが、俊斉は真っすぐ光泉寺に行きました。

本堂の前に村の人々が集まり、夢に見た通り、大イチョウを伐り倒す相談をしています。根がはびこり、作物が採れなくなったというのです。

俊斉は夢に現れた不思議な娘の話をして「この木には精が宿っているのです。きっとこれからは村の役に立ってくれるから、どうか伐らないでおいてください」と、頼みました。

日頃から命を救い、村のために尽くしていた俊斉の言葉ですから、最初は渋っていた村人もやがて納得し、大イチョウは救われます。

その後、大イチョウはあまり根を広げなくなり、近くの畑は土が肥えてたくさんの作物が収穫できるようになりました。また、イチョウの木が太い枝から乳房のようなこぶを垂らすようになったことから、この木のこぶに触れて願をかければ、子供を授けてもらえるという噂が流れ、みな“子授け銀杏”と呼ぶようになりました。

東京都豊島区雑司が谷の法明寺の通称は、雑司が谷鬼子母神です。ここにも“子授け銀杏”“子育て銀杏”などと呼ばれる、樹齢600年の木があります。木を抱いたり、葉や樹皮を肌につけていると子宝に恵まれるといわれています。

光泉寺の話でも出てきたように、イチョウの古木は、枝から老婆の乳房に似たこぶができます。こぶには大量のでんぷんが蓄積されており、傷つけるとミルクのような白い液が流れることから、乳と呼ばれます。乳房は古来から豊穣のシンボルですから、それがたくさんできるイチョウの木に、子供を授ける力があるといわれるのでしょう。

生命力にあふれるイチョウ

イチョウの生命力の強さが、子授け伝説のもとになった部分もあるでしょう。極めて生命力旺盛な樹木で、ほかの樹木なら弱ってしまうような大気汚染にも耐えます。イチョウが街路樹としてよく使われるのは、工場や自動車の排気ガスにさらされてもビクともしないからです。

ほかの樹木に比べて、枝の太い部分で挿し木することができ、幹を根元から切断しても、次の春になるとそこから芽を出し、再び成長します。移植も比較的容易で、どこでもすぐに根づきますし、枝をすべて落としても幹から葉が生えてきます。学校や公園によく植えられるのは、美しい黄葉以外に、手入れの楽さもあるのでしょう。

イチョウの生命力を示す逸話として、日蓮宗の開祖である日蓮の話があります。日蓮は『立正安国論』に代表される過激な言動から、恨みを買うこともありました。甲斐国を旅しているとき、日蓮は毒殺されかけ、1頭の白犬が身代わりになりました。日蓮がこの犬の墓を立て、そこに自分が使っていたイチョウの木の杖を刺すと、やがて根づいて大きな木になったといいます。

このイチョウは、現在も山梨県身延町に残っています。杖が逆さだったためか枝が下向きにつくため“逆さ銀杏”、また葉に実がなることから“お葉つき銀杏”とも呼ばれ、珍しい生態から国指定天然記念物になりました。

また、分厚いコルク状の樹皮のおかげで火災にもよく耐えます。東京都千代田区の“震災イチョウ”は、関東大震災のときの火災で黒焦げになったにもかかわらず、すぐに芽吹き出しました。旺盛な生命力に震災の被害者は元気づけられて、復興への希望を見出しました。

台東区浅草寺の大イチョウは、震災のときに水を噴き出して本堂に延焼するのを防ぎ、近くの住民を守ったといいます。

文京区にある湯島聖堂のイチョウは、関東大震災と東京大空襲の2度にわたって黒焦げにされつつも、この地を守りました。根元から10メートルほどは表面が炭化していますが、現在でも葉を茂らせています。

樹木が火災の延焼を防ぐという例は、阪神淡路大震災でも確認されています。都市の緑化は、いざというときに火災の被害を抑えるという意味でも、研究されていくでしょう。

Kiwi Fruit

キーウィフルーツ

天が与えたもうたのは、動物も好きな善なる甘味

キーウィ・ベリー（Kiwi berry）とも呼ばれます。マタタビ科マタタビ属の蔓性落葉低木で、科と属名から分かるように、マタタビの仲間です。原産地は中国の揚子江中流の山岳地帯です。雌雄異株なので、雄株と雌株が一緒に生えていないと実がなりません。春の終わりから初夏に、やや黄色がかった雄花と白い雌花が咲きます。晩秋に、細かく短い茶色の毛が表面に生えた実がなります。果実の芯の部分は白か黄白色。果肉は本来緑色ですが、ゴールデン・キーウィという黄色のものもあります。芯も果肉も柔らかく、甘酸っぱい味わいです。果肉部分には放射状に黒く小さな種子が入っており、属名*Actinidia*（放射状の）は、そこからつけられています。

和名はシナサルナシで、オニマタタビという別名もあります。

キーウィフルーツの仲間

サルナシは、日本、朝鮮半島、中国、アムール川周辺など、北東アジアの山地に広く分布しています。4月から5月に葉のつけ根に白い花を咲かせ、9月から

10月にやや緑色の実をたくさんつけます。長さ2〜3センチメートルほどと小さく、キーウィフルーツと異なり皮に毛は生えていません。しかし、緑色の果肉や味はよく似ています。青森県にある紀元前3500年から紀元前2000年の集落跡、三内丸山遺跡をはじめ、縄文時代の居住地跡から種子が発見されている、常に古くから食用にされてきた山の恵みです。

果汁豊富で甘いサルナシの実は、古代には酒の醸造にも使われました。いわゆる猿酒は、サルが木のうろなどにため込んだサルナシなどの漿果《しょうか》が自然発酵したものです。

マタタビは、東アジアに広く分布する雌雄異株の蔓性の樹木です。6月から7月にかけて梅に似た白い花を咲かせ、10月から11月ごろに細長く先の尖った果実が黄橙色に熟します。キーウィフルーツやサルナシと異なり、辛いのがマタタビの実の特徴です。

ネコ科の動物が大好きで、摂取すると酔うことはよく知られていますが、キーウィフルーツやサルナシでも、樹木の状態や体質によって酔っぱらう猫がいます。また、キーウィフルーツも含めた3種は、互いに接ぎ木することができます。交雑こそしないものの、とても近縁なのです。

20世紀の奇跡

原産地では昔から果実を食用にしましたが、栽培や品種改良は行われていませんでした。そのため、長いあいだ広まることがありませんでした。1900年になって、ようやくヨーロッパとアメリカに種子が持ち込まれましたが、雌雄異株であったことから商業利用されず、観賞用植物とされました。

この流れが大きく変わったのが、1904年にニュージーランド在住のイザベル・フレイザーが中国から種子を持ち帰ったときです。この種子は果樹栽培農家アレクサンダー・アリソンの手に渡り、1910年に最初の実をつけました。中国以外で栽培されているキーウィフルーツのほとんどは、アレクサンダーが栽培した種子の子孫です。

1920年に苗木を入手したオークランドの植木職人ヘイワード・ライトは、1924年に原種より倍ほども大きくて甘い、ヘイワード種を作り出しました。

ヘイワード種は商業作物としての価値を認められ、1936年に最初のキーウィフルーツ園ができます。1950年代にはヨーロッパとアメリカへの輸出が始まりました。当時、中国スグリ（Chinese Gooseberry）と呼ばれていたこの果物に、ニュージーランドらしい特徴ある名前をとつけられたのが“キーウィフルーツ”です、この果実が、ニュージーランド固有の飛べない丸っこい姿の鳥キーウィの姿に似ていたためです。なお、鳥のキーウィという名前は、鳴き声からつけられたマオリ族の言葉をそのまま採用しています。また、ニュージーランド以外の英語圏では、ニュージーランドおよび住人のことをキーウィと呼ぶことがあります。

この名前のおかげか、キーウィフルーツはニュージーランドを代表する果物としてヨーロッパやアメリカで受け入れられ、1960年代に世界中に広まりました。

商業品種ができてから、わずか30年あまりで広く愛されるようになったキーウィは、普及の速さから“奇跡の果樹”と呼ばれたのです。

日本には昭和39年（1964）に果実が輸入され、昭和44年（1969）には早くも栽培された木に実がなっています。当時、減反政策のもとで商品作物としてミカンが注目されていたこともあり、キーウィフルーツは珍しい果物以上の評価はされませんでした。しかし、1970年代にミカンが過剰な豊作になったため、キーウィフルーツが脚光を浴びて数年のうちに栽培農家が増え、普及しました。現在ではごく一般的な果物となり、消費量の半分を国産しています。

サルが好きな果実

キーウィフルーツの漢名は獼猴桃《ミーホウタオ》で、意味は大猿の桃です。山中に生え、サルがよく食べることからつけられました。サルナシも、同じようにサルが非常に好むことから名づけられました。

ところで、承平4年（934）ごろ源《みなもとの》順《したごう》が編纂した『和名類聚抄』には、「獼《び》猴桃《こうとう》 和名之良久知《しらくち》一云古久和《こくわ》」と載っています。シラはクワの項目にもあるように、新羅《しんら》に通じます。シラクチのクチは、アイヌ語でサルナシやマタタビを指すクッチに由来すると考えられます。ひょっとすると日本にキーウィフルーツが入ってきたのは、20世紀が最初ではないのかもしれません。

もっとも、シラクチもコクワも、現在ではサルナシのことです。非常に近い種なので、混同されていてもおかしくはありません。

ちなみにコクワは、漢字では小桑と書きます。クワが大きな木になるのに対し、蔓性で低く、同じように甘酸っぱい実がなるサルナシに、この言葉をあてたのかもしれません。

マタタビの語源ははっきりしません。滋養強壮効果から、旅人が実を食べて元気になり、また旅ができることから名づけられたという俗説がありますが、これはまゆつばものです。

『和名類聚抄』によれば、古くはワタタビと呼ばれていました。“ワ”は“悪《わる》”で、辛いことを示します。これはワサビのワと同じです。タビはタデの変形で、マタタビの実がタデの葉のように辛いことに由来するといいます。

もっとも、虫が産卵して虫こぶになった実に亀甲状の文様が入ることから、アイヌ語のマタ（冬）とタムプ（亀甲）が語源とする説もあります。

誕生花と花言葉

キーウィフルーツは、果実のなる時期である9月21日、10月7日の誕生花です。花言葉は、20世紀に改良され、驚異的な早さで広まった果物らしい“自然の恩恵”と“感謝”です。

サルナシは、キーウィフルーツと混同されたためか、誕生花、花言葉ともにありません。

マタタビは6月22日の誕生花です。花言葉は“夢見ごこち”。ネコ科の動物が夢中になるさまからつけられたものでしょう。

体にいい果実

キーウィフルーツの果実は、生食や絞ってジュースにするほか、砂糖と一緒に煮てジャムやソースにもします。美しい緑色と甘酸っぱさが食欲をそそります。

輪切りにして乾燥したのが生薬の獼猴桃で、風邪や扁桃腺炎《へんとうせんえん》による高熱、黄疸、むくみに効果があります。キーウィフルーツは代謝を促進し、免疫力を高めるビタミンCを豊富に含むためでしょう。

サルナシは生食するほか、蒸留酒に砂糖を加えて漬けた果実酒にします。果実酒は滋養強壮効果があるとされています。キーウィフルーツと同じくビタミンとミネラルを多く含有するので、不思議はありません。

蔓は乾燥させて、ザルなどの縁を飾るのに使います。

マタタビの果実は生食のほか、サルナシのように果実酒にもします。また塩漬けにしてそのまま、あるいは汁の具として用いることもあります。

若い芽は、おひたしや天ぷらにして美味しく食べられます。

マタタビアブラムシという昆虫が雌花に産卵すると、正常な果実でなく、デコボコした虫こぶのようになります。これは、通常のマタタビの実よりも薬効成分が多いとされています。これを乾燥させると“木天蓼《もくてんりょう》”という生薬になります。冷え性、神経痛、リウマチなどに効き目があるほか、利尿、強心作用もあります。

木天蓼を粉末にしたのが、ネコ用に売られているマタタビ粉です。樹皮や枝でも同様な効果があるので、ネコ用爪とぎの表面をマタタビにしてあるものもあります。

神の贈り物

更科源蔵の『アイヌ民話集』によれば、世界の創造のあと、人間たちに生活の知恵を教えるためにオイナカムイ（人間の神）が天から下りてきました。地上に草木が繁って美味しい実がなっているのを確認したのですが、そこにはコクワとブドウがありませんでした。そこでオイナカムイは天に戻ってコタンカムイ（国の神）と相談し、神々の国にある金と銀のコクワ1本ずつと、赤銅のブドウを地上に植えました。

やがて秋になると、金と銀のコクワは甘い汁のたくさん入った緑色の袋を、ブドウは紫色の酒を詰めた小さな袋を、人間たちのために実らせます。それを見て、オイナカムイは大いに喜びました。

熊の神とマタタビ

久保寺逸彦の『アイヌ叙事詩神謡・聖伝の研究』によれば、あるとき外出禁止をいい渡されていたキンカムイ（熊の神）の娘が無断で出歩いて、人間の娘を殺して食べてしまいました。

これを見つけたアペフチカムイ（火の神）は「その人間の娘を蘇生させなければ、熊の神も一緒に地底の国へ蹴落とすぞ」と大いに怒ります。キンカムイとその息子たちも激怒し、約束を破った娘を叩いて崖から突き落としました。

娘は落ちたくない一心で、生えていた

サルナシの蔓に必死にしがみつきます。ぶら下がる娘に、その兄がいいました。

「昼夜風に吹かれて揺れているうちに、お前の体からマタタビの蔓が生えてくるだろう。豊作の年にはマタタビの実はひとつもならない。凶作の年には身がたわむほど実がなるだろうが、それを食べた鳥たちのふんの悪臭に、お前は悩まされるだろう。悪い心でいけない行いをしたお前の体に生えたマタタビは、人間も神も食べないだろう」

その呪いの通り、キンカムイの娘は、死のうとしてもなかなか死ぬことができません。彼女はいいました。

「これからの熊の女たちよ、決して悪い心を持たないようにしなさい」

アイヌでは、甘いサルナシを良い果実、辛いマタタビを悪い果実と考えていたのです。

古代からの英知

もっとも実際には、サルナシもマタタビも人間にとって有用なものです。マタタビは前記のように、古くから薬として定着しています。

漢方では、キーウィフルーツやサルナシの根に、がんの抑制作用もあるとしています。西洋医学では認められていませんが、古代から東洋で親しまれ、健康にいいとされてきたこれらの樹木に、未知の力が宿っていても不思議はないでしょう。

Citrus

柑橘類

みずみずしい果汁と爽やかな風味が愛される

柑橘類はミカン科のミカン属、キンカン属、カラタチ属の果樹の総称です。常緑高木から低木、落葉低木と、さまざまな種類があります。

果実は用途や形状で、ミカン類、雑カン類、オレンジ類、グレープフルーツ類、香酸柑橘類、ブンタン類、キンカン類に分かれます。いずれも、爽やかな香りとビタミンCを多く含むことによる酸味が特徴です。

原産地は、東アジアの温暖な地域から東南アジア、インド東北部です。

柑橘は非常に種類が多いので、ここでは代表的なミカン、オレンジ、レモン、ライム、キンカンを扱います。

一般的に“ミカン”といえばウンシュウミカンを指します。ミカン科ミカン属の常緑小高木で、原産地は中国の浙江省、温州とされています。もっとも、鹿児島県から発祥した日本の原生種という説もあります。

初夏に白い花が咲き、果実が熟すのは9月から12月ごろです。果実はやや扁平な球形をしています。

受粉して種子を作らなくても果実が実るため、昔は縁起が悪いといわれ歓迎されませんでしたが、育てやすいことと果実の味のよさから、明治時代中期に盛んに栽培されるようになりました。ウンシュウミカンという呼び名が一般化したのも、このころだと考えられます。戦後になってからは消費量も増え、生産量の増加によって価格も下がり、とても簡単に入手できる果物となりました。温暖な気候を好むため、平均気温が15〜18度以上の地域で栽培されます。代表的な生産地は愛媛県、和歌山県、静岡県です。

ミカン類にはこのほかに、ポンカン、キシュウミカン、タチバナがあります。

夏みかんというものもありますが、これは商品名で正しくはナツダイダイといいます。ミカンよりもユズやダイダイ、ザボンなどに近い種です。

オレンジはミカン科ミカン属の常緑低木です。原産地は中国南部で、15世紀中ごろにポルトガル人が持ち帰った苗木を繁殖させたのが始まりです。地中海沿岸諸国の気候風土が栽培に適していたことから広く普及し、その後アメリカ大陸で生産されるようになると、急速に産業として発展しました。

初夏に白い花が咲き、果実が熟すのは11月から12月ごろです。果実はミカンより大きくてほぼ球形です。皮はミカンより薄く、果肉の房に密着しています。そのため、指でむくのは困難です。

バレンシアオレンジ、ネーブルオレンジ、ベルガモットオレンジが主な品種です。

レモンはミカン科ミカン属の常緑中高木です。5月から6月に開花し、10月から12月にかけて収穫します。原産地はインド東北部のヒマラヤ山系で、12世紀の半ばにアラブ人によってアフリカ北部やスペインにもたらされました。一方、十字軍の手で地中海沿岸諸国にももたらされ、イタリアのシシリー島でも栽培が盛んになりました。のちにレモンはアメリカにも伝播し、カリフォルニア州で広く栽培されるようになりました。果実は熟さないうちに収穫し、エチレンガスを吹き込み追熟《ついじゅく》させます。

レモンと似たものとして、ライムがあります。ミカン科ミカン属の常緑中高木です。原産地はレモンと同じくインド東北部で、酸味の高いサワーライム（sour lime）と、酸味の低いスイートライム（sweet lime）に大別されます。サワーライムはアラブ地方を経て北アフリカ、スペインやポルトガルに伝えられました。また、十字軍によってイタリアにも持ち込まれています。スイートライムは原産地のインド東北部から中近東、アメリカ中央部・南部、イスラエルやパレスチナでも栽培されています。レモンより収穫量は少ないものの、ビタミンCの含有量が豊富なことから、イギリス海軍は壊血病予防のために大量のライムを船に搭載しました。そのため、現在でもイギリス海軍の水兵を“ライムジューサー（lime juicer）”や“ライミーズ（Limees）”と呼びます。

レモンやライムと同じように酸味のある果汁を利用する柑橘として、ユズ、ダイダイ、スダチ、カボス、シークワーサー、カフィアライムなどがあります。

キンカンはミカン科キンカン属の常緑低木の総称です。姫橘《ひめたちばな》とも呼ばれ、原産地は中国の長江下流域で、日本では和歌山県、高知県、福岡県で栽培されています。主な品種としてナガキンカン、マルキンカン、ネイハキンカン、フクシュウキンカンがあり、夏から秋にかけて白い花を3、4回咲かせ、果実は3センチメートルほどになります。収穫は晩秋から冬にかけて行われますが、日本では果実の品質や収穫量の関係で、7月に開花した時期に結実したものが最も品質がいいといわれています。また、観賞用や盆栽用としても栽培されます。

柑橘類の語源

ミカン属の学名はシトラス（*Citrus*）です。“Citrus”はラテン語で「シトロンの木」を指します。

ウンシュウミカンの種名は、そのまま温州から採った“unshiu”、キシュウミカンは和歌山県の古名である紀伊国に由来する“kinokuni”です。タチバナの種名は“tachibana”で、日本の偉大な植物学者の牧野富太郎（1862～1957）によって名づけられました。

“ミカン”という言葉は日葡辞書にも記述が見られ、“miccon”と表記されています。そのため当時は「ミッカン」と発音されていたようですが、時代が下るにつれて促音が省かれ「ミカン」と呼ぶようになったと考えられます。

漢名では“蜜柑”と書きます。室町時代に中国から伝わったものが、日本にもとから自生していたものと比べ格段に甘かったせいで「蜜のように甘い柑子《こうじ》」から転じて「蜜柑」になったともいわれています。

オレンジの学名は“*C.sinensis*”です。“sinensis”はラテン語で「中国の」という意味です。

レモンの学名は“*C.limon*”で、“limon”は「レモン色（明黄色）の」という意味のラテン語です。一方ライムの学名は“*C.auranteifolia*”で、“auranteifolia”は「橙色の葉」という意味です。

英語名のレモン（Lemon）とライム（Lime）は、ともにトルコ語の“ライムーン（laymun）”を語源としています。古フランス語表記の“limon”が英語圏に伝わって“Lemon”になりました。ライムはポルトガル語表記“lima”が英語に転化したものです。レモンとライムは形状がよく似ていたため、しばしば混同されました。

キンカン属の学名は“*Fortunella Swingle*”です。“Fortunella”は、中国原産であったキンカンをヨーロッパへもたらした、イギリスの植物採集家であり旅行家のロバート・フォーチュン（1812～1880）にちなんで名づけられました。“Swingle”は、キンカン属を独立させたアメリカの農業植物学者ウォルター・スウィングル（1871～1952）の名前です。彼は、それまでミカン属に分類されていたキンカンを「葉脈が不明確であること」「葉の表面にろうに似た物質が含まれていること」「果実が非常に小さく室数が少ないこと」「果皮は滑らかで甘味があること」などの特徴によって区分しました。

誕生花と花言葉

オレンジは4月24日、9月7日、24日の誕生花です。花言葉は“花嫁”“寛大”“純潔”“華麗”“豊富”、木の花言葉は“淑徳”

“寛容”。

レモンは11月12日の誕生花で、花言葉は“情熱”“誠実な愛”です。

キンカンは1月19日の誕生花で、花言葉は“思い出”。柑橘類は果実が多く実ることから、多産の象徴とされたようです。

男女の愛をモチーフにした物語や神話にも柑橘類が登場するところから、恋人や夫婦、親子の情愛を表す花にもなっています。

柑橘類の使い道

柑橘類は食用に向かない種を除いて、ほとんどが生食されます。また、強い甘みや爽やかな風味を生かしてジュースやゼリーの材料にしたり、果実酒やリキュール、缶詰、製菓材料、皮を使った砂糖菓子など、さまざまな加工方法があります。また薬用や工業用溶剤、精油や香料など、食用以外にも幅広く使われます。

柑橘類の果皮から抽出した精油は、鎮静効果を持つためアロマテラピーに使います。

オレンジを使ったリキュールでは、コアントロー（Cointreau）、グランマルニエ（Gran Marnier）が知られています。これらはキュラソーと呼ばれ、コアントローはホワイトキュラソー、グランマルニエはオレンジキュラソーに分類されます。

ウンシュウミカンとナツミカンの果皮と未熟な果実は陳皮《ちんぴ》、橙皮《とうひ》、青皮、枳実《きじつ》といい、胃の不調からくる諸症状を緩和したり、器官の働きを正常に戻す作用があります。

ナツミカンは実を結ぶ季節柄、夏の旬の果物として生食されたり、果実酒やマーマレードの材料にもなります。

ユズは独特の酸味や香味を持つことから、皮と果肉、果汁も調味料や薬味、ジュースとして使われ、ウンシュウミカンやネーブルの台木にも使われます。日本では、冬至の日にユズの皮を浮かべた湯に入ると風邪を引かないとされ、現在でも各地にその風習が残っています。中国では強壮剤の代わりに用いられ、強い酸味を持つことから悪阻《つわり》の薬にも使われました。韓国では熟した果実を砂糖と蜂蜜でマーマレード状になるまで煮込み、お湯や水に溶いたものを飲み物にします。これはユズ茶といわれ、日本でも広く飲まれています。果皮から抽出する精油は香料として、さまざまな香水へ配合されるようになりました。

キンカンの実と皮は甘みや酸味、苦味を持ち、果実ごと、または皮のみを生食します。果皮はビタミンB1やB2のほか、ビタミンCを豊富に含みます。また、ヘスペリジン（ビタミンP）が多く含まれ、血圧の上昇を抑制するほか、毛細血管を丈夫にし、細胞を結合させる働きを持っています。喉の痛みや咳にも効果があるとされ、キンカンの熟した皮を乾燥させたものは漢方薬として処方されます。砂糖漬けや蜂蜜漬け、果実酒、甘露煮にするほか、砂糖漬けをさらに乾燥させてドライフルーツにします。

レモンは果汁を主に利用し、炭酸水と糖分を加えてレモネードやレモンスカッシュを作ります。果皮や果汁は風味が強いためお菓子の材料によく使われます。

とんかつやカキフライなどの揚げ物にレモンが添えられているのをよく見かけますが、最近ではレモンの果汁に脂質を分解する効果があることも分かり、ただのつけ合わせという印象も大きく変わりました。レモン果汁を使ったリキュールではイタリア、カプリ島産のリモンチェッロ（Limoncello）が知られています。

ライムの使用法はレモンとほぼ同じですが、果実をつけ合わせに使ったり、ジュースやカクテルの材料にすることのほうが多い果物です。ジンとライムは非常に相性がよいため、カクテルのレシピは多く見られます。主なものではギムレット、ジンリッキー、モスコミュールがあります。ライムを使ったリキュールには、モナン・オリジナルライムやファビオトロピカル・ライムが知られています。

3つのシトロン

イタリアの詩人ジャンバティスタ・バジーレ（Giambattista Basile）の記した説話集『ペンタメローネ（Pentamerone五日物語）』には、こんな話があります。

昔、イタリアのある国の王さまには息子がおり、名前はチェンツッロといいました。ある朝、王さまは家族とともに食卓を囲んでいましたが、チェンツッロはナイフで運悪く自分の指を切ってしまいました。流れる血を目の前にした彼は、その鮮やかな赤い色にすっかり気を取られてしまいました。

「父上さま、私はこの血とチーズと同じ色をした女性を探してみとうございます」

王さまがいくら止めてもチェンツッロは聞きません。仕方なく金貨の山と家来を与え、旅に出るのを許しました。

チェンツッロは多くの国々を巡り、ジブラルタルまで行きましたが、目指す娘に会うことはできませんでした。彼は家来たちを国に帰し、単身で大西洋を越える船に乗って西インド諸島に渡りました。

そこでチェンツッロは、車輪の上に座る老婆と出会います。

「どこからいらしたね？」

老婆の問いに、チェンツッロは理由を素直に話します。老婆はそばにあったシトロンの木から3個果実をもぎ取り、ナイフと一緒に彼に渡しました。

「あんたの旅はおしまいだよ。これを持って帰りなさい。故郷が近づいてきたら、最初に出会った泉のほとりでこの実を切るんだ。すると妖精が出てきて『何か飲み物を』というから、水をあげるんだよ」

チェンツッロは老婆に何度も感謝の言葉を述べ、ヨーロッパ行きの船に乗って帰ります。そしてジェノバの港から故郷に向かって最初に出会った泉のほとりで足を止めました。草むらに座るとシトロンの実とナイフを取り出し、その中のひとつにナイフを入れます。するとその中から白い肌で、頬を赤く染めた妖精が出てきたのです。

「何か飲む物をください」

チェンツッロはその光景に気を取られ、とても水を飲ませるどころではありませんでした。するとたちまち、妖精は消え失せてしまいました。続いてふたつめの実にナイフを入れましたが、やはり水を飲ませるのが遅れて妖精は消えていきました。チェンツッロは自分のしくじりに呆然としていましたが、何とか気を取り直し、改めて最後の実にナイフを入れました。

「何か飲み物をください」

この機を逃すまいと、チェンツッロは大急ぎで水を汲んで妖精に飲ませました。するとたちまち、妖精は白い肌に赤い血の色をほのかに浮き立たせた美しい女性となったのです。チェンツッロは感激のあまり、きつく妖精を抱きしめ、彼女を妻にすることを誓いました。しかし妖精の衣服は、王子の妻にするには粗末なものです。そこでチェンツッロは、ひとまず城に帰って、上等な衣服を持ってくることにしました。

「しばらくあの樫の木のうろで待っていておくれ」

チェンツッロは名残を惜しみつつ去っていきます。そこに黒人の奴隷女が泉の水を汲みにやって来ていました。女は泉に映った妖精の姿を見て、自分だと思い込み、腹を立てます。

「こんなに美しい私が、こき使われたあげく水を汲みにやらされるなんて。まったくやっちゃいられない」

という間もなく、手に持っていた水がめを壊してしまいました。すると樫の木のほうから笑い声が聞こえてきます。奴隷女が振り向くと、美しい娘が木の上に座っていました。

妖精は律儀にも、自分の身に起きたことを包み隠さず話しました。奴隷女は、妖精になり代わってしまおうと思いつき、猫なで声でいいました。

「王子さまが来るまでに、もっときれいにならなくちゃ。髪をすいてあげるから、そっちに上ってもいいかい」

妖精は木の上から手を伸ばします。女は木に登ると、いきなり髪留めのピンを外し、妖精の頭に突き立てました。するとその姿は鳩に変わり、鳴きながら遠くへと去っていきました。女は服を脱ぎ捨てて木のうろに入り、王子が来るのを待ちました。

ほどなく立派な馬車の行列を従えたチェンツッロが泉のほとりへ到着します。ところが、白い肌をしていたはずの妖精が、いつのまにか真っ黒になっていたので、仰天します。

「これはどうしたことだろう。なぜそんな黒い肌になっているのだ。さっきまではあれほど白くて美しかったはずなのに」

「どうか驚かないでください。私は魔法をかけられてしまい、こんな黒い肌になってしまったのです」

チェンツッロはがっかりしましたが、女のいうことを信じて持ってきた衣装を着せ、国へと引き揚げました。城の前で出迎えた王と后も、この顛末に半分あきれましたが、それでもひとり息子の慶事だからと、チェンツッロに王位を譲ることにします。

チェンツッロたちの祝宴は、大々的に行われることになりました。その準備のために城の料理人が忙しく立ち回っていると、調理場の窓のそばに1羽の鳩が飛んできて、歌を歌い始めたのです。

「ねえコックさん、コックさん。教えてちょうだい。王さまと黒いお妃さまは、今日は何をしているの？」

料理人のひとりから話を聞いてやって

来た婚約者は、すぐさまこの鳩を殺してしまえと命じました。その言葉を鵜呑みにした彼らは鳩を捕らえ、羽をむしってお湯につけ、そのまま地面に投げ捨てました。それから3日もたたないうちに、鳩と羽が捨てられた場所から1本のシトロンの木が生えてきて、日ごとにぐんぐんと成長していきました。

この不思議な木を見つけたチェンツッロは、誰がこの木を植えたのかと聞きました。料理人のひとりが、正直に迷い込んできた鳩のことを話します。チェンツッロは何かわけがあると考え、木に触らないようにと命じました。さらに数日後、木に実がなりました。それは旅をしていたとき、チェンツッロが老婆からもらったあのシトロンの実にそっくりです。チェンツッロはコップに水を汲み、臣下に命じてシトロンの木から実を3つ持ってこさせ、ナイフを突き刺しました。するとあのシトロンと同じように、妖精が出てきたのです。彼は2個まで何もせず、最後の実にナイフを入れ、出てきた妖精に素早く水を飲ませました。すると、泉のほとりで現れた妖精とまったく同じ姿の女性が目の前に姿を現したのです。妖精は、あの黒い肌をした奴隷女に騙されて殺されたことを話します。チェンツッロは大いに喜び、彼女に王妃の服を身にまとわせ、宝石で飾らせて広間まで出てきました。

そこには、婚礼の祝宴を待つすべての王族や貴族、家臣が勢揃いしていました。チェンツッロは集まった人々にこう尋ねました。

「私の隣にいる美しい貴婦人にひどい仕打ちをした者がいる。どのような罰を与えればよいだろう」

人々は口々に、さまざまな刑罰を提案しました。そしてチェンツッロは最後に、あの黒い婚約者を呼んで、同じ質問をしました。

「火あぶりにして、その灰をお城の上から撒くのがようございましょう」

「私の隣にいるこの貴婦人が、お前に殺されたことをよもや忘れておるまいな。さっきの言葉をそのままお前に返してやろう」

彼は広場に薪の山を作らせ、正体がばれた奴隷女をその上に乗せて火あぶりにしました。そして灰を城の上から撒き散らすように命じたのです。

オレンジから生まれた娘

アルバニアの民話によれば、その昔、ある夫婦と息子が3人で暮らしていました。ある日、母親がオレンジを2キログラム買ってきて戸棚の上に置きました。夕食の時間が終わり、デザートにオレンジを食べているうち、残りはふたつだけとなっていました。そのうちのひとつを母親が取ろうとしたときです。

「お願い、私を取って食べないで！」

不思議に思った母親は、オレンジを食べずに置いておきました。するとオレンジは日がたつにつれてどんどん大きくなり、ちょうど6つか7つくらいの女の子の背丈にまで成長したのです。不思議なことに人間の言葉も覚え、家事を一緒にこなすまでになりました。

ある日、外から帰ってきたオレンジの娘が母親にドアを開けてもらっていました。そこにちょうど、この国の王子が通

るのに出くわしました。彼は急いで城に戻り、母である后にいいます。

「今日、不思議なオレンジの娘を見かけました。どうしてもあの子をもらいにいきたいのです」

「あのオレンジは家の人が食べるために買ってきたのでしょう？　どうやってもらってくるというのです」

しかし、王子さまはまた出かけたかと思うと、そのオレンジの娘を自分の城へ連れて帰ってきました。娘は働き者だったので、15歳の少女ほどの背丈になったころには、城の家事を任されるようになっていました。

そんなある日、隣の国の王子が婚礼を挙げることになり、王子の家族は連れ立って出かけていきました。しかしオレンジの娘は、そんな場所に連れていけないと置いてきぼりです。娘はすべての仕事を大急ぎで終わらせると、自分の髪の毛を１本火にくべました。するとそこから大きな男が現れました。

「絹の赤い衣装を２枚と、赤い馬を１頭出してちょうだい」

娘がオレンジの皮を脱ぐと、見目麗しい人間の女性になりました。そして赤い衣装を１枚着込み、もう１着はかばんの中に入れ、馬に乗って王子が出かけた城へと向かっていきます。

城へ着くと、婚礼の準備をしていた花嫁に、娘は持ってきていた赤い衣装を着せました。そして花嫁の席の隣に陣取りました。その光景を見るなり、后は気を失ってしまいました。娘はまた髪の毛を１本火にくべ、やって来た馬に乗って帰りました。そしてオレンジの中に入って帰りを待っていました。

「こんな話が世間に知れたら、誰もあなたと結婚しようなんて娘は出てきませんよ」

城に帰ってきて母后さまがそういって嘆くのも、王子はどこ吹く風です。

「母上。心配はいりません」

次の日、王子の家族はまた婚礼に呼ばれて出かけていきました。オレンジの娘は今度も城にひとり残されましたが、次は緑の衣装と緑の馬を出し、彼らのあとを追いかけていきました。后はこの光景を見て、またも気を失ってしまいました。城に帰って后が息子の行く先を嘆いても、王子はやはり心配いりません、と微笑みながらいうだけでした。

その次の日、王子はひとりで温泉へと出かけました。オレンジの娘はこれまでと同じように家事をすべてすませ、王子のあとを追おうとしました。しかし温泉に行くというのは嘘で、彼は娘の様子を見守るために隠れたのでした。城の庭には泉があり、娘はここで水浴びをしました。しかし彼女は眠たくなったのか、

「少し眠ってから行こうかしら」

娘はオレンジの皮を炊事場に置いてから、王子の寝間にあるベッドへ向かいました。さて、隠れていた王子はというと、炊事場に忍び込んで皮を拾い上げ、かまどにくべてしまいました。オレンジの皮が焼ける臭いで目の覚めた娘が慌てて炊事場に戻ると、オレンジの皮はもう焼け焦げたあとでした。

「ああ、何てことを！」

嘆く娘に、王子は優しく声をかけました。

「これから僕と婚礼を挙げよう。もうオレンジの皮の中で窮屈にしていること

はないよ」

すぐに婚姻の用意が整えられ、ふたりはいつまでも幸せに暮らしました。

黄金の孔雀

その昔、中国の黄岩《こうがん》という地方に、金色に輝く孔雀が棲んでいました。ある日、その孔雀が鷹に襲われているのを木こりが助け、元気になるまで手当てや世話をしました。傷も癒え元気になった孔雀は、金色の種を木こりの家の菜園に埋めて飛び去っていきました。やがて種は成長して白い花が咲き、橙色の果実が実って甘い香りを漂わせました。木こりがその実を村の病人や老人に配ったところ、みずみずしい果汁と甘みが滴る果実であると、みなたいそう喜びました。

その後、人々はこれが“ミカン”であるということを知りました。実を食べたあと残った種を自分たちの菜園にまくと、木は年々増えていきました。そして黄岩は美味しいミカンの産地として有名になったということです。

垂仁天皇と橘

垂仁天皇の治世の折、帝はタヂマモリ(『古事記』では多遅麻毛理、『日本書紀』では田道間守)という者を、海のかなたにある常世《とこよ》の国に遣わして、非《とき》時香菓《じくのかくのこのみ》を探し求めさせました。

ダヂマモリが持ち帰った“非時香菓”が何であるか、古くから研究が行われ、さまざまな説が唱えられてきました。この伝承は『古事記』と『日本書紀』以外には記述が見られないうえ、本文に“其のときのときじくのかくの木の実はいまの橘なり”という注釈がされています。そのため、日本古来の柑橘類であるタチバナ、ダイダイを指すという説や、“常世の国”という一節から、タヂマモリが海外から持ち込んだ食用のミカン類であるという説が有力です。

植物学者の白井光太郎(1863～1932)は「此のタチバナを今日のタチバナとすれば外国に行かずとも日本内地に野生のものがあるわけである」とし、「垂仁天皇の朝、交通不便なりし故其事明かならず、態々外国に出かけしものと思はるる」と述べています。

この話は、バナナの項目でも扱っています。

紀伊国屋文左衛門とミカン

紀州(現在の和歌山県)生まれの江戸時代初期の商人・紀伊国屋文左衛門は、一代で莫大な富を得て大商人となったことで知られています。彼がどのようにして、それほどの利益を上げたのかは、いくつかの伝説があります。

中でも有名なのが、ミカンにまつわる話です。

当時の江戸では鍛冶屋の神様を祝う“ふいご祭り”という祭りが盛んでした。毎年正月に行われるこの祭りでは、鍛冶屋の屋根からミカンをばら撒いて地域の人に振る舞う風習がありました。

文左衛門が20代のある年、海が大時化《おおしけ》で紀州からのミカンを運ぶ船が着かないために、江戸のミカンの価格が大いに高騰したことがあったのですが、このとき紀州では驚くほどミカンが大豊作でした。

その大豊作のミカンは江戸へ運べなくなったため、上方商人に買い叩かれて価格が暴落していたのです。

紀州で安く買えるミカンを江戸で高く売れば儲かると考えた文左衛門は、大金を借りて、紀州でミカンを大量に買い集めると、嵐の太平洋に乗り出しました。

文左衛門が雇った荒くれの船乗りたちでさえ何度も死ぬ思いをするほどの時化の中を、大波を越え風雨に耐えて、文左衛門はとうとう江戸へたどり着きました。

ミカン不足だった江戸で、文左衛門が持ってきたミカンは、高い値段でも飛ぶように売れました。利益は1万両にもなったといいます。現在の通貨に換算すると約4億～10億円ですから、相当な大儲けだったことが分かります。

それだけでなく「嵐を乗り越えて、江戸の人たちのために頑張った。天晴れな奴だ」と、江戸っ子のあいだで人気を得たのです。

カッポレの唄に「沖の暗いのに白帆が見ゆる、あれは紀ノ国ミカン船」というものがありますが、これは文左衛門がミカンを運んだときのものだといいます。

このエピソードを、羽生道英は『元禄豪商風雲録　紀伊国屋文左衛門』という小説にしています。

Mayflower

メイフラワー

新大陸に渡った、結束の力を示す小さな木の実

メイフラワーとは5月の花という意味で、一般的にはサンザシのことを指します。サンザシは4月末から5月末にかけて花開く、最も代表的な花だからです。ほかにも、メイ・ブラッサム（May blossom）、メイ・ツリー（May tree）、または単にメイ（May）と呼ばれます。

その花は普通は白く、大きさも2～3センチメートルで可愛らしく、枝の先に5個から10個ほどまとまって咲きます。中にはピンクがかったものもあります。

ただ、ジメチラミンという腐った魚のような臭いを出す成分を含んでいるために、嗅ぐのはよしましょう。しかし、この臭いは小さな虫を呼び寄せ、それによって受粉を行うのです。

サンザシの語源

サンザシとはバラ科*Crataegus*属の総称であり、いわゆるイバラ（野生種の薔薇）のことです。砂漠や凍土を除く北半球全域に自生しています。

果実は秋に実ります。普通は赤く、大きさも1.5～2センチメートルと小さく、ソーンアップル（thorn apple イバラのリンゴ）と呼ばれます。

英語の別名はホー（haw 垣根）またはホーソーン（hawthorn イバラの垣根）で、堅いトゲ《ソーン》のある茎を表しています。名前

の通り、生垣として世界中で重宝されています。

クイック（Quick 素早い/生き生きした）とも呼ばれ、サンザシで作った生垣をクイックセット（Quickset）と称します。生命力が旺盛で、刈り取られても根から素早く育つため、その名があります。

日本には中国から入ってきたため、漢字で“山樝子”“山楂子”または木偏を取って簡略に“山査子”と書きます。

査とは“木が組み合わさる”さまであり、まさしくイバラ状態に入り組んだ樹形を表しています。末尾の“子”は「果実」または「小さな」を意味しており、主に果物として認識されていたことが分かります。すなわち“山査子”には「山に生える枝が互い違いに組み合わさった果実」という意味があるわけです。

楂とは“ぼけ”であり、木瓜の音読みボク・クァからの転化です。古くは“もけ”とも称されました。

樝または樝子は、日本語では“しどみ”または“しどめ”と呼ばれます。通常は梅のような5弁の小さな朱色の花を咲かせますが、うち白いものは“しろぼけ”と称します。夏から秋にかけて酸味のある黄色い実を葉陰につけるため“地梨”“小ぼけ”“草ぼけ”“野ぼけ”などとも呼びます。

誕生花と花言葉

サンザシは5月13日の誕生花で、花言葉は“希望”です。

ヨーロッパでは、5月1日の5月祭《メイディ》になると、5月摘み《メイイング》といって春の草花を摘み、家などに飾る風習があります。この5月摘みの際の一番の目標は、やはりサンザシなのです。

この日に、妖精の丘に生えるサンザシの下に座ると、妖精にさらわれて二度と帰ってこられなくなるそうです。

メイの語源は、ギリシアの春の豊穣の女神マイア（Maia）にあります。お祭りの主役として選ばれた5月の女王《メイ・クイーン》(May Queen）は、マイアの化身として町を練り歩きます。彼女に随伴する役目の5月の王《メイ・キング》は、西洋《オーク》ナラとサンザシの葉でできたリースを身にまとい、メイ・クイーンの心を射止めようとします。

カトリックでは、5月は聖母マリアの月とされ、マリアの像をサンザシの花で飾った「5月の祭壇」が、家々に設けられたそうです。ここには、マイアとマリアの同化が認められます。

サンザシの効用

サンザシには、血行を促進し、心臓を落ち着かせるオレイン酸などが含まれています。これによって、動脈硬化、血管神経症、高血圧、狭心症、発作的な頻脈などの症状が緩和されます。また、不眠、更年期障害、肺炎、インフルエンザ、その他の感染症に対しても、副次的な改善が期待されます。

メイフラワー号の旅立ち

1620年、厳格なプロテスタントの一派である清教徒《ピューリタン》たち（Puritan）のうち102名が、迫害から逃れるため、“希望”の花言葉を有するサンザシ《メイフラワー》の名を冠した船に乗って、イギリスのプリマスから出航しました。そしてアメリカのマサチューセッツ州に到着すると、あたりを新たなる英国《ニュー・イングランド》と呼び、やはりそこにプリマスという町を造り上げたのです。こうして彼らは巡礼の父たち《ピルグリム・ファーザーズ》（Pilgrim Fathers）となり、アメリカ合衆国をプロテスタント国家とするための礎ができました。

なお、1957年に出航したメイフラワーII号は、当時の旅を再現しました。

メイ・フラワー・クラブ

ルイザ・メイ・オルコット晩年の短編『五月の花《メイ・フラワー》』では、マサチューセッツ州のボストンに住むピューリタンの6人の少女が、「善行をなすこと」を前提としたメイ・フラワー・クラブを創設します。そして毎週2時間の集会を行い、そこで必ず見事な花束を作ります。

会長は、熟考型のアナ・ウィンスロー。読書好きで、自分でも物語を書いたりします。そして教養のなかった女性店員《ショップガール》たちに、日記や本や手紙などを、週に一度、読み聞かせました。

汚いことや偽善が嫌いなマギー・ブラッドフォードは、クラブのご意見番。みなに「各自の慈善が成功するまで、誰にもいわないように」と提案しました。そして、挫けそうになる仲間に助け船を出し、またうまくいくと褒め称えました。自分自身は母親と仲が悪かったのですが、この際その関係を修復することにしました。

マギーの親友アイダ・スタンデッシは慎重肌で、自分のすることを決めるために、大人の意見を参考にしました。そして、5人の子供たちの面倒を見ることにしました。

感受性が鋭いけれど、間が悪いエリザベス・オールデンは、進んでアナやマギーのサポート役となりました。本も音楽も好きで、子供病院では本を読んであげ、盲目の少年に対しては歌を歌ってあげました。

いつも丸顔をニコニコさせているマリオン・ワオリンは、エリザベスの親友です。引っ込み思案なので、慈善の機会が向こうからやって来ないかと、心待ちにしていました。おかげで、最初は泥棒たちに騙されてしまいますが。それでも最後には、父の知り合いの退役兵士に対して、いろいろ尽くして手助けしたのです。その際、いつものニヤケ顔が出ないよう、エリザベスのマネをして必死に厳粛な顔をしました。

物まね上手なエラ・カーヴァーは、感動屋さんなので、悲しいことは知りたくありませんでした。すぐ泣いてしまうし、それが改善しようがないことであれば、なおさらでした。刺繍や編み物が得意で、それを小さな女の子に教えたばかりでなく、自分の作品を、お金がなくて困っているお店に提供し、繁盛させました。おかげで店主アルミリは、その資金によって結婚することができました。

ところで、彼女たちのクラブの名前となった植物は、果たしてサンザシだったのでしょうか？

もうひとつのメイフラワー

メイフラワー号のピルグリム・ファーザーズは、国や町だけではなく、新大陸の植物にも、故郷と同じメイフラワーの名をつけました。それは学名で***Epigaea repens***と呼ばれる常緑低木で、ツツジ科イワナシ属の這い岩梨《ハイイワナシ》です。英語ではトレーリング・アービュータス（trailing arbutus 這う野いちご）、あるいは単にアービュータスと呼ばれています。別名はイチゴの木（Strawberry tree）です。マサチューセッツ州の州花になっており、カナダでもノヴァ・スコシア州の州花に指定されています。

残雪が解けきらない春先、非常に香りのいい釣鐘型の花を咲かせます。サンザシと共通するのは、その色がピンクや白で、枝先に数個固まって咲くことです。

酸性で水はけのよい土壌を好む、すなわち“岩”場に生えるため、イワナシの名があります。その葉は堅く、茎は茶色で、地面を這います。

なかなか実をつけませんが、結実すれば小さな“梨”のようになり、放っておくとアリが寄ってきて持っていってしまいます。このようにして、ハイイワナシは遠くまで種子を運んでもらうわけです。

マサチューセッツ州セイレム出身のナサニエル・ホーソンは、1852年に出版された『ワンダーブック』の「不思議の壷」の前書きの章において「岩梨もまだ花時を過ぎてはいなかったが、その大切な花を、母鳥が小さな雛を大事に羽根の下にかくすように、林の去年の落葉の下にかくしていた。それは大方、自分の花がどんなに美しく、またいい匂いがするかを知っていたのであろう。それはあまりうまくかくれていたので、子供達はどこから匂って来るのか分らないうちから、その何ともいえない、いい匂いを嗅ぐことさえ時々あった」（三宅幾三郎訳）と、神秘的な5月の描写をしています。

ハイイワナシも、メイフラワーにふさわしく5月4日の誕生花で、花言葉は“恋の噂”です。

花の美しさと香りのよさが好まれ、5月の第2日曜日である母の日には、子供たちが母親に送るために、競って摘んだそうです。

これらを鑑みるに、メイ・フラワー・クラブを創設した少女たちの頭にあったのは、祖先が乗ってきた船の名称の由来のサンザシではなく、新世界で可憐に花開くハイイワナシであったと考えるほうが自然でしょう。数個程度で小さく集合して咲くハイイワナシの花は、まさしく互いに協力し合って善行をなす彼女たちの姿そのものなのです。

Banana

バナナ

海のはるか彼方から届いた珍味も、なじみ深い庶民の味に

バナナはバショウ科の常緑多年草です。高さは数メートルほどになり、その姿はまるで樹木のようにそびえ立っています。実際には高く伸びた茎で、木のよ

うに見える部分は仮茎（偽茎）と呼ばれます。その周りに柔らかい葉が重なり合い、まるで樹木のように見えることから「バナナの木」とも形容されます。原産地はマレー半島、フィリピン一帯で、ここを起源としてインド、アフリカ大陸、マダガスカル島に上陸しました。さらに15世紀前半には西アフリカにまで到達し、移民の手でブラジルやメキシコなどのアメリカ亜熱帯地域へもたらされました。その経緯から、赤道を挟んだ南緯30度から北緯30度の地域を特に“バナナベルト”と呼んでいます。紀元前1万年ごろまでには原種が存在していたといわれており、種を持つ品種ムサ・アクミナタ（Musa acuminata）とムサ・バルビシアーナ（Musa balbisiana）を改良して現在の形になったとされています。食用として栽培されている品種には種が存在しないため、繁殖は株の下から出てくる新芽、“吸芽”と呼ばれるものを分けて行います。これを切り取って土に埋めることで、また新しくバナナの苗が育つのです。

バナナの語源

“バナナ（Banana）”はもともと西部アフリカ近辺での呼び名で、この名前が定着する前は、ヨーロッパでは“楽園のリンゴ”や“アダムのイチジク”などと呼ばれていました。1534年ごろ、ポルトガルの医師が現地を訪れた際に発見し、さらにインドへ渡ったときにも同じ種類のものを見つけました。帰国後、著書で発見した植物を“バナナ”と名づけたことから、世界中に広まることとなりました。

バナナの学名は“*Musa x Paradisiaca*”または“*Musa x sapientu*”で、それぞれ「楽園の実」「知恵の実」という意味です。『旧約聖書』の「創世記」で、イヴを誘惑した蛇がバナナの陰に隠れていたという伝説があり、18世紀の中ごろ、植物学者リンネによって名づけられました。“Musa”という単語は、サンスクリット語が起源といわれ、初代ローマ帝国皇帝オクタヴィウス・アウグストスの主治医であったアントニウム・ムサにちなんだものです。

誕生花と花言葉

花言葉の多くはキリスト教や、ギリシア・ローマ神話などヨーロッパの伝承をもとにしています。そのため、比較的近年に東南アジアから伝わったバナナには、残念ながら花言葉はありません。

同じくヨーロッパの風習であるため、バナナは誕生花にもなっていません。

バナナの使い道

熟して甘みの出るものは生食や菓子用に、そうでないものは野菜のように調理用に用います。生食用（Table-Banana）として日本でもよく知られているものは、ジャイアントキャベンディッシュ（Giant-Cavendish）やセニョリータ（Senorita 別名モンキーバナナ）、熟すると皮が赤紫になるモラード（Morado）、皮が薄く太くて短いラツンダン（Latundan）があります。また、でんぷんが豊富でイモに近い品種である料理用（プランテン Plantain）では、ツンドク（Tindok）、カルダバ（Cardava）、リンキッド（Lingkit）が知られています。ちなみに、日本では植物防疫法によって熟したバナナの輸入が禁止されているため、フィリピンや台湾産の熟していないものを収穫して輸入するのですが、その際エチレンガスを吹き込み、移動しているあいだに熟させるという方法を採ります。

生食のほか、ジャムや製菓材料および飲料にしたり、ドライフルーツやスナック菓子に使います。日本でも手に入るバナナチップスには、先にあげた料理用のバナナを使います。エネルギー効率も非常によく、スポーツ時の食事や離乳食としても人気があります。また、花のつぼみ（バナナハート）は中華料理の炒め物の材料としても広く使われます。

石とバナナ、石と花

バナナと関係が深い熱帯地域には、人間の起源とバナナが密接に関係する伝承があり、たとえばインドネシアのウェマーレ族の神話では、人類はバナナの木から誕生しています。

このほかにも、主にインドネシアからニューギニアにわたる東南アジアからオセアニアに「石とバナナ」の神話が伝えられています。

太古、神によって作られた1組の夫婦がいました。そのころは天と地とのあいだが今よりもっと近いもので、彼らは神様が縄にくくりつけて下ろす贈り物によって生活していました。

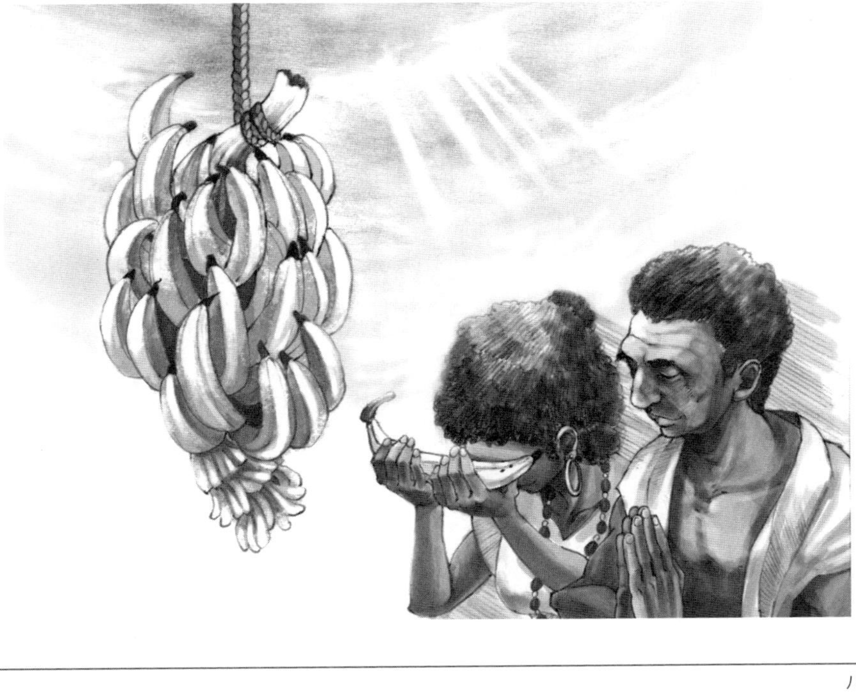

ある日のこと、神は石を縄に結わえつけ、地上に下ろします。すると夫婦はいいました。

「神様、石をいただいても私たちは食べることができません。何かほかのものはないでしょうか？」

そこで神様は石を引き上げ、バナナを下ろします。夫婦が大喜びでそのバナナを食べていると、天から声が聞こえてきます。

「お前たちの命は、子供を持つとすぐに親の木が死んでしまうバナナのようにとても短くはかないものとなってしまうだろう。石を受け取っていたならば、何も変わることなく永遠に続いていたであろうに」

こうして、人間は永遠の寿命を失ったのです。

よく似た神話が、我が国にもあります。『古事記』の邇邇芸命《ニニギノミコト》の伝記によれば、天孫降臨によって葦原の中つ国を治めることとなった天皇の祖先ヒコホノニニギノミコト（日子番能邇邇芸命、『日本書紀』では彦火瓊瓊杵尊）は、オオヤマツミ（大山津見）の娘であるコノハナサクヤヒメ（木花之佐久夜比売、『日本書紀』では木花開耶姫）に一目惚れして、とうとう彼女を娶ることになりました。オオヤマツミは、姉のイハナガヒメ（石長比売、『日本書紀』では磐長姫）も一緒に送り出しました。しかし、イハナガヒメは妹とは似ても似つかぬ醜女《しこめ》だったので、ヒコホノニニギノミコトは姉だけを親元に帰したのです。

オオヤマツミはひどく嘆きました。

「なぜ私がふたりを妻として遣わせたのか、お分かりにならなかった。イハナガヒメを妻としていれば、ヒコホノニニギノミコトの命は、たとえ雪が降り風が吹こうとも石のように永遠を保つことができたものを。しかしイハナガヒメを帰し、コノハナサクヤヒメだけをお残しになられたからには、美しい花もいつかは散ってしまうように、そのお命もはかなく消えてしまうことでしょう」

このふたつの神話は、日本では木に咲く花、東南アジアではバナナという相違点はあるものの、人間が石ではなく植物を選んだことと、それゆえに人に寿命ができたということが一致しています。ニューギニアや東南アジアから海を越えて渡ってきた神話が、日本の風土に合わせて変化したのでしょう。

矛と縵

『古事記』第11代垂仁天皇の伝記によれば、垂仁天皇はタヂマモリ（多遅麻毛理）という者を海のかなたの常世《とこよ》の国に遣わして、非時香菓《ときじくのかくのこのみ》を探し求めさせました。常世の国は海の向こうにあり、この世の魂のすべてが集まる場所と信じられていました。また「世」という字には穀物または成熟の意味があり、同時に豊穣や富も連想されていくようになりました。その常世の国で実るという非時香菓は、不老長寿の霊薬と信じられていましたから、時の権力者としては、何としても手に入れたいものだったのです。

こうして勅命を受けたタヂマモリは海を越え、非時香菓を見つけ出して、8つずつ葉をつけたものと、つけていないものとに分けて持って帰ってきました。しかし長い旅のあいだに、勅命を与えた垂仁天皇は崩御していたのです。

タヂマモリは深く悲しみ、持ち帰った実を8つから半分の4つにして皇后へ献上し、もう半分を天皇の御陵の前に供えます。

「主上（おかみ）よ、ただ今常世の国から非時香菓を持ち帰りましたぞ！」

そして激しく泣き叫び、そのあと少しして亡くなったといわれています。

古事記研究の文献では、この“非時香菓”を橘であるとしています。現在伝わる写本にも、確かに「其のときのときじくのかくの木の実はいまの橘なり」と記されています。しかし『古事記』には、この果実が橘だとすると、少し不可解な表現があるのです。

それは「縵八縵、矛八矛」「縵四縵、矛四矛」という言葉です。直訳すれば「縵（かずら）が8つ、矛が8つ」「縵が4つ、矛が4つ」ということになるだろうと考えられますが、果たして橘がそのような形をしているのか、という疑問が起こってきます。

また“非時香菓”は夏に実り、秋冬になっても霜に耐えて香味が変わらない木の実とされています。橘は晩秋から初冬に果実が熟れるのであって、夏に実るわけではありません。

では、“非時香菓”は何を指すのでしょうか。縵や矛という表現に当てはまる、細長く、いくつにも枝分かれした果実といえば？

そう、バナナだったのではないかという仮説が立てられます。そしてバナナには、房が矛のように上を向く種と、縵のように下を向く種があるのです。味も日本古来からある果物とはまったく異なりますから、これぞ常世の国の産物と思ったのではないでしょうか。

バナナの叩き売り

このように神話の時代から縁があるバナナですが、きちんと記録されている範囲では、明治36年（1903）に台湾から輸入されたのが最初です。明治41年（1908）ごろから輸入量が増加して、福岡県の門司港がバナナの荷場の一大拠点として注目されるようになります。

当時は現在ほど輸送技術が発達していなかったため、途中で品質が落ちたものもありました。これ以上遠くに運ぶことも難しいため、門司でそのまま出荷されるのですが、すでに傷み始めているので、買い取った露天商もできるだけ早く売りさばいてしまう必要があります。そこで、口上をあげることで客を集めて売りさばいたのが“バナナの叩き売り”の始まりです。最盛期には50人近い売り手が軒を並べ、バナナを売っていました。

現在は観光用に実演されたり、口上を専門とする芸人によって寄席などで演じられて、人気を博しています。北九州市では後継者育成のため、門司区役所総務企画課の主催で『門司港バナナ塾』が開かれています。また、“バナナの叩き売り発祥の地”記念碑は、JR門司港駅近くにある旅館・群芳閣の玄関横に建っており、発祥の経緯を知ることができます。

明治から輸入されたバナナですが、戦後になって安く買えるようになると、一般の家庭にも急速に広まっていきました。その血を引く私たちがバナナの味を記憶の片隅で覚えていて、自然と買い求めるようになったのかもしれません。日本人の祖先については諸説ありますが、東南アジアから移ってきた人々も多数いるといわれていますから。

Tropical Fruits

トロピカルフルーツ

その芳香は常夏の味

Papaya パパイヤ

パパイヤはパパイヤ（チチウリノキ）科パパイヤ属の常緑小高木です。別名パパヤ、ママオ、ツリーメロン、チチウリノキともいい、原産地はメキシコなどの熱帯アメリカです。現在では多くの熱帯や亜熱帯の国々で広く栽培されていますが、通常は雌雄異株として繁殖します。花は黄緑色で目立ちませんが、熟すると黄色い果実が木から垂れ下がるように実ります。茎の先に大きな葉が密生し、高さも1メートル近くになるため、植物学上では小高木と定義されます。しかし風に弱く、台風などで起こる突風に遭うとすぐに倒れてしまいます。そして株が枯れると、ひと月もたたずに腐敗して溶けていきます。そのため、多年生の草といったほうが正しいかもしれません。

種子は発芽も早く、観葉植物として栽培されることもあります。雌株と雄株は別に繁殖するため、結実させるには複数を育てる必要があります。しかし、環境によってはひとつの株に両性の花が咲くこともあります。その場合は、株がひとつしかなくても実を結びます。

パパイヤの語源

パパイヤの学名は“*Carica papaya*”です。“Carica”はラテン語の「イチジク」に由来し、“papaya”はカリブの原住民の呼び名だった“ababai”が変化したという説や、サンスクリット語の“パパイ”が変化したものといわれています。キューバでは形が似ていることから“爆弾の果実（fruta bomba）”とも呼んでいます。別名の“チチウリ”は、枝を傷つけたときに出てくる乳白色の液体から名づけられました。日本でもよく知られているパパイヤはカポホソロ種で、熱帯アメリカ地方や東南アジアで広く栽培されます。果実の色は濃い黄色で、ねっとりとした甘みと独特な芳香を持ち、スーパーなどで安く手に入るのはこの品種です。一方サンライズソロ種はハワイ島でしか繁殖せず、カポホソロ種に比べて芳香も薄くて赤みの強い、さっぱりとした果汁の多い品種です。

パパイヤの使い道

生食では黒い種の周りを食するほか、ドライフルーツやジュース、果実酒やデザートの材料に用いられます。若葉や花は野菜として利用されるほか、未熟な果実を千切りにして炒め物やサラダにします。酵素パパインにはタンパク質、脂肪、糖、炭水化物を分解する作用があるので、中南米では実をすりおろしたり、葉に包んで肉と一緒に調理します。パパイヤジュースから造られたリキュールはカクテルの材料に多く使われ、日本へはキングストン・パパイヤ（Kingston Papaya）などが輸入されています。

根の一部は柔らかくでんぷんを含むため、第二次世界大戦中に南方の島々で孤立した日本兵が食用にしたともいわれています。

また、種子を粉末にしてスパイスに使ったり、熟していない果実を抗炎症薬や消化薬の材料としても使います。パパインは、先にあげた効果のほかに老廃物も分解するため、洗顔料の主原料にもなっています。そのほかにも毒ヘビに咬まれたり、蜂に刺されたときの解毒剤として使うこともあります。

パパイヤはウルシの仲間であるため、体質によっては皮膚や粘膜がかぶれることがあります。合わない人は食べないほうがいいでしょう。

誕生花と花言葉

パパイヤには残念ながら誕生花や花言葉はありません。現在伝わっているものはギリシア・ローマの伝説やヨーロッパ方面の伝承などをもとにしているため、中南米生まれのパパイヤに関しては資料がないと考えられます。

パパイヤの木の始まり

昔、あるところに若い夫婦が住んでいました。妻が近所でも評判の働き者であったのに、夫は怠け者で寝てばかりいました。ある年のこと、村中が米の刈り入れで忙しい時期に、出産したばかりの妻はまだ田んぼへ出かけることができずにいました。そこで夫に刈り入れの手伝いにいくように何度も頼みましたが、夫は返事をしませんでした。

「あなた、お願いです、明日は必ず田んぼに出てください。そうでないと神様のばちがあたりますよ」

妻は何度もそういいましたが、翌朝も夫は寝転がっているだけでした。彼女は仕方なく赤ん坊を家に残したまま田で働き続け、日が暮れて誰もいなくなっても、まだ田んぼにいました。

しかしその日から、働き者の妻は家に帰ってこなくなりました。翌朝になって、田んぼへと出てこないのに気がついた村の人たちが彼女を捜し回っているのにもかかわらず、夫は相変わらず寝たままでした。

その夜、夫は夢を見ました。自分の田んぼに見たこともない木が1本生えており、どこからか声が聞こえてきました。

「あなた、私です、ブガナです。神様のお怒りでこんな姿になってしまいました」

翌朝、夫は目が覚めてから田んぼへ行ってみました。すると夢で見た通り、田んぼの真ん中に木が生えていました。呆然として立っている夫に、木から声が聞こえてきました。妻ブガナのあの声です。

「私が実をつけたら、あの子に食べさせてください。何もしないで放っておいても実は次々になります。きっとあの子も健やかに育ってくれることでしょう」

Pineapple パイナップル

パイナップルは、パイナップル科アナナス属の常緑多年草です。原産地はブラジルやアルゼンチン北部などの熱帯アメリカ地方パラナ川とパラグアイ川の沿岸で、この地の先住民に食用として栽培されていました。葉は堅く剣のような形で、地下に埋まった茎から伸びます。縁にトゲのある品種とない品種がありますが、どちらも繁殖の際には葉のつけ根にある新芽・吸《きゅう》芽《が》を使います。しかし、ひとつの株で収穫を重ねるごとに実が小さくなるため、3年をめどに株を取り替えます。

食用にするのは、花が伸びたあとに軸の周りに小さな果実のつけ根の部分が集まって大きくなり、果汁を含むようになったところです。一般的には“パイナップルの実”はこの部分と思われているのですが、実は表面を覆う殻のような部分が本当の“果実”です。パイナップルを生産している農園では、ひとつの株から芽分けして栽培を行うため、同じ品種を栽培している場合は受粉が起こらないため種子ができません。しかし、まれに他の品種の花粉が運ばれて受精が起き、熟した果肉と表皮の境目に褐色の小さな種子が見られることもあります。

15世紀ごろまでには、パイナップルは熱帯アメリカの各地に伝わり、栽培が行われていたと考えられます。コロンブス（1451～1506）が1493年11月4日、探検隊とともにアメリカ新大陸を訪れた際、西インド諸島のグアドループ島でパイナップルの栽培品種を発見しました。それ以降急速に他の大陸に伝わり、1513年にはスペインにもたらされ、次いで当時開拓されたばかりのインド航路とともに、アフリカとアジアの熱帯地域へ伝わりました。当時海外の布教に力を注いでいたイエズス会の修道士たちは、この新しい果物を時のインド皇帝アクバルへの貢物として贈ったと伝えられています。その後東南アジアにも伝播し、フィリピンへは1558年、ジャワへは1599年に伝わったとされています。そして1605年にはマカオに伝わり、中国南部の福建省を経て1650年ごろ台湾に導入されました。日本では、パイナップルの苗が天保元年（1830）に小笠原諸島のひとつ、父島に初めて植えられました。一方で、弘化2年（1845）に、オランダの商船が長崎へもたらしたという記録も残っています。

現在パイナップルの生産量はタイが一番多く、全世界の生産量のうち約3分の1を占めています。日本へはフィリピン産のものが多く輸入されていて、全輸入量の9割にも上ります。

パイナップルの語源

パイナップルの学名は“*Ananas comosus*”です。学名にもなっている“Ananas（アナナス）”は、最初にパイナップルを栽培したとされるアメリカ先住民グァラニ・インディアン族の言葉が転じたものとされています。“a”は「果実」、

“nana” は「優れたもの」という意味で、“comosus” はラテン語で「長い束になった毛」を指します。英名のパイナップル(Pineapple) は「松」と「リンゴ」の合成語で、果実の表皮が松かさのように見えることと、果肉のリンゴに似た味わいから名づけられました。しかし、中世期の英語では「松の実」という意味があり、それが熱帯アメリカから伝わった果物の名前として定着したという説も唱えられています。ラテン語圏のフランスやイタリア、スペインでは学名をそのまま採り、パイナップルを “Ananas” と呼びます。

中国語ではパイナップルを “鳳梨《フォンリー》” と表記します。果実の表皮を中国の想像上の鳥である鳳凰に見立てた「鳳凰のような果実」という意味です。“梨” は果物の「ナシ」のほか、外来の果物を中国語で表記する場合の当て字にも使われるため、「果物」という意味も持ちます。台湾では「隆盛」を意味する “旺来(オウライ)” と似た “オンライ” と発音され、豊穣や繁栄を象徴する果物として非常に人気があります。日本でも中国語表記にならって “鳳梨” と表記したり、漢字名に学名をあてて “アナナス” と呼ぶ場合があります。

誕生花と花言葉

パイナップルは12月20日と30日の誕生花で、花言葉は “完全無欠” “結合” “和合”。パイナップルは小さな果実が集まり、ひとつの固まりとなって実を結びます。そこから、強く結ばれた絆や密なつながりを表すようになったと考えられます。花言葉は19世紀のイギリスで流行し、欧米で定着しました。トロピカルフルーツの中でパイナップルに花言葉がつけられているのも、そのころには遠い異国の果物としてよく知られ、珍重されていたことがうかがえます。

パイナップルの使い道

生食用のほか、ジュースやジャム、缶詰やデザートに用いられたり、酢豚などの肉料理によく使われます。パイナップルは、糖質を分解し代謝を促進するビタミンB1やB2、クエン酸などを多く含み、疲労回復や老化の防止に効果があるとされています。酵素ブロメリンにはタンパク質を分解する作用があるため、肉を柔らかくして消化を促進します。ただ、加熱すると効果を失ってしまうため、加熱処理をした缶詰では効果はありません。ゼラチンのタンパク質も分解してしまうため、ゼリーを作る際には缶詰にした果肉が使われます。タイの郷土料理カオ・オップ・サッパロはパイナップルの果肉を混ぜた炒飯で、果実をくり抜いて器にしたものに盛りつけて食卓に供されます。台湾ではパイナップルのジャムをケーキに挟んだお菓子がよく知られており、国を代表するデザートとしても有名です。

パイナップルは果実酒にも加工され、カクテルの材料として多く使われます。リキュールではミクロダナナスやパイナップリーナ、ロイヤル・コイマンズがよく知られています。

パイナップルに含まれる豊富な食物繊維は便秘を予防し、カリウムも高血圧の予防に役立ちます。そのほか、酵素ブロメリンを使ったダイエットサプリメントなど、健康補助食品も販売されています。しかし、熟していない果実や追熟《ついじゅく》（未熟な果実を収穫後、エチレンガスを吹き込んで熟させること）が不十分な果実には多量の酸やシュウ酸カルシウムの針状結晶などを含むため、食べ過ぎると口内が荒れたり、ブロメリンによって組織のタンパク質が分解され、出血に至ることがあるので注意が必要です。

フィリピンの伝統的な織物“ピーニャ”は、パイナップルの葉から採れる繊維を織って作られます。葉を水にさらして繊維を取り出し、細く裂いてから一本一本つないで布地に織り上げます。フィリピンでは最高級の生地とされ、民族衣装バロンタガログにも使われています。品種の中でも、あまり成長せず小さい実をつけるものは花パイナップルなどと呼ばれ、観賞用として販売されています。

100個の目の果物

昔のこと、フィリピンのある村にピニャンという少女が母親とふたりで暮らしていました。母親はピニャンをとても可愛がり、家のことはまったくさせませんでした。母親が働いているあいだ、ピニャンはずっと庭で遊んでいました。その場所は暗くなると光が差して明るくなり、村の人々はピニャンの遊び相手は妖精ではないか、と噂することもありました。

ある日ピニャンの母親が少し体調を悪くし、娘に夕飯を作るよう頼みました。彼女はいわれた通り台所へ立ちましたが、今まで何も教わってこなかったため勝手が分かりません。

「お鍋はどこ？　お米はどこ？　しゃもじはどこにあるの？」

そう母親に聞いてばかりいました。頭痛がひどかった母親は、ついイライラしてしまい、

「お前は本当に役立たずだ。目を100個はつけないといけないね」

そういいました。するとどこからか、声が聞こえてきました。

「ならば、あなたの望みをかなえてあげましょう」

驚いた母親は台所にいるはずのピニャンを呼びましたが、返事はありませんでした。娘の姿を捜して庭に出ると、大きな実をつけた見慣れない植物が生えていました。急いでそこまで走ると、たくさんの目がついているような変わった形の実がありました。母親はすべてを悟ると、実を抱きしめて泣きました。

そして娘の名前を採り、この果物を“ピニャン”と名づけました。この言い伝えから、フィリピンの人々は100の目がついているように見えるパイナップルの実を“ピーニャ”と呼んだといわれています。

南洋の空気を伝えるカクテル

パイナップルのジュースを使ったカクテルでは、ピニャ・コラーダ（piña colada 裏漉ししたパイナップル）が知られています。このカクテルは東南アジアやカリブ海など、南洋のイメージを強く連想させます。考案したのはスペイン・マドリッドに住むリカルド・グラシアというバーテンダーで、のちにレストラン

も経営するようになった人物でした。彼は1951年にマドリッドの高級ホテルのバーテンダーとして迎えられ、1954年にプエルトリコのホテルへ異動したとき、レセプション用のカクテル、ココ・ロコを創作しました。それは椰子の実をくり抜き、その中にココナッツジュースとラム、ココナッツミルクを入れたものでした。ところがあるとき、ココナッツカッター組合のストライキにより、椰子の実が手に入らなくなってしまいました。リカルドは思案の末、ホテルに豊富に置いてあったパイナップルに目をつけました。果実の上の部分を切り落として中をくり抜き、そこへココ・ロコを入れたのです。すると、パイナップルの風味がカクテルに混じり、とても飲み心地のよいカクテルに変わったのです。

リカルドはパイナップルの風味がついたココ・ロコにさらに工夫を加え、クラッシュド・アイスを加えたり、漉したパイナップルジュースを加えたりしてカクテルを洗練させていき、現在もよく知られる“ピニャ・コラーダ”と名づけました。

南洋のイメージから、ピニャ・コラーダは夏の歌に登場します。日本のバンドSound Scheduleの『さらばピニャコラーダ』は真夏のビーチを思い浮かべる曲です。フランスのポップ・シンガー、クレモンティーヌの『piña colada』は、ブラジルの音楽を取り入れた軽快な歌になっています。

Lychee、Litchi ライチ

ライチはムクロジ科レイシ属の常緑高木です。原産地は中国南部および台湾で、春に黄緑色の花を咲かせます。夏に果実が熟しますが、表面は赤く鱗状で脆く、ワニ皮状の突起を持っています。表皮の中には黒い種子と、それを包む白色半透明の果肉があります。

その上品な甘さと香りから、中国では古代より珍重されました。現在は中国南部、台湾、東南アジアのほか、オーストラリアやハワイでも栽培されています。我が国では沖縄や鹿児島で栽培していますが、流通量の多くを台湾からの輸入に頼っています。

ライチに似た果物として、リュウガンがあります。ムクロジ科リュウガン属の常緑高木で、原産地は中国南部から東南アジアです。実はライチよりも小さく直径2.5センチメートルほどで、淡緑色から淡褐色の堅い表皮に覆われています。ライチと同じく黒い種子の周りに白色半透明の果肉があり、この部分を食用にします。

ライチの語源

ライチの学名はリチー・シネンシス（*Litchi chinensis*）です。“Litchi”は中国語の茘枝の音読みli-chihが転じたもの、“chinensis”はラテン語で「中国」を意味します。訳すれば“中国のライチ”という意味となり、この果物が中国方面で産出されるという事実を示していることにもなります。

漢名の“茘枝”は、中国南西にあった大茘国に由来するといわれています。

ライチの使い道

生食のほか、ドライフルーツやデザートなどの製菓用、果実酒の材料にします。缶詰はデザート、中華料理の味つけにも使います。ライチを使ったリキュールは、中国では荔枝酒《レイシチュウ》、欧米ではディタ・ライチ（Dita Lychee）がよく知られています。

種子は荔枝核《れいしかく》と呼ばれ、漢方薬として用いられています。『広西中薬志』には「身体を温める・気を理える・止痛するなどの効能がある。胃痛・疝気痛・婦人の血気刺痛を治す」と記述されています。また、種子をすりつぶして軟膏にしたものを、皮膚病の薬としても用いました。

現在中国で最も古いライチの木は福建省にあり、“宋公古荔《そうこうこれい》”と呼ばれています。樹齢は1300年と推定されており、福建省重点保護文物になっています。古くから害虫のつきにくい丈夫な木とされ、古くなりなお実を結ぶめでたい果樹といわれています。丸い実の形が円満さを連想させ、“荔枝《リイチ》”や“荔子《リイツ》”という発音が“立子《リイツ》（子をもうける）”に通じることから「夫婦や男女の円満な仲」「子孫の誕生」の象徴ともなっています。

かつて中国の結婚式には、新婚夫婦の円満を祈願して寝台の周囲に魔除けの品々を撒き散らす“撒帳《サアチアン》”という儀式が行われました。魔除けの品には必ずといってよいほどライチが加えられ、年長の司会役が縁起のよい果実を盆に乗せて四方八方に投げるときにも使われました。

誕生花と花言葉

ライチには残念ながら誕生花や花言葉はありません。現在伝わっているものはギリシア・ローマの伝説やヨーロッパ方面の伝承などをもとにしているため、アジア生まれのライチに関しては資料がないと考えられます。

姉妹とライチ

昔のこと、呉郡の富豪の家に才色兼備を誇る姉妹がいました、ある日父親の友人の息子がやって来て、姉妹の家に身を寄せることになりました。彼女たちは青年が水浴びをしている場面を楼閣《たかどの》から眺め、密かに恋心を抱きました。しかし深窓の令嬢である身の上では、簡単に想いを伝えることもできません。そこで、窓の隙間から実がふたつついたライチの枝をこっそり落としました。

若者はライチの枝が示す意味をすぐに悟りましたが、水面から見上げる楼閣は非常に高く、登るすべも見つかりませんでした。そこで夜になるのを待っていたところ、建物の窓から太い縄で吊った大きな竹の籠がするすると下りてきました。近くに人影もなく、青年はいい機会とばかりに籠に乗り、窓の開いた部屋に忍び込みました。するとそこには美しい姉妹がおり、ふたりは彼に想いを伝え、親密な仲になったといいます。

求愛のしるし

中国の説話集『聊斎志異《りょうさいしい》』に「細侯《さいこう》」

という説話が収録されていますが、これは私塾を開いているものの貧困な身の上である満という青年と、妓女の細侯の恋愛物語です。

満が街を歩いていると、ある2階建ての家からライチの枝が落ちてきました。驚いて見上げると、そこには美しく若い妓女・細侯の姿がありました。満は彼女の美しさに驚き、見とれていると、うつむきながら部屋の中に入ってしまいました。満は細侯の姿が忘れられず、その家へ通うようになりました。よくよく話をしてみると、細侯は妓女の身の上には似合わないほどの純情な女で志も高く、夫婦の約束を交わすまでになりました。

最初に細侯がライチの枝を落としたことも、言い伝えに従った男性に対する求愛の方法であったと思われます。また『女聊斎志異《じょりょうさいしい》』には、両親に早く先立たれて叔父の世話になっている男が登場します。男は非常に端正な顔をしていましたが、いまだ結婚相手も見つからず、だらだらとした生活を送っていました。が、叔父が家に雇い入れたお針子女のひとり娘を見るなり、彼女に一目惚れをしてしまいました。そして何とか彼女に近づきたいと考えていたものの、娘も男の気持ちを察知してふたりきりになるのを避けている様子でした。

ある日、男の叔父の一家は牡丹見物に出かけました。留守居を任された娘に、男は自分の気持ちを伝えようと袖の中にライチの実を入れ、娘の家へと向かいました。

袖の中ばかりでなく、器にライチの実を入れて相手に贈り、胸のうちを伝える方法もあったようですが、中国ではライチを贈って男女の逢い引きの合図に使う、という方法もありました。これらの伝承や説話などから、ライチが意中の相手を誘う手管に用いられていたことも今に伝えられています。

楊貴妃が愛した果物

8世紀の中国、唐王朝の皇帝玄宗が愛した楊貴妃は、ライチを特に好んだことでも知られています。出生地の蜀（現在の四川省）でいつも食べていたライチの味が忘れられず、玄宗皇帝の妃となってからも食べ続けたといわれています。

ライチは糖分と酸を多く含む果物なので、食べ過ぎると歯や歯ぐきを痛める原因になります。後世の俗伝には楊貴妃がライチを食べ過ぎるあまり歯を病んでいて、痛みに顔をしかめる美しい顔がたまらないと、玄宗皇帝はますます愛欲の世界に没頭していったなどというものさえあります。

当時ライチは華南地方からもたらされ、大変珍重される果物でした。楊貴妃は陸路の中継駅に早馬を用意させ、荷を送り継ぎ8日8晩で首都長安に届けさせたのです。このライチの運送は大変な重労働であったため、民の怨嗟の声を呼んだといいます。

このような楊貴妃の贅沢が、唐の国力を徐々に衰えさせるとともに国政の腐敗を招き、唐の衰退の引き金となった安史の乱を引き起こしました。楊貴妃のライチ好きが、王朝の滅びを早めたともいえるわけです。

玄宗と楊貴妃のライチに関する伝承では、次のふたつがよく知られています。

玄宗が彼女を伴って、最初に情を交わした驪山《りさん》の華清宮《かせいきゅう》へ行幸したとき、楊貴妃の誕生日ということもあって、梨園の楽人たちに新しい曲を演奏させました。しかし、その曲にふさわしい題名が見つからず困っていたところ、ライチを献上する使者が訪ねてきました。献上した竹籠のふたを開けると、あたりにライチの香りが立ちこめたことから、演奏された曲もライチの香りにあやかって“茘枝香”と名づけられました。

もうひとつは、安禄山が起こした反乱で蜀へと都落ちする途中のことです。玄宗は同行した臣下に、楊貴妃をはじめ彼女の一族を誅殺するように迫られます。皇帝は非常に苦悩した末、楊貴妃に因果を含め死を与えました。その直後、まだ楊貴妃の骸のぬくもりも消えないうちに、ライチの入った籠が届けられたのです。

「ひと足遅かった……」

玄宗はライチの籠を見てそう嘆いたと伝えられています。

ところで山口県には、楊貴妃が玄宗とともに安史の乱を逃れて日本に亡命してきたとの伝説が残っています。

亡命からほどなくして、楊貴妃は病で身罷りました。玄宗は、海の見える場所に彼女を埋葬して、失意のうちに唐へ戻り、その余生を寂しく過ごしたそうです。

長門市油谷の久津地区は古くは“唐渡口”と呼ばれており、今も“楊貴妃の里”と名乗っています。

詩に歌われたライチ

10世紀中国の代表的な詩人である蘇《そ》軾《しょく》は、59歳のときに「茘枝を食す」と題して、こんな詩を作っています。

「羅浮山下四時の春 盧橘楊梅次第に新たなり 日に啖う茘枝三百顆 妨げず長《とこしえ》に嶺南の人と作《な》るを（広州の羅浮山のふもとでは、一年中春のような気候で、ビワやヤマモモなどの果物が次々と実る。贅沢品のライチだって毎日300個も食べられるほどだ。この嶺南地方でずっと生きるのも悪くないじゃないか）」

これは南方のよさを歌っているわけですが、蘇軾はこのとき都での権力闘争に敗れて広州に流されたところですから、一種の負け惜しみと見るべきでしょう。それでも、ライチをたくさん食べられることが贅沢と認識されていたことが分かります。

また「むけば凝《こご》りて水晶の如く、食えば消えて降雪の如し」という歌もあります。ライチは中国の人々にとって貴重な果実でもありました。

ライチは昔から、美肌効果がある果物とされていました。楊貴妃が常食していた理由のひとつは、美容のためだったともいいます。最近の研究で、ライチの種子から抽出される物質にヒアルロン酸や、コラーゲン分解酵素の生成を阻害する効果があることが分かりました。また、体内の活性酸素を取り去って、老化を防ぐ働きを持つことも知られ始めました。この事実はもちろん、昔から伝えられていたライチの美肌・老化防止効果を実証したわけです。

玄宗の愛をいつまでも自分のものにするため、ライチを愛した楊貴妃の願いは現在の女性にも通じています。それはきっと、すべての世代にも共通する“美しさ”への憧れに違いありません。

Mango

マンゴー

その美味が伝えしは御仏の心

マンゴーはウルシ科マンゴー属の常緑高木です。原産地はインド北東部、アッサム地方からミャンマー国境付近のチゴッタン高原とマレーシアで、代表的な熱帯果樹として多くの品種が栽培されています。

主な産出国はインド、フィリピン、ブラジル、オーストラリア、台湾ですが、日本でも宮崎県、鹿児島県、沖縄県、和歌山県で栽培されています。これはアーウィン種といい、別名"アップルマンゴー"と呼ばれるものです。果実は長さ5～25センチメートル、幅2～10センチメートルの長い卵型をしていて、果肉は品種によって黄色や橙紅色で果汁が多く、熟すほどに甘みが強くなり、独特の芳香を放ちます。

インドではおよそ4000年前には栽培が始まっていましたが、東南アジアの島嶼にどういう経緯で伝播したかは定かでありません。記録上では、1600年にオランダ、もしくはポルトガルの航海者がインドネシアのマニラへ伝えたという記述が最古のものとされています。その後、東南アジアの国の多くがオランダの植民地になったとき、ジャワ島へも苗木が移入されました。

沖縄へは台湾から導入されたことが知られていますが、その台湾へは1561年にオランダ人が初めて伝えたという記録が残っています。

ちなみに、日立グループのコマーシャルで親しまれている"日立の樹"にマンゴーが使われた時期がありました。昭和54年（1979）から昭和55年（1980）に放送された3代目の映像がそれで、ハワイ島に自生しているマンゴーの木が映っています。

マンゴーの語源

マンゴーの学名は"*Mangifera indica*"です。"Mangifera"はマンゴー属の名称ですが、"Mango（マンゴー）"とラテン語"fera（運ぶ）"の合成語です。"indica"は「インド」を指すラテン語です。マンゴーの名はインドのタミール語の"Man-kay"、もしくは"Man-gas"が転じたものとされており、マンゴーの種の源流がインドにあることを示唆しています。仏教の経典にも、釈迦がマンゴーの木の下で休憩したという記述や、古代インドのマウリヤ朝を統治した3代目アショカ王（在位紀元前268～232年ごろ）が街道沿いにマンゴーの木を植えさせたという伝説が残っています。インドではこのころからポピュラーな果実であったと同時に、聖なる果実とされていたこともうかがえます。

マンゴーの使い道

カロチンやビタミンCが豊富に含まれていて、生食のほかドライフルーツやマンゴープリンなどの製菓用に使用されます。未熟な果実は塩漬けや甘酢漬け、チャツネ（果実に酢や砂糖、香辛料を加えてジャム状にしたもの）として用いられます。マンゴージュースからリキュールも醸造されますが、銘柄の中ではマンゴヤン（Mangoyan）が知られていて、カクテルの材料として多く使われます。ただしウルシ科の植物であるため、漆かぶれを起こしやすい人では重篤なアレルギー症状（アナフィラキシーショック）を起こすこともあるので注意が必要です。

栽培品種を合わせて、マンゴー属にはおよそ75の品種があります。その中でも日本や台湾で栽培されているアーウィン（Irwin）、キーツ（Keitt）、キンコウ（金煌 kinkou）、紅龍《こうりゅう》、アメリカで栽培されるセンセーション（sensation）、インド産で“マンゴーの王さま”とも称されているアルフォンゾ・マンゴーや、主にフィリピンで産出されるペリカンマンゴーがよく知られています。アルフォンゾ・マンゴーは3月から5月が旬の季節で、雨季の直前、数日間降る時期に一気に熟します。ここから、雨季前にまとまって降る雨を“マンゴー・レイン”とも呼びます。実は大変大きくて味も濃く、特にデバ・ガット地方で作られるものが最高の品種とされています。日本に輸入されるものの多くはペリカンマンゴーで、実の形がペリカンの嘴に似ていることから名づけられ、酸味のやや強い品種です。しかし、日本人の好みにはアーウィンが一番合致しているようで、生食や贈答用として圧倒的に消費が多いのはこの品種です。国内で栽培地域が増えているのは、需要と供給が一致したという例のひとつともいえるでしょう。

誕生花と花言葉

ギリシア・ローマの伝説やヨーロッパ方面の伝承などをもとにしているため、残念ながら東南アジア生まれのマンゴーには誕生花や花言葉はありません。

身代わりとなった猿

インドの仏教説話集『ジャータカ(Jataka)』によれば、その昔シャカの前身であるボーディサッタは猿に姿を変え、ヒマラヤの森の群れを治めていました。そこにはマンゴーの木が密生していましたが、ボーディサッタが棲み家としていたのは、ひときわ大きい木でした。花が咲き果実が熟する季節には、色も美しく、かぐわしく大きな果実が枝から垂れ下がっていました。それはまさに、猿の王が棲むにふさわしい風情でありました。ある日、そのマンゴーの木の中で、川沿いに根を下ろし、枝が水面を横切るように伸びているものを見つけたボーディサッタは、猿たちにこう命じました。

「川沿いの木の枝になっている実を先に食べてしまいなさい。ほかの木に手をつけるのはそのあとです」

猿たちはその教えを守り、川沿いの木になったマンゴーの実を食べ始めました。そのときは誰も気づかなかったのですが、最初に手をつけた木になった実の中に、まだ熟しておらず、若く小さなものがひとつ残っていました。やがてそれは時がたつにつれ熟し始め、自然に枝から落ちて川の流れに飲まれていきました。

川下のほうでは、とある国の王が後宮の女たちと一緒に水浴びをするため、網を張り巡らしていました。流れてきたマンゴーの実が網にかかった途端、入浴のために使っていた香水や鬢づけ油の香気すらかき消すほどの芳香が、水浴び場を覆い尽くしました。女たちは驚き、漂ってきた香りの源がどこにあるのか探し始めました。ほどなく、よく熟れたマンゴーの実が網にかかっているのに気がつき、引き上げました。

その光景を見た王は、医者に命じてマンゴーの実を調べさせ、果肉を口に含みました。すると、ほかの食べ物とは比べものにならないほどの甘さ、美味しさが口の中いっぱいに広がりました。見たことのない色合いや形も、王さまの心を捕らえて離さなくなっていきます。

「この果実を味わうことこそ、王として生まれた者の幸せというものだ。なっていた木も、ここからさほど遠い場所ではあるまい。何としても探し出すのだ」

王は直ちに水浴びをやめ、引き連れていた軍勢を連れて川の上流を目指し出発しました。やがてマンゴーの木が生い茂る森の中へとたどり着くと、そこには自分が初めて味わった果実をむさぼる猿たちの姿が目に入りました。王さまは、自分が見つけた果実を猿たちに横取りされたと思い込み、怒りのあまり命じました。

「あの猿どもを打て。皆殺しにしてしまえ！」

王の命令に、軍勢は弓をつがえて矢を放ち、礫や棍棒、槍などを持って猿たちを襲いました。

ボーディサッタは猿たちが危害を受けていることを知り、自分の棲み家であるひときわ高いマンゴーの木から、遠く離れた岸壁に向かって飛びつき、生えていた藤の蔓をしっかりと足首に結わえると、もう一度マンゴーの木の上に取って返しました。そして足に結びつけた蔓を引っ張り、猿たちに今いる場所からすぐ逃げるよう合図します。襲われた恐怖のあまり混乱していた猿たちは、ボーディサッタの体を踏んでいるのも忘れ、どんどん藤の蔓を伝って逃げていきました。その姿に気がついた王は、家臣に命じます。

「あの猿は仲間が自分を踏み越えていくのも気にせず、盾になって逃がしていた。たぶんもう動くことはできまい。すぐに木の下に布を広げ、蔓と枝を矢で切り落とすのだ」

ボーディサッタは自分を結わえつけていた蔓から解き放たれ、体中に薬を塗られました。そのおかげで、やがて息を吹き返します。

「あなたは自らの命をかけて、逃げる猿たちを助けておられた。そこまでして仲間を助けるなど私には思いも寄らなかった。もしよければ、猿たちにとってあなたがどんな存在なのかお聞かせ願いたい」

王の問いを聞いて、猿に姿を変えているボーディサッタは答えます。

「私はあの猿たちの指導者です。彼らを教え導き、我が子のように慈しんで長い時間がたちました。今では彼らも私を敬ってくれ、ともに家族同然の生活を送っています。ですから、さっきのような恐ろしい目に遭ったとき、自分の身をはばかることなく、彼らの苦しみを救わねばならぬと、いつも思っております」

そしてさらに、王に向かって諭すようにいいました。

「私は確かに、この身をひどく傷つけるという災難に遭遇しました。しかし、あのときの猿たちの苦しみや悲しみを考えず自分だけ逃げたなら、血も涙もない暴君と化し、死後は地獄に行くことになったでしょう。王よ、あなたは正義にのっとって国を治めてください。軍隊や家臣、国民、出家修行者たちにも幸福を与えるべく、あらゆる人々の父となるのです」

そして猿は、息を引き取りました。王はこの助言に従って国を治め、死後は天上に生まれ変わることができたのです。

不思議なマンゴー

昔のこと、ブラフマダッタがヴァーラナシーを治めていたころのことです。シャカの前世であるボーディサッタ（菩薩）は、チャンダーラという身分の低い人たちの部落の賢人に生まれ変わっていました。ボーディサッタは魔法で、季節外れのときでもマンゴーを実らせることができました。

この村に、学問で有名なタッカシラー（宝石のような見解）の街で学んだ若者が旅をしてきます。若者は、偶然ボーディサッタが魔法をかけているところを

見て、驚きました。
「何という不思議な術だろう。あのまじないを唱えられれば、マンゴーにありつけるって寸法か」
自分もあの術を使えたらと、若者は頼み込んでボーディサッタの下男になりました。とにかく教えてもらうまではと毎日かいがいしく働き、とうとう魔法を教えてもらうことができました。ボーディサッタは最後に、若者に忠告を与えます。
「もしも誰かにまじないのことを聞かれたら、私のことを包み隠さず話しなさい。偽りをいってしまえば、まじないの力も失せてしまうよ」
若者はボーディサッタに礼を述べて生まれ故郷へと戻ると、さっそく近くにある森へと向かいます。そしてマンゴーの木に魔法をかけると、枯葉がすべて地面に落ちて、見る見る若葉が茂り始めました。花も咲き出したそばから散って、木から垂れ下がった果実はあっという間に熟し、地面へ落ちていきます。
「何て素晴らしい魔法だろう」
若者はマンゴーを腹いっぱい食べてから、残りを籠に入れて持ち帰りました。
季節外れの珍しいマンゴーだったので、街で飛ぶように売れて、若者はたいそうな金持ちになったのです。やがて、若者が一年中マンゴーを作れるという噂話が、とうとう王の耳に届きます。
「何とそれは珍しい話だ。その若者を一度、城へ呼ぼうではないか」
王はすぐに使いの者を走らせ、若者を宮殿へと招きました。
「お前はマンゴーを一年中実らせることができると聞いたが、それはまことか」
「はい、まことのことでございます」
若者は答えて、王や供の者たちを大勢引き連れ、宮殿の庭にあるマンゴーの木へと向かいました。そしてボーディサッタに教わった通りに魔法をかけます。するとたちまち木に若葉が茂って花が咲き、実をつけました。
「おお、これは素晴らしい！　いったいお前はこのような術をどこから教わってきたのだ」
王は若者に尋ねました。若者は、身分の低いチャンダーラの人に習ったなどと話すと、魔法のありがたみも失せると考えます。
「この術は、タッカシラーの有名な賢人に教わりました」
嘘をついてはならぬといわれていたのに、そんなことで魔法の効果がなくなるはずがないと、若者はたかをくくっていたのです。
それからしばらくたって、若者はまた王のところに行くことになりました。
「あのときのように、もう一度マンゴーを作ってはくれぬか」
「かしこまりました」
若者は庭へと出て、マンゴーの木の下に立ちました。今までと同じように魔法をかけようとするのですが、青葉が茂る気配はまったく見られません。もちろん花も咲かなければ、実もなるはずがありませんでした。
「これはどうしたことだ？」
若者はどうしてよいか分からず、まじないの言葉を唱え直しましたが、何も変化はありません。とうとう癇癪を起こして、竹ざおでマンゴーの木を殴りつけました。すると木の上に引っかかっていたらしい鳥の死骸が落ちてきて、王の目の前をかすめました。
「この大嘘つきが！」
とうとう王は怒り、供の者に命じて若者を城から追い出しました。ほどなく、若者がマンゴーを作る魔法を使えなくなったという話が広まります。誰ひとりとして若者を相手にする人もいなくなり、彼は自分のしたことを心から悔やみました。もう一度ボーディサッタのもとへ行き、許しを請おうとしましたが、家をどうしても見つけることができませんでした。

マンゴーを盗んだ男

インドの仏教説話集『ジャータカ』によれば、遠い昔、ヴァーラナシーの都にある夫婦がいました。妻は身ごもっていて、そのせいか季節外れなのを知っていてもマンゴーが食べたくて仕方がありません。ある日の夕方、とうとう我慢できなくなって、夫に頼みます。
「ねえあなた、マンゴーが食べたいの。どこかにないかしら？」
「今の季節じゃあ、もう売ってないだろう」
「でも、とっても食べたいのよ。お願い、探してきてくださいな」
「分かったよ。とにかく行ってくるから、ちゃんと待っているんだぞ」
いつにない妻のわがままに首をかしげながら、男は家を出ました。しかしどこを探してもマンゴーはありません。しばらく探し回った末に、男はヴァーラナシーの王宮の庭園にマンゴーの大木があって、一年を通して果実が実るといわれているのを思い出します。
王宮の中に忍び込み、マンゴーの大木に登った男は、夜が更けるのも忘れて実を夢中でもいでいました。気がつくと夜は明け、眩しい太陽の光が差してきているではありませんか。
「しまった。下りていけば誰かに捕まってしまうぞ」
男は木に登ったまま、下の様子をうかがっていました。
ちょうどその日は、王が司祭から経典を学ぶ日でした。王はマンゴーの木の陰にしつらえた台座に座り、司祭を見下ろすようにして教えを受けています。
「この王さまは道理というものをわきまえていない。本来なら教わる側が下にならねばいかんだろう」
男はちょっと怒りを覚えましたが、自分もマンゴーを盗みにきて隠れている身です。それがとても恥ずかしくなって、彼は木から下り、王と司祭のあいだにマンゴーを置き、平伏しました。
「恐れながら申し上げます。私は妻から頼まれたとはいえ、マンゴーの実を盗みにやって来た愚か者でございます。捕まるのが怖くて、今まで木の上に隠れておりました。しかし、そのご様子では司祭さまを心から敬っていらっしゃるようには思えません。上座から教えを請うなど、人の礼儀にもかなっていないではありませんか。それでどうやって聖典の心を知ることができましょう」
王は男の言葉を聞いて、雷に打たれたように驚きました。
「何と私は愚かだったのであろう。まるで心が洗われたようだ。よければ、どういう素性の者か聞かせてはくれぬか」
「いいえ、私など大変身分が低いもの

で……」

王はさらに頭を下げる男を抱き起こします。

「お前が人の尊敬を集める立派な者であるならば、王位を譲ってもいいと考えておる。これからは私が昼を治め、お前が夜を治めるというのはどうだ」

そして自分の首飾りを男の首にかけ、微笑みを浮かべました。

間もなく、男とその妻は宮殿に移り住むことになりました。王も男の言葉通り態度を改め、教えを請うときは自ら下座になって学んだといいます。

マンゴーになった妹

インドのパンジャブ地方の民話によれば、男3人兄弟の下にアンビという名前の妹がいました。兄たちはそれぞれ妻を娶っていましたが、みなとても意地悪でした。兄たちは貧乏だったため、妹には何も買ってやれませんでした。祭りの日がやって来ても、彼女には身を飾るものが何ひとつありません。ようやく、3番目の兄嫁がスカーフを1枚貸してくれました。

「いいかいアンビ、くれぐれも汚すんじゃないよ。もし汚そうもんなら、あんたの血で洗ってやるからね」

彼女は祭りに行ってきましたが、その帰り道、カラスが糞を落としてスカーフを汚してしまいました。兄嫁に気づかれないうちに何回も洗いましたが、どうやっても染みは取れませんでした。アンビは仕方なく、染みが見えないようスカーフをたたんで返しました。

数日たったころ、とうとう取れなかったままの染みが兄嫁の目に止まってしまいました。彼女が夫に訴えると、彼は妹を殺して埋め、その血で兄嫁はスカーフを洗いました。

それから長い年月がたちました。3兄弟が旅に出て喉の渇きに苦しんでいたとき、みずみずしいマンゴーの木を見つけました。一番上の兄が実を取ろうとすると、いきなりこんな声が聞こえてきました。

「お兄ちゃん、お兄ちゃん、マンゴーをもがないで！」

2番目の兄が取ろうとしても同じ声が聞こえてきます。そこで3番目の兄が取ろうとすると、いきなりこんな声が聞こえてきました。

「お兄ちゃん、お兄ちゃん、マンゴーをもがないで！」

「実の兄なのに妹を殺してしまったの。お願いだからもがないで！」

マンゴーの実は、どうやってももぐことはできませんでした。彼らはさっきから聞こえる声が根元からするのに気がつき、試しに木を伐り、根を掘ってみました。すると、根のあいだに死んだはずの妹アンビが座っているではありませんか。

自分の仕打ちを悔やんだ兄たちはアンビをきれいにしてやり、一緒に家へ帰りました。そして彼女に散々意地悪をした嫁たちを追い出し、兄妹で仲良く暮らしたということです。

King of Fruits

果実の王

トゲに覆われた素晴らしい果肉は人の心を射止める

ドリアンはパンヤ科ドリアン属の常緑高木です。原産地はマレー半島、スマトラ島、カリマンタン諸島、西部マライ諸島で、東南アジアを中心に栽培されています。

果実は人の頭ほどの大きさで、外殻に堅いトゲ状の突起があります。熟すると黄緑色から茶色に変色し、自然に落下します。完熟すると実の中が5つほどに裂け、それぞれ1個から6個の種子を持ちます。食用にするのは種子を覆う仮種皮《かりしゅひ》と呼ばれるところで、味はクリームのように濃厚な甘味と酸味を持ちます。独特の強烈な芳香を放ちますが、とても美味で、果実の姿とあいまって“果物の王”または“悪魔の果実”と呼ばれます。

現在、我が国にはタイ産の“モントーン（Mon Thong)”という、従来の品種に比べて匂いが少ないものも輸入されています。自生種では樹高が30メートルを超すものもあり、栽培するには不適な箇所も見られましたが、接ぎ木をすることにより高さも抑えられ、量産もしやすくなりました。

対になる“果物の女王”と呼ばれているのが、マンゴスチンです。オトギリソウ科フクギ属の常緑高木で、原産地はマレー半島からタイにかけてです。果実の外皮は堅く、熟すと緑から茶色がかった赤紫色に変わります。中にはミカンの袋に似た形の、仮種皮と呼ばれる種子を包んだ果肉が4個から8個ほど入っており、この部分を食用にします。白くて柔らかく、上品な甘さと香り、ほのかな酸味があって大変美味しいものです。

名前の由来

ドリアンはトゲを指すマレー語“Duri”と「もの」を意味する接尾語“an”が合わさってできた言葉で、見た目通りの「トゲのあるもの」という意味です。

ドリアンの学名はドリオ・ジベシヌス（*Durio zibethinus*）です。属名“Durio”はドリアンを、種名の“zibethinus”はラテン語で「麝香」を意味しています。ドリアンの果実が発する、動物的とも形容される香りから命名されました。

マンゴスチンの学名はガルシニア・マンゴスターナ（*Garcinia mangostana*）です。“Garcinia”は属名ガルシニア、“mangostana”はラテン語で「マレー」を指しており、英名 Mangostin はラテン語の読み替えです。

癖になる味

ドリアンは主に生食します。そのほかジャムに加工したり、ドライフルーツや飴など、お菓子の材料にもなります。タイでは、バニラのアイスクリームと混ぜて食べることもあります。

果実が強烈な匂いを放つので好き嫌いが大きく分かれる果物ですが、あの匂いの発生源は、剥がされて時間の経過した表皮だともいわれています。実際には、果実は少しのイオウ臭がするものの、一度食べれば病みつきになるという人さえいるほどです。もっとも、その強烈な芳香のため、一流のホテルや航空機内への持ち込みは禁止されています。一部の地方には「ドリアンの実がなるころに革命が起こる」という言い伝えが残っています。ドリアン好きは、熟れた果実を先を争って取ろうとすることからできたのかもしれません。

ところでドリアンは、アルコールと一緒に食べると血圧が急に上がって体に変調をきたすこともあり、死に至る場合があるので注意が必要です。

マンゴスチンも主に生食します。それ以外にも、シロップ煮やジュース、果実酒や缶詰に加工されたりします。日本で手に入るのは近年まではほとんど冷凍か缶詰でしたが、平成16年（2004）に輸入が解禁されたため、生の果実も手に入るようになってきています。

果肉はビタミンB、Cと抗酸化物質キサントンを多く含み、高いダイエット効果も確認されています。このうちキサントンを抽出して、ダイエット用サプリメントの材料にもされています。

皮はタンニンを多く含んでおり、煎じて染料として用います。ジャワ更紗《さらさ》の黒と黄色は、マンゴスチンの皮から抽出した染料から生まれた色です。

誕生花と花言葉

ドリアンにもマンゴスチンにも、誕生花や花言葉はありません。ギリシア・ローマの伝説やヨーロッパ方面の伝承などをもとにしているため、アジア原産のドリアンやマンゴスチンに関しては、資料がなかったためと考えられます。

樽腹とドリアン

ジャワ島の大臣の草刈り番に、樽のようにお腹が前に突き出ている不格好な姿から“樽腹”と呼ばれている息子がいました。樽腹は、簗《やな》で初めて取った小さな魚を、ココヤシの皮の器に入れて飼っていました。ところがある日、草刈りにいっているあいだに、隣家の鶏に魚を食べられてしまいます。

やがて仕事を終えた樽腹は、家に帰ってくると真っ先に尋ねました。

「僕の魚を食べるなんて！　僕の魚がお腹にいるんだから、この鶏は僕のだ！」

樽腹が泣き続けるので、隣家の人は鶏をあげることにしました。樽腹はしばらく鶏を飼っていたのですが、鶏はある日餌を突つきながらうろついていて、誤って杵で搗き殺されてしまいました。

「僕の鶏を殺したんだから、この杵は僕のだぞ！」

こうして樽腹は杵を手に入れました。ところが杵は水牛に踏み折られ、代わりに手に入れた水牛もまた、頭に落ちてきたドリアンのために死んでしまいました。仕方なく、樽腹はドリアンを抱えて厩に向かいます。そして宮殿の前まで来

たとき、王の娘である美女マヤンサリとすれ違ったのです。

ドリアンの匂いで食べたくて仕方がなくなったマヤンサリは、樽腹にいいました。

「私にそれをちょうだい。ね？」

「このドリアンのせいで僕の水牛は死んだんです。だから誰にもあげるわけにはいきません」

そこでマヤンサリは、樽腹を騙すことにします。

「馬小屋へ行くのならドリアンをここに置いていきなさい。私が預かってあげるわ」

姫がいうことですから、樽腹は疑いもせずにドリアンを預けると、父親を追って馬小屋へ行きました。その隙にマヤンサリはドリアンをすっかり平らげてしまいます。

やがて馬に餌をやり終えた樽腹が、宮殿の近くまで戻ってきました。

「お姫さま、僕のドリアンはどこですか？」

「ドリアンなら、もう食べてしまったわ」

マヤンサリはお金を渡そうとしましたが、樽腹は受け取ろうとしませんでした。渡すお金が少な過ぎるのだと思い、さらに出そうとしたのですが、また断られてしまいました。

「僕のドリアンを食べてしまったのだから、あなたが代わりになってください」

マヤンサリは黙って樽腹を睨みます。ドリアンを食べた自分が悪いのは承知していましたが、樽腹の姿と身分を思うと、許せない気持ちになるのです。

樽腹は、それなら王に話を聞いてもらおうといい出し、宮殿の召し使いがやって来て追い払おうとしても、彼は頑として動こうとしません。

やがて騒ぎを聞きつけて、王がやって来ました。王は怒りで顔を真っ赤にしているマヤンサリ姫のところへ行きます。姫の前には、召し使いが追い払おうとした、大きな腹をした少年が立っています。

「姫よ、この騒ぎはいったい何だ？」

マヤンサリは父親に、樽腹から預かったドリアンを食べたことを話しました。そして、樽腹がいくらお金を出しても受け取ろうとせず、自分がほしいのは姫が食べてしまったドリアンか、さもなければそれを食べた姫自身だということも。

「マヤンサリよ、人が持っていたドリアンをほしがって食べたことがお前の罪なのだ。罪は償わねばならぬ」

「……分かりました、お父さま」

王は次に、うなだれてずっと座っている樽腹を見ました。

「お前の父親は誰だ？　お前はどこに住んでおる？」

樽腹はひれ伏して答えます。

「私の父は大臣さまに使っていただいている草刈り男です。私たちは山のふもとの森のそばの村に住んでおります」

そこで王は宮殿の召し使いに、大臣を呼ぶように命じます。そして何事かとやって来た大臣に、姫の花婿が決まったと告げました。

「失礼ですが、花婿になられるのはどの国の方でしょうか？」

「左に若者が見えるだろう。その男が姫の夫になるのだ」

大臣はいわれるままに、左を見ましたが、そこには使用人の息子、樽腹しか見当たりません。

「樽腹が……どうしてそのようなことに？」

「私の子にはそういう定めがあったのだ」

王はそういうと、マヤンサリ姫と樽腹が結婚するわけを話して聞かせました。その話を大臣は黙って聞いていました。

「ひとつ厄介なことがある。この少年は村の若者だ。お前の屋敷の中へ父親が連れてきていたにしても、世の習わしをきっと知らないだろう。そこで、お前の家に住まわせて、よく教育してくれ」

「できる限りの努力をいたします」

大臣は樽腹を連れて家へ帰り、翌日から礼儀作法や政治を教えました。樽腹は、教わることをどんどん理解していきます。それとともに、姿形もりりしく立派な若者になり、名前も“ラデン・ガンダラサ（よい香り）”へと変わりました。

やがて、ラデン・ガンダラサはマヤンサリと結婚しました。王位を譲られたラデン・ガンダラサは、姫とともに末永く幸せに暮らしました。

愛の果物

フィリピンのバギオ国の王、バゴボ族の老酋長のバガニは、若いころは女性を愛したことがありませんでした。ところが173歳になったとき、クデラートという実力者の子で、マダヤオ・バイホンという美しい娘に一目惚れしたのです。クデラートは権勢のあるバガニと縁ができると、マダヤオ・バイホンを嫁にやりました。しかし、老人との結婚が嫌なマダヤオ・バイホンは、10回以上も家出して実家に戻ってしまいました。そのたびにクデラートは平身低頭して娘をバガニのもとへ帰したのです。

そんなある日、マダヤオ・バイホンがまた家出してしまいます。妻に愛してもらいたい一心で、バガニは山のふもとの洞穴に住む仙人のマティガンを訪ねました。マティガンはバガニに、黒いタボンという鳥の卵と白水牛の乳と見せかけの木の花蜜を私のところに持ってきたら、願いがかなうといいました。

バガニは努力の末、3つの品物を集めて持っていきました。マティガンはそれを受け取って、いいました。

「見事お妃の心を射止めて祝宴を開くときには、私も招待してくれんかね？」

「ああいいとも」

マティガンはタボンの卵に穴を開けて水牛の乳と蜜を流し込み、魔法の杖でかき混ぜてふたをすると、バガニに渡しました。

「この卵を、庭の真ん中に植えるのだぞ」

バガニがいわれた通りにすると、翌日には卵を植えた場所に果物の木が生えて、たわわに実をつけていました。その実が1個落ちて割れ、美味しそうな甘い香りを漂わせていたので、バガニは半分食べてみました。すると見る見る若返って、美しい若者になりました。そして、自分が食べた残り半分をマダヤオ・バイホンに食べさせると、彼女はバガニと恋に落ちたのです。

喜んだバガニは、盛大な祝宴を催したのですが、うっかりマティガンを招待するのを忘れていました。怒ったマティガンは魔法をかけて、果物の皮をトゲで覆い、甘い香りを嫌な臭いに変えてしまいます。でも、味だけは、ゆで卵のような舌触り、クリームのような甘さ、蜜の味のままにしておきました。

この果物が、マレー語で「トゲが多い」という意味のドリアンと呼ばれるようになったのです。

女王の果実

大英帝国が最も盛んだった19世紀、マンゴスチンの産地であったマレー半島は、イギリスの植民地でした。ヴィクトリア女王（在位1837～1901）は、船便で運ばれてくるマンゴスチンをとても気に入っていました。しかし当時の輸送事情では、そう頻繁に手元に届くものでもありません。

「我が領土にあるマンゴスチンをいつも味わうことができないのは残念なことです」

思わず嘆くほど女王が愛好していたことから、マンゴスチンが“果物の女王”と呼ばれるようになったともいわれています。

第2章
ナッツの伝説

Almond

アーモンド

焦がれる想いが薄桃色の花に宿る

アーモンドはバラ科サクラ属の落葉高木で、アンズ、モモ、スモモ、ウメとは近縁種です。強い苦味があり、油や香料の抽出、薬のために使うビター・アーモンドと、苦味がほとんどなく食用にされるスウィート・アーモンドがありますが、植物学上は同じ種です。

中近東が原産地で、紀元前2000年ごろにはすでに食用にされており、『旧約聖書』の「創世記」43章でもカナン（現在のパレスチナ）の名産品として、乳香や没薬などと並んでアーモンドがあげられています。紀元前にヨーロッパや東アジアに広まり、18世紀に現在最大の生産地となっている北アメリカの西海岸へ、宣教師によって伝えられました。

2月から3月にかけて、葉が芽吹くより先に、桃とよく似たピンク色の花を咲かせます。果実はスモモを少し細長くしたような、細かな毛が生えたもので、熟して割れ、種子が露出した9月ごろに収穫されます。

アーモンドという英語は、同じ意味の古代ギリシア語 Amygdala を語源としています。

学名はプラヌス・ドゥルキス（*Purunus Dulcis*）で、「サクラ属の美味しいもの」という意味です。

漢名は、細長くつぶれたモモに似た実という意味の扁桃《へんとう》です。ビター・アーモンドは“苦扁桃《くへんとう》”、スウィート・アーモンドは“甘扁桃《かんへんとう》”と、漢語でも区別されています。巴旦杏《はだんきょう》とも呼びますが、これはラテン語の amandula の音に字をあてたもののようです。ただし巴旦杏というスモモの品種もあるので、間違う可能性があります。両者ともモモに似ていることから、このような現象が起こったのでしょう。また、アーモンドの仁《じん》をアンズと同じ杏仁《きょうにん》と呼ぶことがあるのも、紛らわしいところです。

和名は漢語から借用したヘントウですが、一般的には英語のアーモンドを使います。

アーモンドの種子の表面は、小さなへこみがたくさんあります。喉のところにある扁桃腺は、この形に似ているため名づけられました。この分泌腺は英語でも昔は almond と表記されましたが、現在はギリシア語由来の amygdala です。

大脳の底部にあるアーモンド状の神経節の扁桃核も、英語では扁桃腺と同じ amygdala です。扁桃核は恐怖や攻撃の感情、緊急の記憶呼び出しを司ります。

誕生花と花言葉

アーモンドは3月14日、4月1日の誕生花です。花言葉は“希望”“真実の愛”。後述のギリシア神話のエピソードがもとになっています。

香りの効果

スウィート・アーモンドもビター・アーモンドも、種子から殻を取り除いた仁を用います。

ナッツとして売られているのは、スウィート・アーモンドの仁を煎るか揚げるかしたものです。香ばしくカリッとした歯ごたえで、酒のつまみにもおやつにも向いています。チョコレートや飴をつけて、お菓子にもします。

スライスしてお菓子や料理の飾りつけに、砕いてクッキーなどの素材にもします。粉末にしたアーモンド・パウダーは、中国では杏仁粉と呼ばれます。アーモンド・パウダーをバター、卵、砂糖と混ぜ合わせたクレーム・ダマンド（creme d'amandes アーモンドクリーム）は、タルトによく使われます。アーモンド・パウダーに牛乳やエバミルク、豆乳などを混ぜ、ゼラチンか寒天で固めて作るのが杏仁豆腐です。もともと中国の洋食店で出されていたデザートだったのですが、日本ではすっかり中華デザートとして定着しています。

香りを楽しむアーモンド・オイルは、アーモンドの仁を絞って作ります。古代から薬やその材料として使われており、ローマ帝国の博物学者・大プリニウスの『博物誌』には、洗浄の効果があり、皺を伸ばし血色をよくするほか、吹き出物を治すとあります。現在でも鎮咳・去痰薬に使います。

精製して香りを強めたのがアーモンド・エッセンスです。お菓子に香りづけするのに使われます。

アーモンドは、悪玉コレステロールを減少させるオレイン酸、抗酸化作用があるビタミンEのほかミネラルを含み、動脈硬化による心疾患や高血圧を防ぐ働きがあります。

危険な香り

アーモンドの香りは、青酸配糖体アミグダリン（ビタミンB17）によるものです。アミグダリンは体内に吸収されると、β-グルコシダーゼという酵素によって、ベンツアルデヒドと猛毒のシアン化水素（青酸）に分解されます。

ビター・アーモンドや、モモ、ウメ、アンズの仁には、エムルシンという酵素があり、アミグダリンからシアン化水素が発生するので、摂取すると死に至る危険性があります。もっとも、食用のスウィート・アーモンドにはアミグダリンがほとんど含まれていないので、少しくらい多めに食べても大丈夫です。

アミグダリンに限らず、青酸化合物による中毒を起こすと、呼気からアーモンド臭がするとされています。レイモンド・チャンドラーは『大いなる眠り The Big Sleep』（1939）で、「ブールボン・ウイスキーの焦げ臭いにおいのほかに、かすかな苦い巴旦杏の臭いがした。ハリー・ジョーンズは外套に吐いていた。青酸だ」と、青酸化合物を混ぜられた酒を飲んだ直後を描写しました。この巴旦杏の臭いは、胃酸によって遊離したシアン化水素のもので、アーモンドの果肉のやや酸っぱい香りとよく似ていて、いわゆるアーモンド・ナッツの香ばしさとは少し異なります。

女神の嫉妬

ローマ神話によれば、小アジア西部のアグドス山に、神々の王ユピテルが夢精した精液をこぼしてアグディスティス（Agdistis）が生まれました。アグディスティスは両性具有でしたが、乱暴であったため、手を焼いた神々は相談して去勢して女神にすることにしました。このとき切り落とされた男根は埋められ、そこから芽吹いてアーモンドの木になりました。

この木に実ったアーモンドを、近くを流れる川の妖精《ニュンペー》ナナが食べて懐妊し、生まれた男の子はアッティス（Attis）と名づけられました。とても美しい青年に育ったアッティスに、アグディスティスは出自に気づかず恋をします。アッティスも女神の想いを受け入れ、その愛を裏切らないと誓ったのですが、小アジア中西部の都市国家ペッシヌス（Pessinus）の王に見込まれ、王女と婚約します。

嫉妬と裏切りへの怒りに猛るアグディスティスは、ふたりの結婚式に姿を現すと、呪いをかけました。するとアッティスは発狂し、自ら去勢して死んでしまったのです。

待ちきれなかった姫

ギリシア神話では、トラーキアの王女ピュリスがアテーナイの王子アカマースに恋をし、互いに好き合う仲になります。ところが折悪しく、間もなくトロイ戦争が始まってしまい、アカマースは戦場へ旅立ちました。ピュリスは一日千秋の思いで待ち続けます。

そして10年後、トロイアは陥落して戦争は終わり、アテーナイの船団が続々と凱旋してきました。ピュリスは「アカマースさまが帰ってきていないだろうか」と、海岸まで行きましたが、どうしたことか、彼の乗る船は戻ってきません。船が帰ってくるたびに見にいくこと9回、しかしやはりアカマースの船の姿はありませんでした。ピュリスは、途中で難破したに違いないと嘆き悲しみ、死んでしまいます。哀れに思った女神アテーナーは、彼女をアーモンドの木に変えました。

ところがその翌日になって、アカマースが戻ってきました。船が水漏れして、帰国が遅れていただけだったのです。ピュリスが死んで木になったと聞いたアカマースは、彼女が変身した木を優しく抱きしめました。すると葉も生えていない木に、次々と花が咲いたのです。

このときからアーモンドは、葉が出るより先に花が咲くようになったといいます。

花の雪景色

ポルトガルの南端アルガルヴェ地方に伝わる民話によれば、昔、北アフリカのイスラム王朝に支配されていたころ、ムーア人の王のもとに、スカンジナビアからギルダという姫が嫁いできました。編んだ長く美しい金の髪と深い青い瞳をした、大変魅力的な女性でしたから、王は彼女をとても大切にし、人々も“北の美女”と呼んで敬いました。

しかし冬になると、ギルダは遠く離れた故郷の雪景色を思い出しては地の果て

を眺め、悲しみのあまり病気になってしまいます。温暖なアルガルヴェには、雪は降らなかったのです。そこで王は少しでも彼女の望みをかなえようと、町中にアーモンドの木を植えさせます。

やがて春になると、いっぱいに花が咲き、まるで雪化粧をしたような景色になりました。ギルダはこの風景に望郷の心を慰められて、病から立ち直り、心優しい王と幸せに暮らしたということです。

現在でもアルガルヴェ地方にはたくさんのアーモンドの木が生えていて、名物にアーモンドを使ったお菓子があります。

ピアノとともに

アーモンドの入ったチョコレートは、カリッという歯ごたえとチョコレートの甘さが調和した、多くの人に好まれるお菓子です。

19世紀後半から20世紀初めにかけて活動したフランスの作曲家エリック・サティ（Erik Satie）の音楽集『童話音楽の献立表』には「アーモンド入りチョコレートのワルツ：Valse du chocolat aux amandes」という曲があります。初心者用の『バイエルピアノ教則』にも入っている簡単な曲ですが、アーモンドの入ったチョコレートがヒョコヒョコ踊っているイメージが伝わってきます。

この曲をもとに書かれたのが、森絵都《もりえと》の『アーモンド入りチョコレートのワルツ』（1996）の表題作です。ピアノ教室に通う中学生が、ちょっと不思議な出会いと別れを体験し、少しだけ成長するしみじみとした話です。

決して派手ではない、しみじみとしたこれらの作品は、古代から食べ物として、日常の中で愛されてきたアーモンドにふさわしいのではないでしょうか。

Beech Tree

ブナ

見えない貯水池が、豊かな山と海を育てる

ブナはブナ科ブナ属の落葉低木と高木の総称です。北半球の温帯地域に10種類あまりが自生しています。日本では、北海道南部の渡島《おしま》半島から九州の山地に広く分布しています。密生して森林を作る樹木で、縄文時代には広大な原生林が広がっていたといわれています。樹皮は滑らかで明るい灰色をしていますが、苔類が張りついているため、まだらに見えることがあります。雌雄同株で、5月ごろ葉が出るのと同時に、黄緑色の小さな花が咲きます。実は秋になると赤褐色に熟し、裂けた箇所からソバの実に似た種子が見られます。4、5年の間隔で開花し結実する“周年開花、周年結果”が特徴です。“成り年（masting、mast year）”と呼ばれる時期には大量に実を落とし、それ以外の時期にはほとんど結実しませ

ん。ブナの雄花と雌花が咲く時期にはわずかなズレ（雌性先熟）があり、自力で種子を作れないため、次世代確保の目的から、隔年周期でいっせいに開花し結実させるのではないかといわれています。

欧米では、黒海西岸からスカンジナビア半島に分布するヨーロッパブナと、コーカサス山脈西部の湿潤帯に自生するオリエントブナが見られます。アメリカブナはカナダ南東部から五大湖、アパラチア山脈に分布し、水青岡類は中国の揚子江流域、ベトナム近辺に自生しています。日本ではブナとイヌブナがよく知られており、そのうち世界遺産で知られる白神山地《しらかみさんち》などの原生林を構成しているのは、樹勢の強いブナのほうです。

ブナの語源

ブナの学名は“*Fagus crenata*”です。“Fagus”はラテン語でブナを意味する単語で、ギリシア語の“Phagos（食べる）”に由来します。“crenata”は「栗」を意味するラテン語で、同じブナ科のクリにも共通しています。英語名ビーチ（Beech）は、古代ゲルマン語でブナを意味する“bōkjōn”が転じて古英語“bece”となり、それが転じて「beech」と綴られるようになりました。

漢語では“橅木《ぶなのき》”とも表記されます。ブナはマツやスギに比べて樹齢が短く、枯れるのも早いことから「木ではないもの」という意味でつけられたようです。古名は“ソバノキ”ともいい、堅果がソバの実に似ていることから名づけられました。また異名の“ソバグリ”や“ソバグルミ”というのは、実の形状と丸い実を“くるみ”と呼んだことからの転用と考えられています。

誕生花と花言葉

ブナは9月27日の誕生花です。花言葉は“繁栄”“幸運”で、樹木としての花言葉は“隆盛”“繁栄”です。ブナ科の木は巨木になりやすく、葉や実を多く茂らせることから、ヨーロッパでは豊穣や繁栄を表す木として親しまれていたことが分かります。

ブナの使い道

ブナの実は古くから食用にされ、人間や動物にとってはクリやドングリと同様に貴重なタンパク源になっていました。

ヨーロッパでは、ブナの木材は器や家具、合板などの建築素材に用いられており、船用の建材、線路の枕木にも使われました。酒と豊穣の神ディオニューソスがブドウ酒を飲むときにブナで作った杯を使ったといわれていますが、これはヨーロッパブナの木であったと思われます。ドイツでは街路樹として歩道に植えられ、最も親しまれている樹木のひとつになっています。ギリシア神話でテーバイの王子イアーソーンが建造した巨大な船アルゴ号も、舳先を除いてブナで造られたといわれています。神話では“ドドナのもの言う樹”を伐り倒して造られたと記されていますが、これもヨーロッパブナであったと考えられます。

日本では、下駄や楽器の材料、シイタケ栽培の台木として使われていますが、水分を含みやすいため“ブナの立ち腐れ”

という言葉の通り、樹齢は200年ほどと短く、寿命が尽きると倒壊してすぐに腐り始めます。材木として利用するにも、高温多湿になりやすい日本の風土では乾燥が難しく狂いが生じるため、パルプの用材として使われることが圧倒的に多い樹木です。戦前まではブナの原生林は全国にわたって多数見られましたが、広範囲にわたる伐採のため、現在ではほとんど見られなくなりました。現在では、歌才（北海道）、葛城山（大阪府）、比婆山（広島県）のブナ林は国定公園に指定され、保護する方針が採られています。

お箒ぶな

岩手県岩手郡雫石町には、ブナにまつわる民話が伝えられています。

ある年、ひとりの薪取りが山に行きました。仕事前にまず一服と腰を下ろして煙草に火をつけ、煙管をくわえて見回すと、向こうにブナの木が見えます。そのうちの一株から、まるで箒のように太いのや細いのや、たくさんの枝が出ていました。

薪取りは喜んで「これはいい。この木1本で今日の仕事は終わりにできそうだ。ならばまずはひと眠り」と昼になるまで寝たあと飯を食べ、ようやく薪切りにかかります。彼が斧を振り上げ、ブナの木にガツンと力一杯切りつけると、何と切り口から真赤な血がほとばしるではありませんか。薪取りはびっくりして、斧を投げ捨てて逃げ帰りました。

この話を聞いた村人たちは、このブナの木を“お箒《はき》ぶな”と呼んで、神木として尊ぶようになりました。

お箒ぶなは豊年の年には早く芽を出し、凶年の年には遅く芽を出すので、村人たちはこの木でその年の豊凶を占ったといいます。

神様の贈り物

その昔、佐竹氏が出羽国（現在の秋田県）の久保田藩を治めていたころのこと。

藩主が一本の松をお手植えしたとき、植樹後、藩主が急に「今、森吉山の神がお土産にくだされた」といって、藩士たちに向かって掌を広げました。するとそこには、さっきまで持っていなかったブナの実があったのです。

藩士一同はその奇異に驚き、神霊に感謝したといいます。

同じく佐竹氏の治世のころ、藩主が仙北郡（現在の仙北市および仙北郡）の田沢湖畔にある御座石に遊覧しました。

昼食のとき、藩主のところに、田沢村の黒尊仏がブナの実を携えて挨拶にきました。驚いた藩主は家老の梅津半右衛門に「お正仏《しょぶつ》さま（黒尊仏の別名）がただ今ブナの実をお土産に来られたが、お前にそのお姿が見えるか」と尋ねます。

半右衛門は、本当は見えなかったにもかかわらず、偽って「見えます」と答えました。するとたちまち半右衛門の両目がピッチリつぶれてしまい、何も見えなくなってしまったのです。

「ああ、何事か！　これはどうしたものか……」と半右衛門が悶えて悲鳴を上げると、藩主はおもむろに口を開いて唱えました。

この方、その方を守る
その方、この方を守ぶれ

同時に半右衛門の両目がパッと開いて、もと通り見えるようになったといいます。

このふたつの話は、当時のブナの実の価値が、神から殿さまへ贈られた場合、感謝に値するものであったことを示しています。

同じく仙北市田沢地区には、近くの山に祀られている黒尊仏がブナの実をお土産に、ある集落の各家を回ったという言い伝えがあります。この集落は以後、一切の災厄から逃れることができたといいます。

当時、最大の厄災は凶作に伴う飢饉だったことを考えれば、ブナの実は食料としてかなり重要だったのでしょう。だからこそ、殿さまへの贈り物にもなったわけです。

もっとも、さらに重要なことを当時の人々が肌で感じていて、このような伝承を生み出した可能性もあります。

世界遺産・白神山地

青森県と秋田県にまたがる白神山地は、白神岳、向白神岳、駒ケ岳などに囲まれた数少ないブナの原生地として、平成5年（1993）、ユネスコ世界遺産に指定されました。4万5000ヘクタールにも及ぶ広大な山林を持ち、世界遺産に指定されている地域の外側にもブナが自生しています。その中で特に、林道などの整備がまったく行われなかった地域が、世界遺産として保護の対象になりました。同時に白神山地一帯は禁猟区となり、漁業も漁業協同組合と森林管理所長の許可が必要です。

ブナの木の葉は多いもので40万枚もあり、大量に落葉し早く腐敗します。そこに昆虫やキノコ、バクテリアがくっついて腐葉土となります。保水力に優れ、土と水をため込む特性があるため“天然のダム”とも呼ばれます。ブナの木が自生する地域に豊かな自然環境が生まれるのは、大量の水が川の源流を作り出し、イワナやヤマメなどの淡水魚や鳥類のほか、野獣や水棲昆虫を呼び込むからでもあります。大量の枝葉は森を覆い尽くし、雨が直接山肌に降るのを防ぐ働きがあります。夏には山肌から水分が大量に蒸発するのを防ぐ効果もあり、そのこともブナの林に大量の水が集まる要因のひとつになっています。ブナの樹齢がほかの木に比べて短いのは、隔年で結実する実が大量であることから、寿命も長くないからだといわれています。白神山地でも、樹齢が尽きて倒れたものや成長途上の若い木、立ち木や古木が多く見られ、あらゆる世代が混在しています。

白神山地には、キツツキの種類の中で一番大きく、絶滅が心配されている天然記念物のクマゲラが棲息していることでも知られています。ほかにもイヌワシ、クマタカ、シノリガモやカモシカ、ニホンザル、ヤマネ、ツキノワグマが生息しています。植物では464種の生育が確認されていて、そのうちシラネアオイ、トガクシショウマなど日本古来のものが68種類ほどあります。日本での生育の北限になっているものも多数あり、そのすべてが保護の対象となっています。

白神山地では、8000年ほど前からブナが自生していたことが判明しています。氷河期が終わった1万年前にはブナの林ができていたと考えられ、それ以後、人間の手はつかないままでした。津軽藩の藩医お抱えであった菅江真澄の『菅江真澄遊覧記』によって、白神山地は初めて文献に登場します。ブナの木を伐採して川に流す木こりがいるという記述もあり、深い山林に集団で分け入ってクマやカモシカ猟を行うマタギも、この時期にはすでにいたと思われます。

もっともこのころは、伐採されるとしても、原生林を破壊するほどではありませんでした。

状況が変わったのは太平洋戦争のあとで、白神山地のブナ林は材木を活用する目的などにより、伐採の対象となりました。昭和53年（1978）に白神山地の中央を通る青秋林道の建設計画が持ち上がり、秋田県側から工事が開始されました。昭和62年（1987）、青森県側の水源かん養保安林指定解除の通告が行われると同時に、反対運動が起こりました。この運動の背景には、開発計画以前に作られた弘西林道などの影響で頻繁に崖崩れが起き、洪水による集落の流出と死亡事故を引き起こしたことがあげられます。平成2年（1990）、林野庁は白神山地を「森林生態系保護地域」に指定し、次いでユネスコの世界遺産に指定されました。平成16年（2004）には白神山地全域が「国指定白神山地鳥獣保護区」となりました。

Oak Tree

オーク

堅くて重い、雷神の象徴

オークはブナ科コナラ属のナラ類、カシ類にあたる落葉樹と常緑樹の総称です。亜熱帯から亜寒帯まで広く分布する樹木で、数百種が自生しています。その多くは落葉樹で、ヨーロッパではイングリッシュオーク（別名ヨーロッパオーク、コモンオーク）が代表的な品種です。北アメリカを原産とするレッドオークやホワイトオーク、地中海地方に広く分布するコルクガシもあり、日本では落葉樹をナラ、常緑樹をカシと呼びます。ナラではコナラやミズナラ、カシではシラカシやウバメガシ、アラガシがよく知られています。

日立グループが昭和57年（1982）から昭和59年（1984）に放映したコマーシャルには、ロサンゼルス州オレンジカウンティにあるカルフォルニアオークの木が起用されました。

オーク（ナラ）の語源

イングリッシュオークやナラをはじめとしたコナラ属の学名は“*Quercus*”です。“Quercus”はラテン語で「美しい木」という意味で、ケルト語の“quer（良質の）”“cuez（材木）”が語源です。英語名オーク（Oak）はアングロ＝サクソン語でカシを意味する“ac”“aec”が変化したものとされ、オークの実であるドングリ（Acorn）

も“aec”を由来とする“aecern”が転化したものです。

漢語の“樫”は“カシハ(炊葉)”の略語ともいわれています。また、材木が堅いことから“カタシ(堅)”が略されて“カシ”になったという説もあります。“楢”の語源については“ナル”の未然形“ナラ”が定着したという説や、韓国語の“kasi-mok”がカシとナラを指すことから、日本にも伝播し定着したという説もあります。日本語では一般にオークを“カシ”と呼びますが、これは誤訳です。

誕生花と花言葉

オークは2月19日の誕生花です。花言葉は“もてなし”“歓待”で、ギリシア神話に登場するプリュギアの老夫婦、フィレモンとバウキスの伝承がもとになっています。旅の途中であったゼウスとヘルメースを歓待し、死後オークと菩提樹の木に変わったことから名づけられました。

オークの使い道

ドングリはオークやナラ、カシ、クヌギの果実の総称ですが、カシには結実しない品種も見られます。古くから、人間をはじめ動物にとって非常に大切な食料となってきました。でんぷん質を多く含み、秋に結実したあと地面に大量に落下します。そのためドングリの出来不出来は、動物が冬を越すにあたって大変な影響を及ぼします。最近、人里へツキノワグマが大量に出没する事件が報じられましたが、ドングリの実が不作の時期であったことが関係しているといわれています。

ドングリは渋みが多く、そのまま食用にするには向かないものもありますが、スダジイやマテバシイの実には渋みがなく、そのまま食べることもできます。水にさらしたり、茹でてあく抜きをすれば食べられるものも多いことから、米や麦の栽培が困難な地域や、食糧難の時期には主食にもなりました。

オークやカシ、ナラの材木は堅くて重く、建材や造船材などに使われます。木目は非常に美しく、家具や調度品やフローリングなどの床材として人気が高い木でもあります。木炭の原料としても使われ、日本ではウバメガシを用いた備長炭が、調理用の炭として広く使われます。また、臭いや汚れの吸着作用も強いため、冷蔵庫や部屋などの臭い取りや、炭を材料にした石鹸やシャンプーなども人気があります。オークやカシ、ナラの木は水に強いことから、ウイスキーやワイン、日本酒の樽にも用いられます。材木を切り出したあとの木屑は肉や魚の燻製にも使われます。ソーセージやベーコン、スモークサーモンも世界中で広く食べられています。

雷神とオーク

北欧神話に登場する雷神トール(Thor)を象徴するのがオークの木です。巨木になり、落雷の際にこの木に稲光が落ちるさまがよく目撃されていたため、いつしか雷神を象徴する木として崇められるようになりました。

リトアニア神話の主神であるペルクナ

スもオークの木を象徴する神で、語源は古代インド・ヨーロッパ語の“オーク”を指す言葉です。この神を称えるため、オークの木の薪を絶えず燃やしていました。ラトビアでも、雷神ペルクンが持つ“金のオーク”が信仰の対象となりました。この地には、太陽神とのいさかいの伝説が残っています。太陽神は自分の娘をペルクンに与えるという約束を反故にし、月の神と結婚させてしまいました。婚礼の日、雷神ペルクンが復讐のためにオークの木を杖で叩くと、木の“血”が新婦の衣装に飛び散ったと伝えられています。この物語には「9」という数字が頻繁に現れ、宇宙樹の数を暗示しています。このことから、宇宙樹がオークであるという説も唱えられました。

リトアニアの北にあるエストニアやバルト海を渡った反対側のフィンランドでも、オークの木を雷神であり、「天の父」と呼ばれた最高神タアラになぞらえて崇拝していました。フィンランドではオークの木に宇宙樹の性格が濃く加わり、長く伸びた金色の枝は空を覆い、地上における豊穣のすべてはオークがもたらすと伝えられてきました。また、スラヴ民族にとっても、オークの木は雷神ペルンの木でありました。この名前もインド・ヨーロッパ語源で“オーク”を意味し、ポーランド語の“ピョルン”も「雷」を意味します。古代スラヴ民族はオークの木を“雷の創造者である唯一神がすべてのものに君臨する”象徴と信じ、生贄を捧げて、神殿には火を絶やしませんでした。もしその火が途絶えるようなことがあれば、その役目を負った者が殺されることになっていました。地方によっては、雷神ペルンに捧げられたオークの木の周りに神殿を建て、囲いを作りました。中に入ることができるのは、供物を捧げる祭司とその儀式にかかわる者だけで、それ以外の人々は囲いの周りに集まりました。しかし、死の危険にさらされている者は、特別に囲いの中に入ることを許されました。儀式が終わったのち、裁判官がオークの木の下で裁判を行い、何かしらの判決を与えたといわれています。

これは、ゲルマン神話に登場する宇宙樹ユッグドラシルの下で神々が会議を行った伝説にならって行われたもので、キリスト教が普及しても長らく続いた風習でした。6世紀ごろには、東プロイセン地方を除いたゲルマンの諸民族はキリスト教に改宗していましたが、人々はオークの森の中に聖域を設け、泉とのあいだに神々の像を安置していました。そのため、キリスト教の宣教師がキリスト教を布教したときには、オークの木を異教の象徴として伐り倒したともいわれています。

ギリシア・ローマ神話では、主神であり雷神であるゼウス（Zeus）ことユピテル（Jupiter）を象徴する木にもなりました。人々はゼウスのいる場所が雨雲の湧くオークの木のそばだと信じており、アテーナイの神殿には大地の神がゼウスの雨乞いを祈願する像がありました。時代がローマ帝国の治世へ移るとともに、オークの木が生い茂る丘はユピテルを崇拝する神聖な場所となり、ローマの始祖であるロムルスは、戦利品を枝に吊したと伝えられています。また、勝利を称える凱旋のときには将軍たちがオークの木の茂る丘に向かって行進し、皇帝もそれにつき従いました。丘にある神殿から借りたユピテルの衣装を奴隷にまとわせ、オークの木の王冠を頭上にかぶせました。

婚礼の木

オリュンポスの主神ゼウス（Zeus 明るく輝く空）の正妻はヘーラー（Hera 女神の月）で、結婚する前からゼウスの女好きに悩まされ、ときには嫉妬のあまり喧嘩にまで及ぶこともありました。そして、いつものように夫となるゼウスと喧嘩をしていましたが、彼はヘーラーの機嫌を直すため、

「実はアソポス河の妖精《ニュンペー》プラタイアと結婚することになっているのだ」

といいました。そして案の定、嫉妬に狂ったヘーラーをよそに、出任せに真実味を持たせるため、オークの木を1本伐り倒しました。そして、木の肌に彫刻を施して美しい娘の姿を作り出し、花嫁衣裳を着せて牛に引かせた車に乗せました。それを見たヘーラーは車に乗った彫刻につかみかかり、ヴェールを引き剥がしました。彼女はそこで、やっとゼウスの言葉が嘘であることに気がつきました。

ふたりはようやく仲直りをし、盛大な婚礼が執り行われました。のちにプラタイアはラドン河の神メトペの娘アイギナと同一視され、その美しさを見初められゼウスの手で、ある島に連れていかれます。そこで神との息子アイアコスを生み育てていました。このことを知ったヘーラーは、島蛇を放ち、吹かせた南風で旱魃を引き起こし、住民をことごとく死に至らしめました。そのためアイアコスは生贄を捧げ、ゼウスの神託を得ようとしたものの、いっこうに答えを聞くことはできませんでした。しかしほどなく、雷鳴と稲光の中でオークの木が震え始めます。アイアコスはその光景を恐れず、何度も木の幹と根元のある地面に口づけを繰り返しました。

その晩、アイアコスは夢を見ました。それは蟻の大群がオークの木からこぼれ落ち、地面に降り立ったものがことごとく人間の姿に変わるというものでした。朝が来て目覚めたアイアコスに、息子テラモンが駆け寄ってきました。

「父さん、私たちのところへたくさんの男がやって来ます」

その姿を見たアイアコスは、すぐに夢のことを思い出しました。彼の家に向かってやって来る人間たちが、夢で見た蟻から人間に変わったときの姿と同じだったからです。それは、急激に減ってしまった島の住民をもう一度増やすため、彼がゼウスに「オークの木に登る蟻と同じだけの臣下がほしい」と願っていたことへの報いでもありました。

オークと菩提樹

オリュンポスの主神ゼウスと、息子であり伝令の神ヘルメース（Hermes）が人間の姿に身をやつし、小アジアへと旅を続けていました。ふたりがプリュギアという場所へ着いたときには日がすっかり落ちており、一夜の宿を求めて家を訪ね歩きましたが、誰も応じようとはしませんでした。しかし、年老いた夫婦のフィレモンとバウキスだけは彼らを迎え

入れ、心尽くしのもてなしを行いました。
ただその中で、ふたりに勧めた酒だけはいっこうに減る気配がなく、夫婦は旅の者が神であることに気がつきました。夫婦がもてなしの非礼をゼウスとヘルメースに詫びたところ、
「お前たちに願いがあるならばかなえてやろう」とゼウスはいいました。
そこで話したフィレモンとバウキスの願いは、このようなものでした。
「私どもはこの年まで、貧しくともふたりで仲良く暮らしてまいりました。もし願いがかなうのならば、死ぬときも一緒にと思っております」
やがて老夫婦の寿命が尽きるときがやって来ました。あのときの願い通り、夫のフィレモンはオークの木に、妻のバウキスは菩提樹に姿を変えました。2本の木はまるで寄り添うように立っており、それ以来オークは“もてなし”を、菩提樹は“夫婦の情愛”を象徴する木となりました。

オルフェウスの死

天才詩人オルフェウス（Orpeus）は、永遠に妻を失うことになったあと、ほかの女性と接することはせず、竪琴を奏でながら歌い、放浪する日々を送っていました。
そんなオルフェウスの姿を見て、嫌な思いをしていたのがトラーキアの女たちです。彼女たちは酒と豊穣の神ディオニューソスを熱烈に信仰し、祭りのときには熱狂のあまり騒ぎを起こしたり、同じくディオニューソスを信じる男たちと乱行にふけることもありました。自分たちが信じる教義に反する言葉を歌いながら歩くオルフェウスに腹を立てた女たちは、彼につかみかかりました。
「ほら、あそこに私たちをあざける者がいるわ」
オルフェウスは狂乱した女たちの渦に巻き込まれ、命を落としてしまいます。彼の体は八つ裂きにされ、冷たい土の上に取り残されました。いつしかヘブロス河の流れがすべてを包み込み、悲しげに音を鳴らす竪琴とともに消えていきました。
オルフェウスが自分を信仰する女たちに殺されたことを知ったオリュンポスの神々は、ディオニューソスに罰を与えるよう責め立てました。彼はオルフェウスの命を奪った女たちの手足を土から生え出させたオークの根で縛りつけ、ことごとくその木に変えてしまいました。

伐り倒されたオークの木

古代ギリシアで“聖なる木”とされ崇拝されていたオークの木は、樹齢も高くなるものが多くあります。樹齢は60年以上たっても変わらず実を結ぶことから、永遠の長寿を保つものといわれてきました。そして、必要もなくオークの木を伐り倒した者は、生命に対する不敬な行為を行ったとして、死罪の憂き目に遭いました。樹皮の中にはドリュアス（聖なるオーク）やハマドリュアス（オークと生死をともにする者）というオークの精が住んでおり、司祭が儀式を行ってドリュアスたちがオークの木から抜け出たという判断が下るまで、伐り倒してはならないというしきたりがありました。

しかし、トリオパス（もしくはケクロプス）の息子エリュシクトンは不信心な男でした。彼はこの儀式を無視し、手下を使って先住民のペラスゴイ人が農耕の女神デーメーテール（Demeter 掟）に捧げたオークの木を伐り倒し始めました。このとき女神デーメーテールは神殿の女官の姿で現れ、エリュシクトンに自らの冒涜的な行為をやめるように説得しました。

「この樹木の中に住んでいる妖精《ニュンペー》は、女神デーメーテールに愛されているのですよ。あなたの手にかかって死のうものなら、その報いは必ずやって来ます。それでもよいのですか？」

この忠告を聞いたエリュシクトンは、逆に「女神の愛している木だろうと何だろうとかまいはしない」と女神を斧で脅すという無礼を働いて、怒りに触れて罰を与えられてしまいます。それは、エリュシクトンが何を食べても永遠に飢え続けるというものでした。

彼の持っていた財産は、終わることのない食欲のせいですぐになくなってしまい、あとにはひとり娘が残されました。父が食べるものを購うために奴隷に売られることを知った彼女は、海辺で海神ポセイドーン（Poseidon 大地を揺るがすもの）に祈りを捧げました。その願いが神に届き、娘は漁師の姿に変わり、主人の目をかすめて家へと戻ることができました。それからは父親が、何度金のために娘を売ろうとしても、生き物に姿を変えて戻ってくるのでした。そしてエリュシクトンはとうとう飢えのために死んでしまい、それとともにデーメーテールの呪いから解放されたのです。

ケルトの賢者 “ドルイド”

古代ギリシア・ローマ人は、古代ガリア・ブリタニア地方（現在の西ヨーロッパ）に住む民族ケルト人の信仰や社会生活に多大な影響を及ぼしている祭司たちを“ドルイド”と呼びました。当時ケルト人は文字を持っていなかったため、文献として残っているのは、すべてギリシア・ローマ時代の著作によるものです。

“ドルイド”という名は“Daru-vid（樫の賢者）”というケルトの言葉に由来しています。“Daru”は樫、“vid”は知識を意味しており、サンスクリット語の“veda（讃歌 もとの意味は知識）”と同源であるとされています。彼らドルイドは単に宗教的指導者としての役割に留まらず、政治的な指導者としても存在していたようです。自然を崇拝する祭司を統率する存在でもあったため、王をもしのぐ実権を握っていたとも伝えられています。また、教義を文字で書き残すことをしなかったため、その全容についてはいまだ明らかになっていません。カエサルの著書『ガリア戦記』には、「ドルイドたちは軍務をまぬがれている。税金も免除されている。……彼らは膨大な詩句を覚えているといわれる。そのため、なかには20年も研鑽を続ける者もいる。彼らはさらに、そうした研鑽を書かれたものに頼ってするのは適切でないと考えている。思うに、彼らがこうした方法を用いるのはふたつの理由からだ。ひとつは書き物にすることで、彼らの訓練のやり方が普通の人たちに知られるのを嫌うためであり、もう一つは学生が書き物に

頼って記憶力の錬成を怠ることを嫌うからである」

という一節があります。これは、ケルトの社会においてドルイドが非常に高い地位にあり、その教義も特別であり、限られた者のあいだにしか伝わらなかったことを示すものだと考えられます。

また、彼らはヤドリギの巻きついたオークの木や、四つ葉のクローバーといった希少な植物を崇拝していたこと、ローマ人から非常に野蛮だと忌み嫌われた“人身御供”の儀式を行った、などの記述が、カエサルをはじめ大プリニウスの著書『博物誌』などに残っています。『博物誌』では、樫の木にヤドリギが育つという現象が起こったとき、特別な儀式が行われると記されています。

「儀式の日は月齢6日目に定められ、祝宴と生贄の白い雄牛が準備される。白い衣装をまとったドルイドのひとりが木に登り、ヤドリギの枝を「金色の鎌で切り」、落ちたヤドリギは白い外套で受け止められる。そのあと雄牛が生贄にされる」

このような儀式の痕跡はフランスやイギリスで発掘された遺跡にも認められ、当時のケルト、ガリアの人々がドルイドの強力な支配力のもとで生活していたこともうかがえます。しかし、樫や四つ葉のクローバーが彼らによって神聖視されていたというよりは、これらを特別に崇め、聖なるものとして祭祀を行った部族が“ドルイド”であったとするほうが、より正確なように思われます。その理由は、「神の宿る木」という概念自体がケルトの人々ばかりでなく、日本やギリシアなど世界中の神話に登場するもので、その当時の人間にとって、ごく普遍的な存在であったと考えられるからです。

そういった独自の儀式を伴う信仰を持っていたドルイドたちのもとにも、他国の攻撃やキリスト教の勢力は容赦なく覆いかぶさっていきました。ローマ人は彼らを「野蛮な民族」とみなし、たびたび討伐を行いました。ローマ皇帝ティベリウス（紀元前42～紀元後37）の治世下では、ガリアのドルイドおよび「預言者や医術師の輩《やから》すべて」を排斥するという元老院からの指令が発布されました。また、1世紀初頭にはブリタニア地方のドルイド信仰も禁止され、撲滅の対象となりました。一方5世紀ごろのアイルランドでは、「我がドルイドはキリストなり」という宣言のもと、ドルイドたちはキリスト教へ改宗します。そのためアイルランドではキリストとドルイドが同一視され、現在でも一般に広まったローマ・カトリックの教義とは一線を画したカトリック教義が存在しているといわれています。

ドルイドたちは最初、ひとりですべての役目を果たしていました。しかし、のちにドルイド（ケルト人の最高位にして立法者）、ヴァテス（政務や祭儀の実行、天文観測などを司る、ドルイドの助手であり代弁者）、バルド（法律や歴史を歌にして伝える吟遊詩人。その後、語り部と歌手に分化し発展を遂げる）という3つの専門職に分かれていきました。彼らは騎士たちや王よりも高い地位にあり、詩人の機嫌を損ねたため自らの首を捧げた王がいたという話も伝わっています。先にも触れたように、ドルイドという存在の現実的な姿は断片的にしか伝わっておらず、神秘的な存在として、現代でも研究の対象となっています。ファンタジー小説やゲームにも頻繁に登場し、だいたいは僧侶の一変形としてその姿を現します。彼らは自分の住む森を守り、金属などの加工品を嫌ったり、自然を崇拝するという特徴を持っています。しかし、実際のドルイドはそのような虚構の姿とは異なるもので、人身御供の生贄とするために罪人を養い、足りなければ戦争を仕かけて捕虜を手に入れるなど、必ずしも平和を愛する者たちではありませんでした。

時代を超えて続くオークの呪術的力

過激な性描写のためイギリスで発禁となり、日本でも猥褻《わいせつ》文書にあたるとして摘発を受けたことがあるのが、イギリスの小説家D. H. ロレンス（1885〜1930）の著作『チャタレー卿夫人の恋人』です。

小説のヒロインであるコンスタンスは、生命力ひいては性欲も旺盛な女性で、戦争で下半身が麻痺した夫との生活に満足できず、たくましい森番のメラーズと逢瀬を重ねていきます。

この小説の第1稿には、コンスタンスと愛し合うようになった森番パーキンが自宅の近くにあるオークの木に釘を刺し、ふたりの愛を誓う場面が出てきます。

物語の舞台設定は20世紀初頭ですが、この場面からも見られるように、オークの木は当時のイギリス人にとっても神聖な木とされていたようです。かつてイングランドやスコットランドをはじめ、西ヨーロッパ地方で崇拝されたドルイドの慣習と、彼らが崇拝したオークの木の魔力は、キリスト教があまねく広がって久しい20世紀にも、イギリス人の精神的な部分を占めていたのです。

Chestnut Tree

クリ

皇子が起死回生の願をかけし豊穣の実

クリはブナ科クリ属の落葉高木です。漢字では“栗”で、日本から朝鮮半島、中国などの東アジア、西アジアから地中海沿岸、アフリカ、北アメリカ地方に分布しています。樹高は大きいもので20メートルにもなります。梅雨の時期に花を咲かせ、雄花は枝先に集まって房のようになり、独特の芳香を発します。果実は非常に堅く、長いトゲ（いが）のある外皮に覆われます。年間の平均気温が10度から14度、最低気温が氷点下20度以下にならない地方であれば、どこでも栽培が可能な樹木なので、古くから果樹として育てられてきました。青森県の三内丸山遺跡では、集落全体で栽培を行った形跡が残っています。食用として栽培が行われるものには、ヨーロッパに自生するヨーロッパグリ、北アメリカに広く分布するアメリカグリとチンカピングリ、中国の温暖な地域に見られるシナグリがあります。日本で自生する品種は約200ともいわれ、その中のひとつであるシバグリを栽培用に改良して生まれたのが、現在食用として出回っている丹波栗や銀寄栗《ぎんよせ》です。自生種よりも総じて実が大きいのが特徴です。生産量が一番多いのは茨城県で、次に愛媛県、熊本県、岡山県、山口県と続きます。

クリの語源

クリの学名はカスタネア・クレナート（*Castanea crenata*）です。“castanea”はギリシア語で「栗」を意味し、“crenata”はラテン語で「円鋸歯状《えんきょし》の」という意味です。英語のチェスナッツ（chestnut）の語源は“castanea”が転じた“chest”に「実」を指す英語“nut”が合わさったものです。

和名の“くり”は「黒実《くろみ》」が転じたとされていますが、丸い実のことを“くるみ”ともいい、一部が省略されて“くり”になったともいわれています。

日本ではクリのことをよく“マロン(Malon)”と呼びます。しかし、実際はトチノキの近縁種であるセイヨウトチノキ（マロニエ Marronnier）の実のことを指します。日本ではセイヨウグリと混同され、栗のことも“マロン”と呼ぶようになりましたが、フランス語名は“シャテーニュ（chataîgne、chataîgnier）”で、本来はまったく別のものです。栗色のことを英語では「マルーン（Marron）」といいますが、これもマロニエの実が語源になっています。大阪の梅田から京都、宝塚、神戸を走る関西の私鉄である阪急電鉄の車両の色にも使われており、「マルーン」という愛称で呼ばれることもあります。

誕生花と花言葉

クリは3月8日の誕生花です。花言葉は“豪華”“満足”“贅沢”、樹木は“公平であれ”。クリの花は梅雨が始まる時期に動物的な濃い香りを放つため、そこから連想された言葉だと考えられます。クリの木は成長すると巨大化することから、人間も同じように堂々としたたたずまいを持ちたいという願いから名づけられたのでしょう。

クリの使い道

クリは用途がとても広い植物です。種子は食用に使われ、チュウゴククリを皮のまま炭火でローストした天津甘栗は縁日やデパートなどで販売され、とてもなじみが深いものです。和菓子では羊羹や饅頭の材料として使われ、うるち米やもち米と一緒に炊いた栗ご飯は、秋の旬の一品です。そのほかにも、セイヨウグリの甘皮と渋皮をむいて砂糖や糖蜜、洋酒とともに煮詰めたマロングラッセ、渋皮だけを残して砂糖と洋酒を煮含めた栗の渋皮煮、マロンペーストを使ったモンブランなどがあります。クリの甘露煮を、甘く煮つぶしたサツマイモと合わせた栗きんとんは、おせち料理の口直しとして添えられます。また縁起物としては、蒸したクリを搗いて渋皮を剥いた勝栗《かちぐり》があります。

また近年は醸造技術の進歩によって、兵庫県の「古丹波」、愛媛県の「媛囃子」、高知県の「ダバダ火振《ひぶり》」などの栗焼酎も造られています。

クリの材木は堅く水にも強いため、建築用材や線路の枕木、食器や造船の材料に使われます。しかし現在では産出する量が減り、高級な材木のひとつとなっています。また、樹皮を煮出してタンニンを抽出し、濃褐色の染料として用います。葉は動物の飼料としても使われます。

猿と猫

猿のベルトランと猫のラトンは同じ家に住んでいて、いつも一緒でした。2匹は盗みの名人で、ある日暖炉の中でクリが焼けるのを待っていました。

「ラトン、今日は君がクリを取ってくれないか。僕は熱いものをつかめないから無理なんだ」

ベルトランはそういいました。そこで猫のラトンは、灰から少し離れて前足の爪を立て、熱いクリを1個ずつ引っかけて外に出しました。ラトンがクリを出しているあいだに、ベルトランはどんどんクリを食べていきます。

そうするうちに女中がやって来て、慌てて2匹は逃げ出しました。しかしラトンは、自分が熱い思いをしてクリを火の中から取ってきたのに食べることができず、とても不満な様子でした。

この寓話から、ことわざ“火中の栗を拾う（pull a person's chestnuts out of the fire)”が生まれました。日本ではあまり悪い意味を持たないことわざですが、欧米では「騙されて危険なまねをする」という意味があり、少々侮蔑的なニュアンスを持っています。

朝三暮四

宋の国に狙公《そこう》という人がいました。狙とは「猿」のことで、名前の通り、彼は自宅にたくさんの猿を飼っていました。餌をやるのにも、家族の食事を減らしてまで猿に食べさせるという徹底ぶりでした。狙公も猿もお互いによく心を通わせ合い、狙公は猿の思うことをたちどころに理解したといわれています。

さて、そんな猿たちを食べさせていくにも、食料には限りがあります。そこで、食事の量を減らすことを考えた狙公は、猿たちに向かってまずこういいました。

「お前たちにやるクリを、これからは朝に三つ、暮に四つにしようと思うが、どうだろう？」

すると猿たちはみな怒り出しました。朝に三つ食べるだけでは、そのあとお腹が空いて仕方がないのだといわんばかりなのが、狙公にも分かりました。そして内心しめしめと思いながらいい直しました。

「それなら朝は四つ、暮には三つということにしよう」

狙公の言葉を聞き、猿たちはみな喜んでうなずいたといいます。

この寓話は古代中国の兵法書にも取り上げられ、『列子』「黄帝篇」では、知者が愚者を籠絡し、聖人が衆人を籠絡するのも、狙公が知をもって猿たちを籠絡したのと同じくたやすいことであると解釈し、『荘子』「斉物論篇」では、物事の是非や善悪に執着する者が、偏見を捨て去

れば目の前にある事実がひとつであることに気がつかず、心を迷わせて本質を見抜くことができないことのたとえとしています。

もっとも現在では“朝三暮四”という成句は、狙公が猿を騙したということから「人を籠絡してその術中に陥れること」や「詐術をもって人を騙すこと」の意味に使われています。

壬申の乱とクリ

天智天皇が在位していたころのこと。

天皇の実子である大友《おおともの》皇子《みこ》は太政大臣となって治世を行っていて、父帝が亡くなれば自分が帝位を継ぐものと密かに考えていました。しかし、当時皇太子になっていた天智天皇の弟・大海人《おおあまの》皇子《みこ》(のちの天武天皇）は、このことを察知していたのです。

「大友皇子は時の政治を行い、世間の評判も力も素晴らしく強い。私はまだ皇太子の身であるうえに、力も彼には遠く及ばない。何かあれば真っ先に殺されるのは、この私であろう」

大海人皇子は、天智天皇が病気になるとすぐに「吉野山で出家し、僧になろうと思う」と、自室に籠もってしまいました。そのとき、臣下のひとりが大友皇子にこう進言しました。

「皇太子を吉野山に向かわせることは、虎に羽をつけて野《や》に放つようなものでございます。この都に留め置くことこそ、あなたさまの思う通りに事が進むであろうと存じます」

大友皇子は進言通り、軍勢を揃えて吉野山に向かうことにしました。都に迎えるという名目で連れ戻し、大海人皇子を殺害しようと企んだのです。しかし大友皇子の妃は大海人皇子の娘で、父が殺されるであろうことを悲しく思い、どうにかして知らせようと考えます。そこで昆布や串柿、クルミと蒸し栗を鮒の腹の中に入れて焼いたものに殺害計画のことを書いた手紙を入れ、父への献上品として送りました。大海人皇子は手紙を読み、自分の恐れていたことが現実になることを悟り、すぐに狩衣や袴を着けて下人の姿に変装し、ただひとりで都を脱出します。

それから5、6日たったころ、大海人皇子は山城国（現在の京都府）の田原という場所に着きました。彼の姿を見た里の男は、怪しく思ったもののたたずまいの高貴さに惹かれ、自宅に招き入れ、焼き栗と茹で栗を器に盛って皇子に勧めます。大海人皇子は、このクリをありがたくいただくと、近くの崖のそばに埋めました。

「私の願いがかなうならば、このクリは立派な木になるであろう」

里の男はその光景を不思議に思い、皇子がクリを埋めた場所に印をつけておきました。

このあと、大海人皇子は美濃（現在の岐阜県）で兵を募り、近江国（現在の滋賀県）の大津で、大友皇子率いる軍勢と合戦となりました。そして、大海人皇子の軍勢が大友皇子の軍勢を打ち破ったのです。敗れた大友皇子は、山城国と摂津国（現在の大阪府）の境、山崎まで落ち延びましたが、そこで討ち取られました。

競争に打ち勝った大海人皇子は都へ戻り、皇位を継いで天皇となったわけです。

さて、大海人皇子が山城国で埋めた焼き栗と茹で栗はというと、加熱してあったにもかかわらず芽を出し、立派な木に成長して実をつけました。このクリは"田原の御栗《おんぐり》"と名づけられ、宮中に献上されるまでになったといいます。

クリ好きの娘

吉田兼好の『徒然草』第40段によれば、因幡国に住むある入道には娘がいました。見目麗しく気性もよいという噂が立ち、多くの人が娘に求婚します。しかし、彼女はひとつ大きな欠点がありました。クリをたいそう好み、米には目もくれず、毎日クリばかりを食べていたのです。

「こんな変わった娘は人の嫁にはやれない」

入道はそう嘆いて、娘の縁談をすべて断ってしまいました。

この話は、クリが一般的な食べ物であるとともに、主食にするものではなかったことを示しています。

爆ぜるクリ

童話『猿蟹合戦』では、クリは子蟹の側に立ち、仇討ちの手伝いをしています。

クリは猿の囲炉裏に忍び込み、家に帰ってきた猿が火を焚くと、高く飛び上がり、爆ぜて猿の顔に飛びつくのです。

実際、クリはそのまま加熱すると、鬼皮のなかに水蒸気がたまって爆発します。焼き栗にするときは、皮に切れ目を入れておくなどの工夫が必要です。

三内丸山遺跡とクリ

三内丸山遺跡は、青森市の郊外、八甲田山系の丘陵地帯に位置している遺跡です。縄文時代前期から中期、およそ5500年前から4000年前にわたる集落遺跡が発掘されました。推定されている遺跡の範囲は約35ヘクタールで、これまでに竪穴住居跡、大型竪穴住居跡、掘立柱《ほったてはしら》建物跡、大型掘立柱建物跡が確認されています。同時に墓地や盛土なども発見され、この遺跡が巨大な集落群を形成していたことも判明しました。江戸時代の寛政年間（1789～1801）に書かれたとされる『東日流外三郡誌《つがるそとさんぐんし》』にもこの建造物についての記述があり、昔からよく知られていた遺跡でもあります。

大型掘立柱建物跡は、縄文中期には建築が始まっていました。これは、地面に掘った巨大な6つの穴に6本の柱を立てており、屋根を支えた高床式の建物と考えられています。柱に使われた材木は栽培されたクリで、直径はおよそ1メートルでした。これは、穴の中に柱の残骸が残っていたことと、組織のDNA鑑定により判明しました。柱の周りと底は焦がされていることから、腐るのを防ぐ目的で行われたものだと考えられています。日本の古くからの信仰では、柱が現世と冥界をつなぐものとされ、一定の年月が経過すると建て替えが行われました。諏訪神社で7年ごとに行われる御柱祭《おんばしらまつり》や伊勢神宮の遷宮《せんぐう》にもその痕跡が残っていますが、それと同じようにクリの木を神聖なものとみなし、祭礼に使用したという説も唱えられています。

クリの材木を使った柱の穴の間隔は4.2メートル、幅と深さが2メートルで、すべての穴の距離がこの間隔で一致しています。これは当時、すでに測量の技術が備わっていたことを示すものです。建造物を造るにあたっては、成人した人間の骨格を基準にしたと思われますが、その中でも一番ぶれの少ない尺骨の35センチメートルをひとつの軸として、測量を行ったのではないかと考えられます。メートル法が施行される以前には、人間の体格を基準とした尺度が決められ、利用されていました。35センチメートルの120倍数である4.2メートルという数字は他の遺跡でも確認されており、集落同士で何らかの技術の共有をしていた可能性が指摘されています。

三内丸山遺跡の北部には、“縄文谷”と名づけられた深さ3〜5メートル、幅15メートル前後の谷があります。縄文前・中期に使用されたといわれ、底に堆積した泥炭層からは、大量の木製品や漆塗りの器や籠が出土しています。その中から栗花粉の化石も出土しており、遺跡の周囲にクリの木が生育していたことを示すものです。この花粉の出現率は非常に高く、住民がクリを木材として利用していたばかりでなく、実を食用として用いていたことも分かります。彼らはほかにも貝類や魚類、クルミやドングリを食用にしていたことも分かっていますが、クリの実も食生活には欠かせないものでした。現在は丹波栗の系統が広く栽培されていますが、それ以前は食用として芝栗が多く栽培されていました。北海道から九州南部にかけて広く分布している品種で、遺跡が集落として機能していた当時も、芝栗が栽培されていたと考えられます。

しかし、クリの実の収穫時期は限られており、まとまった量を収穫するにはある程度の管理と維持が必要になります。当時の技術はそれほど高くなかったにしろ、クリが縄文時代の人々にとって非常に大切な食材であったことは間違いないと考えられます。三内丸山遺跡のほか、富山県の小泉遺跡でも栗花粉の化石が多く出土する地層が発見されていて、それと比例して炭のかけらも多く出土しています。これは、三内丸山遺跡でも同様の傾向を示しており、人間活動の強弱によって、栗花粉の化石と炭のかけらの出現率が上下するということも判明しています。クリの実はカロリーも高く、縄文時代の当時から人間の食生活に欠かせないものであったことがうかがえます。

また、土偶の多く出土する地域からは、栗花粉の化石も多く出土しています。分布地域は東日本から北海道南部に集中していて、特に縄文中期の地層に多く見ることができます。その地域は化石が大量に発見される場所とも重なっており、クリの木と土偶の因果関係を指摘する声もあります。

土偶はそのほとんどが破片となった状態で出土していて、完全な形を復元することは不可能なものです。そこから、『古事記』にあるオオゲツヒメの説話や、東南アジアの民族伝承に見られる“大地母神の破壊と再生（作物が女神の死体から生まれたとする伝承）”を意味するという仮説も提唱されました。その中で、縄文時代の人々は土偶を破壊することで女神を殺し、破片をクリの木の下に埋めることで豊穣を願ったとしています。ただ現在では、そういった儀式は稲作と米にかかわるものに取って代わられています。しかしそれ以前の食生活においては、主食のひとつであったクリの実の豊穣を願う儀式とのつながりが、クリと土偶をつなぐ接点であったのかもしれません。

Walnut Tree

クルミ

叩くほどよくなり、枯れると戦争が起こる

クルミはクルミ科クルミ属の落葉高木または低木の総称です。原産地は南北アメリカ、アジア西部、ユーラシア大陸で、北半球の温帯地域に広く分布する樹木です。生産高はアメリカのカリフォルニア州と中国が多く、日本では長野県で多く産出されます。木の高さは8メートルから20メートルにも及び、初夏に花が咲きます。その後、直径3センチメートルほどの仮果《かりか》と呼ばれる実をつけます。

主な品種に、日本の野生種であるオニグルミやサワグルミ、テウチグルミがあります。また、ヨーロッパ東南部からアジア西部の自生種として、ペルシアグルミがあります。そのほかにはテウチグルミとの交雑種であるシナノグルミもあり、現在はこの3系統が果樹として栽培されています。北アメリカ原産のクログルミは、殻が堅いため食用よりも木材としての使用が主です。

アメリカ北部・東部から中西部のミシシッピ川流域、メキシコを原産とするヒッコリー種は別名ペカン（pecan）またはピーカンと呼ばれ、クルミの近縁種にあたります。ペカンはクルミよりも油脂分や甘味が多く、美味しいナッツです。日本では九州の天草地方のものが有名ですが、国内各地にも自生しています。サワグルミはヒッコリー種に似た品種ですが、6月ごろに皮が取れて収穫できるようになります。食用としてクルミが使われた歴史は古く、紀元前7000年前にまでさかのぼります。日本でも石器時代ごろの遺跡発掘現場で、住民がゴミ捨て場として使っていたと思われる穴の中に、クルミの殻の化石が発見されています。

クルミの語源

クルミの属名ジュグランス（*Juglans*）は、ラテン語で「ユピテルの堅果（Jovis glans）」を意味しています。ユピテルは、ジュピター（Jupiter）すなわちギリシアの主神ゼウス（Zeus）を指しています。ギリシアなどのヨーロッパ南西部ではペルシアグルミが自生しており、学名も後述の伝承を採って名づけられました。

ペルシアグルミはヨーロッパから中東原産で「イングリッシュウォールナッツ」とも呼ばれます。学名は *"Juglans regia"* です。日本のテウチグルミも、ペルシアグルミの亜種です。

アメリカ原産のクログルミは「ブラックウォールナッツ」とも呼ばれます。学名は“*Juglans nigra*”で、“nigra”は「黒」の意味です。

オニグルミの学名は“*Juglans mandshurica*”“*Juglans Sieboldiana*”で、“mandshurica”はラテン語で「満州」を指し、種の源流が中国北部にあることを示しています。別名の“Sieboldiana”はドイツの学者シーボルト（Philipp Franz von Siebold 1796～1866）のラテン語読みになります。来日した際にオニグルミの木を見つけ、木の標本を故国へ持ち帰ったことからこの名前がつきました。

サワグルミの学名は“*Pterocarya rhoifolia*”、変種のシナサワグルミは“*Pterocarya stenoptera*”です。“Pterocarya”はラテン語の「翼（pteron）」と「堅果（caryon）」の造語で、果実に翼に似たふたつの突起があるため名づけられました。“rhoifolia”は「ウルシ（rhus）」と「葉（folio）」が結合した言葉で、ウルシに似た葉の形状を学名に採用しました。“stenoptera”は「狭い翼を持った」という意味で、サワグルミの実の特徴を表した名前であることも示しています。

近縁種ペカンの学名は“*Carya tomentosa*”または“*Carya illinoensis*”です。“Carya”はラテン語で「果実」、“tomentosa”は「綿毛が密生した」という意味です。“illinoensis”は「イリノイ州」を指し、ペカンの木が北アメリカのイリノイ州で多く見られたこと、実の外殻が細かい毛に覆われていることを示しています。

クルミの英名ウォールナッツ（Walnut）はゲルマン語で「外国」を意味するWalと「堅果」を意味するnutの合成です。ドイツ語名Walnussも語源は同じです。フランス語名noixとイタリア語名noceは、ラテン語で「クルミ」を意味するnuxが転じたものといわれています。漢語ではクルミを“胡桃”と表記します。これは中国国内以外の地域を“胡”と呼んでいたのがもととなっており、クルミの果実が桃に似ていることから“胡桃”の名前がつきました。

ペカン（pecan）は北アメリカのネイティブ・アメリカンの言葉“割るために石が必要なすべてのナッツ”に由来しています。

クルミの使い道

食用になる箇所は球形や鈴形をした果実の核で、中にある種子（仁《じん》）を用います。パンやケーキ、クッキーなどのお菓子、塩などで風味をつけたものを酒のつまみとして供します。オニグルミは果実の殻が小さく肉厚で、容易には割れません。しかし油脂分は多く良質で、油を採るのにも使われます。一方テウチグルミの殻は薄く、大きくて割りやすいのですが、油脂分は少なく、製菓材料になるのがこのテウチグルミです。別名のカシグルミは“菓子グルミ”の字をあてることもあります。

蜂蜜と水飴、砂糖を火にかけ、アーモンドなどのナッツ類を交ぜ込んで固めたお菓子を“ヌガー（nougat）”といいますが、もとはクルミで作られていました。クルミを表すラテン語“nux”“nucatum”からプロヴァンス語“nogat（クルミの絞りかす)”が派生し、「ヌガー」を表すフランス語“nugat”が生まれたとされています。その歴史は古く、ローマ帝国時代には広く食べられていました。16世紀にオリヴィエ・ドゥ・セールという人物が、それまで材料にしていたクルミをフランスのプロヴァンス地方特産であるアーモンドに置き換えました。熱で褐色に変化した粘りの強い飴生地にメレンゲ（泡立てた卵白）を加えることで、白く食感も軽い“ヌガー・モンテリマール”を生み出しました。また、種子はすりつぶして和え物にしたり、リキュールも造られます。イタリアのトスキ・ノチェロは、イタリア産の良質なクルミを使ったものです。

クルミの脂肪分は約70パーセントで、ナッツ類では比較的多いほうです。しかしペカンはクルミを上回り、脂肪分は72パーセントもあります。より甘みとコクが強いため“バターの木”“生命の木”と呼ばれます。

養蚕で使うカイコの餌（核を煮出して使用する）に使ったり、材木としても使われます。粘りが強く、堅く滑らかで環境による狂いも少ないため、銃床《じゅうしょう》（小銃の台）や軒板、家具材にも使われます。

誕生花と花言葉

クルミは5月19日の誕生花で、花言葉は“知性”“謀略”“知恵”“野心”。クルミの果実の表皮と種子の表面には脳細胞に似た皺があり、その姿から「頭脳」が連想されたと考えられます。人間が考えるさまを花言葉としているのも、クルミの持つイメージからもたらされたといえるでしょう。

ディオニューソスとカリュア

カリュアは軍神アレースの子オクシュロス（Oxylos）と、木の精ハマドリュアスとのあいだに生まれた妖精《ニュンペー》です。オクシュロスには妻がいたので、彼女は不倫の子でありました。それにもかかわらず、カリュアは可憐なおもざしと純真な性格の少女に育ちます。

酒と祝祭の神ディオニューソスは、この美しく清らかな少女を心から愛しました。カリュアもまた、その愛に応えます。ディオニューソスはいつでも、彼を熱烈に崇拝する女性に囲まれていましたが、カリュアを愛する気持ちは変わらず、常にそばに置いていました。

しかし彼女はやがて重い病にかかり、看病の甲斐もなく若くして命を落としてしまいます。ディオニューソスは大変嘆き悲しみ、カリュアの亡骸をクルミの木に変えました。そして彼女をいつも見ることができるよう、神殿の柱にクルミの木を使い、カリュアの姿を彫らせたといいます。

やがて神殿の飾り柱自体が、彼女の名前を採ってカリアテッド（caryatid）と呼ばれるようになりました。

この伝承には異聞があります。カリュアはラコニアのディオン王を父とする3姉妹の末娘で、ディオニューソスは旅の途中で客人として身を寄せたときに彼女と出会い、恋に落ちました。しかしカリュアの姉娘が嫉妬のあまり、父王にそのことを告げ口したため、ディオニューソスは姉たちを石にしてしまいます。カリュアは、愛した人が姉たちにした仕打ちを知って、悲しみのあまり息絶えました。ディオニューソスはカリュアの亡骸をクルミの木に変えたのでした。

アルテミスはラコニアの人々にこのことを知らせ、カリュアとアルテミスを祀る神殿を建てました。その神殿の柱はクルミの木を使い、女性の形に彫られたといわれています。

古代ギリシアの先住民族であるペラスゴイ人が、クルミの木とともに崇拝していた神は“Kar（カール）”あるいは“Ker（ケール）”と呼ばれていました。小アジア地方にも、カリエ（Carie）と名前を変えて伝わりました。ギリシア語で「頭」または「樹木の梢」を意味する“Kara”は、ここから派生したものとされています。それが転じて“Caryon（カリヨン 堅果）”、のちにラテン語でも同義の“cerebellum（セレベルルム）”という言葉が生まれました。ギリシアでは、カリュアの伝説は知性の女神アルテミスの神話と融合してしまいましたが、預言者の妖精《ニュンペー》に姿を変え、エゲリアとも名づけられました。またの名をカルメンタ（Carmenta）といい、ギリシアにおける冥界の神ヘルメース（Hermes）とのあいだにエウアンドロスという男子をもうけました。彼女はクルミの木から神託を受ける妖精となり、息子とともにラテン語のアルファベットを作ったと伝えられています。

カールは時代が下ると複数化し、死の女神という性格を与えられます。ギリシアの詩人ホメーロス（Homeros 紀元前8世紀ごろ）は“人間を盗む女”と呼び、不幸と死をもたらす無慈悲な女神として描きました。そこから、クルミは冥界に住む女神たちを象徴する木にもなりました。彼女たちは、戦乱で傷ついた者の前に、赤い布をまとい牙をむいた姿で現れ、彼らにとどめを刺してはその血をすすりました。そのため“ハーデースの雌犬”とも呼ばれ、そのうちのひとりがスピンクス（Sphinx）でした。彼女はギリシアの詩人ソフォクレス（Sophokles 紀元前496～406）の悲劇『オイディプス王』に登場し、旅人に謎をかけては、答えられない者を次々と食らう怪物として描かれます。もとの意味は“絞め殺す女”で、不吉と死の象徴でもありました。

洪水伝説とクルミ

リトアニアの伝説によれば、昔大きな洪水が起きて、あふれ出た水が陸を覆い始めました。このとき神は1組の男女を選んで、食べていたクルミの殻を彼らの前に投げました。すると殻はどんどん広がって、ちょうど人間がふたり乗れるくらいの大きさになったのです。

男女はクルミの殻に乗って、洪水が収まるまで生き延びることができました。

この話は、『旧約聖書』のノアの箱舟に代表される洪水伝説のひとつですが、神が食べていたクルミの殻で救い出すというのが、不精しているようでおもしろいところです。

鳥を捕まえる方法

昔、ひとりの男がいました。彼は「小鳥を捕まえてきてみせる」といって山の中へ入り、しばらくたってから日当たりのいい斜面に仰向けになって、両指で鼻の先をつまんで上へ向けました。すると不思議なことに、小鳥が次々と男の掌の中に入っていくではありませんか。

彼は、小鳥たちの好物がクルミであることを知っていました。鼻をつまんで上に持ち上げると、その形がまるでクルミの実をふたつ割りにしたように見えるからで、小鳥たちは人間の罠とも知らず、男の手の中へと吸い込まれるように飛んでくるのでした。

幸運と不運の木

クルミは、縁起の良し悪しにつけ、よくたとえに出される果実でもあります。

“クルミを植えると、その人が死ぬまで実がならない”

“クルミが枯れると戦争が起こる”

“葬式で香典を出すお盆を借りたときには、その上にクルミを4、5個乗せて返す。自分が「生きてくる身」であると死者に伝えるためである”

“クルミを食べると安産になり、可愛い赤ん坊が生まれてくる”

日本ではこのような言い伝えが残っているほか、ロシアのことわざにも“犬と嫁とクルミの木は叩けば叩くほどよくなる”という言葉があります。また、クルミの木を罵りながら叩くと、木に宿っている悪魔が追い出され収穫が増えると信じられました。

これと似た図式はアイヌの民話であるユーカラにも記述が見られ、クルミの木で作った弓矢を持った魔族の男が川のほとりで暮らしていた、という説話が伝わっています。ポノオキキリムイ神が川上に行くと、少年はクルミの弓矢で川の源を射ました。すると遡上していた鮭たちがクルミの矢に射られて濁った水を嫌がり、川下まで戻ってきました。怒ったポノオキキリムイが銀の弓矢で同じところを射ると水は清らかになり、鮭は安心したのか、また川を上り始めました。彼は男の腰をへし折って殺し、クルミの弓矢とともに地獄へ踏み落としました。このことから、アイヌ民族のあいだでは、クルミは不浄の木と考えられていたようです。

ペカンの実を独占する老婆

大昔、ある村に“ペカンの樹の母”と呼ばれる老婆がいて、すべてのペカンの実を独占していました。老婆は、ほかの者が請えばペカンの実を食べさせてくれるのですが、決して持ち帰ることは許しません。そのため、ペカンの樹が広まることはありませんでした。

あるとき、食物が手に入らず大勢が困ったことがあり、みな老婆のところに押しかけました。

「少しでいいから、ペカンの実を分けてください」

頼む人々に、老婆は家の中にうず高く積まれた木の実から少しずつ分けてあげたのですが、やはり持ち帰ることは頑として許しませんでした。人々は仕方なく彼女の家で食べるしかなく、やがて彼女のことを恨み、何とかしなければといい合うようになります。

村にはペカンの樹の母以外に4人の息子がいる老女がいて、彼女はこの息子たちにペカンを盗ませることにしました。彼らは手のつけられない悪戯者で村人た

ちに迷惑がられていたため、もし殺されても諦めがつくと考えてのことです。

4人は夜になるとペカンの樹の母の家に行き、壁の隙間から様子をうかがいました。やがて老婆が眠りにつき、いよいよ盗みに押し入ろうとしたとき、尾長狼がやって来ていいました。

「お前たちが盗まなくとも、明日わしがあの老婆を殺してやろう」

「それではペカンの種が手に入らなくなるんじゃないか？　僕たちでうまくやるから」

4人の息子たちは拒みますが、尾長狼がなおもしつこく「わしに任せておけ」というものですから、ついに従うことにしました。

翌日、尾長狼はペカンの樹の母のもとへ訪れると、優しい声を作って、ペカンの実を分けてほしいといいました。老婆が上機嫌で数個の木の実を与えると、尾長狼はそれを平らげてから「もう少し分けてくれないだろうか」と願います。ペカンの樹の母が快く承知して後ろを向き、ペカンの実を取ろうとした隙をついて、尾長狼は老婆を撃ち殺したのです。

かくして尾長狼は、独占され蓄えられていたペカンの実を持ち出し、村人たちに分けてやりました。以来、村中にペカンの樹が生い茂るようになったといいます。

くるみ割り人形

大変堅いクルミの殻を割るための器具が、クルミ割り器（Nutcracker）です。ペンチ型のほか、万力のようにネジの力で割るものもあります。

クルミ割り器を玩具に取り入れたのが、クルミ割り人形です。顎がパカッと開き、ペンチの要領でクルミを噛み割る姿が滑稽で、子供のおもちゃとしてのみならず、現在ではインテリアとしても人気があります。

ロシアの作曲家ピョートル・チャイコフスキー（1840～1893）のバレエ楽曲『くるみ割り人形』は、ドイツの小説家で詩人のホフマン（Ernst Theodor Amadeus Hoffmann 1776～1822）の童話『くるみ割り人形とねずみの王様』をもとにして作られました。バレエの脚本はアレクサンドル・デュマ・フィス（Alexandre Dumas fils 1824～1895 小デュマ）が手がけています。踊りのほうは、帝室マリンスキー劇場の首席振付師プティパ（Marius Petipa 1818～1910）が2幕3場に構成したものです。

クリスマス・イヴのパーティーで、少女クララは祖父のドロッセルマイヤーからくるみ割り人形をもらいました。ところがパーティーの最中、弟と取り合いをして人形を壊してしまいます。人形は祖父が修理し、人形のベッドで寝かされました。

夜になってクララは人形のことが気になり、居間に戻りました。時計の針が午前0時を指した途端、クララの姿は人形ほどの大きさになりました。そこへ、はつかねずみの大群が押し寄せてきます。するとさっきまで寝ていたはずのくるみ割り人形が起き上がり、家中の人形を率いて応戦します。勝負はやがてねずみの王様とくるみ割り人形の一騎打ちとなり、くるみ割り人形が負けそうになったところで、クララがねずみにスリッパを投げつけます。スリッパは、はつかねずみの王様に命中し、大軍もなだれを打って逃げていきます。戦いに勝ったくるみ割り人形は王子様の姿に変わり、クララをお菓子でできたおとぎの国へと連れていくのです。

舞踊組曲『くるみ割り人形』は、バレエ作品の初演に先立つ1892年3月19日、チャイコフスキー自身が主催した演奏会で発表されました。演奏会用の新曲がなかったため、作曲中であったバレエ楽曲のうち、8曲を選んで演奏会用の組曲としたのが始まりです。

クリスマスの物語であることから『くるみ割り人形』はヨーロッパでは年末に上演される演目の定番でもあります。日本でベートーベン作曲の『交響曲第9番』が演奏されるのと同じような位置づけになっているのでしょう。

Hazel

ハシバミ

魔法の実の力が、英雄に知恵を与える！

カバノキ科ハシバミ属（Corylus）の落葉灌木の総称で、日本で榛《はしばみ》というと、昔から自生していたハシバミ（*Corylus heterophylla*）やツノハシバミ（*Corylus sieboldiana*）を指しますが、ここでは西洋榛《せいようはしばみ》（*Corylus avellana L.*）を取り上げ、これを以下ハシバミとします。

原産地と特性

原産地はヨーロッパ、小アジア、北アフリカと広域に及んでいますが、特にヨーロッパ圏では、身近にある木として昔から親しまれています。

非常に生命力が強く、表面を火災などで焼かれても根はまだ生きており、翌年には燃え残った株から新芽を出すことができるうえ、氷点下15度もの低温の環境にも耐えることができます。この生命力の強さが、現在もヨーロッパ全土に分布するゆえんなのでしょう。

成長すると高さ5メートルほどの木となり、先年の実を落としたあと、間もなく“子羊の尾”と呼ばれる来年用の尾状花序《かじょ》をつけ、そのまま冬を越します。そして2月から3月ごろに、葉より早く雌雄別々の花を咲かせるのです。

雄花は、枝先に2、3束の穂状になった小さく多数の薄緑の花が、細長い紐のように垂れ下がります。対照的に、雌花は雄花より少し枝の分かれ目に近い場所に、単独で芽鱗《がりん》に包まれた状態のまま、小さな細長い花びらの赤い花を咲かせます。

夏には周囲に浅くて細かい切れ込みの入った葉を広げ、10月ごろにはヘーゼルナッツという名で知られる赤褐色の果実を、たわわに実らせるのです。

名前の由来

“ハシバミ”という和名の語源には、さまざまな説があります。

皺の多い葉の形状から“葉皺《ハシワミ》”が転訛したもの、柴に実をつけることから“榛《ハリ》柴実《シバミ》”の転訛という説、“果実を歯でシバシバと食べる実”というところからきているという説、実を鳥が嘴で食べるところから“嘴食み”であるなどといわれています。

一方、学名“Corylus”は、ギリシア語で「兜」を意味する“corys”が語源です。表面が堅く、乾燥した堅果《けんか》を覆うガクのような部分の総苞《そうほう》の形が、兜に似ているところからきています。

英名“Common Hazel”はギリシア語で「朦朧」を意味する“Hazeh”からきています。

ちなみに朦朧という状態は、学問の奥義を極めるための過程のひとつであり、ヨーロッパではそれが過ぎる場合、先生がハシバミの鞭で懲らしめるのが効果的とされます。また、その木の下で眠ると、重要なことを示唆する夢が見られるといわれています。

漢名は榛《シン》です。この漢字は日本では、カバノキ科のハンノキ（榛の木）を指すこともあります。科こそ違えど、雄花の尾状花序をむき出しにして冬を越すハンノキは、見た目が榛にそっくりなので、昔の人が混同してしまったのも無理はないでしょう。

ところで、日本でよく見かけるマンサク科マンサク属のマンサクの英名は、ジャパニーズ・ウィッチ・ヘーゼル（Japanese witch hazel 日本の魔女のハシバミ）です。マンサクの花が魔女の髪の毛みたいで、葉がハシバミに似ているからです。

誕生花と花言葉

ハシバミは10月6日の誕生花であり、花言葉は“仲直り”“交歓”“和解”“平和”です。

ヨーロッパで身近な親しみやすい植物であること、豊穣の象徴の植物であることから、親交を深める意味合いが強いようです。

英知の象徴でもあるため“賢明になってやめなさい”という花言葉も存在します。

食用としてのヘーゼルナッツ

堅い殻に覆われたハシバミの実、ヘーゼルナッツは、古来より野生動物の重要な食料のひとつであり、人間にも愛用されてきました。

旧石器時代にはすでに食用として認知され、当時の遺跡からは食べ残したハシバミの実が大量に発見されています。また、古代ローマ時代にはすでに料理のソースに使われてもいました。

ナッツはクルミによく似た味がして、生でも食べられます。特に製菓材料として愛用され、ヘーゼルナッツを交ぜたチョコレートやパンは、世界中で愛されています。

ナッツから抽出したオイルも人気が高く、地中海地方の料理には欠かせない材料のひとつになっています。

栄養価の高い健康補助食品

ただ実が美味しいだけでなく、昔から民間薬として、さまざまなところで活用されてきました。

ヘーゼルナッツを2個ポケットにしのばせておけば歯痛から守ってくれるといわれ、乾燥させた殻と実をワインに入れて飲むと月経障害に効果があるとされています。さらには、ナッツの核を蜂蜜酒と混ぜて服用すれば咳や肺の病気に効き、風邪を引いたときには、核にコショウをかけて焼いたものを寝る前に食べることを推奨されてきました。

実際、ヘーゼルナッツは非常に栄養価が高く、特にオレイン酸とビタミンEに富んでいます。

最近の研究では、心疾患、高脂血症、糖尿病などの生活習慣病への効果が確認され、トルコをはじめ、さまざまな国で「健康のために毎日ひとつかみのヘーゼルナッツを」と呼びかけられており、重要な健康補助食品として推奨されています。

ヘーゼルナッツから抽出したハシバミ油は、食用だけでなく美容にもいいことが知られています。さらりとしてべたつきも少なく、ボディーマッサージにも最適です。にきび肌、脂症、老化肌の改善効果があります。

ハシバミの尾状花序には発汗作用があり、ニワトコの花房とともに熱湯に浸して成分を抽出したインフルエンザ茶は、家畜が肺をわずらったときに現在でも利用されています。

またハシバミの葉は、牛の乳の出をよくすると考えられていました。

身近にある優良材

特にヨーロッパでは、しばしば公園の装飾材として使われるので、街中でも見かけることができるでしょう。

強靭で弾力性にも富むことは昔から知られており、保護材のほか、樽や桶の“たが”の材料となります。インドでも、紡車として用いられています。

耐火性にも優れており、実際にケルト神話には、猪や鹿などの獲物を狩った際、ハシバミで作った串に刺し、焼いて食べるという表現をしばしば見かけます。

枝は寄り合わせ、強靭な縄として利用します。子供たちは枝で弓矢や鞭などを作って遊んだりしています。

若枝は燻したり焼いたりして、絵画用の炭代わりに用いたり、ハシバミ油を絵具を溶かすための溶剤としたりしました。

大蔵永常の『製油録』(1836) によると、神功皇后の時代、摂津国住吉（現在の大阪府）の遠里小野村で、ハシバミの亜種で生成した油を、住吉大社の神前の灯明に使っていたという記録があります。

ケルト圏の知恵の実

アイルランドにおけるハシバミは、神代からリンゴとともに最も神聖な木のひとつとされ、古代の法律では、故意に伐採すれば死刑に処せられました。

強い魔力を秘めたことで知られ、4世紀には聖パトリックがアイルランドから蛇を駆逐するため、ハシバミの杖で蛇を

1か所に集め、海の中に追い出したといいます。

馬具につけるハシバミの胸帯は、馬を悪霊から守るために使われていたとされ、船長たちは航海の際、悪天候に対するお守りとして帽子にハシバミの枝をつけていたそうです。

アイルランドの民は、古くからハシバミと数字の9とのあいだにある、興味深い関係性を発見しています。

ハシバミは、発芽から葉を茂らせ実をつけるまでの期間が9年とされています。

ケルトの祭司ドルイド僧は木文字を用いていましたが、ハシバミは9番目の文字でコル（coll）と呼ばれ、9人の巫女が仕える白い女神に捧げられていました。

ケルト暦では1年を16に分け、それぞれに守護樹があります。その中にあるハシバミ期（3月22日～31日、9月24日～10月3日）は、夏至と冬至の双方から数えて9回目の満月のときにあたります。4月30日の夜から5月1日にかけて行われる春祭り《ベルティネ》には、妖精を追い払うためにハシバミの枝に火をつけて畜牛の表面の毛先を焦がします。

アイルランドの英雄フィン・マックールが食べた知恵の鮭《フィンタン》が棲んでいたとされる場所の、ほとりに生えていたハシバミの木の数も、9本だといわれています。

フィンの有名な知恵の能力を得るまでの様子は、フィンの幼少時代からフィアナ騎士団の長になるまでを紹介している『フィン・マックールの冒険：アイルランド英雄伝説』に書かれていますが、ハシバミとの関連性を抜いては語ることができないでしょう。

騎士団には、かつてクールという長がいましたが、同じフィアナの騎士モーナに殺されてしまいます。身の危険を案じたクールの妻マーナは、生まれたばかりのフィンを山奥に隠し、フィンは細々と幼少時代を過ごします。

物心ついたころ、幼なじみのマーサに恋をしていたフィンは、彼女に自分をアピールする過程で集会《ドール》の魔女ドラヴネを懲らしめます。するとドラヴネはフィンへの遺恨を晴らそうと、9本のハシバミの木が取り巻く泉で知恵の鮭《フィンタン》（fintan 白き古《いにしえ》）の世話をしている、妹の魚の魔女《フィッシュ・ハッグ》に復讐を指示しました。

魔女はペリカンに変身し、マーサに「ハシバミほどの大きさのオパールの玉の首飾りがほしくないか」と持ちかけました。そしてフィンを泉にやるよう、けしかけたのです。

マーサにいわれるがまま泉にやって来たフィンは、あっという間に魔女に捕まってしまい、その召し使いとして鮭の餌づけを強要させられました。

初めは太らせた芋虫や皮を剥いだおたまじゃくしなどを与えていましたが、遠方からドルイド僧が集まってくる“洗礼者ヨハネの夜《ミッドサマーナイト》”が近づくと、餌を変えるように指示されます。周囲に実っている9本のハシバミの木から、殻のままの実を振るい落とせというのです。

フィンが不思議に思っていると、魔女は「このハシバミの殻の中には、知恵の実が詰まっているのさ」と答えます。ドルイドたちは、この知恵を身につけた不死の鮭の肉を食べ、1年分の知恵を身につけて帰っていくのです。フィンはハシバミを食べようと試みますが、殻は堅く、歯が痛くなるだけでした。

その夜、眠れないフィンが泉まで出てみると、フィンタンに話しかけられました。「魔女に仕返しをしてやりたい。そのために何か知恵がほしい」というと、「私から何かを引き出すには、私の肉を食べることだ」と告げられました。フィンはドルイドや魔女の復讐に怯えていましたが、知恵の鮭の「秘密には懲罰が、危険には報酬がつきものなのだ」という忠告を聞いて、気持ちを奮い立たせます。

そして当日。ドルイドたちがローブを脱ぎ、泉の中で儀式を行っている隙に、フィンは彼らのローブをずたずたに切り裂きました。儀式が終わってそのことに気づいたドルイドたちは怒り狂い、魔女は彼らの応対に追われました。そのうちにフィンは魔女の屋敷から聖なる鮭取り網を盗み出し、鮭を捕まえることに成功したのです。

料理をしている時間もなく、フィンは鮭を生のまま丸ごと食べました。そして泉で身を清めると、先ほど食べたばかりの鮭が、フィンより一回り大きい銀色の鎧をまとった王子のような姿で立っていました。

自身の肉を食べたフィンに、鮭は“間抜けの鱒”を捕まえることや睡眠効果のある鱒の調理法を教え、ドルイドや魔女に食べさせるよう指示を出しました。フィンはその指示を的確にこなし、ついに魔女を懲らしめたうえ、晴れて自由の身となってマーサのもとへと帰っていくのです。

フィンはこのとき、自由の身のほかに、ふたつの素晴らしい力を手に入れました。

ひとつは、鱒を調理するときに油で負ってしまった親指の火傷でした。何か困難にあたったとき、その親指を口に入れると、たちまち答えが頭に浮かぶようになったのです。

もうひとつは、生命の水を作り出すことができる手です。特別な調理法の火に身をさらしたことによって、死の影を追い返す力がついたのです。フィンの手から汲んだ水を瀕死の人間に与えると、再び息を吹き返すことができるようになりました。

そのほかにも、鮭との去り際に受けた「呪いを破るには、詩を作れ」という助言は、このあとのフィンの冒険に、大いに役立っています。

ほかの説では、鮭の世話をしていたのは魔女ではなくドルイド僧フィンニアスであり、フィンは古代の知恵と民族の歴史を秘めた詩《うた》と物語を学ぶため、彼に弟子入りしたといわれています。

フィンニアスはボイン河の堤にある、ハシバミが知恵の実を落とす“フェックの溜り”のそばに住み、その河に棲む大いなる知恵の鮭フィンタンを求めました。そして7年ものあいだ追い続けた末に、やっとのことで捕まえることに成功します。

そこで、弟子入りしていたデムナに「決して食べないように」と警告したうえで、鮭を調理させます。そのときデムナは親指に火傷を負ってしまい、思わずその親指を口に入れました。

調理を終えて鮭を師のもとへ持っていくと、デムナの顔つきが聡明になっているのにフィンニアスが気づきました。「鮭を食べたか？」と聞くと、デムナは正直に火傷の話をします。すると今度は「デムナ以外に名前がないか？」と聞いてきます。デムナは肌が白くて美しかったため「フィン《美しい/白い》といわれています」と答えると、フィンニアスは「これはお前が食べていい。予言は成就されたのだ！」と、その鮭をすべてフィンに与えたというものです。

どちらの説にしても、フィンが食べた知恵の鮭は、ハシバミの実から知恵を授かっていたという事実は、揺るぎのないものとなっています。

やがて青年になったフィンは、父と同じくフィアナ騎士団の門を叩きます。

フィンが騎士団に入隊した経緯には、当時の長で、父の仇モーナの息子・片目《ゴル》のマックモーナを打ち負かしたというのが有力な説ですが、通常入隊するには、さまざまな厳しい試験に合格しなければなりません。

その条件のひとつとして、盾とハシバミの杖を持ち下半身を土に埋め、その状態で9人が四方からいっせいに投げる槍から無傷で身を守らなければならない、というのがあります。盾は実用的ですが、杖はあまり身を守るのには向いていません。この試験には反撃が考えられていないことを考えると、ハシバミの杖というのはヘルメースの杖のような、医療と防御の象徴的なものなのでしょう。

フィンがこよなく愛した猟犬、モノクロ《ブラン》と灰色《スコローン》の初めての出会いの場所もハシバミとハンノキのあいだにある棲み家だったり、一度ロホラン（スカンジナビア）に連れていかれたスコローンが襲撃を受けた場所もハシバミの森だといわれています。さらに、ロホランでスコローンの世話をしていた老夫婦の家のそばにも、ハシバミの木が生えているという記述があります。フィンがアーサー王からブランとスコローンを盗まれたときにも、追いかけていったアーサーの野営地は、ハシバミの森の中にありました。まるでハシバミが出会いや再会の象徴であるかのようです。

一方で、ケルト神話に登場するハシバミの杖は、さまざまな能力を発揮しています。

フィンが最初に娶った妖精サーバは、しばらく平和に暮らしていましたが、フィンが結婚後初の出征で1週間ほど離れているあいだに、昔からサーバに求婚していた黒ドルイドのハシバミの杖によって、雌鹿に姿を変えられてしまいます。悲しみのあまり、サーバはフィンに別れを告げる間もなく去ってしまい、フィンはこのあと、サーバを追いかけて、時間があればいつでも2匹の猟犬と一緒に雌鹿探しに出かけていました。

それから7年後、フィンは狩りの途中で7歳ほどの、金髪で全裸の少年と出会います。猟犬たちがいっせいに吠え立てる中、ブランとスコローンだけはこの少年を猟犬から守っていたのを見て、フィンはこの野生で口の利けない少年を引き取ることにしました。

人間の言葉が分かるようになると、少年は自らの生い立ちを語ります。物心ついたころから、自分は鹿と一緒にいたというのです。そしてそれがおそらく自分の本当の母親であろうとも。その雌鹿のもとにときどき黒い服を着た男が何やら話しにきていたが、業を煮やした男が、ある日雌鹿をハシバミの杖で打ちつけ、

無理やり連れ去ってしまった、というのです。

フィンは、この少年が自分とサーバの子であり、サーバとは二度と会えないことを悟ります。フィンは少年を子鹿《オシーン》と名づけ、非常に可愛がりました。

フィアナの騎士として長年フィンに仕えていたディルムッドには「猪を狩ってはいけない」という誓約《ゲッシュ》がありましたが、この誓約の内容も、ハシバミと深い関係がありました。

ディルムッドの母は、父との息子のほかに、異母兄弟である執事ロクとの息子とともに育ちました。しかし嫉妬に駆られたディルムッドの父は、あるときロクの息子を殺してしまいます。

そのことを知った執事はハシバミの杖で息子の遺体を巨大な猪として蘇らせ、復讐の呪いをかけたのです。

アイルランドの詩人であり劇作家のW・B・イエイツは、作り上げたたくさんの恋の詩の中で、しばしばハシバミを表現に取り入れています。中でも有名で興味深いのは「さまようイーンガスの歌」でしょう。

頭を悶々とさせた男が、ハシバミの枝にイチゴを吊して釣りをし、鱒を釣り上げます。するとその鱒が、リンゴの花をつけた美しい女性に変身したのです。その女は自分の名を呼びかけながら、そのまま消えてしまいました。男はその後、ずっとその女性を探し続けた、というものです。

この詩に出てくる女性は理想の女性像であり、イヴを思わせるリンゴの花が、それを強調しています。一方で、男のしていた釣りは、その道具がハシバミの木と甘いイチゴであることから、女性をベッドに誘う行為が暗喩されます。イエイツは男性の性的な葛藤を、ロマンチックに描いたのです。

雷と豊穣の木

北欧神話では、ハシバミは雷神トールの木とされています。その枝は雷から守ってくれると考えられており、ピン状にしたもの3本を家の梁材に打ち込めば火事除けになり、帽子に刺せば雷除けになります。

魔女たちがドイツのブロッケン山で酒宴を催すワルプルギスの夜祭りの12時、つまり4月30日と5月1日の境の時間に、ハシバミの枝を切り、それをポケットに入れておくと、どれだけ酒酔いしていても穴に落ちないように、守ってくれるとされています。

スウェーデンでは、馬の餌であるカラスムギに、神の名を唱えながらハシバミの杖で触れます。そうすると、馬がそれを食べても病気にならなくなります。

豊穣の女神ともかかわりがあるとされ、しばしば性的なシンボルにもされました。

しかしキリスト教化されるにつれ、不実と悪習のシンボルとされてしまいました。植物を医療に生かす研究をしていたラインランドの修道女・聖女ヒルデガルドも「ハシバミは欲情のシンボルであり、治癒目的にはほとんど役に立たない」と罵っています。

今日でも、俗謡や口承でハシバミの実は性的な力と結びつけられており「ハシバミの木に行く」というのは性交の暗喩でもあります。また、ハシバミの実がたくさん採れた年には、たくさんの赤ん坊が生まれるといわれています。

現在の北欧圏では少し卑猥なイメージがあるハシバミですが、民話には昔の神聖なイメージが残されています。

グリム兄弟のグリム童話集にある『灰かぶり』では、死の間際の母親が、娘へ自分の墓にハシバミの木を植えるようかいます。そして「困ったときにはハシバミを揺らして、助けを請いなさい」と遺言しました。

その後、娘は突然やって来た継母や義姉たちからつらい仕打ちを受けますが、彼女たちが娘を置いて舞踏会へと出かけていったあと、娘は母の墓に植えたハシバミの木を揺すって「私も舞踏会に行きたい」と頼みます。するとどこからかふたりの小間使いがやって来て、娘をきれいに仕立て上げ、娘は舞踏会に行くことができ、王子に見初められるのです。

この話には残酷な表現が多く、何度も増刷を重ねていくうちに、子供向けにアレンジされていきました。その際、母の墓の木であったハシバミも、哀れな娘に手を貸してくれる魔女へと変化を遂げていきます。これが、私たちがよく知っている『シンデレラ』のもととなっているのです。

魔術と医療のシンボル

ギリシア神話においても、ハシバミは魔力のある木です。

魔術神ヘルメースは、手に2匹の蛇が絡みついたハシバミの杖ケーリュケイオン（Kerykeion）を持っています。この杖を使って人を起こしたり眠らせたりすることができ、ときには人を死に導くこともできましたが、人々の体や心の病をも癒やしたといいます。

ローマ神話ではカドゥケウス（Caduceus 伝令官の杖）といわれ、現在でも霊的啓発のシンボルであり、医療業務の象徴にもなっています。

アテーナイの王テーセウスが、怪物ミノタウロスを退治しにクレタに行くとき、黒い帆を掲げて出航しました。この際、父親のアイゲウスから白い帆を渡され、無事帰還したら、その帆を揚げて戻ってくるという約束をした、という伝説があります。

この白い帆は、実は「赤」という異説があり、赤い色は臙脂虫が巣くった樫の実で染めたとも、ハシバミの花で染めたともいわれています。

ハシバミの雄花は白いことから、この場合の花は雌花です。この説によれば、アイゲウスがハシバミの魔除けの力にあやかって、テーセウスにお守りとして持たせたのだろうという、親心が垣間見えます。

神話以外にも、ギリシアの民は優れたその魔力を有効活用していました。中でも一番有名なのは、探し物を見つける効力でしょう。

昔から、ハシバミの木に生えたキノコは、なくした物が見つかる兆しとされていましたが、古代ローマ初期の博物誌家・大プリニウスは、地下水源を探すのにY字型のハシバミの枝を用いました。2本に分かれた側を左右の手に持ち、水源が見つかると先が下に下がって、ありかを教えてくれるという算段です。

これはダウジングと呼ばれる方法で、ハシバミの枝を使うことはあまりなくなったものの、現在でも水源や罪人、金属や埋葬された宝を発見するのに使われています。

イソップ寓話集にも『少年とハシバミの実』という教訓話が載っています。

少年が壷の中にあるハシバミの実を取ろうとして、たくさんつかみ過ぎたため壷から手が抜けないことを嘆いていると、そばにいた人に「半分で我慢しなさい」と助言される、というものです。

「一度に欲張るな」という教訓のこの話ですが、実はもともとはイソップが作った話ではありません。イソップ寓話が教訓話として親しまれ、何度も増刷を繰り返していく過程で、分かりやすいたとえ話のひとつとして、ギリシアに伝わる民話が加筆されたものなのでしょう。

神の手

キリスト教の伝承に登場するハシバミは、善良な人間の手助けをしたり、悪事に対して罰を与えたりと、まるで神の手のようです。

アダムとイヴが楽園を追放されたとき、神がふたりにハシバミの杖を与えたという伝説があります。その杖で水を打つと、新しい動物が生まれるという、魔法の杖でした。

預言者モーセが持つ杖は、アダムがエデンの園で切り取ったものであるといわれており、やはり上記のハシバミの杖と考えることができます。モーセとその兄アロンは、この杖でエジプトに疫病をもたらしたといわれていることからも、ハシバミには生死を司る力があるようです。

実際に、古代の人々はエルサレムへ巡礼する際、ハシバミを杖として使用し、旅の途中で力尽きてしまったときには、しばしば杖と一緒に埋葬されました。

キリスト教でハシバミが神聖な木として知られているのも、幼少のイエスが聖母マリアとその夫ヨセフとともにヘロデ王から逃れてエジプトへ脱出する途中、ハシバミが彼らの追跡から身を隠す場所となったからです。

夏至にあたる聖ヨハネの祭日にも、ケルト暦の春祭りと同じように、ハシバミの枝に火をつけ、畜牛の表面の毛先を焦がして悪霊を追い払います。

両極端なイメージ

キリスト教の影響もあり、ヨーロッパ圏におけるハシバミは善悪両極端のイメージとなりました。

マイナスなイメージの中でも際立っているのは、黒魔術的な呪いの儀式でしょう。

キリスト復活祭の直前の金曜日の前夜（つまり木曜日の深夜）に、ハシバミの枝で憎むべきものの名前を唱えながら打つと、その相手は苦しみ抜くというのです。

イギリス中西部のミッドランド地方では「ハシバミが豊作の年は、多くの穴（墓穴）がいる」という言い伝えがあり、不吉の象徴とされてきました。

いくつかの地域では、日曜日にハシバミの実を摘むことは、悪王を呼び出してしまうといわれています。

幸福の象徴としても知られ、イギリスではハシバミの冠を頭に載せると幸せになれるという言い伝えがあります。

性的シンボルとしての派生からか、イギリスに伝わる恋占いのひとつに、ハシバミが用いられています。その実をふたつ用意し、それぞれに恋人の名を唱えながら、火の中に放り投げるのです。それらがはじけ飛べば、その恋が成就するといわれています。

エリザベス・クラークの『ハシバミの実』という話では、枝先にひとつだけついていたハシバミのぼうやが、夏に、鳥、リス、子供たちに取られようとするたび「僕はどこへも行かないよ」と歌い続けます。秋に茶色く実り、冬が近づいてくると、眠くなったハシバミぼうやは、母親の根元にすとんと落ち、そのまま眠り、春に母親の隣で小さな芽を出すのです。このハシバミぼうやもいつか母親と同じように、枝にたくさんのハシバミをつけるでしょう、と締めくくられているこの話は、母と子の強い絆を思わせます。

ヨーロッパからは外れますが、ビルマに伝わる昔話の中にも『ハシバミ鳥』というお話があります。

象ほどの大きさの奇妙で内気な鳥、色どり大ベータ鳥が百獣の王ライオンの命を救った際、すべての動物から感謝のキスをされたため、疲れのあまりハシバミの実よりも小さくなってしまいました。やがてもとの名も忘れられてしまい、ハシバミ鳥と呼ばれるようになったというものです。

子供にとってハシバミの実は身近であり、大きさの比較をしやすく、話を聞いた子供たちの想像力をかき立たせています。ただしビルマは東洋地域なので、この場合のハシバミは亜種のことでしょう。

このように、ハシバミはさまざまな面を見せてくれます。良い植物にも悪い植物にもなりえるハシバミを見て、人々はハシバミと自らを重ね、自らの悪事を反省したり、神に感謝を捧げたり、親しみを持って暮らしに役立てていたりしているのです。

第３章
樹木の伝説

Pine

マツ

門前を祓い清める霊力

常緑針葉樹であるマツ科マツ属の種の総称で、北半球に広く分布する種です。

環境適応能力が高いため、日照が得られさえすれば、ほぼどこにでも育ちます。シラカバと並ぶ先駆樹種《パイオニア》なので、伐採地や火災の跡地といった荒れ地には、真っ先に芽吹きます。

雌雄同株で、雌花雄花ともに黄色か赤色です。雄花はゴールデン・ウィークごろに開花し、風に乗って水たまりを黄色く染めるほどの大量の花粉を飛ばします。ただ、スギ花粉に比べて、アレルギーを感じる人は少ないようです。秋か春先に受粉した雌花は、翌年または翌々年に“松笠”と呼ばれる実となります。いわゆる“松ぼっくり”のことで、秋晴れの日に笠を開いて種子を撒きます。

種子は菌類に弱いため、山の尾根のような落ち葉の少ない露出地で、林を形作ることになります。

なお、果物のパイナップル（Pineapple）は、マツ（pine）とリンゴ（apple）との合成語です。果実の見た目が松ぼっくりに、味はリンゴに似ていることから、この名をつけられました。

分類と生育地

枝の根元から生える緑色の針葉の数で分類されます。自生種は二針葉と五針葉のもので、三針葉のものは外国から渡来しました。

二葉松類であるアカマツ（*Pinus densiflora*）とクロマツ（*Pinus thunbergii*）は、日本で最も多く見ることができるマツです。

アカマツは主に内陸部に生える種で、樹皮の色が赤いことから、そう呼ばれています。ヨーロッパには、同系統のヨーロッパアカマツという種がありますが、潮風に弱いため日本では内陸の寒い地域でしか育つことができません。

海岸沿いにはクロマツが植林され、防風林となっています。アカマツに比べて葉の量が多いため、枝が垂れ下がる形になりやすい種です。日本画に描かれてきたのは、たいていこのクロマツです。

俗に、アカマツは女松、クロマツは男松と呼ばれています。クロマツの名称自体も、樹皮の色をアカマツと対比させたことからきているのでしょう。高値で取り引きされている珍味のマツタケは、このアカマツの根に着生します。

アカマツとクロマツが混成した雑種は、アカクロマツと呼ばれます。どちらの特徴がよく出ているかによって、さらに細かく分けられる場合もあります。

五葉松類の代表は、山地に生育するゴヨウマツ（*Pinus parviflora*）です。小さく密生した葉の繊細なさまから、姫小松《ひめこまつ》という別名があります。盆栽に利用されることが多い種です。

高地に生える低木のハイマツ（*Pinus pumila*）は、木の形が地面を這うかのようであるため、その名がつけられました。厳しい生育環境で自然に木が削られるため、あたかも手入れされたかのような美しい姿をしています。

学名と和名

学名であるピヌスは、ギリシア語で“筏”という意味です。これはマツが伐採しやすく、主な船材として使われたことに由来します。そのため、マツは海の神にも捧げられたそうです。

和名の由来にはさまざまな説があり、大きく2系統に分けられます。

ひとつは「まつ」という動詞からきているという説です。マツと「待つ」をかけた歌は『万葉集』でも盛んに詠われました。

もうひとつは、葉が常緑である、または二又である、すなわちマタから転訛したなど、葉の様子から名づけられたというものです。どちらもそれなりに説得力がありますが、断定はできません。

「松は千年」といわれるように、長寿の木であるマツは冬の寒々とした空の下でも常に緑の葉を保つことから、古《いにしえ》より“不変”の象徴で、神の宿る聖なる木でした。

そんなマツに、人々が神が天下るのを「待つ」ことや、神の木であるマツが“祀《まつ》り木”であったことなど、さまざまな意味が重なって、いつしかマツの木と呼ばれたと考えられるのです。

今でも正月には、マツを門松として玄関の前に置きます。こうすることで、邪鬼を退け幸福を呼び込むのです。現在は竹とセットで飾りますが、もともとはマツの霊力によって門前を祓《はら》い清めるためだったので、マツだけが用いられました。

誕生花と花言葉

正月にマツを飾る習慣からか、12月14日または1月3日の誕生花です。

西洋では、ギリシア神話のエピソードから“慈悲”や“憐れみ”という意味が生まれました。東洋では冬でも葉が枯れず青々としていることから“不老長寿”の象徴とされています。また中国では、葉の色を変えないため“忠節”を表します。

ケルトの木の暦では、2月19日から29日、8月24日から9月2日がマツ期になります。この時期に生まれた者は慎重で、バランス感覚に優れており、他者へ感動と幸福を与えてくれる存在だそうです。

さまざまな利用法

“松明”という言葉がマツの灯りを意味します。実際、材や葉に火をつけると、一気に燃え上がり高熱を出すので、優秀な燃料となります。かつてこの炎で闇を払ったケルト人は、マツを“火の木”として崇めたほどです。現在でも常時高温を出すことが求められる焼物用の炉には欠かせない樹木で、マツで作った炭は刀鍛冶に重宝されています。

松脂がたまった部分を燃やして出た煤は、高級な墨の原料となります。松脂を水蒸気蒸留して得られたテレビン油とロジンは、医薬品、靴墨、塗料、ニスなどに使われます。中でもポピュラーな用途は滑り止めです。野球選手などが手につけるロジン・バッグのほか、バレエのシューズや弦楽器用の弓にも使われます。

材は軽いうえに強度があるので、優れた建築材となります。松脂のおかげで腐りにくいため、昔は鉱山の、今では橋脚の基礎固めの杭に使われます。

古代ローマの博物学者である大プリニウスの『博物誌』によれば、松脂は特に胃腸の痛みを和らげ、その働きを高めてくれます。臭いが嫌われたのか、たいていブドウ酒に混ぜられたようです。

ドイツでも、松脂に含まれる成分は、風邪、咳、喘息といった肺の疾患に効くとされ、茶にして飲まれます。薬浴や塗り薬としても用いられます。

中国では、松葉は仙人の食べ物とされたので、不老長寿の薬とされました。

松葉で造った酒は中風、脚気、できものなどに、松葉入りの粥は精力増強にいいそうです。

最近では、松脂はジュースとされたり、禁煙・節煙用のガムの成分に使われたりしています。

世界最長寿の木

アメリカの高地に自生するヒッコリーマツは、5000年もの寿命を誇る五葉松類の一種です。学名はピヌス・ロンガエヴァ（*Pinus longaeva* 松の老婆）で、長寿の木にふさわしいといえます。

カリフォルニア州のシエラネヴァダ山脈の東に位置するホワイト山には、インヨー国有林として保護されているヒッコリーマツの森があります。この地の最長寿の木は、年輪を数えたところ、2011年現在で4776歳です。これは、正確な樹齢が算出された、生きている樹木としては世界一です。発見者である年輪年代学者エドマンド・シュルマンは驚嘆し、『旧約聖書』「創世記」に登場する長命者の名から、メトセラ（Methuselah）と名づけました。

ヒッコリーマツは、その寿命の長さから、考古学に多大な貢献をしています。

発掘された遺物の年代を調べる方法のひとつに、炭素の放射性同位体である炭素14を使う“放射性炭素年代測定法”があります。死んだ生物が、それ以上炭素を取り込まないため、炭素14が一定の比率で減っていくことを利用した測定法です。

ところが、ヒッコリーマツの年輪パターンをベースに、年輪が一致する古い木材を探し出し炭素14法で測定してみると、必ず炭素14法で算出した年代のほうが、より現代に近くなります。理論上では、年輪年代と放射性炭素年代測定の年代は一致するはずなのにです。この誤差は、放射性炭素年代測定の大前提である「年代を通じて空中の炭素14の濃度は一定」に疑問を投げかけました。

結論からいえば、空中の炭素14の濃度は一定ではなく、古代は現代よりも多かったのです。これを受けて「年輪による年代測定でクロスチェックし、炭素14による年代測定の結果を補正する」という手段が確立されました。おかげで考古学年代は、従来よりも大きく過去をさかのぼることができるのです。

別名の数々

マツには、長寿の木を意味する“千代木”をはじめとした別名がたくさんあります。

そのうちのひとつが“五大夫《ごたいふ》”です。秦の始皇帝が神聖な泰山へ巡幸した際、突然の激しい風雨に見舞われ、マツの大樹に身を寄せました。ことなきを得ると、このマツに五大夫の位を授けたため、その名で呼ばれるようになったのです。

3世紀の三国時代、孫呉に住んでいた丁固という若者は、幼いころに父を亡くしたため、とても貧しく、その日暮らしの仕事をしては糊塗をしのいでいました。

あるとき彼は、腹に立派なマツが茂った夢を見ます。覚めてこの意味を考えたところ、マツの字を分解すると“十八公”であることに気づきます。そして「これは、十八年後に自分が公になるというお告げに違いない」と一念発起し、寸暇を惜しんで勉学に励みました。

その努力は実って、孫呉の宮廷でメキメキと昇進し、最終的には宰相である司徒にまで上り詰めたのです。

この逸話から、マツに“十八公”という異名が生まれました。

マツの精スモーランド

昔スウェーデンには、家事や農作業をして暮らすスモーランド（Småland 小さな国）という女性がいました。彼女は、高貴なオーラを有する美女で、聴く者に安らぎを与えるその声は、まるでマツのささやきのようでした。

あるとき、家の壁に使われていたマツの板のフシが抜けました。そこをのぞき込み、森を見たスモーランドは「そこへ戻りたい」と強く願います。途端、彼女の体はどんどん小さくなり、そのフシから出られるほどになりました。

外に出た彼女は涙を流しながらも、別れの挨拶に頭を下げると、そのまま森へ還っていきました。

その名は“ガラスの王国”（Glasriket）として知られる、南スウェーデンの地方名となっています。ここでガラス作りが盛んになったのは、周辺に燃料になる豊かな森林と水があったのが要因で、主要な燃料のひとつとしてマツ材が使われました。

ちなみに、ゲルマン系の伝承には、ガラスの王国に似た“ガラスの山”が登場します。ここは、怪物《トロール》や小人《ツヴェルク》などの大地の精霊が棲む魔力が秘められた場所で、人間にとっては試練の地でした。

ガラスのきらめきに魅入られた人々は、ここに妖精郷を見たのでしょうね。

結ばれぬ恋

ギリシア神話におけるマツのエピソードは、主に恋愛譚です。

牧神パン（Pan）に惚れられた妖精《ニュンペー》のピテュス（Pitys）は、プレイボーイとして知られるパンの愛を拒み、逃げ出したのですが、追いつかれると姿をマツに変えてしまいます。

本気だったパンは、ピテュスを偲ぶために、自らの頭をマツの枝で飾りました。

別伝では、ピテュスはパンと同時に、

北風の神ボレアース（Boreas）から求婚を受けていました。前の話とは違ってパンを選ぶのですが、ボレアースは深く傷つきました。そこでピテュスが海辺の岩場に立ったとき、強い北風を吹かし、ピテュスを海へ落としたのです。

その現場を目撃した大地母神ガイア（Gaia 大地）または豊穣の女神デーメーテール（Demeter 母なる神）は、ピテュスを哀れに思い、マツの木に変えてあげました。

マツになったピテュスは、冬が訪れ北風が吹くと、涙を流すようになりました。それが樹脂となって出てくるのです。

一説には、ピテュスが変身したマツは、海辺に生えるフランスカイガンショウ（Pinus pinaster）といわれています。

不義の恋の果てに

主神にして雷帝ゼウス（Zeus 天界の父）をはじめ、主立った神々を生んだ巨人族《ティターン》の女神レイアー（Rheia）が、羊飼いに横恋慕しました。しかしまったく振り向いてもらえなかったレイアーは嫉妬のあまり狂い、羊飼いをマツの木にしてしまいます。

我に返ってその木の下で嘆き悲しんでいると、同情したゼウスがマツを常緑樹へと変えてあげました。

古代ローマでは、レイアーは小アジアのプリュギアの大地母神キュベレー（Kybele）と同一視されました。キュベレーの神像がローマに輸入されたとき、その信仰も一緒にやって来たのですが、キュベレーにも似たような話が伝わっています。

キュベレーは、拾い子であるアッティスが成長するにつれ、恋心を覚えました。養母の感情に当惑したアッティスは、使者として他国へ行ったとき、王の娘との結婚を決めると、さっさと挙式します。

ところがそこへ、知らせを聞いて急ぎ駆けつけたキュベレーが乱入しました。アッティスは逃げ出しますが、ついにはマツの木の下で去勢し、自ら命を絶ったのです。

悲しみに暮れるキュベレーはアッティスを蘇らせようとしましたが、主神ユピテル（Jupiter ゼウスのこと）の許しを得ることができず、レイアーの恋人と同様の措置が採られました。

アッティスが変化したのは、イタリアカサマツ（Pinus pinea）とされています。この種は地中海に生え、その実が食用にされる重要な木でした。

古代ローマの信仰

キュベレーとアッティスの神話は、古代ローマの春分の祭りで再現されました。

キュベレーに捧げられた木にしてアッティス自身である、聖なるイタリアカサマツに血が注がれると、熱狂した男信者はおのれの男根を切り取って、キュベレーの像に投げつけました。こうすることで大地の実りが約束されたのです。

ローマでは本来、森林と未開地の神シルヴァヌス（Silvanus）にマツが捧げられていました。荒れ地におけるマツの驚異的な繁殖力が、この神と結びつけられたのでしょう。

なおシルヴァヌスは、ギリシアの牧神

パンと同一視されています。

キリストの手

キリスト教では、ユダヤ王ヘロデ(Herod)の追っ手から逃げる聖母マリアを隠し、その身を安らげたのがマツでした。赤子であったイエス・キリストが手を上げて、その行為を称えたため、松の実はキリストの握りこぶしの形を取り、それが開いた状態を“キリストの手”と呼ぶようになったのです。

天女の羽衣

日本では、天女は必ず水辺の松原に登場します。神木とされたマツの林は、神が降臨するのにふさわしい場所であることや、水辺が神と人間の領域の境目であることが要因なのでしょう。

この伝説は全国各地に伝わっており、最も有名な場所は、静岡市の清水にある三保の松原です。『駿河国風土記逸文』によれば、マツの木の枝に羽衣をかけた天女は、それを漁師に奪われたため、その妻となりました。やがて羽衣を見つけた天女が飛び立つと、漁師もあとを追って天へ昇ったとのことです。

今でもこの地には、樹齢650年といわれる“天女の羽衣の松”があります。樹齢からうかがえるように、このマツは2代目だそうですが、景勝の名所として親しまれています。

ちなみに、能楽の演目『羽衣』は、この三保の松原の天女伝説をもとに作られました。

池のほとりのマツ

天女伝説以外にも、水際に生えるマツには、やはり不思議な逸話が存在するものです。

『常陸国風土記』によれば、鹿島半島にある“神之池”は、昔は寒田《さむた》と安是《あぜ》というふたつの沼で、ふたつのほとりには社がありました。寒田の社には美男子の郎《いらつこ》が、安是の社には美少女の嬢子《おみな》が住み、それぞれ神に仕えていました。

互いの評判を聞き、一目会いたいと願っていたふたりは、今でいう舞踏会にあたる歌垣《うたがき》の日に出会うと、和歌を交換し合います。その後は情熱に任せるまま、松林の下でまぐわいました。

夜が明けて目覚めたふたりは、立場を忘れ、だいそれたことをしたとようやく気づきます。どうしていいか分からず、立ちすくんでいるうちに、ふたりはマツの姿へと変わったのです。

寒田の郎は奈美の松、安是の嬢子は木《こ》津《つ》の松と呼ばれ、1対のマツとしてずっと立ち続けたといわれています。

茨城県神栖市波崎には、この逸話を記念した“童子女の松原公園”が造られました。ここに建てられたふたりの銅像はお互いを見つめ合い、その背後にはマツが映っています。

マツの精の死

陸奥に赴任した藤原豊光の娘で、琴の上手な阿古耶《あこや》は、山形市の千歳山のふもとに住む笛の名手である名取太郎と、契りを交わしました。

ところがある夜、とつじょ太郎は「私は明日死ぬ」と阿古邪に別れを告げます。わけが分からず阿古邪が太郎の袖にすがりついたところ、その姿はなく、障子越しにマツの影だけが映っていました。

しばらくして阿古邪は、名取橋の補修のため伐り倒された千歳山のマツがまったく動かないので、困っていることを知ります。思うところがあり、阿古邪がその現場に行ってマツに手を触れたあとは、運ぶことができました。そのマツの木こそ名取太郎の本体と悟った阿古邪は、尼となりました。

阿古邪の遺言で、遺体は例のマツの切り株のあたりに埋められ、マツの若木が植えられました。そこから生えたマツは、アコヤマツと呼ばれたとのことです。

マツ枯れ病

第二次世界大戦後に日本へアメリカ軍が進駐したとき、大規模なマツ枯れ病が発生しました。その原因は、アメリカ産のマツについていたマツノザイセンチュウで、抵抗力が弱い日本のマツを食い荒らしたのです。

結果、マツの個体数は激減しましたが、マツはその跡地に種子を撒き、繁栄を取り戻そうとしています。古い植物である針葉樹は、全体として衰退に向かっていますが、マツはその驚異的な生命力をもって、今もなお我々に不変の姿を見せてくれているのです。

Christmas Tree

クリスマスの樹

12月の街を彩る魔除け飾り

毎年12月ごろになると、クリスマスに合わせて電飾でデコレーションされた樹を見かけることがあるのではないでしょうか。

クリスマスツリーとしてよく使われるのが、モミの木です。マツ科モミ属の常緑高木で、北半球におよそ47種類が自生しています。日本でも古来からある樹木のひとつです。別名をモミソ、サナキともいい、コーカサス地方や中国などの東アジア地域に多く見られます。樹皮は灰色をしており、非常に背丈の高くなる樹木です。葉は扁平で短く枝に密生し、放射状に長く伸びます。成長が早いため北欧では生誕記念の木とされ、フィンランドでは慶弔に欠かせない樹木です。主な品種にヨーロッパモミ、アメリカオオモミ、シルバーモミ（ウツクシモミ）があります。

ギリシア神話では、プリュギアの女神キュベレーが恋人アッティス（Attis）を嫉妬のあまり殺したとき、その行いを悔やんで彼をモミの木に変えたともいわれています。

また、クリスマスにはリースを飾ります。このとき使われるのがセイヨウヒイラギです。モチノキ科モチノキ属の雌雄異株の常緑高木で、ヨーロッパと北アメリカに広く分布しています。晩秋から冬ごろに実が赤く色づき、緑の葉と見事なコントラストを見せます。

日本に自生しているヒイラギはモクセイ科モクセイ属で、形状は似ていますが、まったく別の種です。アジアに多く自生していますが、北部アメリカやハワイ、ニューカレドニア地方にも分布が見られます。高さは2メートルから6メートルあまりになり、枝葉は堅く、葉の縁は鋸《きょ》歯《し》状で鋭いトゲがあります。花は早春と秋ごろに開花し、芳香を放ちます。日本に自生するヒイラギのほか、北アメリカ大陸の東南部に分布するアメリカヒイラギ、ギンモクセイとの雑種と考えられるヒイラギモクセイがあります。

語源

モミの学名は“*Abies alba*（ヨーロッパモミ）”、“*Abies grandis*（アメリカオオモミ）”、“*Abies amabilis*（シルバーモミ）”です。“Abies”はラテン語で「モミ」を指す“Alba”の古語で、モミ属を意味します。“grandis”は「大きい」、“amabilis”は「愛らしい、可愛い」という意味のラテン語で、樹木の形状から名づけられた学名のようです。

英語名 fir は“fire（火）”が語源とされ、薪などの着火材として使われたことに由来しているようです。日本では、古くは“おみのき（臣木、巨の木）”と呼ばれ、これが転じて“モミノキ”になったともいわれています。

セイヨウヒイラギの学名は“*Ilex aquifolium*”で、“Ilex”はセイヨウヒイラギを指す古ラテン語、“aquifolium”は「湾曲した葉」という意味で、“aqui（曲がった）”と“folium（葉）”の合成語です。

ヒイラギの学名は“*Osmanthus heterophyllus*（ヒイラギ）”、“*Osmanthus americanus*（アメリカヒイラギ）”です。“Osmanthus”はラテン語の“osme（香気）”と“rhiza（根）”の造語で、花や木が芳香を放つモクセイ属の樹木を指し、“heterophyllus”は「異種性」という意味です。ヒイラギの若木の葉では縁にトゲが見られますが、老木や梢の葉には見られません。同じ木でも、樹齢や部位によって葉の形状が違うことから名づけられた学名であると考えられます。“americanus”は「アメリカの」という意味のラテン語です。

英語名 holly はゲルマン神に登場する冥界の女神ホーレ（Holle）に由来し、死と再生を象徴する樹木として捧げられたことから名づけられたとも、「神聖な」という意味の“holy”が由来であるともいわれています。“holy”はギリシア語で全体を意味する「holos」から派生した言葉です。

和名の“ヒイラギ”は、葉のトゲが刺さったときに“ひひらぐ（ひりひり痛む）”ことからこの名がついたという俗説があります。漢語“柊（冬に咲く花をつける木の意味）”は“疼木”とも書き、「うずくような痛みをもたらす木」という意味も含まれているようです。アメリカの映画産業を一手に担う都市ハリウッド（Hollywood）には、かつてヒイラギの林があり、都市名もこの木にちなんでいます。

誕生花と花言葉

モミは10月7日、11月14日と20日、12月18日と24日の誕生花です。花言葉は“時間”“高尚”“永遠”“崇高”。ヨーロッパでは、モミが人生や季節の節目に欠かせない木であることや常緑樹であること、聖母マリアとイエスの伝承にも登場することから、この木が崇拝の対象になっていたことがうかがえる花言葉です。

ヒイラギは2月3日、11月8日の誕生花です。花言葉は“機智”“剛直”“先見”“用心”。ヒイラギの葉は堅くトゲがあり、触るには危ない形をしているところから連想された言葉であると思われます。

モミの使い道

日本では古くから建築用材、樽材、製紙材料などに使われてきました。ヨーロッパでは北欧神話の主神オーディン(Odin)が宿る木とされ、時代が下るにつれてサンタ・クロースと同一視されるようになったといわれています。また古代ギリシアでは、ブドウ酒にモミの樹液を混ぜて持ちをよくしていました。樹皮から採れる油は傷や潰瘍の薬として使われ、ドイツでは樹液を中風除けの儀式に用いました。根には樹脂が多くよく燃えるため、細かく割ってろうそくの代わりに用いられました。園芸品種としても栽培され、枝が枝垂《しだ》れるものや葉が青灰色になるもの、高くならず地を這うように枝葉が広がるものがあります。

キリスト教ではモミの枝葉が三角形になることから“三位一体”(父なる神とイエス・キリスト、聖霊である神は同格とする教義)を表すものとされ、エルサレムのソロモン神殿にあった天井細工にモミが使われました。そのためキリスト教社会では、モミが神聖な樹木として崇拝されるようになりました。

クリスマスツリーの風習は、もとはフランスの山岳地帯やヨーロッパの狩猟民族の中で行われていたもののひとつです。花や飾りをモミの木につけ、その周りで騒いだり宴を開くことで山に住む妖精たちが集まり、村に幸運が訪れると信じられていました。また、狩猟ができない冬の時期に、自家中毒や感染症を防ぐため、殺菌効果のあるモミを部屋の中に飾りました。

ヨーロッパでは、クリスマス・イヴに暖炉や囲炉裏で焚く薪をユール・ログ(Yule Log ユール祭の薪、クリスマスの丸太)と呼び、イエス・キリストが誕生した日から数えて12日、いわゆる“クリスマスの12日間”にわたってブナやモミを伐り倒したものを燃やし続けました。その後、燃え残りで来年の運勢を占ったり、残った灰を魔除けやまじないに使いました。しかし本来はゲルマン人のあいだで行われた祭りで、薪を燃やす風習も冬至の日に行われていました。キリスト教が伝播するとともに、この祭りも吸収されていき、クリスマスの季節や祝祭自体を指す言葉となりました。この時期に作られるお菓子ブッシュ・ド・ノエル(Buche de Noel 聖夜の薪)は、ロールケーキを木と切り株に見立てて形を作り、その上にクリームを塗ってフォークなどで樹皮の模様をつけます。これも、もとはユール・ログをかたどって作られたものです。

ヒイラギの使い道

ヒイラギは温暖な場所を好み、寒冷地では育ちにくい木ですが、古くから縁起物の木として愛されてきました。日本では鑑賞用の庭木、将棋の駒やそろばん玉の材料に用いられます。また、節分の日にはヒイラギの枝に焼いたイワシを刺し、魔除けとして家の軒先に飾るという習わしがあります。これは、ヒイラギの葉のトゲが鬼の目を刺し、イワシの焼ける臭いが鬼を寄せつけないとされたことから、この飾りがある家には鬼が入ることができないとされたことに始まります。

ヨーロッパでは、セイヨウヒイラギの枝葉を加工してさまざまな飾りをつけ、クリスマスオーナメントとして販売します。日本で“クリスマス・ホーリー”と呼ばれているものはセイヨウヒイラギの仲間であるヒイラギモチで、別名をシナヒイラギともいいます。

聖母子とモミ

聖母マリアはあるとき、幼子イエスと一緒に休憩する場所を探していました。しかし、そのころのモミの木は枝が上を向いて広がっていたため、落ち着ける場所がありませんでした。そこで神は、ふたりがゆっくり休めるように、モミの木に枝を下げさせました。このときから、モミの木の枝は下を向いて広がるようになったといいます。

また、イエス・キリストが雨の中、森を歩いていたとき、数ある木の中でモミだけが濡れないようにと枝を広げました。イエスは感謝のしるしにと、モミが冬になっても夏と変わらず青い葉を生え出させることを許しました。

クリスマスツリーの悲哀

デンマークの作家ハンス・クリスチャン・アンデルセンの童話『もみの木』では、町外れの森に好奇心旺盛な若いモミの木があり、伐り倒されて運ばれていく大きな仲間たちを見て、その行方に思いを馳せていました。森を見守る太陽や風や露が「今このときを大切にしなきゃ」と語りかけますが、小さなモミの木にはよく分かりません。

クリスマスを前にして、今度は若いモミの木が伐り倒されるのを見たモミの木は、雀に彼らはどうなるのかと尋ねます。すると雀たちが口々にこういってきました。

「それはそれは素晴らしく立派になるよ。小さなもみの木は、みな暖かいお部屋の中にいるんだよ。金色のりんご、蜜のお菓子、おもちゃ、何百とも知れないろうそくなどで、それはそれは、きれいに飾られていたよ」

それでどうなるのかとモミの木が息を切らして尋ねますが、その先は雀たちも知りませんでした。話を聞いて、いてもたってもいられない様子のモミの木を見て、風と太陽はまた声をかけました。

「私たちとこのまま一緒にいればいいのだよ。そのほうがどれだけ楽しいかしれないよ」

けれどモミの木には、その言葉の意味が分からないままでした。

やがてまた冬が来たとき、美しい若木に育ったこのモミの木は、真っ先に伐られました。そしてモミの木は大きな部屋に運ばれ、砂がいっぱい入っている大きな桶の中に入れられます。そこへ家の娘らしき少女も出てきて、モミの木にいろいろと飾りつけを始めました。雀たちの話の通り、色とりどりの飾りをつけられ、モミの木はたいそう立派になりました。そして、きらびやかに飾りつけられたモミの木の下で、子供たちが大人に、話を聞かせてとせがみます。

楽しい夜は更けていき、翌朝。モミの木はまた今日も自分を立派に飾っていてくれるのだと思っていました。ところが若いモミの木は投げ出され、飾りも取られてしまいます。

まだ若くて森に住んでいたとき、風や太陽や露がささやいてくれたあの言葉も蘇ってきました。

「ああ、もうだめだ、だめだ。ああ、もう僕はだめだ……」

クリスマスが終わってしまえば、もうツリーは用済みです。やがて、召し使いがモミの木をばらばらにして1束の薪にし、大きな湯沸かし釜の下へ突っ込んでいきました。モミの木は火に焼かれ、ぱちぱちと音を立てながら燃えていきました。

アドベント(降誕節)

アドベント（Advent）とは、イエス・キリストが降誕する12月25日より前の4週間にわたる期間のことをいい、日本

では降誕節や待降節とも呼ばれます。この時期には、ヒイラギの枝葉と実を環《わ》状にして飾りをつけたオーナメントを、家の扉やテーブルなどに飾る習慣が残っています。クリスマスを象徴する色として赤と緑が使われますが、これはヒイラギの葉と実の色でもあります。十字架にかけられたイエス・キリストは、罪人の証として茨の冠をかぶせられましたが、ヒイラギの環がこの茨の冠を象徴しており、ヒイラギの赤い実は、十字架にかけられ手足に釘を打ちつけられたときにほとばしった血を表しています。

近年日本でも見られるようになったアドベントカレンダーには窓がついていて、1日ごとに開けることになっています。全部の窓を開け終えた日がクリスマスで、イエス・キリストの誕生日でもあることが分かるようになっています。ヨーロッパではクリスマスの日から逆算するため、アドベントカレンダーの始まりは11月の後半に設定しているものが普通ですが、日本では分かりやすいように12月1日から始めているものが出回っています。子供向けのアドベントカレンダーでは、窓を開けるとお菓子が出てくるものも販売されています。

セイヨウヒイラギの実が赤いわけ

北欧神話では、オーディン（Odin）の息子で北欧の光の神バルドル(Baldr)が、火の神ロキ（Loki）の計略で命を落としたとき、ほとばしった血がセイヨウヒイラギに振りかかり、実が赤く染まりました。以来、セイヨウヒイラギは赤い実をつけるようになったのです。

Japanese Cedar

スギ

天に向かって真っすぐに伸びる

針葉樹であるスギ科の常緑高木の総称で、狭い意味では日本の独自種たるスギ属を指します。

枝には鎌のような針状の緑葉が交互に生え、その先には1個の緑色の雌花と多数の淡黄色の雄花をつけます。

『万葉集』の柿《かきの》本《もとの》人《ひと》麻呂《まろ》の歌に「いにしへの 人がうゑけむ 杉が枝に 霞たなびく 春は来ぬらし」とあるように、春にスギが開花すると、雲か煙に見えるほど大量の花粉を飛ばします。現在、スギ花粉は国民病である花粉症の主な原因のひとつで、散布時期には花粉注意報が出るほどです。

花粉症を乗り越えようと、近年には花粉が少ない品種や無花粉スギが開発されました。切り替えが図られていますが、成果が出るまでに20年から30年はかかるとされています。

分布状況と似た木

スギ科植物は、7000万年以上前の白亜紀から存在する非常に古い種です。

中国南部と台湾のコウヨウザン属やタイワンスギ属、中国東南部のスイショウ属、中国中部のメタセコイア属、北アメリカ西部のセコイアやセコイアオスギ、メキシコのヌマスギ属、オーストラリア南東タスマニア島のタスマニアスギ属など、世界に10属16種が分布し、それぞれ独自の発達を遂げています。

日本では北海道を除いた各地で見られます。生育環境によって、太平洋側のオモテスギと日本海側のウラスギに大別されます。秋田杉に代表される天然杉は少なく、吉野杉のような人工林が多い樹木です。

スギ科の近縁がマツ科です。一般に真っすぐに育つスギと優雅な曲線を描くマツでは、見た目からして違いますが、分類は葉と枝の関係によります。スギ科はマツ科と異なり、このあいだに関節がないため、葉が枝ごと落下するのです。その中間形態を示すのに、日本特産の1属1種の木で、“高野山に生える真木《まき》”という意味の、コウヤマキ科を置くことがあります。

またヒノキ科とそっくりなため、スギ科はしばしばその一亜科として扱われます。違いは葉序《ようじょ》で、スギ科は茎の各節に1葉ずつつくのに対し、ヒノキ科は枝先から直角に見ると十字に見える葉のつき方なのです。

名称の由来

科名タクソディアケアー（*Taxodiaceae* イチイに似た）は、スギがイチイ（taxeus）のようであることからきています。ギリシア語に由来する属名クリプトメリア（*Cryptomeria* 隠れた部分）は、鱗状の殻をした長く丸い実の中に、種子が隠れていることを意味します。

和名は、天に向かって真っすぐ伸びる木のため、スグキと呼ばれたのち、しだいにそれが縮められ、スギとなったのでしょう。

古くから中国にも知られた日本特産の木であるため、漢名は“倭木”です。

漢字“杉”のさんづくりは“針”を示します。全体で「針のような葉の木」という意味なので、針葉樹の代表であるスギにふさわしい漢字といえます。ただし、中国で“杉”といえば“広葉杉《コウヨウザン》”を指すので、注意が必要です。

英名はジャパニーズ・シーダーです。

広く針葉樹を意味するシーダーは、一般にマツ科の常緑高木ヒマラヤスギ属の種を指し、中でもレバノン・シーダー（Cedar of Lebanon）またはレバノンスギが、古くからよく知られています。

レバノンスギは、イスラエルの北に位置する地中海沿いの国レバノンが産地であったため、その名が冠されています。マツ科植物なのに名にスギとあるのは、シーダーがスギの一種であると考えられたからでしょう。

ちなみに“杉”と呼ばれる植物に万年《まんねん》杉《すぎ》があります。これは、蔓性のシダ類ヒカゲノカズラ科の多年草で、スギ科ではありません。外見がスギの葉によく似ており、一年中青々とした草であることから、そう名づけられたのです。

誕生花と花言葉

スギは9月30日の誕生花で、花言葉は巨木にふさわしく“雄大”です。

ヒマラヤスギ属全体の誕生花が2月15日で、レバノンスギもその中に含まれます。レバノンスギは、エジプト神話の死と復活の神オシリス（Osiris）の木なので、花言葉は“不滅”です。

ケルトの木の暦では、8月14日から23日または2月9日から18日が、ヒマラヤスギ期です。この木の守護を受けた人は、運命を感じながら生きているので思慮深く、自分の考えを他人に押しつけることがありません。ただし、自分の心の欲求には忠実です。また、精神は強固なのでほとんど動揺することなく、自分の任務に専念するので、しばしば人の上に立ちます。

香り高き良材

香りのよいスギは、太古から建築材として盛んに利用されました。

『日本書紀』の「神代」によれば、スギの誕生はスサノヲの頬髭と顎髭からで、彼は舟を造る材として創造しました。

真っすぐにそびえ立つ偉容から、スギは神社に植えられ、神の依代《よりしろ》ともされました。

葉を大きく丸めた玉を軒先に下げることは、造り酒屋や呑み屋のしるしです。この習慣は、奈良県にある大神《おおみわ》神社への信仰に由来します。この神社には造酒神である大物主神《オオモノヌシノカミ》が祀られていたため、酒にかかわる仕事をする者がこぞって崇め、神木たるスギから、そのご利益を引き出そうとしたのです。

葉の粉末を原料として“杉線香”が作られます。これは墓前用に使われる身近な製品なので、その香りを思い浮かべるのも容易でしょう。

脂は塗り薬となり、ひび、あかぎれ、吹き出物のほか、火傷にも用いられました。

レバノンスギは、古代イスラエルの王ソロモンが、神殿を築き上げるために欲した木です。

腐りにくく虫もつかないので、古代エジプトではミイラに塗る油やそれを入れる棺に、中世ヨーロッパでは嫁入りのときに持参する箱に使われました。

現在ではレバノンの国旗のほか、貨幣や切手に用いられています。

偉大な生命力

数ある日本産の樹木の中で、最も大きく長い寿命を誇るのがスギです。

高知県大豊町の“杉の大杉”は、南大杉と北大杉の2株からなる巨木で、根元が一緒であるため“夫婦杉”の別名があります。より大きい南大杉は樹高が60メートル、根回りの太さが20メートルで、3000年も生きています。

昭和41年（1966）に屋久島で発見された“縄文杉”は、日本最長寿の樹木です。高さこそ25メートルですが、根回りは日本最大で43メートルもあります。

当初その太さから、樹齢は7200年と考えられました。しかし近年の調査で、6300年前に屋久島の北西50キロメートルの硫黄島付近で起きた大噴火の火砕流が直撃し、植生が壊滅したことが判明しました。その状態からスギが生えるまで回復するのに1000年ほどかかるため、現在では縄文杉の樹齢は5000年前後と考えられています。

なお屋久島では、樹齢が1000年を超えるものを“屋久杉”、それ以下を“小杉”と呼びます。通常のスギの平均寿命は500年なので、名称のつけ方ひとつを取ってみても、この地のスギの生命力のすごさが分かります。

兄弟杉

宮城県の本吉郡平磯《ひらいそ》には、漁に出た茨城の鹿島の神・武甕槌《タケミカヅチ》と千葉の香取の神である経津主《フツヌシ》が時化《しけ》に遭い、流れ着いたという話があります。

舟が壊れてしまったため、2神はこの地のスギを帆柱にしようと考えました。目をつけたのは2本並んで生えるスギですが、大きなほうを伐り倒したところ、血が流れ出て止まらなくなります。焦った2神は巨石を持ってきてスギの傷を塞ぐと、そのまま立ち去りました。

この2本のスギはさらに成長し、沖を航行する船の格好の目印となりました。夫婦杉ならぬ兄弟杉として“太郎坊”と“次郎坊”と呼ばれ、気仙沼市の羽田神社の神木とされました。

太郎坊の二叉になっている梢は、血止

めに乗せた石の乗っていた跡といわれています。

スギの恩返し

同県の苅田郡七ヶ宿関村（現在の七ヶ宿町）には、昔、ある商人が関西を旅していたとき、この地出身の力士と道連れになった話が伝わっています。

ふたりは道中楽しく過ごしたのですが、力士のほうは路銀が乏しくなったので「必ず返すので金子を貸してください」と、商人に頼みました。快く貸し与えた商人に、力士は「自分は関の大杉です」と名乗りました。

それから数年後、関村にやって来た商人は、ここがかの力士の故郷であることを思い出しました。そこで人々に尋ねて回ったのですが、力士の存在を知る者はいません。ただ“関の大杉”と呼ばれる古樹があることを聞いたので、そこに行ってみます。

すると、スギの木の低いところの枝に、袋がぶら下がっていました。気になって調べてみたところ、袋の中には、あのとき“関の大杉”に貸した金がピッタリ入っていました。

連理の杉

中国には、ある王が家臣の妻に横恋慕した逸話があります。その女性を我がものにしようと、罪をでっち上げて家臣を投獄すると、この忠臣は憤激のあまり死にました。その妻も王の魔の手から逃れるため、夫のあとを追って飛び降り自殺をします。

怒り狂った王は、特命を出してふたりの遺体を別々な場所に埋葬しました。

ところが、このふたつの墓から杉の木が生え、いつしか枝と根を交わらせ、ともに大きく育ったのです。この2本の木は“連理の杉”と呼ばれ、夫婦の深い契りの象徴として崇められたそうです。

なお日本でも、京都の貴船神社奥宮にあるスギとカエデが和合した神木が“連理の杉”と呼ばれ、夫婦和合のご利益があると敬われています。

不死の大樹

エジプトにおけるレバノンスギは、不死の象徴であり、神託を告げる木でした。

神話では、弟のセト（Set）に嫉妬されたオシリスが、生きたまま棺に閉じ込められ、偉大なるナイルの下流にあたる、タニスの河口から地中海に流されました。

当時フェニキアの勢力圏だったレバノン西部の都市ビュブロスに漂着した棺は、ヒース（heath）の灌木の中に乗り上げます。すると、その灌木は信じられない大きさに成長し、オシリスの棺を覆い隠してしまいました。

古代エジプト語では、ヒースとレバノンスギは同じ語で表されました。そして この逸話から、レバノンスギはオシリスを形容する言葉となったのです。

香木を求めて

メソポタミアの世界最古の英雄詩『ギルガメシュ叙事詩』の第2から第5の書版では、シュメール王ギルガメシュ

(Gilgamesh)が、木の伐採のため、親友エンキドゥ（Enkidu）とともにレバノンへ遠征し、森番たる怪獣フンババ（Humbaba）を倒します。

一般に、この木はレバノンスギとされますが、古代オリエント学者の月本昭男は“香柏《コウハク》”と訳しました。ヒノキの異名である香柏の原語は、シュメール語erenに由来するアッカド語erennuで、香り高い建材になる針葉樹一般を意味します。

産地が重なる香り高い針葉樹に、ヒノキ科のイトスギもあるので、ギルガメシュが求めた木が何であるか、はっきりとした断定はできません。

神宿る古木

レバノンに生える12本の古木は、崇拝の対象でもあります。キリスト教では、毎年8月6日は“主《しゅ》の変容の祝日”とされていますが、このとき東方正教会の信者を中心に、レバノンの古木巡礼が行われるのです。

偶像崇拝を固く戒めているイスラム教でも、これらの木は“神の友”の意である聖者《アウリヤー》が化身したものとみなされました。

その歴史的重要性から、1998年にレバノン中央部のカディーシャ渓谷と神の杉の森が、世界遺産に登録されています。

また、レバノンスギは古代から伐採され希少なため、国際的保護活動の支援が行われ、我が国にもレバノンスギ保護協会が設立されています。

警鐘を鳴らす樹木

古来より神性と結びつけられたスギですが、最近の日本では花粉の害ばかり強調されています。その原因は、戦争で国土が荒廃したのち、燃料や資材の確保のため大量にスギが植えられたことや、不採算のために山の手入れをやめたためで、まさしく人災なのです。

花粉症が国民病となったのも、人間がさまざまな化学物質で自然を汚染し、体内に多くの抗体を抱えるようになったのが要因としてあげられます。

毎年春に大量の花粉を飛ばすことによって、スギは人間に警告しているといえます。やはり人間にとって、自然に近い生活のほうが体によいのです。

Sequoia

セコイア

世界一の樹高が人々を魅了する

スギ科の高木で、数ある樹木の中でも、発生の古さとその大きさはピカイチです。

発掘された化石から、かつては北半球に広く分布したことが分かりますが、現在残る原生林は、北アメリカの太平洋側に限定されます。

科名は1847年の命名で、チェロキー語の学者にして偉大なアメリカ先住民の族長セコイヤ（Sequoyah）から採られました。

漢字表記は“世界爺”で、幕末生まれの植物学者・田中芳男の提案です。妙を得た当て字で親しみやすいので、そこからセカイヤともいわれます。

樹木の王

種には、セコイア・センペルヴィレンス（*Sequoia sempervirens* 常緑のセコイア）と、セコイアデンドロン・ギガンティウム（*Sequoiadendron giganteum* 巨大な樹木セコイア）のふたつがあります。長い名称のため、しばしばセンペル、ギガントと略されます。

どちらも雌雄同株で、雌花も雄花も木の大きさに比して、とても小さいものです。目立たないためか、花言葉や誕生花もないようです。

オレゴン州からカリフォルニア州の海岸に近い山地に原生するセコイア・センペルヴィレンスが、世界一の樹高を誇ります。

中でも最長なのは、2006年にカリフォルニア州北部にあるレッドウッド国立・州立公園で発見された3本のうちの1本で、約115.2メートルです。これら3本はみな、これまで最長と認められていた、同州フンボルト・レッドウッズ州立公園にあるストラトスフィア・ジャイアント（Stratosphere Giant 成層圏の巨人）を上回ります。ゆえに、新たな最長の木には、ギリシア神話の巨人族《ティターン》の一柱たるヒュペリーオーン（Hyperion 超えて行くもの）の名が冠されました。

ちなみに、レッドウッド国立・州立公園のトール・ツリー・グローヴには、トール・ツリー（Tall Tree 背の高い木）という120メートルもの木があったのですが、残念ながら1980年代に倒れてしまいました。

センペルの樹皮は赤いため、レッドウッド（Redwood 赤い木）と通称されます。コースト・レッドウッド（Coast Redwood 海岸の赤い木）とも呼ばれますが、潮風には弱いため、その影響を受ける場所には生えません。しかも地味がよく、しばしば霧が発生する湿気の多い場所でしかよく成長しない贅沢な木です。

漢名の“北美紅杉”は、生育地と特徴を押さえたものです。和名は、学名をいい換えたセンペルセコイア、単にアカスギ、葉の部分だけとってイチイモドキ、樹形の優しさからセコイアメスギとさまざまです。

ちなみに、仙台の埋没した化石種はこの木が中心です。

シエラネヴァダ山脈周辺の1300メートル以上の高地には、セコイアデンドロン・ギガンティウムが自生します。これが体積のトップに君臨する種で、その栄誉はセコイア国立公園にあるジェネラル・シャーマン（General Sherman）が担います。

その高さは約84メートル、根元の太さは約11メートル、幹の体積は1500立方メートル、総重量は2000トンを超えます。1978年にこの木から落ちた枝は、長さ45メートル、つけ根の太さが2メートルでした。樹皮も極めて厚く、60センチメートルもあります。

樹皮が厚いのは、山火事や落雷などの自然災害から身を守るためであり、繁殖もそれに適応しています。すなわち、山火事の熱によって種を落とし、ほかの植物の灰の中から芽生えるのです。そのため根は意外と浅く、定期的にそれが起きないと、根本がほかの植物に侵食され、次々と倒れてしまいます。今では人為的に火を熾し、調整が行われるほどです。

ほかの地域で育てると病気に冒されてしまい、うまく育ちません。環境が大きくかかわっているようです。

ギガントは高名な人物の名が冠されることが多い種で、ジェネラル・シャーマンの名は南北戦争時の北軍の名将であるウィリアム・T・シャーマン少将に由来します。とにかく巨大な樹木なので、単にビッグツリー（Big Tree 大きな木）と呼ばれるほか、マンモスツリー（Mammoth Tree 巨大な木）、ジャイアントセコイア（Giant sequoia 偉大なセコイア）などといわれます。

漢名もずばり“巨杉”で、和名はセンペルにならったギガントセコイアや、対比させたセコイアオスギです。

平均寿命はセンペルが900年、ギガントが1800年といわれます。ギガントには3000年を超えるものもあり、いまだ成長を続けています。

最寿命の樹木は、カルフォルニア州のプレーリー・クリーク・レッドウッズ州立公園に生えるセンペルのエターナル・ゴッド（Eternal god 永遠なる神）で、樹齢は7000年とも1万2000年ともいわれていますが、非常に曖昧です。正確な樹齢が判明している最高齢の木は、カリフォルニア州に生育するヒッコリーマツ（マツの項を参照）なので、こちらがトップと考えていいでしょう。

いずれにしろ、トップの3樹木はすべてカルフォルニアの地に集合しています。

セコイアの森はたいてい自然公園として厳しく保護されています。倒木となったものは、中をくり抜いて人や車が通れるようにしたり、その上を走れるようにしたりと、うまい具合に生かされています。

成長の早いセンペルの木材は、商業用として植林がされています。腐敗や狂いが少なく、軽さに比して強度がある有用材で、建築材や野外用の家具への利用が中心です。

ただしギガントは、生育環境が特殊なうえ、伐り倒すのも大変で割が合わないため、用材として使われることはありません。

魅了された人々

2000年、ベルナール・タヴィシャン（Bernard Tavitian）がデザインしたボード・ゲーム『ブロックス：Blokus』を販売するのに、仲間たちと会社を起こしました。彼らは、このゲームが年齢も人種も問わず喜んでもらえるものだと考えていましたが、やはり不安はあります。そんなとき、どんな人間にも感動を与えるこれらの巨木の存在を知って勇気づけられ、セコイア（Sekkoia）を会社名に採用したのです。そして『ブロックス』はヨーロッパ、北アメリカ、アジアの国々でヒットを飛ばしました。日本での販売はビバリーからです。

このゲームは、ピースの角と角をつなぐようにパネルを置くシンプルなもので、そのさまはセコイアの大木が枝葉を広げる過程にも感じられます。まさしく運命の導きだったのでしょう。

命名はメタセコイア

19世紀中葉から20世紀初頭にかけて、北極圏で発見された化石種がセコイア属またはヌマスギ属に分類されました。それは日本でも多数発掘されたのですが、植物学者の三木茂が分類整理したところ、“葉が2列対生”“球果の鱗片が十字に対生”などと、特徴が異なることが判明します。

そこで三木は昭和16年（1941）、メタセコイア（*Metasequoia*）という別属を立て、分類し直しました。

メタとはギリシア語で「のち」を意味する語で、「のちに判明した」ことに基づきます。セコイアとしたのは、その名前が知られており、親しみやすいので選んだということです。学名も率直なもので、メタセコイア・ディスチカ（*Metasequoia disticha* 2列生の後セコイア）としました。

和名は、葉がイチイ、球果がヒノキのようなので、セコイアの和名を踏まえてイチイヒノキとつけますが、ほとんど普及しませんでした。

中国での再発見

1946年、南京大学の植物学教授である鄭万均は、磨刀渓で発見したスギ科のスイショウと思われる新種の標本を、北京の静物生物研究所に送りました。それを見た所長の胡先驌は、三木の論文からこれをメタセコイアの現生種と判断、鄭万均と共同で調査を始めます。

自生地は、四川省と湖北省の境の谷間と湿地が多い地域で、現地人の土家《トウチャ》族はメタセコイアを“水杉《すいさ》”と呼び、信仰の対象としていました。彼らはメタセコイアを棺桶などの用途としたそうです。

調査の結果、胡と鄭はメタセコイア科を新設し、この新種をメタセコイア・グリプトストロボイデス（*Metasequoia glyptostroboides* スイショウに似たメタセコイア）として発表します。こうして、メタセコイアという生きた化石の存在が世界に鳴り響いたのです。

ところで1948年、現地取材に赴いた《サンフランシスコ・クロニカル》紙の記者M・シルバーマンは、第一報でドーン・レッドウッド（Dawn Redwood 曙のセコイア）と表現しました。おそらくそれを知ったのでしょう、植物学者にして東大名誉教授の木村陽二郎は、和名をアケボノスギと名づけました。おもむきのある名であったので、一躍有名となりました。

昭和天皇の愛木

昭和24年（1949）10月、生物学者たる昭和天皇に、カリフォルニア大学古生物学教授R・W・チェルニーから苗木と種子が献上されました。さっそく天皇は苗木を皇居内の吹上御苑に植え、種子から育てた1本の苗木も同様にしました。

メタセコイアの成長は目覚ましく、1年目で25センチメートルほども大きくなります。たいていのスギやマツは、同じ期間育てても通常3センチメートルほどですから、すごさが分かります。挿し木で容易に増やせることもあり、資源になりうる木として期待され、メタセコイア保存会が設置されると、各地に植えられました。しだいに、痩せ地では育ちが悪く資材としても今一歩と判明し、林業には不向きと考えられました。それでもその偉容は好まれ、公園樹や街路樹としてしばしば使われたので、今でも見ることができます。

メタセコイアの生育具合を眺めるのを、ことのほか好んだ天皇は、“木”をテーマとした昭和62年(1987)の歌会始で「わが国の たちなほり来し 年々に あけぼのすぎの 木はのびにけり」と詠みました。メタセコイアの後ろに、国民の姿を重ねたのでしょう。この木は戦後日本の復興のシンボルだったのです。

この年の夏、天皇は“慢性すい炎”を発病、いったんは快復に向かうものの、翌々年に崩御しました。現在、昭和天皇誕生日が“みどりの日”と名称が変更され、祝日のまま残されています。生前、天皇が各地で植樹祭を行ったことに由来し、往時の人徳を偲んでいるのです。

忘れ去られる化石

河野典生の『街の博物誌』収録の「メタセコイア」では、ある夫妻と、小学校高学年の女の子、3歳くらいの男の子の4人家族が、毎週日曜、都心の一等地に生えるメタセコイアの成長を見にいきます。最初のうちは「何か特別な目的があるのではないか？」と、人々の関心を惹きました。しかし単なるピクニックだと分かると、家族は街の点景と化し、時折通行人の好奇の視線にさらされるだけとなりました。そしてメタセコイアについては、化石となってすっかり人類に忘れ去られた経緯そのままに、家族以外誰も注意を払いませんでした。

メタセコイアの存在は、忘却の彼方に消えてしまうのでしょうか？

そして平成へ

平成には、中高年の主婦層を中心に韓《かん》流《りゅう》ブームが起きました。火つけ役となったのが、ユン・ソクホ監督のテレビドラマ『冬のソナタ』です。オープニングで使われた、雪の降りしきるメタセコイアの並木道が印象的で、物語の重要なシンボルであることを匂わせています。

第2話「はかない恋」にて、女子高生のチョン・ユジンが、転校生のカン・ジュンサンとのデートで訪れたのが、メタセコイアの並木道のある湖畔です。晴れわたった青空の下、先日まで降り積もった雪と戯れるふたりは、初キスを交わします。

直後、運命に弄ばれるかのように離別したふたりですが、10年後に再会を果たすと、この想い出の地を訪れました。交通事故で記憶を失ったジュンサンは、ユジンと幸せな過去を追体験することで、徐々に記憶を確かなものにします。

細く長くそびえるメタセコイアの並木道は荘厳で、あたかも神域に通じているかのようです。ふたりが結ばれるためには、各国に残された冥界下りの逸話よろしく、このゲートをくぐり、戻ってくる必要があったのでしょう。
　ソウルの北東に位置する春川《チュンチョン》市の郊外、北漢江《ブクハンガン》に浮かぶ南怡島《ナミソム》がロケ地で、今では観光名所として脚光を浴び、多くの日本人が訪れるようになりました。
　このように、生きた化石たるメタセコイアは、いつの時代も形を変えながら、我々の関心を惹き続けるのです。

Paulownia

キリ
瑞祥を宿す皇室の紋章

　キリはゴマノハグサ科のキリ属の落葉高木で、小さな筒のような形をした淡い紫色の花を咲かせる、なじみ深い木です。
　一般に中国原産といわれますが、古くから日本にも自生しています。日当たりのいい水はけのよいところを好み、直径は1メートル、高さは10メートルを超えるくらいまで成長します。灰白色の樹皮は滑らかです。若木は長さ1メートルほどの大きな葉をつけることもありますが、葉は成長するにしたがって小さくなります。葉には細かい毛がついていて、粘りつくような感触がします。
　5月から6月に筒状の花を咲かせ、初冬に風に乗せて翼ある種子を飛ばします。このときすべての種子を放つのではなく、少しだけ果実の中に残しておきます。春までに山火事が起きたときは、その中にある種子が落ち、いち早く芽を出し、再びキリの木を再生させるのです。

キリの名称について

　和名キリは“伐《き》り”からきているといわれます。キリは成長が早いうえに、一度根本まで伐ると以前よりもたくましく育つため、“伐られて栄える木”と称えられたほどだったのです。
　“桐”という漢字は、木であることを示す木偏と、花の形が筒状であることを示す“同”からなった字で、その特徴をよく表しているでしょう。
　キリの属名にして英名でもあるPaulownia は、日本の動植物を研究した博物学者シーボルト（Siebold）による命名です。日本にて貴人の紋章として用いられるキリを、初めてヨーロッパに紹介したシーボルトは、パトロンのオランダ王妃アンナ・パウロウナ（Anna Paulowna）に敬意を表し、その名前から学名を採ったのでした。

誕生花と花言葉

　キリは開花時期である5月8日と9日、6月13日の誕生花です。
　花言葉は“高尚”です。この花言葉は、キリが我が国の皇室と深く結びついていることを思い起こさせてくれます。

匂い立つ桐材

よい香りのするキリの材木には、軽くて丈夫で腐りづらいという特性があります。加工も容易で美しい材質なので、古くから良質な木材として、衣類や調度を入れる長持やタンスの材料として愛好されました。かつては、女の子が生まれるとキリの苗木が植えられました。その子が嫁にいく年頃になると、十分成長したキリの木は嫁入道具の材として使われたのです。

ほかにも、茶器やかけ物を入れる箱などにも利用されます。音響性にも優れているので、琵琶や琴の材料としても用いられます。

こうした利用はもっぱら日本でのことで、外国では街路樹や公園の木にしか使われていないようです。

桐林の主

民話の豊富なことで知られる岩手県の遠野市には、キリの花にまつわる話が伝えられています。

当時、上閉伊《かみへい》郡の付馬牛《つくもうし》村《むら》に、磐司《ばんじ》という狩人がいました。磐司は「妊娠中の女性に触れると穢れてしまう」という風習を破り、身重の女性に化身していた山の神を助けたことで、その加護を授かっていました。

ある日、そんな磐司の住む早池峰山《はやちねさん》の小屋に、この山の主である老人がやって来ます。「自分の山を乗っ取ろうとする、ほかの山の主から守ってくだされ」と老人に頼まれた磐司は、この山を狙う山の主を退治し、早池峰山を守りました。

感謝しきりの早池峰山の主は、磐司を山奥の洞穴の中にある桐林に連れていきました。この場所が気に入った磐司は、自ら磐司ヶ洞《ばんじがほら》と名づけたといいます。

磐司の死後は、キリの花の咲く季節になると、川を通じてその薄紫色の花が流れるようになりました。この光景に惹かれた村人は磐司ヶ洞を探しましたが、とうとう見つけることはできなかったそうです。

ちなみに、キリは岩手県の県花で、南部桐の産地としても有名です。ほかに、福島の会津桐や新潟の越後桐もよく知られています。

キリと琴

古来より中華の中心であった河南には、森の王たる1本のキリの木があったといいます。あるとき、この木に惹かれるようにやって来た仙人が、このキリを琴に変えてしまいました。

その琴を手に入れた皇帝は、名立たる楽士を集めて弾かせましたが、みな不愉快な音を出すことしかできません。そんな中、皇帝の前へ現れたひとりの楽士は、演奏する前に琴に触れ、何やらささやきました。すると琴は音を奏で始め、森にいたときに聞いた自然の音楽を紡ぎ出したのです。

驚喜した皇帝が「どんな方法を用いたのだ？」と尋ねると、その楽士は「キリが自らの知る音を奏でてくれるよう願い、励ましたのです」と語りました。

鳳凰の止まり木

キリと名のつく木にアオギリがあります。アオギリ科アオギリ属の木で、漢字では梧桐《あおぎり》または青桐です。キリと類縁ではありませんが、葉の形状が似ていることから、昔はキリの一種と考えられました。

中国では、聖者の登場を示す神獣である鳳凰の棲む瑞祥木です。その思想が伝えられた日本では、アオギリはしばしばキリと混合されました。たとえば花札では、キリは12月の花として、鳳凰とともに描かれています。なぜキリが12月の花とされたかというと、冬に咲く適当な花がなかったので「ピンからキリまで」で終わりを示すキリとかけたといわれています。

仲間になり損ねた木

松・竹・梅は、古くから"歳寒《さいかん》の三友"と呼ばれ、めでたきものの象徴です。歳寒とは"寒い時期"のことで、三友とは"交じり合ってためになる三人の友"を指し、全体では"どんな苦境にあっても揺るぐことのない友情"という意味になります。

中国の童話には、梧桐がこの仲間に入って、いずれは"四友"と呼ばれたいと願った話があります。梧桐の望みを聞いた松竹梅は「葉を失うことに耐えられるならば」と答え、梧桐を迎え入れました。さっそく三友の近くにやって来た梧桐ですが、三友は毎日のように修身の本を持ってきて「志と操を保つように」と説きました。梧桐はしだいにその説教を疎ましく感じ、葉も1枚ずつ風に飛ばされていきました。冬になるころには我慢できなくなり、三友に別れを告げます。そのときの梧桐には、葉は残っていませんでした。

高貴なる紋章

キリは、古くより皇室の紋章として使われてきました。大量に中国の思想が入ってきた平安時代の初期には、天皇の衣服に桐紋が、鳳凰、竹、麒麟とともに用いられています。

紫式部の『源氏物語』に登場する光源氏の母・桐壷《きりつぼ》の名は、その女性の御殿の前にキリが植えられたことに由来します。この桐壷が帝の寵愛を受けたという話は、宮廷でもキリの地位が特別であったことを暗示しているとも考えられます。

天皇家の家紋となった時期は定かではありませんが、遅くとも鎌倉の後醍醐天皇の時代には用いられ、のちに室町幕府を開く足利尊氏に下賜されました。以後足利氏は、大功をあげた武士に桐紋を与えるようになり、これを有する家は名門であるとされたのです。

戦国時代を生き残り、天下人となった豊臣秀吉は、朝廷から桐と菊の両紋を拝領したのち、桐紋をやたらと配ったため、空前の桐紋ブームが起きました。甲冑や刀剣の紋様だけに留まらず、絵画、彫刻、建築、さらには調度品にまで桐紋が使われました。そのうち、拝領してもいないのに桐紋を使い出す者もいたので、秀吉自ら禁止令を出したほどです。こうして名誉の証となった桐紋は、江戸期を通じ

て人気を保ち続け、幕末には大名と旗本の2割も使用していました。

明治に入ると、天皇家は菊を表紋に定め、キリは裏紋とされました。もっともこれは、以前からの状態を正式に制定したに過ぎません。では、皇室や日本国を示す意味での桐紋は、現在使われているのでしょうか？

実は、パスポートの写真部分に割り印として使われているのが、皇室の裏紋たる五七の桐なのです。キリの図案は500円硬貨の表にも採用されました。

冠婚葬祭を除いて、家紋を見かけることなどほとんどなくなった現在でも、キリは日本の重要なシンボルとして使われ続けているのです。

Mistletoe

ヤドリギ

大地に根づかぬ奇跡

ヤドリギは、温暖な地域を中心に世界のあちこちで見ることができる寄生植物です。宿主となる木に根を食い込ませ、養分や水分を吸収して成長することから、日本では「木に宿る」という意味そのままに“宿り木”と名づけられました。寄生する性質から“寄木”または“寄生木”とも書きます。

その緑色の葉は、なめした革のように厚い楕円形で、茎はふしくれだって2股や3股に分かれています。早春、雄花の茎の先端に黄緑色の花を咲かせ、晩秋に雌花が淡黄色の真ん丸な実をつけます。実が赤くなる種類は、特にアカミヤドリギと呼ばれます。

ベトベトした果実は小鳥の好物です。実を食べた小鳥が枝で用を足したとき、糞が粘着することで、セイヨウナラをはじめとする落葉広葉樹に宿るのです。

ヨーロッパに生育するセイヨウヤドリギには、ウィスクム・アルバム（*Viscum album* 白いとりもち）という学名がつけられました。その果実が白く、粘着質であるため、鳥や昆虫を捕らえる“とりもち”に用いられたことからの命名です。

ヤドリギは落葉しきった冬の木々の中で、唯一緑の葉をつけているので、一瞥《いちべつ》しただけで見分けることができます。「異なる小枝」という意味がある古代英語Misteltanから変化した英名ミスルトゥは、ヤドリギの外見を端的に表しているのです。

誕生花と花言葉

ヤドリギは2月6日の誕生花です。ヤドリギには病気や厄災を克服してくれる力があると信じられたことから“困難”の象徴とされ、花言葉にもなりました。寄生植物であることから“厄介もの”という意味もあります。実際、誰か他人に“宿り木”されたら、あまりよい印象を受けないでしょう。

さまざまな薬効

古代ローマの博物学者・大プリニウスの『博物誌』によれば、ヤドリギの果実を割ったものを水で浸して腐らせたのち、流水の中で砕くと、皮が取れて中身がネバネバとしてきます。これを油で固めてこねた“とりもち”は、皮膚の炎症に効き、分泌器官の粘膜である腺腫《せんしゅ》から悪い体液を取り除きます。樹脂と蜜蝋《みつろう》を混ぜると、化膿した皮膚にもよいといいます。荒れた爪のざらざらを滑らかにする働きもあります。

果実にはでんぷんが含まれているので、食用にもなります。ただし苦いので、もっぱら家畜の飼料に使われます。

漢方では、ヤドリギの茎や葉を乾燥させたものを桑寄生《そうきせい》といいます。桑の大木に寄生したヤドリギを処方したという話が、名前の由来です。桑寄生は肝腎を強めて筋骨をたくましくし、腰痛や関節痛の痛みをやわらげ、胎動不安や妊娠時の出血を治めるという効果があり、現在は高血圧や狭心症の治療にも用いられています。

天と地の狭間の木

ヤドリギは、天空と大地のいずれにも属さない中間の場所に生えるため、古くから特殊な木と考えられました。

ギリシア神話には、クレタ島の王ミーノース（Minos）の王子グラウコス（Glaukos）にまつわるヤドリギの話があります。

幼いグラウコスが宮殿から行方不明になったとき、予言者ポリュエイドス（Polyeidos）の占いによって、王子は庭にある深い蜜甕《みつかめ》の中にいることが判明しました。ところがすでにグラウコスが死んでいたため、ミーノースに「生きたまま連れてこい」と厳命を出されたポリュエイドスは、王子の遺骸と一緒に暗い墓所に閉じ込められてしまいます。

途方に暮れていたところ、1匹の蛇がグラウコスの遺骸に近づいたので、石で打ち殺しました。そこへ現れたもう1匹の蛇が、死んだ仲間の上に、とある草を置いたと思うと、その蛇が息を吹き返しました。そこでポリュエイドスは、同じ草をグラウコスの遺骸にこすりつけたところ、蘇ったのです。

この不思議な草こそ、ヤドリギであるといわれています。

ヤドリギを意味するイクシア（ixia）が由来する名の人物に、イクシーオーン（Ixion）がいます。雷帝にしてオークの王ゼウス（Zeus）の妻ヘーラー（Hera）に横恋慕したイクシーオーンは、ゼウスによって雲から生み出されたヘーラーそっくりのネペレー（Nephele 雲）が自分の寝所に遣わされると、喜んで交わりました。そのことを誇ったため、イクシーオーンは天罰を受けたのです。また、彼の妹コローニス（Koronis カラス）は、オークに寄生したヤドリギによって癒やしを与える半女神であるといいます。

イクシーオーンの想いを遂げようとしたさまは、ヤドリギとオークの関連性を彷彿させます。コローニスが種子を運ぶ鳥の役目を果たしていることを考えると、この三者の関係は、ヤドリギの生態と見事に符合するのです。

バルドルの死

北欧神話の主神オーディン（Odin）とその妻フリッグ（Frigg 愛されるもの）のあいだには、バルドル（Baldr 白または栄光）という優れた息子がいました。太陽神バルドルの顔や髪は輝き、その肌は抜けるように白かったといいます。

息子の安全を願うフリッグが、天と地の万物に対して「バルドルを傷つけない」という約束を取りつけたことで、神々は敬意を払うため、バルドルを傷つけようと試みることが習慣になりました。バルドルがちやほやされるのが気にくわないロキ（Loki）という悪賢い神は、女に変身してフリッグに近づくと、唯一ヤドリギだけが「誓いをさせるには若過ぎる」という理由で、その約束から漏れていたことを聞き出します。さっそく取ってきたヤドリギを、バルドルに狙いをつけられずにいる盲目の神ホズ（Hodr）に渡し、けしかけました。

ホズが放ったヤドリギの矢によって、バルドルは体を貫かれ、息絶えてしまいます。こうしてその遺骸は船に乗せられ、火葬されました。ただし、神々と巨人族の最終戦争ラグナロクを経て、世界が新生されたとき、バルドルは蘇ると伝えられています。

J.G.フレイザーの民俗学の大著『金枝篇』によれば、スウェーデンでは、太陽の高度が最大となる夏至の前夜にヤドリギが採取され、北欧の怪物トロール（Troll）除けにされています。同日、バルドルの名前を冠した大篝火が焚かれ、長いあいだ、この神話を伝えてきました。

そして、冬になって宿主であるオークが葉を落としているのにもかかわらず、宿生しているヤドリギだけが青々とした葉を生やしたままなので、樹木に宿る神

の命がヤドリギに移されたと語られています。つまり、オークの王であるバルドルを貫いたヤドリギは、バルドルの命そのものなので、ヤドリギを折られ投げつけられたことで、死に至ったのです。

それを示すかのように、セイヨウヤドリギの果実の白さ、家々に飾られて数か月置かれた枝の放つ黄金色の輝きは、バルドルの外見と一致しています。

神聖樹からの恵み

ケルト人は神聖なる樹オークに寄生するヤドリギを"すべてを癒やすもの"と呼び、服用することで多産の恵みを授かり、あらゆる毒の解毒剤になると信じていました。不妊治療薬とされたのは、ヤドリギが神の万能なる精子とみなされたためともいわれます。実際ヤドリギの果実は、粘着質で白っぽいところなど、精子に似ていますね。

大プリニウスの『博物誌』によれば、ケルト人はオークに宿るヤドリギを発見すると、月齢の6日目を選んで儀式を行います。2頭の白い野生の牡牛の角を縛ったあと、白い上衣をまとったケルト人の司祭ドルイド（Druid）が樹に登って黄金の鎌でそのヤドリギを切り取ります。白い布で包んで地上に持ち帰ると、神の恩寵に感謝し、2頭の牛を屠るのです。

黄金の鎌を使うのは鉄を嫌うためで、切り取ったあとに白布で包むのは地面につけるのを避けるためです。そうしてしまうと、ヤドリギに込められた魔力が失われると考えられたのです。

儀式のあとはヤドリギの枝を分け与

え、天井に吊し上げて魔除けとしました。

中世のヤドリギ

中世のキリスト教会では、ヤドリギは異教と結びつくものとして、忌避されました。

しかし、イギリス中西部のウースターシャーでは、毎年クリスマス・イヴにヤドリギの小枝が家々に飾られ、古いヤドリギは燃やされます。この日の前に切り取ることは、家族の死を意味したので避けました。

イングランドでは、新年を迎えて最初に出産した牝牛にはヤドリギが与えられました。そこには、ケルト人以来の多産への祈りが込められています。ウェールズにも同じ習慣がありますが、こちらは新年の第4日以降という条件がつきます。また、ヤドリギの量が多ければ、その年は豊作であると予測されました。

ほかにも、ハロウィーン・イヴの前夜にヤドリギを伐ると、魔女を撃退する魔除けとして、その小枝を首の周りにつけます。子供の寝台に置くことは、妖精から守ることになります。

ドイツでは、この小枝の魔力で、古い屋敷に棲みついた幽霊と会話を交わせたともいいます。

古代から現代へ

現在でも、ヨーロッパではクリスマスにヤドリギの枝を買って帰り、室内の飾りとする伝統が残っています。

クリスマスに飾られたヤドリギの下にいる異性にはキスしてもよいという習慣が生まれ、ヤドリギにはキス・アンド・ゴー（kiss and go）という名称が生まれました。1952年にイギリスのトミー・コナー（Tommie Connor）に作曲され、クリスマスソングで知られる『ママがサンタにキスをした』でも、サンタ・クロース（Santa Claus）に扮した父親が母親にキスをしたのは、ヤドリギの下でした。

古《いにしえ》の風習は本来の意味が忘れられ、形を変えつつも、このように現代に受け継がれているのです。

Ivy

ツタ

永遠の愛、霊魂の不滅

ツタは、主に観賞用に人気の高い植物です。広くはキヅタ、ツタウルシなどの蔓性木本の総称ですが、ここでは特にブドウ科の落葉蔓性木本のことを蔦、ウコギ科の紅葉するが落葉しない蔓性木本をアイヴィとします。どちらも、茎が巻き髭状になっており、それらによって壁や他の植物に絡みつき育っていくのが大きな特徴で、周りにつかまるものがない場合は、自重で垂れ下がっていきます。蔦は日本列島および朝鮮半島が原産で、中国地方に広く分布されていますが、園芸に使われているアイヴィは、主にヨーロッパや北アフリカ原産のものです。

学名は、蔦はパーセノシッサス（*Parthenocissus* ツタ属）といい、ラテン語の“処女 parthenos ＋ ツタ cissus”で、フランス語の“処女ブドウ（vigne-vierge）”および英語の“Virginia creeper（エリザベスⅠ世 Virgin Queenの蔓植物）”からきています。アイヴィの学名はヘデラ（*Hedera* キズタ）といい、アイヴィの古代ラテン語です。日本語の「蔦」は“伝わる”という言葉からきています。おそらく漢字は当て字で「鳥のように伝っていく植物」ということなのでしょう。英語では一般に表記する際、蔦とアイヴィの区別はつけません。どちらもアイヴィ（ivy）と書き、イギリスではセイヨウキヅタ（English ivy）を、アメリカではアメリカヅタとも呼ばれるヴァージニアヅタ（Boston ivy）を指すことが多いようです。落葉植物である蔦は、常緑のアイヴィが「フユヅタ」という別名を持つことに対応して「ナツヅタ」といわれることもあり、また紅葉が美しいため、ツタモミジとも、地錦とも呼ばれていたりもします。漢字名は常春藤で秋の季語でもあります。また古代ギリシアではアイヴィもキッソス（kissos）と呼ばれ、これがアイヴィとよく似た植物である蔦の学名につながったものと思われます。

誕生花と花言葉

一般的に、ウコギ科のアイヴィは12月20日の誕生花、ブドウ科の蔦は11月17日の誕生花です。どちらも花言葉は“誠実”“結婚”“永遠の友情”“死んでも離れない”（アイヴィ）、“誠実”“結婚”“勤勉”（蔦）と、ツタが樹木や壁などにしっかりと絡みつくことからの、結束の固さを表現したものが多いようです。また、蔦の別の花言葉として、いろいろなところへ伝っていくというところから“遊戯”“美しさが唯一の魅力”というのもあります。

ツタの利用法

ツタは、主に観賞用の植物として園芸に使われることが多く、特に建物の壁や地面などに張りつかせるグラウンドカバーとして広く愛用されています。グラウンドカバーは見た目を楽しむだけでなく、夏の暑さを軽減する作用もあり、甲子園に張り巡らせてある蔦はとても有名です。また、幹には糖分も多く含まれ、昔、砂糖のなかったころには、早春に蔦の幹から採った汁を煮詰めて「アマヅラ（甘葛、甘い蔓の意）」と呼ばれる甘味料も作られていました。また、キズタの葉の絞り汁をお酒に入れて飲むと、麻酔、催淫、幻覚などの作用を誘発する媚薬となり、古代ローマでは神託儀式に憑依をかき立てるために用いられていました。

また、ツタの仲間であるスイカズラ科のスイカズラは、茎や葉を乾燥させると忍冬《にんどう》、花のつぼみを乾燥させると同様の効き目がある金銀花《きんぎんか》という生薬になります。どちらにも鎮痙《ちんけい》、利尿、抗炎症、抗菌作用があり、皮膚病や化膿性疾患に用いられます。また梅毒、淋病、腸炎、関節痛、腰痛、痔、風邪など、さまざまな病気に民間薬として使われてきました。山口県の周防大島《すおうおおしま》町では、古くから忍冬を煮出してニンド茶として飲む習慣があり、風邪や老化を防いでいます。

古代ローマとアイヴィ

古代ローマでは、ブドウ酒の神バッカスとアイヴィには深い関係があり、彼のかぶっている冠は月桂樹とアイヴィでできています。ギリシア神話では同じく酒の神であるディオニューソスが、アイヴィの中から生まれたとされています。

妖精《ニュンペー》のキッソス Kissos（シスス Cissus）は酒神ディオニューソスの熱狂的な崇拝者でした。キッソスは神々の宴席に招かれたときに踊り続け、ディオニューソスの足元で力尽きて倒れ、そのまま死んでしまいました。感動したディオニューソスは、その妖精の優雅な踊りを称え、亡骸を古代ギリシアではキッソスと呼ばれていたアイヴィに変えました。

そのように、お酒の神と関係の深いアイヴィですから、昔から悪酔いを防ぐ植物とされ、酒癖の悪い恋人や父親を治す白魔術「バッカスの秘呪」の材料にもなっています。ギリシア人は酒の神バッカスにアイヴィを捧げ、新酒ができるとワイナリーや酒場の軒下にアイヴィを飾り「ヌヴェロ（新酒）あり！」と宣言しました。また、アイヴィは永遠の友情や愛、霊魂の不滅や永遠の生の象徴でもあり、結婚式や葬儀、農神祭にも使われていました。

フィレンツェのアイヴィの伝説

フィレンツェでは、アイヴィの茂る家は裕福さの象徴ともみなされていましたが、常緑のアイヴィが急に枯れ落ちるのは災難の前兆とされ、町の人々から嫌われていました。

12世紀ごろ、修道院のそばにアイヴィに覆われた1本の高木があり、そのアイヴィは修道院の壁も覆っていて、修道院には「アイヴィが枯れ落ちれば修道院も危ない」という言い伝えがありました。

あるとき、フィレンツェの町に伝染病が流行しました。大勢の市民たちが修道院に助けを求めましたが、規則で院の人間が俗界に立ち入ることを禁じていたため、修道院長は人々に立ち去るように冷たくいいました。食物も薬ももらえず、手当てもしてもらえなかった人々の中には、苛立ってアイヴィの根を切りつける者もいました。修道院長は熟考した末、「修道士は神へ奉仕すべきで、人間へ奉仕すべきでない」という考えが間違いであるとし、修道士たちに外へ出て奉仕するように命じました。しかし、そのとき修道院の壁を覆っていたアイヴィはすでに枯れ落ちてしまっていました。その後修道士たちも次々と死んでしまい、修道院は廃墟となってしまったのです。

アーサー王伝説とツタ

ケルト神話の中にも、強い愛情のしるしとしてツタが登場します。有名なのはアーサー王伝説に登場する、コーンウォール王に仕えるトリスタンと主君の王妃・麗しのイゾルデの逸話でしょう。

マリ・ド・フランスの残した物語詩 Laisにある『スイカズラ』の主題は、トリスタンとイゾルデの愛の深さを歌った

短編詩です。関係を怪しまれ、王に国を追放されてなおイゾルデが恋しいトリスタンは、こっそりと戻ってきたコーンウォールの森の中で、蔓性植物のスイカズラにふたりの関係を重ねています。

トリスタンは、王妃が移動に通るであろうと村人から聞いていた森の中で、スイカズラの絡みつくハシバミを見つけます。トリスタンはそのハシバミを伐って杖を作ると、そこに自らの名を刻み、イゾルデの目のつきやすいところへ置いたのでした。トリスタンは「ふたりの結びつきはこのハシバミに絡みついたスイカズラそのものであり、ふたつを無理に引き剥がそうとするとお互いが枯れてしまうのと同じく、私たちもお互いなくしては生きられない」と、今の身の裂かれるような想いを、2本の植物に託したのです。しばらくしてイゾルデがその杖を見つけると、トリスタンのいわんとしていることを一目で察知し、森の奥で待っていたトリスタンと、つかの間のひとときを過ごすのでした。

また、ドイツの作曲家リヒャルト・ワーグナー（Wilhelm Richard Wagner 1813～1883）が楽劇として発表した『トリスタンとイゾルデ』では、ラストでアイヴィが重要な役割を果たします。

コーンウォールを離れたトリスタンは、海を隔てたブルターニュで暮らし始め、そこで出会った「忘れえぬ愛しい人」と同じ名前で、白く美しい手をしている「白い手のイゾルデ」と出会い、結婚します。しかし過去の人が忘れられず、自分の妻を愛せない自分に、トリスタンは苦悩します。やがてすべてを忘れるために、トリスタンは戦地に身を置くようになりました。ある日、妻の兄の願い出を受けた決闘で、トリスタンは毒が塗られた刃で傷を負い、瀕死状態に陥ります。そこで「最期に一目、麗しのイゾルデに会いたい」と妻の兄に頼みます。その知らせを聞いた「麗しのイゾルデ」は大急ぎでトリスタンのもとへ向かいますが、トリスタンは彼女を待ちながら息絶えてしまいます。ようやく「麗しのイゾルデ」がトリスタンのもとへたどり着き、彼の死を知ると、イゾルデはショックのあまり、彼のかたわらで息絶えてしまいました。これを聞いたイゾルデの夫であるマーク王は怒り、ふたりを別々に葬ります。しかし、トリスタンの胸からアイヴィが生え、その蔓がすぐにイゾルデの墓から生えたもう1本とつながり、お互いの永遠の愛情を示すかのように互いに絡まり合いました。これを見たマーク王は、ふたりの愛が不正なものだとしても、自然なものであると悟り、ふたりを一緒にして自らの礼拝堂に葬り直しました。

『伊勢物語』と蔦の細道（蔦の下道）

現在の静岡県静岡市に位置するあたりには、平安時代から鎌倉時代にかけて主要道路となっていた「蔦の細道」と呼ばれる古道があります。名前にもある蔦かえでをはじめ、さまざまな植物が見ものこの道は、『伊勢物語』で在原業平が通った場所として知られています。

『伊勢物語』第9段では、東下りの途次に業平の一行が顔見知りの修行者に出会い、都にいる恋人へ手紙を託す場面が描かれています。ここで業平は“駿河なる宇つの山辺のうつつにも 夢にも人に逢はぬなりけり”と歌い、恋人に会えない今の状態を嘆いています。

アイビーリーグ

アイビーリーグは、ハーバード大学、イエール大学、ペンシルバニア大学、プリンストン大学、コロンビア大学、ブラウン大学、ダートマス大学、コーネル大学の、アメリカ北東部の名門8大学による、アメリカンフットボールのリーグ戦のことを指します。アイヴィが大学のレンガ造りの校舎に覆い茂っていることからこの名がついたと思われがちですが、本来は「レギュラー同士の」という意味の「INTER-VARSITY」からきており、これを略して「I-V-Y」と呼び習わされていたのですが、1930年代のあるときに、ニューヨークの新聞記者がこれを間違えて「IVY（蔦）」とスペルを書いて報道し、それ以来、アイビーリーグという名前がついたというわけです。しかしながら、最初にアイヴィを大学の校舎に這わせたのはこのアイビーリーグに属するプリンストン大学で、あながちアイヴィと関連性がないともいえません。

ツタからくるイメージ

日本では蔦の葉を文様や紋章のデザインとしてよく使いました。特に家紋で蔦の紋は日本十大紋のひとつとされるほどポピュラーで、蝶や方喰《カタバミ》と並んで女性にとても人気が高いデザインのひとつです。また、蔦もアイヴィも、見た目は優雅ながら他にまとわりつく性質から、女性を表す植物として詩や小説で多用され、男性を表すオークと対比されます。また、女性の象徴として芸妓や娼婦たちに好まれていたという、おもしろい話も残っています。

E.R.バロウズの《ターザン》シリーズに登場する野生の遺児ターザンは、「アーアアー」という高らかな雄叫びとともに、ツタにつかまり、弧を描いて移動するというイメージがありますが、実際のところは木の枝を飛び移っています。このシリーズが映画化された際、木の枝にぶら下がり隣の木に飛び移るターザンを見て、ターザンが用いたしなやかな植物をツタだと思い込んだ観客があまりにも多かったのでしょう。この勘違いは広く定着し、滑車につながれたロープにつかまってワイヤーを滑っていく「ターザンロープ」という遊具ができたほどです。公園やアスレチック場では、ツタに見立てたロープにつかまり、ターザンのまねをして楽しむ子供たちの姿を見ることができます。

カナダのプリンスエドワード島を舞台とするL.M.モンゴメリーの《赤毛のアン》シリーズには、蔦の絡まる家が多々出てきます。アンの《宿命《さだめ》の友》であるダイアナの家の台所の壁には蔦が這っており、屋根の上から転落したアンをネットのように受け止め、アンの命を救います。第2巻『アンの青春』に登場するミス・ラベンダーの家は、見事な蔦が家全体を覆っており、美しい青銅色とワインレッドに色づく葉の輝きを見たアンは「おとぎ話か、夢の中から抜け出したみたい」と感激しました。また、アンが得意の想像力を働かせて作り上げる理想の家にも、ツタは欠かせない存在となっています。ちなみに、アンが少女時代を過ごしたみどりの切妻屋根《グリーンゲーブルズ》の庭先にもツタ（vine/creeper）の表記がありますが、6月前に「赤いつぼみが大きく膨らんでいた」ことや、スイカズラの英名がwoodbine（木質の蔓）であることから、これはおそらくスイカズラ科のツキヌキニンドウ（trumpet honeysuckle）でしょう。

ツタの絡まる家というのはとても神秘的で、憧れの対象となりますが、ときに不気味な雰囲気をかもし出し、邪悪なものを感じさせることもあります。人々は、複雑に入り組んだツタの蔓と同じような気持ちにさせる“ツタの絡まる家”に、特別な感情を持つようです。

歌では、ペギー葉山が平岡精二作詞・作曲の『学生時代』で「つたのからまるチャペルで 祈りを捧げた日 夢多かりしあの頃の 想い出をたどれば 懐かしい友の顔が 一人一人うかぶ」と、学生時代を振り返る懐かしさや寂しい雰囲気を歌い上げました。

最後の一葉（The Last Leaf）

蔦の出てくる物語といえば、アメリカの短編小説家オー・ヘンリー（O.Henry）の短編小説『最後の一葉（The Last Leaf）』が有名です。ヘンリー自身の経験と見聞に基づいたこの物語は、読者に勇気と希望を与えてくれます。

アメリカニューヨーク州、ワシントンスクエアの西の小地区は、とても入り組んだ道で「プレース」と呼ばれる小さないくつもの区域に分かれていて、そこに多くの芸術家が住み込み、その中の一角にスーとジョアンナ（ジョンジー）がアトリエを持っていました。その年の冬に肺炎が流行り、ジョンジーも病に伏してしまいます。医者からも匙を投げられ、あとは彼女の生きたいと思うかどうかにかかっているといわれますが、ジョンジーは生きる希望を失っていて、ベッドから見える、落葉していく向かいの蔦の葉を見ながら「最後の一枚が散るとき、私も一緒に行くのよ」とつぶやきます。そこでスーは、「自分が仕事を終えるまで窓の外を見ないでほしい」と持ちかけ、スーたちの下の1階に住んでいる画家のベーアマン老人のもとへ行き、ジョンジーの状態を話します。その日の夜はみぞれ混じりの大雨でしたが、翌日ジョンジーが窓の外を見ると、最後の一枚はずっと残っていました。その翌日になっても、それは変わりませんでした。それを見たジョンジーは生きる希望を取り戻し、体調も回復に向かっていきました。その翌日、ベーアマン老人が急性肺炎のため亡くなったと聞かされました。それは、ジョンジーがずっと見ていた蔦の葉の最後の一枚が落ちたその雨の晩、彼が冷たい嵐の中、壁に蔦の葉を描いてくれたからなのでした。

生きている蔓植物

ファンタジーの世界では、動く蔓植物の類をひとくくりに「タングル・ツリー」と呼びます。

J・K・ローリング作の《ハリー・ポッター》シリーズでは、近づくものに長い蔓を絡みつかせ、解こうとすればさらにきつく巻きつく悪魔の罠（Devil's Snare）、長い触手と鋭い歯も生えてくる毒食手草（Venomous Tentacula）、近づくものをみな太い枝や小枝で叩き壊してしまう暴れ柳（Whomping Willow）、ライマン・フランク・ボームの《オズ》シリーズでは、近づくものを投げ飛ばしてしまう暴れ者の木（Fighting Tree）、緑色のツタで触れたものを押しつぶしその養分を食べてしまうカラミヅタ（Clinging Vines）、木と間違えてしまうほどの大きさの草である人食いの木（Deadly Plants）、自分の意思や感情を持ち、しゃべることもできる薔薇王国（Rose Kingdom）のバラたち、ポール・スチュワート作《崖《がい》の国物語》では、チスイカシ（Bloodoak）と共生する、トゲの生えた触手で獲物を絡め取るアブラヅタ《タリー・ヴァイン》（Tarry vine 留まるツタ）など、多種にわたってタングル・ツリーが登場します。

また、E・E・スミスの小説『銀河パトロール隊』（1937）では、デルゴン星に生息する蔦植物があり、これは手の届く範囲のすべての動物を触手に絡め取り、触手にある吸盤から強力な侵食性の液をかけて獲物を消化します。この植物にも多少知能があるようで、主人公たちとの戦いの際、普段とは違う硬度の獲物と分かると、トゲのあるごつごつとした棍棒のような枝で主人公たちを叩き始めます。

アメリカン・コミックス《バットマン》シリーズに登場する悪女に「ポイズン・アイビー」がいます。彼女は植物を虐待する人間に復讐を企てる環境テロリストで、葉緑素に染まったエメラルドの瞳と眉毛に、蔦のように長く赤い髪。植物の葉でできたボディスーツがぴっちりと体を覆っており、男性の目を惹きます。コミックスでは一種の超能力で植物を操り、自らの血をたらして進化させた植物やアイヴィで敵を捕まえたり、ハエジゴクでバットマンに罠を仕かけたりしていました。映画では「ラブ・ダスト」というフェロモンのような粉を男性の顔に吹きかけ、愛の虜にしてしまい、サソリや蛇、毒グモなどから採取した猛毒ベノムの口移しで、甘いキスの代償に死を与えます。その美貌と耳をくすぐられるような言葉で男を絡め取り、次々と毒牙にかけていく姿は、名前の「ポイズン・アイビー」そのものです。ただし「ポイズン・アイビー」はアイヴィでなく、ウルシ科のツタウルシを指します。ツタウルシは雌雄異株の蔓性落葉樹で、漆より毒性は弱いですが、触れるとかぶれを起こす毒を持っています。

ツタの長い蔓と絡みつくイメージは、作家や読者の想像力を刺激します。想像の産物となったさまざまなツタが生を受け、ファンタジーの世界を伝っていくのです。

Ash

トネリコ

世界を支え、人間を守る

北半球の温暖な地域に分布するモクセイ科トネリコ属の木で、湿潤で肥沃な地で育ちます。属名のラテン語フラシヌス（*Fraxinus*）の原義は「分解する」であり、これは樹皮が容易に縦に裂けることからきています。

その樹皮は淡い褐灰色で、葉はノコギリのようなギザギザがあります。雌株と雄株に分かれた種類が多く、一緒のものはまれです。いずれにしろ、春に花を咲かせ、秋に翼のような実を垂らします。

大別して、枝の先端に花がつくアオダモの仲間と、枝の脇に花をつけるシオジの仲間の2種類に分かれます。

アオダモの花は、白く細く分かれています。アオダモという名の由来は、枝を切って水につけると青く染まることからです。

シオジの雄花は暗赤色、雌花は淡い黄緑色です。漢字では“塩地”と書きます。東北地方でのシオジは、ヤチダモのことです。ヤチは“谷地”または“野地”と書き、「湿地」を意味します。ダモはトネリコの別名タモノキからです。

タモノキは“田面の木”と書き、田の畦に稲掛として植えられたことが由来といいますが、耐久性、弾力性に優れた環孔材であることから“撓《た》む木”といわれ、しだいに転訛したのでしょう。高木となる特殊な木なので「“霊《たま》”と呼ばれた」という説もありますが、少々強引です。山水木石に神の宿る日本でこの説を採るなら、高木はすべてタモノキと呼ばれることになりますから。

ヨーロッパに生育するセイヨウトネリコは、高さ30メートル以上、幹の太さは6メートルにもなる最大級の高さを誇る木です。シオジのたぐいでヤチダモに似ており、樹皮はウロコにも、浮き出た血管のようにも見えます。雄花、雌花とも小豆色で、特に雄花は形も小豆そっくりです。この花はスウェーデンの国花になっています。

英名のアッシュは、古い英語にあたるアングロ＝サクソン語“AEsc”からきており、「槍」を意味しています。その語源はラテン語のオーヌス（ornus）と同じで、非常に古い言葉からきているので、ハッキリと分かっていません。AEsc がトネリコを表す理由は、古代に「槍の柄がトネリコで作られたから」と推測されます。

英語には、トネリコと同じ綴りで「灰」を意味する単語があります。原義はラテン語アーレーレ（arere 乾いている）で、語源も違う単語ですが、“灰”はトネリコの樹皮の色を連想させてくれます。

日本で広く知られているシマトネリコは、またの名をタイワンシオジといいます。初夏に大量に白いつぼみをつけた様子は、もう花を咲かせているみたいです。小さな花は開いたかと思うと、あっという間に散ってしまいます。実も白色で、葉の輪郭は滑らかです。トネリコ属としては異色ですが、現在は園芸用として最もポピュラーな種類となっています。

トネリコという名称の由来は、樹皮を煮たものに墨を混ぜて練ったものを、写経に用いたことから“共練り濃”と呼ばれ、それが変化したという説があります。しかし、仏教伝来以前から存在する木なので、これは俗説でしょう。

読みが同じ言葉に“舎人子”があります。“舎人”とは、律令時代に天皇や皇族に近侍して、護衛を中心に雑務をこなした下級官吏のことです。“子”は文字通り子供の意で、舎人に選出されたのが、主に貴族の子弟であることを表しています。

しかし古くからコには、木《コ》の実といわれるように、“木”の意味がありました。トネリコは家を守るように非常に高く育つ木ですから、主《あるじ》およびそこから枝のように伸びる一族、すなわちその家を守護する“トネリ”と結びつけられ、初めはトネリノコと呼ばれたのでしょう。漢字で“舎人子”と表記されたのち、しだいに“ノ”が欠落し、現在の形になったと考えられます。

そしてトネリコは貴族の、タモノキは庶民の呼称であったのならば、時代が経るにしたがって、その区分が曖昧となったと容易に想像できます。

ちなみに、トネリコの漢名は梣《シン》、樹皮は秦皮《しんぴ》です。

誕生花と花言葉

トネリコ全体の花言葉は“高潔”“荘厳”“思慮分別”で、年経た巨木にふさわしいものです。

シマトネリコの花言葉は“清楚”で、白くはかない花であるさまを端的に表しています。

セイヨウトネリコは12月27日の誕生花です。花言葉には“威風”“高貴”といった外見を表しているものから、“順応性”“謙虚”という、どっしりとした木の安心感にふさわしいものまであります。

ケルトの木の暦では、新緑の時期である5月25日から6月3日までと、秋の初霜が降りる11月22日から12月1日までがトネリコ期です。霜に弱いこの木は、葉が繁茂する時期を心がけています。

さまざまな薬効

かつてヨーロッパの人々は、山羊などの家畜がこの葉を食べると病気にならないと考えたので、枝ごと切り取って家畜に与えました。

古代ローマの博物学者・大プリニウスの『博物誌』によれば、そんな葉のエキスは蛇の咬み傷に効きます。蛇はこの木の力を恐れて、影にすら近づきません。触れるくらいなら、火の中に飛び込むほどだといいます。

翼状の果実の中にある種子をブドウ酒に入れると、肝臓や脇腹の痛みを癒やし、体内にたまった水分を出して体重を減少させる効果もありました。

イギリスでは、煮立てたトネリコの実と患者の尿の液に浸した黒いウール生地が、潰瘍にかかった耳の治療に効くとされました。自分で採った実を暖炉で焼き、その灰の上におしっこをすると、そのクセが治るともいいます。

トネリコの若木を割いて子供にくぐらせると、ヘルニアやくる病に効きました。

百日咳は、患者の髪の毛の房をトネリコにピンで刺しておけばいいそうです。4月から5月に新しいピンを用意し、トネリコの樹皮とイボとを交互に3度刺してからまじないを唱えれば、イボが取れるともいいます。

現在、樹皮は収縮する性質から収斂剤《しゅうれんざい》に用いられ、解熱薬や強壮薬にもなります。

ドイツでは、樹皮と葉を煎じて飲むと、慢性リウマチや足指の痛風に効くといって、今日でも服用する人がいます。

木材の加工

トネリコは加工しやすいので、さまざまな用途に使われます。

古くはスキー用具や雪靴などにも用いられ、ヴァイキングは舟の材料にしました。持ち主を水で溺れることから守るため、魔女の箒の材料にもなりました。

農具の柄がトネリコで作られていたため、ハズバンドマンズ・ツリー(Husbandman's tree 農夫の木)の異名もあります。

接着剤などに用いられる膠《にかわ》の材料にもなります。

木目も美しいので、建物や家具として利用されます。

トネリコで作ったバットは最高級品で、日本のプロ野球界では特に国産のアオダモが好まれています。

古代の武具

バットの素材にトネリコを使ったのは、伝統ゆえかもしれません。

古代から中世のヨーロッパでは、適度なしなりがあり折れにくいトネリコは、棍棒や槍の柄に使われました。

トロイ戦争におけるギリシアの英雄アキレウス(Achilles)の槍、北欧神話のアース神族の王オーディン(Odin 怒り)の槍グングニル（Gungnir 剣戟の擬音）は、どちらも柄がトネリコであったのです。

ギリシアの愛の神エーロース（Eros）の矢もトネリコ製でした。

大プリニウスの『博物誌』によれば、ガリアでは戦車の材料にも使われています。

武器に使うのは、ヨーロッパだけではありません。中国の武術で使われる白蝋杆《パイランカン》は、トネリコの木で作った長い棒です。

戦場で生き残るため、丈夫なトネリコ製の武具に自分の命を託すことは、古代においてはむしろ当然のことです。そのため、トネリコにはマーシャル・アッシュ（Martial ash 戦争のトネリコ）という別名も生まれました。マーシャルというのはローマ神話の軍神マルス（Mars ギリシア神話のアレース）からきた言葉ですが、このマルスが手にしていた槍も、柄はトネリコだったといいます。

ポセイドーンの聖樹

トネリコは、海神ポセイドーン（Poseidon）に捧げられた神樹です。

普通、古代ギリシア人と呼ばれる、ゼウスを信奉していたアカイア人は、侵略者であるアイオリス人がこのトネリコから生まれたと考えていました。アイオリス人はポセイドーンの島であるアトランティス（Atlantis アトラス山脈の西方にある）を支配していたのですが、アカイア人に攻め立てられ、ポセイドーンを象徴する大地震と大津波によって、島ごと海中に消えました。

トネリコの妖精

“トネリコの木”という意のギリシア語メリアー（melia）は、同時にトネリコに宿る妖精《ニュンペー》も指します。複数形はメリアイ（meliae）です。

メリアイは、世界の最初の支配者たる神ウラノス（Uranus 天空）の陰部が切り落とされたときの血が、大地母神ガイア（Gaia 大地）にこぼれて生まれました。このとき一緒に誕生したのが、親殺しと偽誓に報復する3姉妹の女神エリーニュス（Erinys 慈悲深い女神）です。

ロバート・グレーヴスの『ギリシア神話』によれば、オーク（oak）の王ゼウス（Zeus）の乳母であるアドラステイア（Adrasteia 逃れがたいもの）はメリアイのひとりで、女神ネメシス（Nemesis 配分者）と同一視されていました。

ネメシスは幸運の女神テュケー（Tyche もたらす）と対になる古い女神です。テュケーが気まぐれに配分した幸運で思い上がる人間には、ネメシスが神罰を与えてバランスを取るのです。

ともに報復するものであることから、いつしかエリーニュスとネメシスの役目が混同され、どちらも復讐の女神と呼ばれるようになりました。

アポロドーロスの『ギリシア神話』2巻1章1節では、メリアイのひとりメリアーは、夫であるアルゴス（Argos）の河の神イーナコス（Inachos）とのあいだに子供をもうけています。そのひとりがペロポネソス半島を支配したポローネウス（Phoroneus）です。ロバート・グレーヴスの『ギリシア神話』によれば、ポローネウスはギリシアに初めて市場町を造った人間でした。

トネリコから生まれた人間

北欧神話では、天地創造の際、神々の父オーディン、ヴィリ（Vili 喜び）、ヴェーイ（Ve'i 悲しみ）の3兄弟が浜辺を歩いていると、2本の木が打ち寄せてきました。そのうちの1本がトネリコで、ここからオーディンたちは最初の男アスク（Askr）を生み出しました。アスクは、西ゲルマン人の言語であったアングロ＝サクソン語の AEsc と同じく、トネリコを意味するのです。

ちなみに、もう1本の木はニレ（elm）で、最初の女エンブラ（Embla）が作り出されました。創造者もオーディン以外は、司祭ヘーニル（Hoenir）と欺きの神ロキ（Loki）のことと思われるローズルであるという伝承もあります。

世界を支える巨大な樹

北欧神話では、天上界まで伸び地上を枝で覆う世界樹は巨大なトネリコの木で、3本の根を生やしています。

1本目は、ニヴルヘイム（Niflheim 霧と死者の国）のフヴェルゲルミル（Hvergelmir 煮えたぎる鍋）の泉につながっています。この泉はすべての川の源で、中では飛竜ニーズホッグ（Ni'dhhöggr 嘲笑する虐殺者）を頭領とした蛇たちが、根を食い荒らしています。

2本目は、アースガルズ（A'sgardhr 神々の国）にあるウルズ（Urdhr 運命）の泉へ伸びています。そのほとりには運命の3女神ノルンがいて、根が乾かないように絶えず水をかけていました。

最後の根は、ヨトゥンヘイム（Jötunnheim 巨人の国）にあるミーミル（Mi'mir 水をもたらすもの）の泉にあります。ここは蜂蜜酒で満たされた知恵の泉で、同名の巨人ミーミルが守護しています。オーディンは片目と引き替えに、この蜂蜜酒を一口飲み、偉大な知識を身につけたのです。

オーディンは9夜のあいだ、世界樹の梢に首を吊って体を槍で突き刺すことで、ルーン文字の秘密を獲得しました。この出来事から、世界樹はユッグドラシル（Yggdrasil オーディンの馬）と呼ばれるようになりました。ユッグはオーディンの別名で、馬という意味は絞首台を「首吊りされた者の馬」ということからきています。

世界樹ユッグドラシルは、神々とその宿敵である巨人との最終戦争ラグナロクで天地が荒廃したあとも立ち続け、幹の中から原初の人間アスクのレプリカであるリーヴ（Lif 生命）を地上に送り出します。そのかたわらには、エンブラの分身であるリーヴスラシル（Li'fthrasir 命の叫び）が寄り添っていました。こうしてリーヴとリーヴスラシルは、現在の人間の先祖となったのです。

なお、ほかの世界樹については巻末で取り上げているので、そちらも合わせてご覧ください。

トネリコは家庭を守る

ドイツでは、大樹に成長するトネリコは、家々の生命を支える木です。

子供ができたときに植えられたトネリコは、子供の成長とともに大きくなり、しだいにその影で家を覆って保護してくれます。子供が結婚するときには、その費用にもなりました。

バイエルン北部のレーン地方では、春にトネリコの開花状況が、オークより早いと凶作、それより遅咲きだと豊作であると占います。

トネリコの若木は、水源や鉱脈を探るために占い棒として使われました。特に銅の探索に効果的であるといわれています。

かつてイギリスでは、トネリコは危険な動物や悪霊を遠ざける木と信じられていました。

そのため、旅立つ人の安全を祈願して「あなたの通る道が、トネリコの根のそばにありますように」という言葉を捧げました。

生まれたばかりの子供を魔物から守るため、トネリコの若い枝の一方の端を燃やし、逆の端から流れ出る樹液を、最初の食物として赤ん坊にふくませるという風習もありました。

また母親は、トネリコの木にかけたハンモックに子供を寝かせて、畑仕事に行きます。寝床にもトネリコの葉の束を置きました。

ほかにも、トネリコの木に吊したネズミが死ぬと、病気の家畜が治るといいます。

クリスマスの結婚占い

クリスマス・イヴには、トネリコの丸太が燃やされ、その薪束をもって旧年から新年への聖火の受け渡しが行われました。

スコットランドでは、このクリスマスの焚き火のときに、独身の娘がそれぞれトネリコの燃えさしのひとつを選び取るという風習がありました。真っ先に熱で弾けたトネリコの枝を手にした娘が、早々に結婚するという占いだったのです。

イングランドにも、同じような風習があります。蔓で束ねたトネリコの薪を火の中にくべ、やはり最初に蔓がほどけた薪束の持ち主が、間もなく夫を迎えると考えられたのです。

偶数の葉を持つものは偶数葉トネリコと呼ばれ、恋占いに使われました。イングランド北部のヨークシャー州では、これを枕の下に置いて寝た娘のところに、将来の夫が現れるといいます。

魔を祓うマウンテン・アッシュ

バラ科のナナカマド（rowan 魔除け）は山に育つ灰色の堅い木で、マウンテン・アッシュ（Mountain ash 山のトネリコ）という別名があります。

漢字で“七竈”と書く、その名称の由来は「7回カマドに入れても燃えることがない」という伝承からなのですが、ナナカマドを燃やすと上質の炭ができるので「7日かけて炭化させた」というのが真相でしょう。

春に咲く白い花はひっそりとしていますが、秋に熟する赤く丸い果実は、美しい紅葉の中でも目を惹きます。

外見的にはトネリコと共通点はありませんが、マウンテン・アッシュは護符に用いられる点、材質が強固な点で結びついているのです。

マウンテン・アッシュの一種であるソーブ（Sorb ナナカマドの実）は、ヴィルム川の洪水で流された北欧神話の雷神トール（Thor）の命を救った木とされています。北欧ではこの逸話にあやかって、船の外板に必ず1枚、ソーブを使うという習慣がありました。

しかしアイスランドでは、ソーブは無実の罪で殺された人の墓から生える、不吉な木です。船に使えば沈み、家屋に使えば破壊されるもととなるというのです。

スコットランドでは、マウンテン・アッシュで作った十字架には魔女の侵入を防ぐ力があると信じられたため、家の戸口につけられました。家の近くに植えられたり、屋根を支える大梁に用いられたのも同じ理由からです。農業を営む人々はマウンテン・アッシュの首飾りを身につけ、家畜もこの木で保護しました。

同じ仲間にサーヴィス・ツリー（service tree ナナカマドの木）があります。果実は食用とされ、酒の原料にも使われます。

サーヴィス・ツリーの精は家畜を守ってくれるので、フィンランドではこの木を突き立て、この精に祈りを捧げるのです。

このようにトネリコは、神代には世界を支え、その後も魔を祓《はら》い、人間を守ってきたのです。

Elder

ニワトコ

神に奉仕する薬用木

薬用植物として名高いスイカズラ科ニワトコ属の落葉低木で、北半球に広く分布し、明るく湿った山林に自生します。

樹高は小型の種で1～2メートル、大型のものでも6メートルほどにしかなりません。成長はとても早く、勢いよく茎を伸ばします。その割に、茎の中心部には軽くて柔らかい太い髄があるため、かなり強靭です。樹皮は平滑で明るい灰褐色で、年経て太くなると表面にコルク層を発達させ、くっきりと縦の割れ目ができます。

対生する羽状の鋸葉は厚めで、大きさも20センチメートルぐらいとしっかりしたものです。

春から初夏にかけて、枝先に白色やクリーム色、または黄緑色の小さな花を咲かせます。ほかの植物に先駆けて花をつけるため、タイミングを見計らって山に出かければ、容易に見つけられるでしょう。日本での開花時期は4月から5月と比較的早いため、春の季語とされましたが、ヨーロッパ、特にドイツ語圏では夏の代表的な花として親しまれています。

黒または赤色の実は夏に熟すと、すぐに野鳥に食べられ、種が散布されます。

種子に毒性を有するものもあり、ヘタをすれば死に至るので、食用とする場合は煮るなどして処理しなければいけません。

ヨーロッパでは昔から、薬用に観賞用にとしばしば植えられましたが、日本では薬用以外の関心はほとんどなかったようで、時折、庭木や垣根にされたくらいです。

学名と英名の由来

属名サンブークス（*Sambucus*）は、古代ローマ時代の竪琴サンブーカ（Sambuca）奏者の意味です。楽器に用いる木として重宝されたらしく、当時の博物学者・大プリニウスの『博物誌』によれば、森の奥深くに自生するニワトコで作ったラッパは「響きがいい」ともてはやしています。

英名エルダーは、ドイツの妖精フラウ・ホレ（Frau Holle ホレ婦人）の名前からです。ドイツ語のホレの意味が“鳥の冠毛”すなわち鶏冠《とさか》であることからうかがえるように、彼女は羽毛をまとった婦人です。前身は、風雪の舞う冬季に現れ、大地に新たな生命をもたらす豊穣の女神ホルダ（Hulda or Holda 慈悲深い）で、いつしか「雪を伴う」というイメージが「羽毛をまとう」と変化したようです。そのためホレ婦人のカラーは“白”で、ニワトコの花の色に通じます。

北欧では、ホレ婦人の正体は、死を司る女神ヘル（Hel 霜で覆い隠すもの）であるとも考えられました。その名は英語のヘル（Hell 冥府または地獄）の語源となり、デンマーク語の冥府《ヘル》は Hölle と綴るので、ホレ婦人を想起させます。この結びつきから、ニワトコは“不死”の象徴とされたのです。

ちなみに、北欧の冥府の女王ヘルの国は、氷雪で覆われた冥府ニヴルヘイム（Niflheim 霧の国）であり、ドイツの女神ホルダの登場のイメージと重なります。さらにホルダの住まいが泉や井戸の奥底という生者には行けない地下世界なので、二者はかつては同一か、類似の存在であったと考えられます。

実際、ドイツ人も北欧の人々もゲルマン系の民族で同根ですから、彼らの生活圏でニワトコが重要視されたのは、うなずける話です。そしてそんなニワトコは、ゲルマン人に敵対した人々からどんな目で見られたか、想像に難くはありません。

代表的な種

ヨーロッパの代表的な種はセイヨウニワトコで、学名はサンブークス・ニグラ（*Sambucus nigra*）です。属名の次にあたる種小名ニグラの意味は“黒”で、果実の色に由来します。英名はコモン・エルダー（Common elder）またはブラック・エルダー（Black elder）です。

白い花とクリーム色の雄しべがきれいに開く種で、観賞用の園芸品種がたくさん作られています。

小さなタイプの種小名はエブルス（*ebulus* 良き思案）です。幼児が容易に手に届く高さまでしか成長しない種で、実には毒性があるので、間違いが起こらないように気をつけなければいけません。

英名はデーンワート（Danewort デー

ン人の草）で、そのまま和名にも使われています。また「デーン人が血を流したところに生えた」という伝説があることから、デーンズブラッド（Dane's-blood デーン人の血）ともいわれます。

ここでいうデーン人とは、8世紀から11世紀にかけてイングランドへ侵略を重ねたヴァイキングのことです。その抗争の歴史の中で、この種がブリテン島へもたらされた、または広く知られたことを示すのでしょう。

アメリカ大陸の種はカナデンシス（*canadensis* カナダの）で、やはり果実が黒いタイプです。英名はアメリカエルダー（American elder）、またはエルダーベリー（Elderberry）です。

実が赤い種はセイヨウアカニワトコといい、英名もレッド・エルダー（Red elder）と、黒い実をつけるセイヨウニワトコと対比されています。

種小名はレースムーサ（*racemosa* 総状花序《かじょ》の）です。“花序”とは花のつく部分を指す用語で、“総状花序”は「まとまって花をつける」という意味になります。このタイプで有名なのはフジやスズランで、それぞれ魅力的ですが、セイヨウアカニワトコの場合、円錐状に固まって咲く黄緑色の花びらがみな反り返って、雄しべと雌しべだけが目立つので、地味な印象を受けます。

しかし赤い実が色づくと、急に存在感が出ます。思わずひょいと取って口に運びたくなるかもしれませんが、デーンワートと同様に毒性があるので、避けるのが賢明です。

日本に自生するニワトコはこの亜種で、シーボルトが世界に紹介したことから、シーボルディアナ（*sieboldiana* シーボルトの）という種小名がつけられました。漢名は接骨木《セッコツボク》です。茎や枝のつなぎ目が骨をつないだように見えることから、つけられた名称でしょう。

北海道や東北の種は茎の部分に粒状の突起があるため、変種のエゾニワトコとして区別されます。果実に有毒成分が含まれることも異なります。そのせいもあってか、別名はカラスノミです。カラスくらいしか食わないと思われたのでしょう。

またほかにキミノニワトコという黄色い実の種もあります。

クサニワトコというのは、名の通り草のように小さなタイプで、別名をソクズといいます。開花時期は7月から8月と遅めで、主に西日本に生えます。種小名はジャヴァニカ（*javanica* ジャワ島の）の亜種でチャイネンシス（*chinensis* 中国の）、英名はチャイニーズ・エルダー（Chinese elder）です。

『古事記』の記述

和名の由来を求めて『古事記』を読むと、「允恭天皇」収録の衣通王《そとおりのみこ》こと軽《かるの》大郎女《おほいらつめ》の歌謡「岐美賀由岐《きみがゆき》 氣那賀久那《けながくな》理奴《りぬ》 夜麻多豆能《やまたづの》 牟加閇袁由加牟《むかへをゆかむ》 麻都爾《まつに》波麻多士《はまたじ》」に、ヤマタヅという植物が登場します。これがニワトコの最も古い記述です。

ヤマタヅのヤマとはもちろん山に生育するからで、タヅとは“鶴”の古名です。葉を羽のように広げることと、白い花を咲かせるため、“山の鶴”というイメージでヤマタヅと呼ばれたのでしょう。

別名にキタズがあり、ソクズと対応します。つまり木《キ》タズと草《ソウ》タズというわけで、ソクズはそれが詰まったものと考えられます。

なおこの歌のため、ヤマタヅは“迎え”の枕詞になりました。

そして歌の注には「“やまたづ”とは、今の“造《みやつこ》木《ぎ》”のこと」とあります。しかし特記されているにもかかわらず、ヤマタヅからどのようにしてミヤツコギに変化したか、書かれていません。共通項がないため、音転を考えるのは無理があります。

とすれば、まったく違う地域で使われた名称だった可能性が高く、記述がないという事実は政変を示唆するのでしょう。

政治権力の交替となれば、たとえ一朝にして名称が変わっても、変化の理由が欠落しても、不思議はありません。地方名のミヤツコギが、中央の呼び名のヤマタヅに取って代わったというわけです。

和名の変遷

ミヤツコギからニワトコへの変化には、手がかりがいろいろと残されているため、さまざまな説があります。

あげられることが多いのは“ニハツウコギからの略転説”で、「ニハツウコギから“木”を意味するギが取り払われ、ニハツウコ。さらにウが省略され、ニハツコとなった」というものです。歴史的かな遣いではニハツコなので、その点でも問題なく、一見したところ筋が通っていると感じられます。

この説の大本であるウコギ科の代表的な植物は、ウドやタラノキなどのいわゆる山菜で、チョウセンニンジンなども含みます。新芽をはじめとして食用になる部位が多く、かつては貴重な栄養源だったため、しばしば垣根に植えられました。

薬用の意味合いが強いニワトコには「同じように庭で栽培された」という共通点があるので、この説が生まれたのでしょうが、『古事記』の記述からうかがえるように、ニワトコは大昔から日本列島の山野に自生する植物です。だというのに、もともとの意義が無視されているため、こじつけめいてしっくりときません。

一番素直なのは「ミヤツコギから音転した」という説です。

まず、古名のミヤツコギの字義から考えると、“造”という漢字は姓《かばね》のひとつを表します。本来は「御＋奴」であるように、姓の中でも低い身分のものを指します。とすれば、全体では“朝廷に仕える木”という意味でしょうか？

それを解くカギは、アイヌにあります。アイヌ語では、ニワトコはソコンニまたはサコンニといいます。意味は、悪臭を放つことから“糞をつけた木”です。といっても嫌われたわけではなく、むしろこの臭いが「病気や災いを退ける」と信じられ、しばしば神事に使われました。

北海道西南部では、木幣《イナウ》という木の表皮を削って花のように仕立てた祭具の材料のひとつで、ニワトコ製のものは特に病魔除けとされました。かつて日高様似地方では、男イナウと女イナウを3体ずつ作ると、穀物をはじめとした神への供え物を持って山へ登って、ソコンニ神《カムイ》に祈りを捧げました。

イナウ作りの風習は、その行為から削《けずり》掛《かけ》、見た目から削花《けずりばな》と呼ばれ、廃れたとはいえ、東日本を中心に各地に残っています。小正月の豊作を祈る神事に使われる祝棒《いわいぼう》、または粥杖《かゆづえ》という棒の形にも名残が見られます。

さらにイナウの形状は、神社で用いられる“玉串”とよく似ています。玉串には“紙”が使われますが、古い時代は“絹”を挟んだもので、帛幣《みてぐら》の一種でした。帛《はく》とは“絹”、幣《ぬさ》とは“神への供え物”の意で、素朴な木製のイナウは神に捧げた幣の原型と考えられるのです。

これらの話を総合すると、ニワトコは「宮仕《みやづか》う」木であるといえます。すなわち“神に奉仕する木”という意味で“宮《みや》つ子《こ》”なのです。

とすれば“造”とは後代の当て字で、ミヤツコギは“ミヤツコという木”です。

コとギは意味がかぶるので、まずミヤツコと呼ばれたあと、ミヤトコへ変化したと思われます。現在の八丈島に残る呼称がミヤトコなので、無理はありません。そして本来の意義が失われ、単に庭に植えられる薬用木となったミヤトコは“庭”の意味が強調され、容易にニワトコへと呼び替えられたのでしょう。

もうひとつのミヤツコギ

ところで、モクセイ科のネズミモチの古名も同じくミヤツコギです。

ネズミモチは、実が“ネズミの糞”に、木の形がモチノキに似ていることから名づけられた木で、非常に丈夫なので、よく垣根に使われます。常緑であることがニワトコと異なりますが、花が白いこと、開花時期、大きさは似ています。

異名のタマツバキは“優れたツバキ”という美称です。ネズミモチとの共通項は常緑で、強いていえばツバキにも白い花をつける種があるという程度で、どうしてツバキの名が冠せられたか不明です。ツバキは邪を祓《はら》う力がある木ですから、ミヤツコギでも、むしろ同様の力を秘めたニワトコをそう呼んだほうがしっくりきます。

気になるのは、ネズミモチにしろツバキにしろ、分布域は関東以西つまり西日本の植物で、ニワトコは東日本のアイヌに崇められたという点です。それを踏まえると“庭木”としてニワトコとネズミモチが交じるように植えられ、そのうちタマツバキという名称が、ニワトコからネズミモチに移されたという流れも考えられます。

なお、現在玉串に用いられるツバキ科のサカキは“賢木”とも表記し、かつては神事に用いられる“すべての常緑樹”を指しました。それが、中部以西に生育するツバキ科の常緑小高木の名称と定められたのは、この流れと無縁ではないでしょう。

ニワトコの地位が追いやられたのは、古代の西日本と東日本の抗争の歴史の結果であると思われるのです。

誕生花と花言葉

2系統に大別されます。

誕生花が7月25日の場合、花言葉は“熱意”や“熱狂”です。夏の盛りである7月は恋の季節でもあるので、いずれもニワトコにふさわしいものです。

もう一方は12月12日で、"憐憫"のシンボルです。冬に登場する慈悲深いホレ婦人を思わせます。

夏と冬と極端に分かれたのは、ヨーロッパにおけるニワトコの二面性に通じるからでしょう。

中空の木

属名の由来となったように、ニワトコは楽器に適した木です。一昔前のヨーロッパの子供は枝から髄をくり抜いて、パイプを作ったものです。豆鉄砲にして遊んだりもしました。

髄を乾燥させたものはピスと呼ばれ、顕微鏡で観察するためのプレパラートを作成する道具になります。柔軟性があって頑丈な髄に試料を差し込み、必要な分だけ薄く切り取るのです。もっとも今ではニワトコ製のピスは高価なので、発泡スチロール製のものが使われることが多いようです。

大プリニウスの『博物誌』には、木質が頑丈なので、添え木とするために栽培されたとあります。狩猟用の槍や盾の素材などにもなりました。果実から採った黒色の染料は、もっぱら髪を染めるのに使われました。

万能の薬箱

『博物誌』によれば、セイヨウニワトコよりも低木のデーンワートのほうが効き目があります。実際毒性も上ですから、上手に使えば毒は薬に変わるというわけです。

根、樹皮、葉、実には、利尿や発汗の作用があります。ブドウ酒などで煎じて飲むと、体中にたまった水分を出し尽くし、火傷やむくみを取り除きます。葉を油と塩で食べると、粘液と胆汁を体外に出すことができます。ただ、量が過ぎると腹を下します。

これらには子宮を広げる効果もあり、葉を煮詰めたものに浸かっても同様の結果が得られます。

葉はイヌやヘビの咬み傷、樹液は脳の腫れ物、若芽は痛風を治します。湿疹ができたときは、枝で体を鞭打ちました。

ほかにも、若芽を浸したものはノミ、葉を煎じたものはハエを退治することができます。

同書では触れられていませんが、花は発汗作用が最も強いです。乾燥した花で作ったニワトコ茶は、気管支の調子をよくするなど、風邪の諸症状にいいのです。最近の研究では、含まれる成分フラボノイドが、細胞壁に穴を開けて侵入するインフルエンザ・ウイルスを防ぐことが分かりました。

いい匂いがするので、花はワインや料理の香りづけに使われます。その蒸留水は美肌効果があるので、化粧水となります。

ビタミンが豊富な実は絞ったり、煮立てて新鮮なジュースにします。これは神経痛に効果的です。

かつてニワトコのワインは「病気が退散する」と好んで飲まれましたが、いつしかその習慣は廃れました。しかし、イタリアではその名もサンブーカというリキュールが造られており、現在でも入手可能です。

日本では、縄文時代にニワトコで造っ

た酒が飲まれたようです。青森県の三内丸山遺跡から出土した果実のほとんどを占めるのが、完熟したエゾニワトコの実であり、酒造りの主原料にされたと考えられています。

現在は食用とされることはほとんどないのですが、若芽は山菜としてテンプラで食べられます。

神から賦与された役目

北海道日高地方の新ひだか町の伝承によれば、大地の神が地上に降臨する際、ニワトコは強いて供を願い出ました。すると神から「人間に災難が起こったとき、どんな役目も引き受けるならば」という条件を出されます。それを呑んで地上の樹木となったため、人間が悪病にかかったときや、死の際に使われるようになったのです。

南東部の十勝地方の芽室《めむろ》町の別伝では、神々が天上から植物を下ろしたとき、ニワトコにだけは何の役目も与えられませんでした。仕方なくニワトコは繁殖を繰り返したのですが、あるとき思い立って神に役割を求めました。こうして割り当てられたのが「人間の死ぬときに用いられるように」というものでした。そのため、死体を包む筵をとじ合わせる串や墓標として使われました。

東部の釧路や根室では、ニワトコの髄は腐っているようなので“死人の木”と呼ばれました。これは、人間の死は骨の髄の腐敗からと考えられたためです。

死を定めた木

カナダの太平洋岸のブリティッシュ・コロンビア州にあるクイーン・シャーロット諸島南部の先住民ツィムシアン族の伝承では、アメリカニワトコの実と石が「どちらが先に人間を生むか」という論争をしました。死をもたらすワタリガラスが実のほうに触れたため、人に死の定めが与えられ、アメリカニワトコの実が墓地に生えるようになったといいます。

魔性の妖木

キリスト教の影響力が強まった中世のヨーロッパでは、イスカリオテのユダが首を吊った木はニワトコとされ、不吉な木の代表にされました。

たとえば、魔女はこの木に化けるとか、ニワトコの杖を魔法の馬に変えるといわれました。

ニワトコ製の揺り籠に赤子を入れると、妖精がつねってあざを作ったり、衰弱させたりします。子供を木の枝で叩くと、成長が止まってしまいます。家を建てるのに使うと妖精が足を引っ張り、家具に用いると木を軋ませます。暖炉で燃やすと、家族に死をもたらします。

そういう魔性の木なので、できるだけ家に入れないようにしたのです。

一方、魔除けのために家の周りに植える場合もありました。ウェールズの農家では、きれいに磨き清めた石の床に、ニワトコの葉を裂いて文様を描きました。

19世紀には、同様の理由で乗馬用の

EKAS

鞭の柄の部分をニワトコ製にするのが、普通に行われています。乗馬の際は、小枝をポケットに忍ばせておくと、鞍ずれを防いでくれると考えられました。

語源で触れたように、ドイツ語圏や北欧におけるニワトコは、本来女神に捧げられた神聖な木でした。

そのため、切った髪の毛は呪術の材料にされないために、ニワトコの藪の下に埋めました。

ニワトコ製の杖が魔物の召喚と使役のために用いられたこともあります。ホルダの加護がある杖で指された魔物は命令に従わなければいけないので、それを使った召喚師は望みをかなえることができるのです。

十字架を墓に植えた場合、花が咲けば死者は天国へ、そうでなければ地獄へ行ったことを告げると考えられました。

南東部のバイエルンでは、発熱した際、患者は無言で枝を地面に突き刺します。そうすると熱が枝に移るので、次に取った者が発熱するのです。

オーストリア西部のフォーアアールベルクでは、牛の白癬病《はくせんびょう》の治療のため、日没時に3本のニワトコの若枝を折って、該当する家畜の名をあげて祈ります。そして枝を束ねて暖炉に吊すと、それが干からびる代わりに病気が治るそうです。

いわゆる交感療法で、今でもドイツ南部の田舎では行われています。長年の信仰は習慣として息づいており、容易に廃れることはありませんでした。

温かきニワトコおばさん

デンマークの童話作家ハンス・クリスチャン・アンデルセンのアンデルセン童話の一編『ニワトコおばさん Hyldemoer』では、ある老爺がニワトコ茶が入った土瓶を叩くと、中から芳しく美しいニワトコの木が生えました。木の上にいたのが“ニワトコおばさん”と呼ばれる妖精で、ニワトコの葉と白い花を身にまとっています。

ニワトコおばさんは老爺の昔語りを聞き終えた少年を抱きかかえると、少女へ変身し、ニワトコの花環をかぶりました。そのまま少年と一緒に四季を巡ります。その体験は老爺の話の追体験で、少年はどんどん年老いましたが、ニワトコおばさんは少女のままです。

老人となった少年が連れ合いの老婆と一緒にニワトコの木の下に座ると、花環をそれぞれ金の冠に変えて、老夫婦にプレゼントしました。そして自分は“想い出”と名乗り、少年がかつて押し花にしたニワトコを見せてもらいます。

少年は目覚めたとき、ベッドの上にいました。近くでは老爺と母が、何ごともなかったかのようにニワトコ茶を飲んでおり、ニワトコおばさんの姿はありませんでした。

温かいニワトコ茶を2杯も飲むと、体がぽかぽかとして、ぐっすり眠れます。心地よい眠りと夢は、優しきニワトコの贈り物なのです。

夏と恋の花

宝塚歌劇団の代表的な歌である『すみれの花咲く頃』は、フランスの『白いリラの花が再び咲く頃 Quand Refleuriront les Lilas Blancs』をもとにしていますが、この曲ももとネタがあり、それがオーストリアのフリッツ・ロッター（Fritz Rotter）作詞、ドイツのフランツ・デーレ（Franz Doelle）作曲により1929年に発表された『白いニワトコの花が再び咲く頃 Wenn Der Weisse Flieder Wieder Blüht』です。北欧やドイツ語圏の人々にとって、ニワトコは夏を告げる代表的な花であるため、恋の季節が始まる夏の到来を待ち望む曲で、童話『ニワトコおばさん』のように、過ぎ去りし過去を懐かしむ歌と取ることもできます。

ニワトコからライラック、さらにスミレへと変遷したのは、国ごとに季節の身近な花であったためですが、曲自体に変更はないので、この歌にニワトコという忘れられた花への想いを寄せてみるのも一興でしょう。ある意味、この曲を通じて過去と現在が結ばれたといえるのですから。

Birch

カバノキ

時は変われども神とともに

北半球の冷温帯に分布するカバノキ科（*Betulaceae*）カバノキ属（*Betula*）の植物の総称で、漢字では“樺”と書きます。単に樺《カバノ》の木《キ》というと、カバノキ属の代表的な木である白樺《シラカバ》を指します。

代表的な種類

シラカバは繁殖力が強いので、暖かい地方や低地でも見ることができるポピュラーな木です。山の連なる内陸地である長野の県木としても知られています。

文字通り、白く美しい樹皮には短い皮目があります。皮は薄いので容易に剥ぐことができ、その跡は黒色に変化します。

三角形の緑葉はキザギザで、先が尖っています。秋には黄色になるので、四季の移ろいを感じさせてくれます。

花が咲くのは春で、4月から6月にかけて花粉を飛ばすことで知られています。飛散させるのは尾のような形の黄緑色の雄花で、長い枝の先から2、3本生え、垂れ下がります。対照的に、短い枝の先に生える緑色の雌花は上向きにつくのですが、秋に熟して灰色となると、支える力を失って枝垂《しだ》れます。

そのうちに実が弾けると、翼状の種子が風に乗って運ばれます。シラカバの種子が芽生えるのは、日当たりのよいところです。いったん芽生えるとぐんぐんと成長しますが、寿命は約80年と長くありません。

生命力の強いダケカンバは、海抜の高いところで成長するため、“岳樺”と書きます。

光沢のある樹皮は赤褐色または灰褐色ですが、年を重ねた老木の樹皮は白くゴツゴツとして、剥離してきます。

シラカバの3倍以上も生きる長寿の木で、安定した気候のところでは20メートルもの高さまで育ちます。しかし風雪の影響を受けやすいので、幹も枝も歪んだ形のものが多く、中には巨大なコブをつけているものもあります。

ウダイカンバは、ダケカンバよりも大きく成長する木です。肥沃な土地でないと成長しませんが、寿命は120年ほどあります。

樹皮は灰色または黄灰色で、長い皮目があります。油脂分が多いので火がつけやすく、雨の中でも燃え続けるため、古くから松明として使われてきました。ウダイという名称自体が鵜飼用松明に由来し、ウダイカンバを漢字で書くと“鵜松明樺”です。

ちなみに、結婚式の美称である“華燭の典”は、もともと“樺燭の典”と書きました。消えることのないカバノキの燭火が、縁起がよいとされたのです。

日本固有の木であるミズメは、九州や四国を中心に南方の暖かい地に分布する、変わり種です。

桜に似た樹皮を削ったり、枝を折ったりすると、筋肉消炎剤の主成分となるサルチル酸メチルが流れてきます。サルチル酸メチルはツンとした臭いを発するため、夜糞峰榛《ヨグソミネバリ》という不名誉な別名がつけられました。

もうひとつの別名は“梓《あずさ》”です。もともとこの漢字は中国原産のキササゲを意味したのですが、東大寺の正倉院に保管されている梓弓の材料が、科学的調査によってミズメであると分かったため、そう呼ばれるようになりました。

和名の由来

しばしばカバはカンバ、シラカバはシラカンバといいます。

カンバは古語“かには”の音便変化で、アイヌ語カリンパ（karimpa 巻く）からきています。カリンパに“木”を意味する“に（ni）”をつけてカリンパニとすると、オオヤマザクラまたはエゾヤマザクラを指しました。アイヌには“樺細工”と呼ばれる伝統工芸がありますが、実際用いるのはヤマザクラの樹皮です。

古代にカバノキの代表とされたウダイカンバが、アイヌ語でカリンパタット（karimpattat）ということも関係し、桜皮とカバノキ属の樹皮が同一視されたため、いつしかともにカリンパと呼ばれたのでしょう。

これらの経緯を踏まえているため、“かには”を漢字で書くと“桜皮”なのです。

英名の原義

カバノキの英名バーチの原義は“白い”“輝き”です。西洋のシラカバたるヨーロッパ・シラカバ（Silver Birch）の「銀」を意味するシルヴァーという単語には、そのふたつの意味が盛り込まれています。

語源は、ケルトの春の女神ブリーイッド（Brigit 高き者）の名からです。ケルトの聖なる暦である“樹木のアルファベット”において、太陽年の最初の月（12月24日～1月21日）を司ることからも、カバノキが光と結びついているのが分かります。

実際にキリスト教では、日の光が再び昇ってきたことを祝う2月2日のキャンドルマス（Candlemas 聖燭祭）において、ブリーイッドと同一視されたアイルランドの守護聖人である聖ブリジッド（Saint Brigid）の象徴として、カバノキが賛美されたのです。

誕生花と花言葉

カバノキ属全体の花言葉は“あなたの落ち着きと優しさが素敵”で、高原にそびえ目を楽しませてくれるカバノキにぴったりです。

シラカバは4月12日の誕生花です。花言葉は“優美”“穏和”で、優しげな木の形状からきています。ほかに、かつては乙女が若者にシラカバの枝を託して、その若者の行動を励ましたことから「始めてもかまいません」という意味もあります。

カバノキは身近なところに

カバノキの木材の主な用途は建築材です。そのまま丸太小屋にも使われ、カヌーの材料ともなります。そのコブは高級家具に使われます。ほかの部分もあますところなく、木皿、手桶、バスケットなどの民芸品などに使われます。特にウダイカンバは、ピアノのハンマーに用いられます。

燃やすときれいな炎となるので暖炉用の薪にされ、家のかまどにくべる木炭にもされました。樹皮から採れる赤褐色の染料は、燃やすと芳香がするので、ハムやニシンの燻製に用いられます。

その繊維はパルプ用材になります。

水のように澄んだシラカバの樹液は、各種アミノ酸やミネラル、ビタミンを豊富に含んでいます。利尿作用があるほか、ストレスや疲労の回復に効き、肌をきれいにするともいいます。

中国の黒竜江省では“命の水”と呼ばれ、この樹液から「百年の恵み」という酒が造られています。アルコール度は12度とひかえめの甘い酒です。

シロップとしても用いられ、北海道の美深町では「森の雫」という名で販売されています。

シラカバの樹液の甘味成分は、ショ糖やブドウ糖ではなく、キシリトールです。虫歯にならない甘味料として注目され、最近ではさまざまな食品に使われています。

古代ローマの利用法

紀元前700年ごろ、古代ローマの2代目の王ヌマ・ポンピリウス（Numa Pompilius）が書を記すために、シラカバの皮を使っています。

執政官《コンスル》の権威を表す束ねた棒にも、カバノキが用いられました。

ローマ帝国の博物学者・大プリニウスの『博物誌』によれば、カバノキは“ガリアの木”と認知されていました。ケルト人はシラカバを煮て瀝青を採り、結婚式用の松明として使ったといいます。

幸福を招く木

ゲルマン人のあいだでは、シラカバはオーディン（Odin）の妻である女神フリッグ（Frigg 愛される者）の聖樹として、生命や成長、そして祝福を司るとされました。愛や喜びを招き寄せるため、若々しいシラカバの緑の枝を門や窓に飾るのです。

あるドイツの民話では、野の花の冠をかぶり白く輝く衣装をまとったカバノキの女妖精が、糸紡ぎをしていた羊飼いの娘にダンスを申し込みました。その美しさに心を奪われた羊飼いの娘は快く承諾し、ともにステップを踏み、楽しい時間を過ごします。そうして3日がたつと、カバノキの女妖精は羊飼いの娘のポケットにカバノキの葉を詰め込んで去っていきました。羊飼いの娘が家に帰ったところ、カバノキの葉は黄金に変わっていたのです。

シラカバから生まれた民族

サハリンの東岸ポロナイスク付近に住むオロッコ（またはウイルタ）族のとあるシャーマンは、シラカバから男が生まれたと語りました。女のもととなったのはヤナギです。

別のシャーマンの伝えるところによると、溶けたシラカバの樹脂が固まって女が誕生しました。逆に男はヤナギの樹脂から形作られています。この最初の人間のあいだには、頭が禿げた7人の男女と、青い目をした7人の男女の、全部で14人もの子供が一度に生まれました。頭の禿げた子供たちがバケモノに変わったため、シラカバから生まれた女は青い目をした子供たちを連れて去り、海の神となったといいます。

シベリアの神聖なる木

シベリアでは、カバノキは祖先の魂が宿る神聖な木で、シャーマンによって用いられます。

南シベリアのブリヤート人は、煮立った鍋の中に浸したカバノキの小枝の束を使い、シャーマン候補の背中を打つことで、清めの儀式とします。カバノキは“門の守護者”とも呼ばれ、シャーマン候補のいる獣皮のテントの中央に取りつけられました。これが新たなシャーマンの住まいの目印となるのです。

このカバノキは天の入り口を示し、それがつけられたシャーマンの住まいは世界の中心となります。白い輝きを放つカバノキは、シベリアの人々にとっての世界樹なのです。

カバノキとともに生きるロシア人

ロシアでも、カバノキには神秘的な力があるとされています。ロシアの森の精《レーシィ》と出会うためには、カバノキの幼木を何本も伐り倒し、その先を内側にして円上に並べ、円の中で呼びかける必要がありました。森の精は何でも願いごとをかなえてくれるのですが、その代償に魂を与えなくてはいけません。

ロシア人は、カバノキの樹液を肺病の治療薬、樹皮は松明、油は潤滑油というふうに、あますことなく使います。

愛飲するウオッカの精製のときに、蒸留した原酒に残る雑味を取り除くためにろ過しますが、その際に活性炭として用いられるのが、シラカバの炭なのです。

サウナ風呂の中では、汗をはじくためにカバノキの枝で体を叩きました。

罪なき嬰児の殉教日

ロシアではカバノキの小枝は実用的に用いられていましたが、英名のバーチには“カバの枝鞭”という意味があります。実際キリスト教圏では、カバノキの鞭は男子生徒を罰するために使われました。

この伝統は、『新約聖書』「マタイによる福音書」第2章第16節の、イエス・キリストの誕生を恐れたユダヤ王ヘロデ（Herod）がベツレヘム（Bethlehem パンの家）の2歳以下の子供たちを虐殺したという故事に由来します。12月28日はホーリー・イノセンツ・デー（Holy Innocents' Day 罪なき嬰児の殉教日）とされ、この日の悲しみを思い出すために、少年たちがカバノキの鞭で打たれたのです。

カバノキが材料に用いられたのは、イエス・キリスト本人もこの鞭で打たれた故事に由来するのでしょう。カバノキの中には、イエスを打ったことを恥じて、縮こまってしまった種もあったと伝えられています。

復活祭

3月21日の春分後の最初の満月の次の日曜日に行われる、キリストの死と復活を記念する大祭イースター（Easter 復活祭）でも、カバノキの鞭が使われます。

ドイツでは、シュメックオステルン（Schmeckostern 鞭の復活祭）といい、みずみずしい緑のカバノキの小枝で打ち合うことによって、幸運を招き寄せます。打たれた者は、夏のあいだ獣の被害に遭うことがなく、1年のあいだ肩や足腰が痛まなくなるのです。

カバノキの若枝で女や家畜を叩くと多産を約束するので、北ドイツでは若者が娘を叩いてから枝をプレゼントする風習もありました。

聖霊降臨祭と春の祭典

イースターの50日後に行われるペンテコステ（Pentecost 聖霊降臨祭）は、ヨーロッパの古い祭りである春の祭典メイディ（May Day 5月祭）を取り込んだ、春の喜びを祝う行事です。

スウェーデンのある地域では、葉の茂ったカバノキの小枝の束を持った若者が、ヴァイオリン弾きを先頭に、歌いながら村を回ります。行く先で歓待を受けたときは、扉の上の屋根に葉のついた小枝を挿しました。

ロシアでは、ペンテコステに備えて、カバノキの若木で通りや家々が飾られます。

その前の木曜日、村人は伐り倒した若木に女性の衣装を着せると、歌い踊りながら村に持ち帰り、選ばれた家の中に賓客として迎えるのですが、ペンテコステ当日には川に投げ込みました。

同じくネレクハタ地方では、その木曜に娘たちが、森の中の立派なカバノキに巻きつけた腰帯を、木の下のほうにある枝に絡ませて輪を作り、その中でキスをします。キスした娘同士は親友となり、そのうちひとりは泥酔した男のマネをして草の上で眠ったフリをし、もうひとりが男役の娘を起こして再びキスをします。そのあとは歌いながら森を練り歩くと、作った花輪を川に投げ入れ、自分の運勢を占うのです。

ドイツのチューリンゲンの村では、ペンテコステのために、ひとりの男が入ることができる木枠を組み立てると、表面をカバノキの枝で覆い、頂上にカバノキと花々で編まれた鈴のついた冠をかぶせます。その木枠は森の中に置かれ、植物霊の化身として選ばれた若者が“5月の王”として、その中に入ります。

村人は5月の王を村に連れて帰ると、長老や聖職者のところへ連れていき、中に誰が入っているか当てさせます。外した場合、5月の王は鈴を鳴らして知らせ、外した者は罰則としてビールなどを振る舞いました。

ボヘミアでは、ペンテコステ明けの月曜に、若者たちはカバノキの樹皮から作った、花飾りつきの丈の高い帽子をかぶって変装します。そのうちのひとりが“5月の王”として王の衣装を着せられ、村の緑の地までソリで引かれます。途中に池があると必ずソリはひっくり返され、5月の王は水浸しにされました。

目的地では触れ役のひとりが諷刺詩の朗読を行います。その後若者たちはカバノキの樹皮の変装を剥ぎ取って晴れ着を身にまとうと、5月の木を運びながら村を回って、菓子、卵、麦などを請うのでした。

夏至の火祭りと聖ヨハネ祭

ペンテコステのあとには、夏至が訪れ

ます。古来より夏至は、その日をもって太陽が天空への上昇を止めると考えられたので、太陽に力を注ぐため、各地で火を焚く祭りが行われました。

ケルトの木の暦によれば、夏至の3日後にあたる6月24日がシラカバの日でした。シラカバは基本の4守護樹のひとつで、ケルト人にとって光り輝く木なのです。この日の生まれの人は、健康で忍耐強い性質のうえ、謙虚で世話好きなので、成功を収める人が多いとされます。

それがキリスト教では、セイント・ジョンズ・デー（St.John's Day 聖ヨハネ祭）として受け継がれ、シラカバが燃やされたのです。

小ロシアでは、火の中に農婦がカバノキの枝を入れ、亜麻の豊作を祈りました。

19世紀のイギリスのロンドンでは、この日を迎えるため、シラカバの枝が輸送されています。田舎では農場に運ばれ、赤や白の布で飾られてから、馬が魔女にうなされるのを防ぐため、馬小屋の戸に立てかけられました。1組の男女が家の戸口に立てられたシラカバの箒を別々に跳び越えれば、実質的に結婚したとみなされたといいます。

古くからカバノキは、松明や建築材、または祭祀用として生活に欠かせない大事な木でした。身の回りから遠ざかった今でも、その光を放つような美しい姿は、人々に愛されています。

Poplar

ポプラ

軍隊の通り道を飾る

ヤナギ科ハコヤナギ属の樹木の総称で、真っすぐに天に向かって伸びる枝で知られています。

日当たりがよいところで育つ陽樹で、湿地を好みます。挿し木で増える樹木であり、枝を1本地面に植えるだけでぐんぐんと大きくなります。このように生育が非常に早いため、山火事で失われた他の樹木のあとによく生えます。ただし寿命は樹木の中では大変短く、約60～70年しかありません。目一杯育っても高さは30メートル、太さは1メートルほどなのです。

雌株と雄株に分かれており、春先の3月から4月に、それぞれネコの尾のような花穂を垂れます。雄花は赤褐色、雌花は黄緑色で、種子は風に乗ってばら撒かれ、6月ごろ結実します。

卵形の葉をつけるのは、花をつけたあとです。葉と茎をつなぐ葉柄《ようへい》が長いため、ちょっとした風でもカサカサと音をたてて揺れます。その様子はあたかも、ポプラが震えているように感じられます。

秋には黄や赤に紅葉します。遅い夏に生えた緑色の葉と交じるので、3色の色合いを楽しむことができるでしょう。

白ポプラと黒ポプラ

樹皮の色によって、2種類に大別されます。

白く肌触りが滑らかなポプラは、ヨーロッパヤマナラシ（*Populus tremula* 震えるポプラ）です。この系統は“白ポプラ”と通称されます。通常緑色であるポプラの葉の裏が銀色に輝くものは、ウラジロハコヤナギ（*Populus alba* 白ポプラ）と呼ばれます。

日本に自生する白ポプラの近縁種はヤマナラシで、主に山や丘に生えます。菱形の皮目が目立ち、年を経ると白い幹が黒みを帯びてきます。ほかには、水辺を好むドロノキがあります。成長すると木の色が変わるのも一緒ですが、縦に裂け目ができます。

黒色で歳月がたつと皺が増えるのは、ヨーロッパクロヤマナラシ（*Populus nigra* 黒ポプラ）で、通称もその意味の通り“黒ポプラ”です。箒のような樹形のセイヨウハコヤナギは変種で、イタリア産です。現在は、同じくイタリアで生まれた早生の交雑種であるイタリアポプラがポピュラーでしょう。並木道で知られる北海道大学のポプラも、この系統です。

語源と和名の由来

属名であるラテン語のポプルス（populus 人民）は、ローマ市民がポプラの木陰で集会を開いたことに基づいています。ポプルス自体は、ギリシア語 papeln からで、ポプラの葉の「ざわめき」を意味します。

和名のヤマナラシは、漢字では“山鳴らし”です。やはり葉のはためく音が山に響くことからきています。

別名で日本語の属名でもあるハコヤナギは“箱柳”と書きます。この木で扇子などを入れる小箱を作ったから“箱柳”と名づけられたのですが、なぜ“柳”なのでしょうか？

ポプラは漢字では“楊《ヨウ》”です。しかし中国ではポプラとヤナギをまとめて“楊《ヨウ》柳《リュウ》”といい、特に詩歌の世界では韻律の関係で“楊柳”“楊”“柳”と自由に書き分けられました。そのため“楊柳”という漢字が日本に輸入されたとき、厳密に区別されず、ずっと同じものと考えられたという事情があります。ヤナギと思われていた木は、実はポプラだったのです。

ドロノキは“泥の木”です。“泥”という名は、泥を塗りたくった木であるからとか、泥のように役に立たないからとかいわれますが、漢字からの連想なので、本来の語源ではないでしょう。アイヌ語の方言でデロというため、それが転訛してドロとなったと考えられます。

ウラジロハコヤナギは、別名が“銀《ギン》泥《ドロ》”です。銀は白の意、泥とつけられたのはドロノキの仲間とされたからでしょう。

このように日本にはきちんとした和名があるのですが、幕末期の開国以後、ヨーロッパから大量にポプラが移入されたとき、英語名称のポプラまでそっくり採用し、今に定着しました。

誕生花と花言葉

花言葉は、葉が容易に震えるところから"悲嘆""過敏"です。

白ポプラには、ギリシア神話のエピソードから"勇気""復活"という意味が生まれました。

ウラジロハコヤナギは、その葉が風にそよいで翻る様子から"時"を意味します。この場合、表の緑は夜、裏の白が朝を指しているのです。

黒ポプラは、キリストにまつわる逸話から"キリストの十字架"ともいわれます。

一般には1月28日の誕生花ですが、ほかに3月12日や27日ともされています。もともと見分けのつきにくい木のうえ、名称の混乱もあるので、残念ながらどの日がどのポプラを指しているか、はっきりしません。

この事情は木の暦を用いたケルト人も同様であったらしく、ポプラ期は例外的に、2月4日～8日、5月1日～14日、8月5日～13日の、3つの期間に分かれています。この時期に生まれた者は、曖昧さがあるがゆえ楽天家とされますが、同時に本来の木の性質から用心深さも兼ね備えています。柔軟な思考をするので、適応力に優れているとも考えられました。

街路樹はポプラの木

ポプラの木には、軽くて柔らかいという性質があるので、ケルト人は木靴の材料にしました。盾として用いたときは、皮を貼ったといわれています。

見目もよいので、古くから包装箱や彫刻用に使われました。

マッチの軸木の原料といえばポプラが有名でした。ただ、今ではすっかり消費量が減ったので、パルプ材としての用途がほとんどです。

身近なところでは"楊枝"があります。楊枝はすなわち"ポプラの枝"で、かつては実際にポプラまたはヤナギの枝が歯の掃除に使われたことが名称の由来です。ただ、現在よく使われる爪楊枝の原木は、外国産の安いシラカバになっています。

今ではその姿形の美しさのため、しばしば街路樹に採用されます。かのナポレオン・ボナパルト（Napoleon Bonaparte）が軍隊の通り道に植えたことから、その伝統が生まれました。

古代ローマの植物博士である大プリニウスの『博物誌』によれば、ポプラの木はブドウの蔓が絡まるための支柱にされました。黒ポプラのほうが葉が少ないので適していたとのことです。

黒ポプラの種子を酢に混ぜたものはてんかんに、葉を酢に入れて煎じたものは痛風に効きます。樹脂は布につけられ、炎症部に貼られました。

ウラジロハコヤナギの花は香油に使われました。その樹皮は座骨神経痛や痛みの伴う排尿に、葉の液汁を温めたものは耳の痛みにいいそうです。

ドイツでは、ポプラの芽を軟膏の材料にしています。これは火傷や痔に効きます。その芽で作った茶はリウマチや痛風に効き、膀胱や前立腺によいとされます。

厄災を招く木

アイヌの神話では、国土を造った神は、最初にドロノキを創造しています。人間たちはドロノキで火を熾そうとしたのですが、煙がくすぶるだけでした。その煙に誘われた悪霊がやって来て、ドロノキの木屑から疱瘡を呼び込む疫病神が誕生しました。火熾しに使った臼はバケモノに、そのために用いた棒は怪鳥に変わったといいます。

ほかにも、オタスツというところには、女の赤子を連れて山へ行った祖母が、ウバユリ摘みのため赤子の入った揺り籠をドロノキに吊しておいたことがありました。

祖母の目を盗んだドロノキは、この赤子の半分を鳥に変えてしまいます。ショックで赤子が泣いたので、祖母はあたりを捜しますが、どこにも見つかりません。とうとう力尽きて祖母が死ぬと、ドロノキは赤子を完全に鳥の姿にしてしまいました。

ドロノキは単なる木の意味でヤイニといわれていたのですが、これらの逸話から、バケモノが棲む木という意味の“クルンニ”とも呼ばれるようになったのです。

嘆きの木

ギリシア・ローマ神話には、ポプラにまつわる話が多数あります。

古代ローマの叙情詩人オウィディウスの『変身物語』によれば、実の兄弟であるパエトーン（Phaethon）を亡くした4人の太陽神《ヘーリアデス》の娘が、毎日のように涙を流しながらその死を嘆いていました。そんな夜が3か月以上も続くと、太陽神の娘たちは樹木へ変わってしまいました。その木こそが白ポプラだといわれています。

冥界の境に生えた木

冥府《タルタロス》の王ハーデース（Hades 不可視の者）に愛された女精《ニュンペー》のレウケー（Leuke）は、冥府に連れてこられたあと、間もなく亡くなりました。その死を悼んだハーデースはレウケーを白ポプラに変え、深い愛の証にしたのです。

もっとも、レウケーはハーデースの魔の手から逃れるために、自ら白ポプラとなったという伝承もあります。その場所はムネモシュネ川のほとりで、冥界と楽園《エリュシオン》の境目にあたるといいます。

ハーデースの妃である冥府の女王ペルセポネー（Persephone 破壊者）が、夫に愛されたレウケーに嫉妬して、彼女を白ポプラに変えたという異説もあります。

なお、ペルセポネーに捧げられたのが黒ポプラで、女王ははるか西の大地に、この森を所有していました。そのため黒ポプラは“葬儀の木”をも意味したのです。

ヘーラクレースの木

ウラジロハコヤナギにまつわる逸話によれば、ギリシア神話の英雄ヘーラクレース（Herakles ヘーラーの栄光）が、ローマのアウェンテーヌ丘に棲む3つ

の頭を有する巨人カークス（Cacus）を退治したとき、勝利の記念に、近くにあったポプラの葉で冠を作ってかぶりました。その後、地獄の番犬ケルベロス（Kerberos）を捕まえるため冥府へ下ったとき、そこの炎と煙のため、葉表は黒くなり、額に当たっていた葉裏はヘーラクレースの汗で白銀に変わりました。

このとき以降、ウラジロハコヤナギはヘーラクレースの木と呼ばれ、この英雄に捧げられたのです。

ウソつきの木

主神たる雷帝ゼウス（Zeus）も、ポプラとは無関係ではありません。

あるとき、ゼウスが銀のスプーンを地上の森の中に落としたとき、捜索を命じられたゼウスの稚児ガニュメーデース（Ganymede）が、森の木々に尋ねて回りました。ポプラの木に質問したところ、ポプラは「持っていない」といいつつ、証拠とばかりに枝を揺すってみせますが、そこから銀のスプーンが落ちてきたのです。

ウソをついたことを恥じたポプラは、葉の裏を真っ白にしました。ガニュメーデースの報告を受けたゼウスは、二度と物を隠すことができないよう、その枝を天空に向かって伸ばしたのでした。

震える理由

キリスト教の逸話では、聖母マリアとその夫ヨセフが、ユダヤ王ヘロデの幼児虐殺からイエス・キリストを守るため、ポプラの木の生い茂る場所を通り抜けたことがありました。そのときほかの木々は、イエスとその家族に敬意を表して枝を垂れたのですが、ポプラだけは、意地を張って枝を天に向けたままでした。しかし、ポプラを赤子のイエスがじっと見つめると、この木はすっかり怯え、震え出したのです。

こんなことがあったにもかかわらず、ポプラはイエスが磔になるときの十字架の材料として選ばれました。そしてイエスの神聖な血を浴びたため、神聖な木とされました。

別伝では、裏切り者のユダが自殺したときポプラを使ったので、その屈辱で震えているのだとされています。

思い出の並木道

キリストとの不幸ないきさつはありましたが、今ではポプラは、街路樹としてすっかり身近な木となりました。

中原中也の詩集『在りし日の歌』(1937) の、「永訣の秋」に収録された「米子」は、肺病を病んだ処女《むすめ》が、何かに耐え、また何かを待つように雨上がりの路傍に立つ姿を「ポプラのやうに」と表現しています。“私”はなぜか慰める言葉をかけることもできずじまいで、ただ「かぼそい声をもう一度、聞いてみたい」と思い出すのです。

ピーカブーの歌『ポプラ通りの家』は、山川啓介作詞、大野雄二作曲で、昭和53年（1978）から昭和54年（1979）にNHKで放送されたSFアニメ『キャプテン フューチャー』のエンディング・テーマです。遠く離れたふるさとと、そこで初恋をした相手を想う男性の気持ちを、スローバラードで豊かに表現しています。

ポプラはちょっとした風に枝を揺らし、おもむき深い音を奏でてくれます。私たちはその響きに感情をかき立てられ、過去を懐かしむのです。

Willow

ヤナギ
たおやかな美女

北半球に広く分布するヤナギ科の樹木の総称で、狭義的にはヤナギ属の木を指します。

同科にはケショウヤナギ、オオバヤナギ、ハコヤナギの3属があります。うちハコヤナギ属は通称をポプラといい、しばしばヤナギと分けて語られます（ポプラの項目を参照）。

中国では、ヤナギは“柳”、ポプラは“楊”で、ときにまとめて“楊柳”と表記します。ただし同科の植物は、言葉のみでは区別できません。詩歌では韻律を合わせるために自由にいい替えられますし、日本では“柳”も“楊”も、読みはヤナギです。また、自然交配が起きやすいため見分けが難しいので、学名や和名にも混乱が見られる、非常にややこしい種なのです。

大ざっぱな分け方としては、枝を天に向けるポプラに対し、シダレヤナギに代表されるように枝が垂れるのがヤナギです。

主な種たち

種は約400といわれますが、実数はもっと多いでしょう。

雌株と雄株が異なる木で、花穂から蜜を出す虫媒花をつけます。ただし挿し木で容易に増やせるため、比較的大きな木となる雄株が好まれ、ものによっては雌株がない種もあります。

早春に花を咲かせ、初夏に白い種を飛ばします。その様子はあたかも雪が舞うようで柳絮《りゅうじょ》と呼ばれます。中国の人々は柳絮によって、夏の訪れを知るのです。

真っ先に開花するのは、低木のネコヤナギ（猫柳）です。花穂が猫の尾のようなことから、その名があります。類縁の種で山地に生える高木はヤマネコヤナギ（山猫柳）です。

ネコヤナギとよく似ているのがカワヤナギ（川柳）です。葉と、花をつける部分たる花序《かじょ》が多少細い程度で、ほとんど違いはありません。水を好み、よく川辺に植えられるカワヤナギを的確に表した名前でしょう。

なお、定型詩のひとつ“川柳《せんりゅう》”は、作品の優劣をつける点者の代表者である柄井川柳《からいせんりゅう》の号からきています。

芽が黒いものはクロメヤナギ（黒芽柳）、芽が赤いものはアカメヤナギ（赤芽柳）です。アカメヤナギは葉が丸いことから、丸葉柳《マルバヤナギ》という別名があります。

一般にアカメヤナギとして流通しているのは、フリソデヤナギ（振袖柳）です。これはネコヤナギとヤマネコヤナギの自然交配種で、赤い枝が枝垂《しだ》れたさまが振袖のように見えるため、そう名づけられました。

大陸渡来の種

朝鮮原産のコリヤナギまたはコウリヤナギは、その種が旅の者が使う荷物入れである行李《こうり》と呼ばれる柳箱を編むのに用いられたことから、その名があります。

中国原産のウンリュウヤナギ（雲竜柳）の命名は、屈折しながら天に向かって成長するので、あたかも空に昇る竜のように見えるためです。

最も有名な種であるシダレヤナギ（枝垂れ柳）も、中国から渡来しました。もちろん、その枝ぶりからの命名です。

変種であるロッカクヤナギ（六角柳）の名称は、京都の紫雲山頂法寺に由来します。ここの本堂は六角形なので別名を六角堂といい、寺の別当で遣隋使として知られる小野妹子が3株のヤナギを植えたことからその種が広まったため、そう呼ばれたのです。

ヨーロッパの種

ヨーロッパで最もポピュラーな種であるセイヨウヤマネコヤナギは、西洋版ヤマネコヤナギです。

北ヨーロッパ原産のセイヨウシロヤナギまたはギンバヤナギは、葉に毛が生えていて、青白く見えることからその名前がつきました。

すぐに折れてしまうポッキリヤナギという種もあります。

その名のついた他種

ヤナギと名づけられていても、植物学的にヤナギ科と異なる種は珍しくありません。

たとえば、バラ科シモツケ属には“雪《ユキ》柳《ヤナギ》”があります。これは“雪”のような白い花を咲かす、“柳”に似た葉をつける種であるという意味です。

“未央柳《ビヨウヤナギ》”はオトギリソウ科に分類されます。

唐代の詩人・白楽天こと白居易の長詩『長恨歌』で詠われた、安禄山の乱後に都の長安に帰還した皇帝玄宗が、未央《びよう》宮《きゅう》のヤナギが健在であるのを見て、乱の原因として処刑した寵姫の楊貴妃を思い出し涙に暮れたという故事から、この名がつけられたのです。

学名の由来

英名ウィローは、古英語であるアングロ＝サクソン語で“しなやか”という意味の wilig からきています。

ヤナギ属の学名サリックス（*Salix*）は、ケルト語の「近い」という意の“Sal”と、「水」を表す“lis”が合わさった語であるといわれています。

余談ですが「ヤナギの下にいつもドジョウは居らぬ」または短くして「柳の下のドジョウ」ということわざがあります。水辺に生えるヤナギの下でたまたまドジョウを捕まえたからといって、いつもそうであるとは限らないという意味です。

ここでのヤナギは点景に過ぎませんが、やはり水辺に生えることを端的に示しています。

代名詞であるシダレヤナギの学名は、サリックス・バビロニカ（*Salix Babylonica*）です。バビロニカはユーフラテス川近くの古代都市バビロンのことで、原産地を意味します。

ところが、実際にはシダレヤナギは中国原産で、ヨーロッパに輸入されたのは17世紀から18世紀です。そのため今では、このバビロン原産の木はポプラの一種であるコトカケヤナギと考えられています。

コトカケというのは“琴かけ”です。『旧約聖書』「詩篇」137章の、バビロンに連行され、故郷の歌を歌うことを強制されたイスラエル人が、ヤナギに琴をかけたという故事に由来します。

誕生花と花言葉

全体は5月22日の誕生花、シダレヤナギはその前日の5月21日です。柳絮の時期と符合するので、夏の始まりを示すのでしょう。

ケルトの木の暦では、樹液に満ちた9月3日から12日、および春の到来である3月1日から10日がヤナギ期です。この生まれの人はヤナギのように適応力に優れた感情家で、鋭い直感を信じて行動するので、ときに偉大な業績を残します。ただ、マイペースなところがあるので、なかなか他者に理解されるのは難しいかもしれません。

花言葉は、コトカケヤナギの故事にち

なみ“見捨てられた愛”と、何とも寂しいものです。

これらは西洋由来ですが、東洋でも中国では季節を彩る重要な木だったので、何かと関連づけられ、多様な言葉が生まれました。

柳は緑、花は紅

北宋の詩人・蘇東坡《そとうば》こと蘇軾《そしょく》の詩のひとつに「柳緑花紅真面目」という一節があります。「柳は緑、花は紅であることは自然のありのままの姿である」という意味です。

ほかの植物に先んじて生える柳の新芽の色は、古来から緑色の代名詞でした。そのため、緑を表すのに“柳色”という言葉が使われるようになったのです。

一方で、たおやかな木であるヤナギは、美女を称える言葉として使われます。

しなやかな枝ぶりは、ほっそりとした女性の腰にたとえ“柳腰”です。

あまりに細過ぎる場合は“蒲柳《ほりゅう》の質”といいます。蒲柳とはカワヤナギのことで、折れやすいことから虚弱体質を意味するのです。

女性の髪の長くしとやかな様子は、風になびく枝や葉に擬して柳髪《りゅうはつ》です。

美女の眼は柳眼《りゅうがん》で、新芽が出たさまとかけています。

柳眉《りゅうび》は、その葉のように細い眉毛のことで、転じて美人の意味となりました。美女が眉を吊り上げて怒った様子を「柳眉を逆立たせる」などと表現します。

花の紅とヤナギの緑の美しさを表した語に“花柳”があります。

美女の形容として使われた言葉ですが、しだいに遊女や芸者を指すようになり、のちに彼女たちが集まる遊廓《ゆうかく》や色里をも意味しました。そこから性病を“花柳病”といい習わし、この世界を“花柳界”と呼ぶようになりました。

公認された遊廓の出入り口には門が設けられ、シダレヤナギが植えられました。そのなびく風情が客を招く縁起を担ぐと考えられたのです。これを見た帰り客が、別れたばかりの遊女を想い返すので“見返り柳”と呼ばれました。

遊廓を示す柳巷花街《りゅうこうかがい》は、ヤナギが生える街路に花である女性がたくさんいることを表しています。同様の意味の柳暗花《りゅうあんか》明《めい》は、もともと春の野原の素晴らしい情景を称えた言葉でした。ヤナギの茂る門前はほんのり暗いが、中は灯りと女性で満たされ明るいという遊廓の光景と瓜ふたつなので、その意味が生まれたのです。

しなやかな有用材

軽く丈夫な枝は、収納用の柳箱や、旅行に携帯する柳行李の材料になります。行李の産地として有名な兵庫県北部の豊岡には、新羅の王子アメノヒボコが住み着いたとき、柳細工の製法が伝えられたという伝承があります。

よくしなる木であるので弓矢の材料としてもよく、盾の素材にもなりました。

霊木であるため、儀式に使われる柳箸や柳樽という用途も多いといえます。

その木炭は、絵画のデッサンや金属板の研磨に使われます。

古代ローマの植物学者たる大プリニウスの『博物誌』によれば、ブドウの添え木に使われました。費用対効果が大きく天候にも左右されないので、確実に収入になる木として重宝されたのです。

樹皮からは縄が、枝からは結び紐が作られました。ほかには籠、農具、安楽椅子、ミツバチの巣箱を作るのにも使われました。

また薬として、熟する前の実は吐血時に用いられました。

枝の先端から採った樹皮の灰を水に溶かすと、魚の目やタコに効くとのこと。これに樹液を混ぜると肌のシミにもよいそうですから、当時の化粧水といえます。樹液は、目薬、収斂剤《しゅうれんざい》、利尿剤のほか、膿を出すために使われました。

樹皮と葉をブドウ酒で煎じた液を温めたものは痛風によく、葉をすりつぶしたものは性欲を抑制し、種子には女性を不妊にする効果がありました。

現代も樹皮は、解熱剤としてしばしば使われます。

葉を名乗る天の使い

朝鮮の民話では、ヨニという娘が、継母から雪山へ青菜採りにいくように命じられました。雪をかき分けて懸命に青菜を探すヨニですが、まったく見つかりません。

途方に暮れたところ、大きな岩穴を見つけたので、そこで一夜を明かすことにしました。

この岩穴の中にあった石門に触ると開き出し、春の世界が広がっているのが見えました。そこにいた少年は“ヤナギの葉”と名乗り、ヨニに青菜を手渡しました。さらにこの門を開くための合い言葉を教え、人を生き返らせる薬の入った3本のビンもあげたのです。

ヨニが無事青菜を持ち帰ったことに驚愕した継母は同じ命令を出しますが、やはりヨニは戻ってきました。そのあとをつけて真実を知った継母は、ヤナギの葉を殺してその死体を焼きました。

再度、青菜摘みにいかされたヨニは、骨となったヤナギの葉を発見します。

例の薬を撒いて生き返らせると、ヤナギの葉は「自分は雨を降らせる役目を負った天上の仙官です」と身分を明かし、ヨニを花嫁とするため、その手を取って天に帰っていきました。

楊柳の神

中国は清初の文人である蒲松齢《ほしょうれい》の怪奇小説『聊斎志異《りょうさいしい》』には「楊柳《やなぎ》と飛蝗《ばった》」という話があります。

明末の沂州《ぎしゅう》（現在の山東省）に大量の飛蝗が発生したとき、州知事は田畑を荒らされた人民が苦しむのを憂いながら眠りに就きました。すると夢の中に緑衣と高冠をまとった男が現れ「西南から来る腹の大きな雌ロバに乗った婦人に頼みなさい。そうすれば飛蝗を追い払えるでしょう」と告げました。

目覚めた知事は、夢に出てきた男の言葉通りの姿の婦人を丁重に迎えると、涙を流しながら「沂州を救ってくれ」と懇願しました。実はこの夫人が飛蝗の神でした。彼女は正体を漏らした男には罰を与えるが、この地は荒らさないと約束してくれました。

しばらくたち、やって来た飛蝗は楊柳の葉ばかり食べ、飛び去りました。

実は知事の夢に出てきた人物こそ、楊

柳の神だったのです。知事の心ばえに感動し、自らを犠牲としたのでした。

柳葉の変身譚

アイヌの神話では、雷神《カンナカムイ》の妹が地上に降り立ったとき、苫小牧の東を流れる鵡《む》川《かわ》沿いの住民が飢えに苦しむ声を上げたのを聞き、天に危急を告げました。

天上の神々は人々の救済を即決します。一番速いフクロウの女神が、神の魂とヤナギの枝を持って地上に急行し、地上の神々にそれらを手渡しました。地上の神々はヤナギの葉に魂を込め、鵡川に放ちます。これが魚となったため、この地の住民は飢えから救われたのです。

なお、フクロウの女神があまりにも急いだため、ヤナギの葉は渡島《おしま》半島を流れるユーラップ川にも落ちたのですが、こちらには魂が宿っていないため、腐る寸前でした。それを知ったカンナカムイの妹がユーラップの神に命じ、魂を吹き込ませたのです。

柳の葉から生まれたこの魚がシシャモです。スス（ヤナギ）＋ハム（葉）が短縮されたアイヌ語スサムが語源で、漢字ではアイヌ語の意味そのままに“柳葉魚”です。

シシャモのもとになったヤナギの木は、天上にある“ヤナギを下ろす川”という意味の、ススランペツという大河に生えているそうです。

別伝によれば、あるときススランペツからヤナギの葉が1枚、鵡川に落ちました。その葉が腐ることを憂いた天上の神々は魂を入れ、魚にしたのだといいます。

床に伏せっている親に魚を食べさせたいと祈った子供の願いのために、川岸のヤナギの葉が落ち、魚に変わったという伝説もあります。

夫婦柳の祟り

かつて富山の黒部渓谷にあった1対の立派なヤナギの巨木は“夫婦柳”と呼ばれました。

ある年の秋、16人の木こりがやって来て、そのうち1本を伐り倒してしまいます。すると木こりたちはみな気分が悪くなり、仕方なく近くの山小屋で休むことにしました。

その夜、ひとりの美しい女が小屋を訪れました。女は気味の悪い微笑みを浮かべながら、16人の木こりの上にひとりひとりまたがると、闇の中へ消えていきました。それを唯一目撃した小屋番が様子を確かめたところ、木こりはみな吐血して死んでいたとのことです。

この事件は夫婦柳の祟りと噂され、この谷は“十六人谷”と呼ばれるようになりました。

柳の精の恋

昔、北上川が面する盛岡は木伏《きっぷし》村の川原にヤナギの大木が生えており、その下で毎日洗濯をする若い娘がいました。

ある日、そこへ立派な若者が現れました。この見知らぬ男に抱きしめられた娘は、そのまま意識を失ってしまいます。

娘が夜になっても戻らないことに気づいた村人たちは、川原まで捜しにいきました。すると、娘はヤナギの大木の枝にきつく抱きかかえられていたのです。村人たちはやっとのことで娘を引き離したのですが、娘はボンヤリとして生気が抜けていました。

しばらくたつと娘は元気を取り戻しました。一方、ヤナギの大木は見る見るうちに衰え、枯れてしまったとのことです。

山梨県の板垣には、信濃の善光寺が戦乱で焼失することを恐れた武田信玄が、移築させようと棟木となる良材を探し求めたという話が伝わっています。高畑という村に樹齢数百年というヤナギの大樹が見つかったので、さっそく信玄はこの木を伐り出すよう命じました。

この木があった隣村の農家には、気立てが優しく教養にあふれた、年ごろの美しい娘がいました。娘には相思相愛の男子がおり、毎夜忍んできました。もうつき合いは2年にもなり、夫婦になる約束も交わしたのですが、ある夜男は別れ話を切り出しました。ショックのあまり娘が泣き出すと、自分が高畑村のヤナギの精であることを明かし、翌日に命を失うことを告げました。「伐られてもあなたに声をかけられない限り、私は動くことはない」といい残すと、姿を消しました。

明朝、男の予告通りにヤナギの巨木は伐り倒されたのですが、数千人がこれを運ぼうとしてもピクリともしません。真実を確かめにきた娘がはやり歌を歌うと、ようやく動かせたのでした。

この話を聞いた信玄は、娘に厚い褒美を取らせたということです。

創作の精は女性

こういった民間伝承を下地に、若竹笛《わかたけふえ》躬《み》と中邑《なかむら》阿契《あけい》は、人形浄瑠璃「三十三間堂棟木の由来」を考え出しました（宝暦10年〈1760〉初演）。

大きな古ヤナギが伐られるところを、横曾根平太郎という男に救われました。平太郎に惚れたヤナギの精はお柳という女性の姿で現れると、その妻となって緑丸という男の子をもうけました。

こうして3年のあいだ、お柳は幸せに暮らしました。しかし白河法皇の命令によって、本体である古ヤナギが三十三間堂の棟木とするために伐り倒されることに決まると、平太郎と緑丸に真実を告げて、去っていきました。

伐られた古ヤナギは運ぶことができませんでした。平太郎が木を運ぶための音頭を歌い、緑丸が綱を引くと、ようやくのことで動き出したのです。

小泉八雲ことラフカディオ・ハーンの『怪談』収録の「青柳ものがたり」では、青柳と名乗るヤナギの精が和歌を通じて、友忠という男と愛を育みました。苦難を乗り越えて結婚したのですが、やはり結局本体を伐られ、消えてしまうのです。

秘められた霊力

ヤナギの精の逸話が数多く伝えられているのは、この木に霊力があると考えられた証拠です。

中国では生命力にあふれる木なので魔除けとされ、元日には戸口に、春分から15日後の清明節には門や軒先に、枝を挿しました。この枝はこの世とあの世の境界線で、先祖が帰る場所を示しているのです。

死者との交霊のためにも使われ、中国の庶民の墓地にはドロヤナギが植えられました。ただこれは、ポプラの一種であるドロノキのようです。

旅人の無事を祈って、川辺のヤナギを折って環《わ》を結んだものを贈る習慣もありました。帰還の“還”を表すのと同時に、旅に疲れた者の魂を現世につなぎ止めるという意味もあるのでしょう。

このように呪力のあるヤナギの木は、日本でも豊作や繁栄を祈るために使われました。

幽霊とのかかわり

そばにヤナギが植えられた井戸や泉は、霊力のある水として喜ばれました。

その信仰が薄れると、風にそよそよと揺れる細長い枝葉の不気味さが強調され、しだいに霊の出る場所であると考えられたようです。

リチャード・ゴードン・スミス編『日本の昔話と伝説』収録の「柳の精」によれば、信濃国の更級郡山田村の資産家である湯沢吾平は、気前のよさと遊び過ぎから、家を傾けました。

ある日の深夜、家の古ヤナギに幽霊が出ると聞き、確かめにいったところ、ヤナギの下から白い煙とともに女の子が現れました。ヤナギの精であると名乗る女の子は「この木の下に600年前の湯沢の先祖が埋めた財宝が眠っている」と告げると、消えてしまいます。

この財宝のおかげで家を立て直した吾平は、この木を大事に守り育て、ヤナギと幽霊を描いた絵を部屋に飾りました。

この絵こそが、しばしば幽霊とセットで描かれるようになった縁起とのことです。

愛した詩人たち

東晋の陶淵明《とうえんめい》こと陶潜《とうせん》は“五柳先生”と呼ばれた田園詩人です。五柳先生とは、陶潜が田舎に引き籠もったとき、家の門の前に5本のヤナギを植えたことに由来します。後世の隠遁詩人は陶潜にならい、隠遁先の軒先にヤナギを植えました。

白居易もヤナギに特別な感興を覚えた詩人のひとりです。その詩「隋堤柳憫亡国也」では、隋の煬帝《ようだい》の命で南北を結ぶ大運河沿いに植えられた楊柳が、200年ほど経った白居易の時代には、わずか2、3本しか残っていなかったというせつなさを詠っています。

能楽の世界

日本の伝統芸能である能楽の作品のひとつ、金春権守《こんぱるごんのかみ》の謡曲《ようきょく》「昭君」では、前漢元帝の宮女であった王昭君が胡国の王に嫁ぐことになったとき、ヤナギの木を植え「私が胡国で死んだらこの柳も枯れるでしょう」と両親に語りました。

数年してその枝が枯れたので、両親はヤナギを鏡に映し、王昭君の面影を見出そうとします。鏡には愛しく想う人の姿が映るものだと信じられていました。やがて死した昭君とその夫である胡国の王の姿が見えたのですが、胡国の王は自分の鬼のような姿を見て去り、柳色の眉をした昭君の美しい姿だけが映りました。

観世信光《かんぜのぶみつ》の謡曲「遊行柳」では、諸国を行脚《あんぎゃ》して念仏を説いて回る遊行上人《ゆうぎょうしょうにん》が、奥州白河の関を通り過ぎたあたりで、近くの里の老人から“朽ち木の柳”と呼ばれる名木のところへ案内されました。

このヤナギは、歌人の西行《さいぎょう》が「道の邊に 清水流るる 柳蔭 しばしとてこそ 立ちどまりつれ」と詠った木だといいます。

遊行上人が念仏を唱えると、老人は成仏して消えました。

その夜、遊行上人の夢の中に、白髪の老人姿の“朽ち木の柳”の精が現れ、真相を明かしてお礼の舞を舞うと、やはりいなくなってしまいました。

目覚めた遊行上人は“朽ち木の柳”が残されているのをただ見たのです。

絵画に描かれた姿

仏画の題材とされた三十三観音のひとつ、楊柳観音は、右手に病難を祓《はら》うためのヤナギの枝を持っています。岩座の右のあたりに置かれた花瓶に、その枝が挿してある絵も多くあります。

日本画では、16世紀の作品で重要文化財である『日月山水図屏風』の右双には、春夏の情景として素晴らしいシダレヤナギが描かれています。

同時期の作品『柳橋水車図屏風』では、水辺のヤナギのなだらかな枝が橋にかかっています。この作品は同じ構図のものが多数ありますが、長谷川等伯《はせがわとうはく》の筆によるものが有名です。

なお、花札の11月の絵柄はヤナギです。江戸時代には花札は10月までしかなく、当時ヤナギは2月の札でした。明治になって12月まで作られたとき、2月の花には梅があてられ、ちょうどいい季節の花がなかった11月がヤナギとされました。

イナンナの聖樹

シュメール版の『ギルガメシュ叙事詩』によれば、ユーフラテス川のほとりに、1本の木フルップ（Haluppu 柳または樫）が生えていました。その正体ははっきりとしませんが、水辺に生えているのでヤナギの一種という可能性は高いでしょう。

南風《パズズ》によって洪水が起き、根こそぎ倒されたフルップが流されているのを、愛と豊穣の女神イナンナ（Inanna 天の女主人）が見つけます。彼女はこの木で椅子と寝台を作ろうと思い、自分の神殿のあるウルクに持ち帰ると“聖なる園”へ植え、大切に育てました。

数年してフルップは巨木となりましたが、根には蛇が、木の中ほどには嵐の精リリトゥ（Lilitu）が棲みつき、梢には獅子の顔をした巨鷲ズー（Zu）が巣をはって仔を育てていたので、イナンナには手が出せませんでした。

女神が涙を流したと耳にしたウルクの王ギルガメシュが大きな斧を持って現れると、手始めに蛇を打ち殺しました。それを見て恐れをなしたズーは仔を連れ山へ、リリトゥは砂漠へそれぞれ逃走しました。

驚喜したイナンナはフルップを伐り倒して望みのものを作ると、その根元を使いギルガメシュにプック（Pukku）とメック（Mekku）を与えました。これらは太鼓と撥《ばち》のことだとされています。

このエピソードから、フルップはイナンナの聖樹とされたのです。

神聖なる木

ギリシアでは、豊穣の女神デーメーテール（Demeter 母なる神）と、その娘である死の女王ペルセポネー（Persephone 破壊者）に捧げられました。

枝を切ればすぐ新しい芽を出し、挿し木によってどんどん増えるという生命力を有しながらも、芯は脆く徐々に腐って倒れるというヤナギの二面性から、この親子の木とされたのです。

ケルト人とって、ヤナギは生死を司る神木でした。

ジェイムズ・ジョージ・フレイザーの『金枝篇』によれば、ヤドリギと並んで重要な木であり、穀物の豊作を祈る夏至の祭りには、ヤナギで編んだ巨人を作り、中に人間や動物を生贄として入れて、そのまま燃やしたといいます。

この名残はヨーロッパ各地で見ることができます。

さすがに人間は用いませんが、猫などの動物を生贄にした時代もありました。

今ではヤナギで編んだ巨人をただ連れ回し、祭りの最後にその巨人を焼くだけです。ちなみにその燃えさしを持っていると、幸運が訪れるといいます。

ボヘミアのヤナギの女房

ボヘミアのある民話によれば、毎夜ふらりと家を出る妻の行動をいぶかしがった夫があとをつけてみると、妻は小川沿いにあるヤナギの木に忍びました。

ヤナギの魔力にたぶらかされたに違いないと考えた夫は、さっそく翌日その木を伐り倒したのですが、妻が死んでしまいました。ようやく妻がヤナギの精だったと悟ったのですが、後の祭りです。

伐り倒した跡からは、たちまち新しいヤナギが生えてきました。この夫妻の子供たちは、その枝から笛を作ったのですが、それを吹くたびに母の声を聞いたそうです。

パーム・サンデー

復活祭《イースター》直前の日曜日は、パーム・サンデー（Palm Sunday）というキリスト教の祝日です。イエス・キリストのエルサレム入城を祝う行事で、人々がこのときヤシの葉を地面に敷いた故事から、ナツメヤシの葉を手に祈りを捧げます。しかし、ナツメヤシが手に入らないドイツやイギリスでは、ヤナギの枝で代用されました。

これは、ナツメヤシの葉と外見が似ているのと、この生命力の強い木がキリストの福音として考えられたからなのでしょう。

苦いヤナギ

キリスト教と良縁で結ばれたヤナギですが、イギリスではまじないの木でした。

年ごろの女性がその枝を持って家を3周すると、未来の夫が枝の先をつかむ姿が見えるといいます。

ただし、ヤナギの枝で子供を叩くことは、成長を妨げると考えられたので、忌まれました。

こういった伝統のため、イングランド民謡『苦いヤナギ The Bitter Withy』では、身分卑しいことをバカにされたのを恨み、3人の子供を見殺しにしたキリストが聖母マリアに叱られ、ヤナギの枝で3度打たれたと歌われています。そのためキリストはヤナギを呪い、最も早く芯の腐る木にしたといいます。

ただし、こんな歌が歌われたのは、類縁のポプラと混合されたせいかもしれません。

敗れた英雄とシダレヤナギ

シダレヤナギを愛したことで知られるのは、フランスの英雄ナポレオン・ボナパルト（Napoleon Bonaparte）です。それは、再帰の芽を失い、セントヘレナ島に流されてからのことで、ナポレオンはこの木陰の下で特別製の椅子に座り、何時間ものときを過ごしたそうです。

6年の流刑生活後に死亡すると、夜に嵐が起き、一晩でシダレヤナギは全滅しました。しかしナポレオンを悼み墓にもシダレヤナギが植えられると、うち1本が芽を吹きました。

それから数年後、セントヘレナ島を訪れる者は、このシダレヤナギの枝を折って、水の入ったビンに入れて持ち帰るのが習慣になりました。彼らが故郷に着いたころ、シダレヤナギは根を伸ばし、植えられる状態になっていたそうです。

このヤナギはナポレオン・ヤナギと呼ばれています。ヨーロッパの各地や海外に輸入されたナポレオン・ヤナギは、今もその数を増やしています。

現在のヨーロッパでは水辺の樹木として、外観をよくするためにはもちろん、地盤の安定のために盛んに使われる樹木なのです。

語源は諸説紛々

和名の語源には、諸説あります。

魚を捕る仕かけである“梁《やな》”として使われたから“梁木《やなぎ》”。

木の質がしなやかで矢に用いられたから“矢篦木《やのき》”。篦とは矢柄のことです。

成長が早く伸びるのが早いから“弥長《やな》木《ぎ》”。

神聖な種である斎《ゆ》をまくとき用いられたから“斎の木”で、それが転訛した。

しかし、どの説も強引な感じがします。

最も可能性が高いのは、楊の中国音yaŋに由来するという説です。

ヤナギは古くはヤギとも表記されました。楊の木で ya（ŋ）＋（ŋ）i＝Yaŋi なのですが、ンは古代では曖昧な発音だったため、表記の際に欠落してヤギと書かれたのだと考えられます。

ここからヤン＋形容詞語尾のナ＋キでヤンナギとなり、最終的にンがナに統合されて現在の形になったと考えられます。

日本の最も古い記述は『日本書紀』清寧天皇2年11月の顕宗天皇の歌「イナムシロ カハソヒヤナギ ミヅユケバ、ナビキオキタチ ソノネハウセズ」です。

その時点ですでにヤナギという形で使われていることから、この言葉が入ってきたのは記録の残らないほど古い時期だったと推察できます。

奈良時代に編まれた日本最古の漢詩集『懐風藻』では、漢字が異なるとはいえ、117編のうち20編にヤナギの文字が使われ、詠まれている植物では最多です。唐の長安を模して造られた都・平城京の大通りだった朱雀大路の跡から、ヤナギの花粉が発掘されているので、このころにはもう街路樹として植えられていたことも分かります。

奈良時代は中国文化に傾倒していた時期で、ヤナギに対する関心もピークに達したのでしょう。当時の貴族に愛好されたのは中国産のシダレヤナギですが、それ以前にも日本にはヤナギが存在したのです。

『万葉集』では、しばしば“青柳”の名で取り上げられました。

Broom

エニシダ

花嫁を祝福する黄金

エニシダは南ヨーロッパ原産のマメ科植物です。ヨーロッパでは道端でも見られる身近な花ですが、日本では江戸時代の延宝年間（1673～1681）に渡来した新しい花になります。

日当たりがよければ比較的乾燥した場所でも育ち、痩せ地の土壌をよくしてくれる、成長の早い植物です。

頻繁に分かれる緑色の枝には、白く縁取られた3枚の複葉《ふくよう》がたくさんついています。

春の盛りから初夏にかけて、蝶のような形の大きく鮮やかな黄色い花を咲かせ、秋には黒色の実をつけます。

市場に流通しているエニシダと呼ばれるものの大半は、実際はヒメエニシダと呼ばれる種です。

花が垂れるエニシダに比べ、ヒメエニシダは上向きにつき、小さい花であること以外、違いはありません。その花が可愛らしくまるで“姫”のように見えるので、その名がついたのでしょう。

翼弁《よくべん》と呼ばれる1対の両側についている花の箇所が赤くなっているため、ホオベニエニシダと呼ばれる種も、人気の高い花です。

ほかに、白色の花を咲かせるシロエニシダという種類もあります。

魔女の箒

エニシダの学名は、キティスス・スコパリウス（*Cytisus scoparius*）といいます。キティススはエニシダの特徴である3枚のくっつき合った葉っぱのことです。スコパリウスは「箒のような」という意味で、実際にその枝が箒の材料として使われたことからきています。スコパリウスの意味は、エニシダの英名ブルーム（Broom 箒）またはスコッチ・ブルーム（Scotch Broom）に受け継がれました。

かつてヨーロッパでは、箒で掃き清めることは魔を祓《はら》うことにつながるので、エニシダは魔除けの木とされ、薬草に詳しい賢い女性がそれを用いました。しかし、キリスト教が普及したのちは、その女性は魔女におとしめられ、エニシダは“空飛ぶ箒”の材料として、邪な力を秘めているとされてしまいます。

たとえば、嫁入り前の娘がエニシダの箒の柄にまたがることは、未婚のまま子供が生まれることの暗示と忌避されたのです。

紛らわしい花

エニシダの和名は、ラテン語のゲニスタ（genista 小低木）が変化したスペイン語のイニエスタ（hiniesta）、またはオランダ語のエニスタ（genista）からきているという、ふたつの説があります。エニシダが日本に入ってきた当時、スペインとは直接交渉がなかったので、エニスタ説のほうが的を射ているかもしれません。そのエニスタのスタがしだいに、発音しやすいシダと訛ったのです。

ところでエニシダはキティスス属で、ゲニスタ属ではありません。なぜ語源がゲニスタなのでしょうか？

エニシダによく似た花に、ゲニスタ属のヒトツバエニシダ（Dyer's greenwood 染色屋の緑木）があります。ヨーロッパではこのヒトツバエニシダが、ずっとエニシダと同じものであると考えられていました。エニシダとの違いは、葉が単葉で、種子に堅い突起がないということだけです。パッと見た目には違いがないですから、間違えたのも無理はないでしょう。

黄金色の雀

エニシダの漢名は“金雀児”です。“金”は花の黄金色を、“雀児”は小雀のことを指します。つまりエニシダのよく分かれた枝にたくさんの金色の花が咲く様子を、あたかも小雀が集まったかのようにとらえたのです。実際、中国原産のエニシダの仲間は“群雀《むれすずめ》”でした。

日本語でも、そのまま“金雀児”が採用されています。ほかに“金雀花”や“金雀枝”とも書きますが、意味は変わりません。

誕生花と花言葉

エニシダは3月30日の誕生花で、この花が開く時期の始まりにあたります。

花言葉は“熱情”で、輝ける黄金の花にはピッタリです。

ただし植物全体では“清楚”または“ひかえめ”です。箒という清める道具であることや、花の美しさに比べて日常生活に使われる有用な植物であることから、これらの意味が生まれたのでしょう。

あますことのない木

エニシダの用途はさまざまです。

古代ローマの博物学者たる大プリニウスの『博物誌』では、蜂蜜を採るとき、巣箱の出口にエニシダをつぶしたものを塗りつけ、中からミツバチが飛び出さないようにしたとあります。

どうも異臭を感じるらしく、蠅なども寄りつかないようです。そのためエニシダが咲き誇る初夏には、放し飼いの家畜が、この茂みの下で体を休ませました。

ヨーロッパのある地域では、エニシダの種子を煎ったものが、コーヒーの代わりとして飲まれました。

イギリスでは、その若芽がホップの代

用品としてビールの苦みづけに用いられた時代がありました。

ほかにも、エニシダのつぼみや若い莢《さや》は、塩漬けにされサラダとして食されています。

花を煎じたものは消化不良に効くとされたので、大食漢のイングランド王ヘンリー8世などは、食べ過ぎると、この汁を飲んでいたといわれています。

茎や葉は有毒であるものの、薬としても有用で、解熱剤、強心利尿剤、子宮収縮不全、陣痛微弱などに用いられます。

枝はもっぱら箒とされますが、籠細工の材料にもなりました。

樹皮から得られた繊維は漁で使う網を、樹液はなめし革を作るのに用いられました。

日本では観賞用のほか、切り花の素材となります。

枝の先が幅広くなり帯のように巻かれる、石化エニシダと呼ばれる日本で開発された種類は、その枝の線の美しさから生け花用として愛好されています。

居場所を告げる木

イエス・キリストを抱いた聖母マリアが、ベツレヘムの幼児を大量虐殺したユダヤ王ヘロデの兵士から逃げ回っていたとき、灌木の茂みに隠れたことがありました。ところがそこに生えていたエニシダが、カサカサと音をさせて居場所を知らせたので、聖母マリアは急いでその場を逃げなくてはいけませんでした。

またキリストが、捕らえられる直前に祈りを捧げていたゲッセマネの園でも、同じようにエニシダが大きな音をたてたので、裏切り者のユダをはじめとする追っ手に見つかってしまいました。そこでキリストは「これからは、いつも今たてた音を出して、燃やされなさい」と告げたといいます。

このような事情から、キリスト教ではエニシダは忌まれ、魔女の木とされたのです。

勝利の枝

12世紀前半、フランスの西部アンジューを本拠とする伯爵家でお家騒動が起きました。兄を殺したフルクは伯爵家を相続したのですが、そのうち後悔の念で満たされます。懺悔のため、エルサレムへ巡礼の旅に出たところ、エニシダの枝にやたらと引っかかれたので、エニシダは自分に対する鞭であると考えました。そこでこの鞭で打たれ、エニシダを家名に定めたといいます。

別な伝説では、フルクの子ジョフロアが、岩だらけの山道を行軍中に、満開のエニシダのついた灌木が大きな岩に根を張って、土をしっかりと堪えているのを発見しました。この様子に感動して「私は戦に臨むとき、正義を行うときに、この素晴らしい花を身につけよう！」と誓い、エニシダを兜に挿したのです。そんなジョフロアが戦場で「エニシダ！」と叫ぶと、彼の部下も「エニシダ！」と呼応し、その花のもとにどんな敵でも打ち破ったと伝えられています。

これらのエピソードから、アンジュー伯爵家は、ラテン語プランタ・ゲニスタ（Planta Genista エニシダの小枝）を一語に縮めた、プランタジネット（Plantagenet）

を名乗るようになりました。

ジョフロアは、イングランド国王ヘンリー1世のひとり娘マチルダと結婚しました。そのあいだに生まれた息子アンリが、1154年にイングランドの国王ヘンリー2世として即位し、プランタジネット朝が始まります。ヘンリー2世の息子リチャード1世は、エニシダの紋章を公式の国章に採用しました。こうしてプランタジネット家は、イングランドとフランスにまたがる広大な領地を支配することになったのです。

エニシダとアイリスの交わり

プランタジネット朝の4代目ヘンリー3世の御代は、フランスではルイ9世の時代でした。プランタジネット朝とは伝統的に領土争いが繰り広げられていましたが、結婚したルイ9世は、エニシダの花を正式に王家の紋章と定めました。

のちには、コル・ドゥ・ジュネという勲章を制定しています。これは、フランスの象徴たるアイリスとエニシダのふたつの花を刻んだもので、当時の最高の栄誉とされました。この時代にプランタジネット朝との争いに終止符が打たれたので、それを記念したのでしょう。

プランタジネット朝の終幕後、フランスの国王となったルイ12世はエニシダの紋章を受け継ぎ、身分の高い護衛兵100人の上着につけさせたとのことです。

路傍に咲く花

イギリスでは、エニシダの花が野に満ちた年は、すべての作物が豊作になるといわれました。

田舎の結婚式には、子孫繁栄を願い、エニシダの束にリボンを結んだものが持ち込まれました。ヴァージン・ロードを飾る花として、花嫁が通る道にも撒かれています。

また、春を告げる幸運の鳥カッコウは、エニシダが咲いている時期が終わると、飛び立つといわれています。

国境や世代を超えて親しまれたエニシダは、豊穣と幸運の花でもあったのです。

Blood Tree

ブラッド・ツリー

禍々しい色の樹液を流す

古代ローマの詩人オウィディウスの『変身物語』には、樹木と流血に関する、いくつかの逸話があります。

4人の太陽神の娘《ヘーリアデス》が、兄弟のパエトーン（Phaethon）を亡くして嘆き、ポプラの樹木に変わったという話があります。このとき、母のクリュメネー（Klymene）が木と娘たちを引き離そうとして、枝を折ってしまいました。すると、そこから真っ赤な血が流れてきたのです。

また、傲慢な男エリュシクトン（Erysichthon）は、あるとき穀物の女神ケレス（Ceres）に捧げられた森の、古いナラの木を伐ろうとしました。大人が15人で抱えなければならないほど巨大で、まさしく女神の木にふさわしいものだったので、召し使いたちは命じられても斧を振ることを躊躇しました。しかし畏れ敬うことを知らないエリュシクトンは、遠慮なく斧を幹に打ちつけます。するとナラの木は苦痛に震えてうめき声を発し、幹も葉も実も蒼ざめ、樹皮の傷から血を流しました。実はこの木には、ケレスお気に入りの木の精《ドリュアス》が宿っていたのです。

南欧の詩人は、これらの逸話にヒントを得て、さまざまな物語を紡ぎました。

血を滴らす枝

イタリアの詩人ダンテ・アリギエーリの『神曲』第1部「地獄篇」第13曲では、自ら命を絶った者は地獄《インフェルノ》の大法官ミーノースに裁かれ、第7圏第2環で木に変えられています。この“自殺者の森”と呼ばれる場所に入り込んだ者は、黒い雌犬に追われ、木々を折ることになります。枝を折られた木は張り裂けそうな苦痛を味わい、どす黒い血を流すのです。

ダンテの影響を受けた同国の詩人ルドヴィコ・アリオストの叙事詩『狂えるオルランド』第6歌23節以下では、騎士アストルフォ（Astolpho）がアルチーナという魔女に魅了されたため、ミルトの木となっています。騎士ルッジェーロが枝を火にくべると、ミルトの幹は叫びました。ルッジェーロが「人間の霊か、それとも森の精かは知らねども、何者にてあれ、われを許せよ」と語りかけると、木の皮が裂けて人の顔が現れて、一部始終を語ったのです。

イギリスの詩人エドマンド・スペンサーは『妖精の女王』第1巻「赤十字の騎士の神聖の物語」2章31節以降において、ダンテとアリオストの話を見事に融合させました。

騎士フラデュービオ（Fradubio 信仰を疑う者）は、フレリッサ（Fraelissa 脆さ）という貴婦人に仕えていたのですが、魅力的な女性に変身した魔女デュエッサ（Duessa 虚偽と恥辱の娘）から、偽りの愛を捧げられました。フラデュービオの心に迷いが生じるのを見て取ったデュエッサは、魔法でフレリッサを醜い姿に変えてしまいます。「自分は今まで騙されていた！」と憤ったフラデュービオは、フレリッサを捨て、これからはデュエッサに仕えると誓いました。

ところがあるときフラデュービオは、デュエッサが本来の老婆の姿に戻って、湯浴みしているところを見てしまうと、自責の念と嫌悪から、デュエッサをあからさまに遠ざけるようになりました。正体がばれたと悟ったデュエッサは、彼を野原の真ん中に生える樹木に変えてしまいました。

のちに、同じように騙された赤十字の騎士ジョージが、デュエッサを伴ってフラデュービオのところまでやって来ます。ジョージがデュエッサに捧げる花環を作ろうとこの枝を折ると、木であるフラデュービオは哀れに泣き、血を流しつつジョージに真実を告げました。

感謝したジョージは、真新しい土で樹木の傷口を塞ぎましたが、フラデュービオがこの姿から解放されるには、生命の泉で水浴びをして、生まれ変わらなければならなかったとのことです。

樹木は動物ではありませんから、実際には血など流しません。しかし以上の逸話は、まったく根拠ない、ただの作り話なのでしょうか？

樹液は一般に、透明か白または黄色です。栄養分にあふれていますから、“血”というよりは“乳”とイメージが重なります。たとえば、インド神話に登場する不老不死の力を授ける乳《アムリタ》は、大海に流れ出た木々の樹液をかき混ぜたものです。そのためインドでは、木々の樹液が“乳”と表現されています。

ところが、実際に鮮血のように禍々《まがまが》しい色の樹液を流す木があるのです。このように“血のような樹液が出る木”を、ブラッド・ツリーと総称します。

鮮血の木

オセアニア、その中でもオーストラリアを中心に自生するフトモモ科ユーカリ属のブラッドウッド（Bloodwood）は、濃い赤色の樹皮と、鮮血のような樹液をしています。その様子は、木々が血を滴らせるようなので、見たままに“血の木”と名づけられました。ブラッドウッドを燃やすと炭になりますが、樹液だけは凝固し赤い結晶となって大地に残るので、不気味さはひとしおです。

ブラッドウッドは耐久性に優れ、深みのある赤色が好まれるため、建築材や工芸品として普通に使われる有用な木です。ビリヤードのキューの柄などにも使われ、最近では枕木として庭のオブジェになると、密かな人気もあります。オーストラリアの原住民アボリジニーは、木材を世界最古の木管楽器といわれるディジュリドゥの材料にします。

ブラッドウッドの一種であるレッド・ブラッドウッドの花からは、蜂蜜が採取されます。粘りが強く、色はきれいな琥珀色です。

染料になる赤い木

マメ科ジャケツイバラ亜科アカミノキ（*Haematoxylon*）属は、芯材が強い赤みを帯びていることから名づけられた、日本ではなじみの薄い木です。

中央アメリカと西インド諸島に2種と、南アフリカのナミビアに1種が分布している常緑樹です。マメ科と同じような対に並ぶ葉をつけ、バラ科に似た形の黄色い花をつけます。傷をつけると血のように赤い樹液を流すことから、学名は“血”や“赤”を意味するラテン語 Haemato と、木を意味する Xylon が合わさったものです。英語の通称ブラッドウッド・ツリー（Bloodwood tree）も、同じ理由から名づけられました。正式な英名はログウッド（Logwood 丸太の木）です。この木を輸入するとき、丸太のまま運ばれたことから、そう呼ばれました。

用途としては、木の芯材を破砕し発酵させてから煮出したものを染料にします。アカミノキから抽出した紫の染料ヘマトキシリンは、繊維の染色のほか、顕微鏡用の組織染色にも使われています。

死体から生えた木

現在のメキシコにあたる、アステカの

アマトラン国に、黄金や宝石が大好きな王子がいました。自分の欲を満たすため、王子は自ら傭兵を率いて山や森に潜み、商人の積み荷を強奪することを繰り返していたのです。

財宝の分配をすませ、部下を下がらせた王子は、決まってひとりの奴隷に、財宝をしまう穴を掘らせました。奴隷が最後の財宝を穴の底に置くと、奴隷を殺して自分の手で死体ごと穴を埋めます。こうすることで、死者の霊が財宝を守ると信じられたのです。

しかしあるとき、穴を掘っていた奴隷に返り討ちに遭い、鋤《すき》で殴り殺された王子が穴に埋められました。しばらくして財宝の埋まった場所から、赤い樹液の滴る木が生えてきました。中でも王子の死体のあるところからは、非常に色濃い木が生え、その木からは血液とそっくりの樹液が流れたのです。

このときに生えた木こそ、ログウッドであると伝えられています。

もともと、ヨーロッパにはブラッド・ツリーは存在しなかったようですが、最初に示したように、血を流す木の伝説は残されています。これは古代において、広い地域間での文化の交流があったことを、示しているのかもしれません。

Silk Tree

ネムノキ

優しく子供たちを包み込む

マメ科ネムノキ属の落葉高木で、イラン、インド、東南アジア、中国、台湾、朝鮮、日本の東北以南の、亜熱帯や温帯に自生します。

根は直根で太く、植物に必要な栄養素のひとつである窒素を空気中から取り入れて、アンモニアに変換する根粒菌が共生します。そのため、日当たりのいい場所ならば、砂浜など乾燥した場所でも生育可能です。東北や北陸では、海岸沿いにしばしば見られます。

灰褐色の樹皮は滑らかで、梅雨の終わりから盛夏にかけて枝を横に伸ばし、箒状すなわち逆傘型の樹冠を作ります。高さは10メートル、直径は30センチメートルくらいに成長します。

葉の形状は、2回羽状複葉《うじょうふくよう》です。複葉とは、葉が生える軸である葉柄《ようへい》に2枚以上の葉っぱがつき、合わせてひとつの葉を形成するタイプを指します。2回羽状とは、葉全体が鳥の羽根のように見え、それを構成する羽片の小葉《しょうよう》もそうであることを意味します。最小の構成単位である1枚の葉の形は楕円です。

特徴的なのは葉の運動で、夜になると閉じて垂れ下がり、朝になると起き上がり再び開きます。茎と葉柄および葉柄と小葉柄、それぞれのあいだにある膨れた部分を葉枕《ようちん》と呼び、この細胞内圧力が昼夜で変化するために起こる現象です。

夏の夕方、葉が閉じるのと入れ替わりに、刷毛のような淡紅色の花を咲かせ、夜には散ります。花びら自体は緑色の萼《がく》片《へん》に隠れ、外からは見えません。白く長い雄しべが淡紅に染まるため、そう見えるのです。

風の力を借りて受粉し、冬にはマメ科を思わせる平たい茶褐色の実をつけます。花に比して大変地味な実は、密かに風に乗って種子を撒きます。

名称の由来

漢語は“合歓”で、日本語でも同じ表記がされます。意味は「男女が喜びをともにする」すなわち「一緒に寝る」で、夜に葉が合わさる生態を人間の営みにたとえたのです。別名の青裳《せいしょう》は、青は葉の色、裳は“下半身を隠す衣”の意で、やはり同様の発想がされました。

中国の伝承では、帝舜の妻・娥皇《がこう》と女《じょ》英《えい》の姉妹が、夫が亡くなったことを嘆き悲しみ、湖南省の湘江《しょうこう》の河岸で死ぬと、ふたりの霊魂はひとつに合体し、夫の魂とともにネムノキの1対の葉となりました。彼らが相思相愛であるため、葉が昼に開き夜に閉じるのです。

うるわしい話ですが、より古い漢字は“合昏《ごうこん》”です。文字通り“黄昏”どきに葉が合わさることのみを表した名称で、実際“黄昏”や“夜合”と表記することもありました。

和名の由来も、葉が開閉することにありますが、地方名が多い木です。

伝統的に中華の影響力が強い西日本では、主に漢語の音読みでコウカです。福井県、広島県、香川県では、早朝や夕方に鳴く習性があるセミの一種と同一視され、ヒグラシと呼ばれました。

東日本ではもっぱらネブ、特に東北地方ではネブタです。ネブタは“ねぶたし”の語幹からきた言葉と思われます。

これらの名称は長らく不統一のままでした。寛元2年（1244）に葉室光俊らが編纂した『新撰和歌六帖《しんせんわかろくぢょう》』第6では、光俊自身が「山ふかみ いつよりねぶと 名をかへて かふくわの木には 人まどふらん」と詠み、混乱ぶりを伝えました。ちなみに“かふくわ”とは、合歓《かふくわん》の撥音の省略形です。

そもそも、ネムノキという呼称は京都の方言でした。それが文化6年（1809）に刊行された、尾張名古屋の本草学者・水谷豊文《みずたにほうぶん》編の『物品識名』において、正名とされたことがきっかけで、標準名として定着しました。

学名はアルビジア・ジュリブリッシン(*Albizia julibrissin*)です。属名はヨーロッパにネムノキを紹介したフィレンツェの植物学者フィリッポ・デルギ・アルビッツィ（Filippo delgi Albizzi）に、種小名は彼が採取した東インドの呼称に由来します。

英名はたくさんの雄しべが絹のように見えるため、シルク・ツリーです。

気になる木

ネムノキの仲間のほとんどは、海外の熱帯や亜熱帯に分布します。

アメリカネムノキ（Albizia saman）は、熱帯アメリカ原産です。種小名サマンの由来は、原産地の呼称といわれますが、はっきりしません。英名モンキーポッド（Monkeypod 猿の莢《さや》）は、猿がこの木の実を好んで食べることからきました。雨が近づくと葉が閉じて垂れ下がるため、レイン・ツリー（Rain tree 雨の木）という別名があります。

花期は5月と11月です。花の色や葉の性質はネムノキと一緒ですが、樹冠は正反対の傘型で形がよく、20～30メートルの巨木になります。

「この木なんの木 気になる木」の歌詞で知られる日立グループのコマーシャルで採用されたのは、アメリカネムノキです。現在も日立グループのコマーシャルではその巨木が映されるので、ご存じの方も多いでしょう。

コマーシャルの開始は昭和48年（1973）で、当初はイメージに合う木が見つからずアニメーションでした。昭和50年（1975）から、ハワイはオアフ島のモアナルア・ガーデンパークにあるアメリカネムノキが採用されたのです。樹齢は約130年、幹の太さは7メートル、高さは25メートル、枝を含めた幅は40メートルに達します。何度かほかの木に変更されたものの、昭和59年（1984）からはこの木に定着し、日立グループの顔となりました。

農家の悩みの種

性質が似た草をクサネム（*Aeschynomene indica* インドの恥ずかしがるもの）といいます。同科クサネム属の一年草で、日本全土やアジア、アフリカ、オーストラリアの温帯から亜熱帯に分布します。

土壌の質を改善する天然の緑肥で、荒れた水田や沼沢地に盛んに生えます。1メートルほどの高さに成長し、8月から10月にかけてマメ科らしい蝶型の淡黄色の花を咲かせます。黒褐色の種子は莢ごと落ち、水に漂って生育範囲を広げます。

英名はインディアン・ジョイントヴェッチ（Indian joint-vetch インドの節ソラマメ）です。学名は「密かに畦に生える」という生態からの命名ですが、コンバインを使って収穫する現代では、米の等級を下げる雑草と嫌われます。サイズが稲と似ているため、一緒に刈り取ってしまうのですが、クサネムの種子は籾と同色のため混入すると見分けるのが困難なのです。

誕生花と花言葉

誕生花は7月16日と21日、8月10日と17日と、いずれも花期である夏に集中しています。

花言葉は、合歓の意味から“歓喜”。花の馥郁たる香りから“夢想”または“創造力”です。

かつては禊ぎの木

かつて七夕に行われた、依代《よりしろ》を海や川に流して睡魔を祓《はら》う祭事“眠り流し”では、ネムノキの枝は禊ぎの木として使われました。葉を目にこすりつけた地域もあります。“眠り流し”自体は廃れてしまいましたが、青森県西部の夏の大祭の名称や、埼玉の西部などの七夕にササと一緒にネムノキを立てる習慣に名残を留めています。

葉の粉末は“抹香”にされ、一昔前まで毎日仏壇の前で焚かれました。抹香といえばカツラが有名ですが、秋田ではネムノキを最上と考え、特に抹香木と呼びました。盆近くに葉を採取すると、干して臼でひき、1年で使う分をまとめて作ったのです。

現在では、痩せた土地を肥やす肥料木として伐採跡地などの荒れ地に、砂地にしっかりと根を張るため防砂林として海岸に、それぞれ植えられます。アメリカネムノキは形がいいので街路樹や公園樹にされ、巨木になることから日陰樹として使われます。

ネムノキ属の木は性質が柔らかく脆いため、木材利用はほとんどされません。

天然の精神安定剤

樹皮は“合歓皮《ごうかんひ》”、花は“合歓花《ごうかんか》”として、生薬《しょうやく》になります。中国最古の本草書『神農本草経』に「心を和ませる。人を楽しませ、憂いを取り除く」と記されているように、両者とも精神安定作用があり、不眠、躁鬱病、自律神経失調症、食欲不振などの改善のために煎じて服用します。モモのような甘い香りがする花のほうがアロマテラピー効果が高いらしく、合歓皮よりも用いられることが多いです。

合歓皮には利尿や駆虫の作用もあります。打ち身、関節痛、腰痛、水虫を治すために煎じた液を塗布します。適量を布袋などに入れ、煮出したものを風呂に入れて入浴するのも効果的です。

多量のビタミンCを含む若葉は茹でておひたしにしたり、混ぜご飯にします。ほかに、牛馬の飼料にも使われます。

蝴蝶の花

雲南省の西方、標高2000メートル近い高地にあるペー族の自治州の主都たる大理市《だいりし》の中心地のひとつ、大理古城付近の蒼山雲弄峰《そうざんうんろうほう》のふもとには、明鏡のごとく澄んだ水をたたえた“蝴蝶泉《こちょうせん》”があります。その泉を覆うのが、ネムノキの古木です。

かつてこの泉は“無底潭《むていたん》”と呼ばれ、ほとりには文姑《ぶんこ》という金花のような娘が父と一緒に住んでいました。文姑は霞朗《かろう》という猟師と結婚の約束まで交わしたのですが、時の領主が彼女を妾に望みました。断った文姑の父は殺され、文姑は捕らわれの身となります。

霞朗は何とか幽閉先から文姑を救い出したのですが、追っ手が放たれました。とうとう泉のそばで追い詰められたふたりは、底がないといわれる泉に身を投げたのです。

途端に空が厚い雲で覆われ、雷がとどろき、暴風雨となりました。

雨があがると、泉から虹色のつがいの大きな蝶が現れました。あとから無数の蝶が飛来し、ネムノキに垂れ下がりました。その様子は、あたかもいっせいに花をつけたかのようでした。

この伝説から、泉は“蝴蝶泉”と呼ばれました。この日は旧暦4月15日ごろで、今では男女が出会う場として“蝴蝶会”が開かれます。

光輝を放つ霊木

日本では、延暦24年（805）、唐から

帰朝した伝教大師《でんぎょうだいし》こと最澄が、有明海の東に位置する山に神々《こうごう》しい輝きを見ました。心の赴くまま山へ分け入った最澄は、1羽の雌キジの道案内で、苔むしたネムノキから光が発せられているのを知りました。そのときの感動を地に張ったままのネムノキに彫り込み、千手観音としたのです。

翌年、最澄はこの場所に御堂を建立しました。これが福岡県みやま市にある本吉山清水寺の縁起です。

この逸話は、ネムノキへのアニミズム的な信仰が、仏教に取り込まれた事実を示すのでしょう。ネムノキの葉で香を焚く習慣が、そのかすかな痕跡です。

恋と美の詩

最古の和歌集『万葉集』巻8には、紀《きの》女郎《いらつめ》が大伴家持《おおとものやかもち》に贈った「晝者咲《ひるはさき》 夜者《よるは》戀宿《こいぬる》 合歡木花《ねぶのはな》 君耳将見哉《きみのみみめや》 和氣佐倍尓見《わけさへにみ》代《よ》」という恋歌が収録されています。

「昼に咲き、夜は恋人と眠るネムノキの花」とありますが、この生態は葉のものです。わざとそうすることで、自身をネムノキになぞらえているのが分かります。自分を“きみ”といい、年下の恋人・家持を下僕《しもべ》を意味する“わけ”と呼び、おどけながら「そんなネムノキの花を自分だけが見ていいのか。あなたも一緒に見ましょう」と呼びかけた歌です。

家持の返歌は「吾妹子之《わぎもこが》 形見乃《かたみの》合歡木者《ねぶは》 花耳尓《はなのみに》 咲而《さきて》 盖《けだしく》 實尓不成鴨《みにならじかも》」でした。からかわれた家持は「そのネムノキは花だけ咲いて実はならない」つまり「この恋は実らないかも」というニュアンスを込め、拗ねた感じで返したわけです。

高知県西南部の宿毛《すくも》の民謡では「こうかの花は2度さく 2度さいて1度みがなる 1度はただのあだ花」という節があります。やはり恋歌の一種で、漢語では異性への想いが謡われる傾向にあるのが分かります。

時代は下って江戸期には、俳人の松尾芭蕉が「象潟《きさかた》や 雨に西施が ねぶの花」という句を詠みました。西施とは、中国春秋時代末期の覇王たる呉王・夫差《ふさ》を骨抜きにした、越の生まれの女性です。眉をひそめたしぐさすらも心を揺さぶるといわれた傾国の美女・西施の雨に濡れた姿にたとえられているのですから、花の素晴らしさはいわずもがなでしょう。

子守歌

明治の詩人にして画家の竹久夢二は、わらべうたを収集して『ねむの木』という題でまとめました。表題作はネムノキをモチーフにした短い子守歌で、ネムノキという言葉自体が言霊となって眠気を誘う効果があるという印象を受けます。

昭和には、皇后美智子が聖心女子学院高等科在学中に「ねむの木の子守歌」という詩を書きました。ネムノキという語感を率直に表現した内容で、作曲家の山本正美は、昭和40年（1965）11月に秋篠宮文仁の誕生記念として曲をつけて献上しました。翌年早々にレコード化され、ネムノキの名前が急激に世間に広まりました。皇后は歌詞著作権を日本肢体不自由児協会に賜与し、同協会はこの行為を記念して肢体不自由児の指導などに功労があった者に与えられる“ねむの木賞”

を創設しました。

なお、平成16年（2004）8月には、この詩にちなみ、皇后の生家である東京都品川区東五反田の正田邸跡地に“ねむの木の庭”が開園され、シンボルのネムノキをはじめとした皇后縁の花木が植えられました。

子供を育む木

昭和43年（1968）、歌手で女優の宮城まり子は、私財を投じて日本最初の肢体不自由児療護施設“ねむの木学園”を静岡県の浜岡町（現在の御前崎市《おまえざきし》）に創設しました。昭和49年（1974）には、自身が監督脚本を務め、学園を舞台にしたドキュメンタリー映画『ねむの木の詩』を発表し、昭和52年（1977）に続編『ねむの木の詩がきこえる』を製作しました。ほかにも、子供たちの書いた絵や詩をまとめた本の発表を続け、ネムノキは子供を育む母なる木というイメージを強めました。

現在、学園は掛川市に移転し、関連施設を合わせた福祉の里“ねむの木村”となりました。ここのスタッフの制服は、ネムノキの花を思わせる薄いピンクです。

吉川房江の『ネムノキ・ファンタジア』では、ネムノキは人間や鳥や風との出会いによって自我が芽生え、その心は風となって、動物や星や月という友達を作ります。その姿は純粋な子供そのものです。

ネムノキが霊性を喪失したのは、父性やパワーを感じさせる巨木でなかったせいかもしれません。しかし現代では母性と深く結びつき、優しく子供たちを包み込む母なる木として生まれ変わったのです。

Yew Tree

イチイ

死してのちも添い遂げる愛の奇跡

イチイ科イチイ属の常緑樹の総称です。北半球に8種類が分布しており、そのうちのひとつは本州の日本海側、鳥取県から秋田県にかけて自生しています。別名をアララギ、スオウノキ、シャクノキといい、北海道ではオンコと呼ばれます。欧米ではセイヨウイチイ、カナダイチイ、アイルランドイチイがよく知られています。樹皮は赤色を帯び、随所に裂け目ができます。葉は線状で、花はほぼ雌雄同株で、卵形の果実をつけます。熟すると赤く色づきますが、まれに白色になるものもあります。

イギリスに伝わる物語『ロビン・フッド』では、主人公が死を迎えたとき、愛用の弓から放った矢がセイヨウイチイの木のそばに落ち、残された仲間たちはロビン・フッドの亡骸をその木の下に埋葬しました。それは「矢が落ちたところに埋めてほしい」という彼の遺言でもありました。

イチイの語源

イチイの属名は“*Taxus*”です。“Taxus”は古ラテン語の“イチイ”に由来し、この木から弓を作ったことにより、ギリシア語の“Taxon（弓）”が語源になったともいわれています。また、イチイの葉と実に毒があることから“Taxus”は英語で「毒素」を意味する“toxin”の語源になりました。

英語名“yew”はケルト語の“īhwaz”が転化したものといわれています。

イチイは漢語で“櫟”“一位”と書きます。イチイの木が貴族の持つ笏《しゃく》の材料に使われたことから、貴族の位である正《しょう》一位《いちみ》にちなんで名づけられたとされ、『日本書紀』には仁徳天皇の御世に両面宿儺《りょうめんすくな》という鬼を退治した際、降伏のしるしとしてイチイの木を献上したという一節があります。

誕生花と花言葉

セイヨウイチイは9月23日の誕生花です。花言葉は“悲しみ”“慰め”“悲哀”。ヨーロッパではセイヨウイチイの木は墓地に植えられる木であることや、ロビン・フッドの最期にも描かれているように、悲しみを象徴する木として知られていることから名づけられたと思われます。

イチイの使い道

イチイの木は折れにくく粘り強いため、弓の材料として使われました。鑑賞用の庭木や建築用材、家具材、鉛筆の材料にも使われ、工芸品の中では岐阜県飛騨地方の一位一刀彫が知られています。東北・北海道地方では神事に使用する玉串にも用いられます。本来、玉串にはサカキやヒサカキを使うのですが、寒冷地では自生しないため、その代用として使われてきたものです。

種子は油の採取や染料に使われ、蘇芳《すおう》（紫がかった赤）色に近い色が出ることから山蘇芳《やますおう》とも呼ばれます。果実は赤色で甘く、食用や果実酒の材料にもなります。種子の核には有毒アルカロイドのタキシン（toxin）を含むため、多量に摂取すると死に至ることもあるので注意が必要です。

ノイシュとディアドラ

アイルランドのアルスター地方をコノール王が治めていたころ、ドルイドがある予言を伝えました。

「語り部の長フェリミの妻は間もなく女子を生むであろう。しかしその子は、国に災いと悲しみをもたらす者となる」

その予言通り、フェリミの妻は女の子を生み落としました。その子はディアドラ（Deirdre 災厄と悲嘆）と名づけられましたが、ドルイド僧の予言を恐れた戦士たちは、ディアドラを殺したほうがいいと進言しました。しかし王は、

「この娘がたとえ不吉な運命を持って生まれてきたとしても、私のもとで育て、妻にすることで変えることができるはずだ」

そう宣言し、ディアドラを殺すことを思い留まらせました。

そうして、彼女は宮殿近くの森の砦の中で、乳母夫婦と養育係のラヴァガンによって育てられました。やがて美しい娘に成長したディアドラは、

「もしも願いがかなうのでしたら、私は鳥のように黒い髪と血のように赤い頬、雪のような肌の人と結婚したいと思っています」

といいました。そこでラヴァガンは、

「赤枝騎士団のノイシュ(Naoise)こそ、その黒い髪と血のように赤い頬、雪のような肌を持っている男です」

と答えました。その日からディアドラはまだ見ぬノイシュに想いを馳せ、コノール王との約束を逃れようと思い始めました。

ほどなくラヴァガンの計らいでディアドラはノイシュと出会い、愛し合うようになりました。ディアドラの希望通り、ふたりはアイルランドから逃れて海を渡り、スコットランドで暮らし始めました。しかしその噂はすぐさま国中に伝わり、王は部下と共謀してノイシュを殺し、ディアドラを奪おうと計画しました。そのことを知ったふたりはまた逃亡の旅を始め、あてどない場所をさまよっていました。

一方、ノイシュとディアドラの話を聞いたコノール王は、ノイシュの親友である赤枝騎士団のファーガスを呼んで、彼らを連れ戻すように命じました。ファーガスとともに戻ってきた彼は王の部下であるイーガンに殺され、ディアドラはコノール王のもとへ連れ戻されました。

ノイシュが殺されてから悲嘆の毎日を暮らしていたディアドラは、コノール王の命令でイーガンと結婚するように命じられます。もとから死を決意していた彼女は、ある日乗っていた馬車から身を躍らせ、自らの命を絶ちました。

ディアドラは教会の中にある墓地に埋葬されましたが、しばらくたってその墓から1本のイチイの木が生えてきました。そのときと同じくして、そばにあったノイシュの墓からもイチイの木が生え出してきました。ふたつのイチイはお互いの枝を絡め合わせ、まるで1本の木のようにそびえ立ちました。

Elm Tree

ニレ

眠る者に悪夢をもたらす

ニレはニレ科ニレ属の常緑・落葉、半落葉性樹木の総称です。別名はニレキ、ネリ、ネレノキともいい、熱帯から温帯に広く分布しています。世界各地で葉や花粉、木材の破片が化石となった状態で発見され、歴史も非常に古い樹木です。葉は楕円形や卵型をしており、表面に細かい毛を持つものと、そうでないものとがあります。縁は鋸歯《きょし》状で、春もしくは秋に花を咲かせます。主な種類に日本や朝鮮半島、中国などの東アジア地方に分布するハルニレとアキニレ、ヨーロッパ

北部、小アジア、黒海沿岸地方に自生するセイヨウハルニレとオウシュウニレ、北アメリカに分布するアメリカニレなどがあります。日本で一般に“ニレの木”と呼ばれるものはハルニレです。

古代ギリシアでは、ニレは眠りの神モルペウス（Morpheus）を象徴する木とされ、その木の下で眠る者は、さまざまな悪夢に苛まれるという言い伝えが残っています。また北欧神話では、トネリコとニレの木から人間の男女を作ったとされています。

ニレの近縁種にはエノキがあり、熱帯から北半球の温帯にかけて自生する落葉樹です。葉もニレに似て卵型の幅広いものです。果実は食用になります。堅く裂けにくいことから材木や家具材、器具にも使われ、ケヤキの代用品としても用いられます。

ニレの語源

ニレの属名は“*Ulmus*”です。ニレを指す古ラテン語で、ケルト語で同じくニレを意味する“ulm”“elm”が語源とされています。

英語名のエルム（elm）はラテン語の“Ulms”が訛ったとも、ケルト語がそのまま英語に転化したともいわれ、インド・ヨーロッパ語族に共通する呼び名です。日本でも中央競馬会（JRA）が札幌競馬場で開催する重賞に「エルムステークス」がありますが、これもニレの木から名前が採られています。

和名の“ニレ”は“滑《ぬ》れ”が転じたものとされ、樹皮の内側に粘り気があり、滑りやすいことから名づけられたといわれています。

漢字では“楡”と書き、つくりは“くりぬく”を意味する舟＋刀からできています。これは、ニレの木の芯が朽ちやすいことに由来すると考えられます。

誕生花と花言葉

ニレは3月10日、9月5日の誕生花です。花言葉は“高貴”“威厳”“名誉”“愛国心”。ニレの木が各地の創世神話で神が人間を作った木とされていることから、これらの言葉が連想されたと考えられます。

ニレの使い道

樹皮の内側と新芽は食用や薬用として用います。特に樹皮は、漢方では“楡皮”と呼ばれ、利尿・去痰作用のある薬として処方されています。またネイティブ・アメリカンの一部は、樹皮から浸出した液を分娩の助けに用いました。

材木は建築用材、造船材、細工用の木として使われています。

中国と日本では六君子《りっくんし》のひとつに数えられ、松、柏、エンジュ、梓、栴檀《せんだん》とともに、古くから東洋画の素材として愛されてきた木でもあります。

アメリカニレやオウシュウニレ、ノニレ（プミラ）は園芸品種として栽培されることも多く、成長すると枝垂《しだ》れたり葉が黄金色になるものもあるため、観賞用として植えられます。非常に大きくなり、中には30メートルを超すものもあります。ヨーロッパでは陸標や目印の木とされ、空気汚染にも強いことから街路樹や公園、生垣によく使われます。しかし木の芯は朽ちやすく、古木では大きなうろがあるものも多く見られます。そのため強風に弱く、倒れてしまうので、植樹とするには危険な面も持ち合わせています。

プローテシラーオスとラーオダメイア

トロイ戦争のとき、ギリシア軍はトロイア城の見える浜辺に軍船を乗り上げました。トロイア軍は船影を見つけるとすぐさま海岸に集結し、応戦を始めます。このときトロイアの武将プローテシラーオスが先陣を切ってギリシア軍の真っただ中に飛び込みましたが、敵将のヘクトールにあえなく殺されてしまいました。

そのことを知ったプローテシラーオスの妻ラーオダメイアはひどく悲しみ、オリュンポスの神々に願います。

「ほんの3時間でかまいません。どうか我が夫プローテシラーオスにもう一度会わせてくださいませんでしょうか」

主神ゼウスはこの願いを聞き入れて、ヘルメースに命じてプローテシラーオスの魂を冥界のタルタロスから呼び寄せ、ラーオダメイアが出征の前に作らせた夫の像に移しました。するとプローテシラーオスの像はまるで生きているかのように動き出し、妻を呼び寄せました。

「遅れないように、私のあとについてきなさい」

約束の時間が過ぎたころ、プローテシラーオスの魂が冥界に帰ると同時に、ラーオダメイアも自らの命を絶ちました。ふたりが埋葬されたあと、プローテシラーオスの墓のそばに1本のニレの木が芽吹きました。その木は高くそびえ立って墓を覆い、トロイアの城壁を見わたすことのできる大きさになりました。しかし不思議なことに木はすぐ枯れ、その跡にまた同じニレの若木が生え出したといわれています。

オルフェウスとニレ

古代ギリシアの天才詩人オルフェウスは、妻のエウリュディケーが毒蛇に咬まれて亡くなったとき、彼女を連れ戻そうと冥界の王ハーデースのもとに赴きました。

妻への想いを乗せたオルフェウスの歌声は、ハーデースの心を揺さぶります。

「エウリュディケーを連れ帰ることを許そう。ただし地上に戻るまで決して後ろを振り返ってはならぬ。もし振り返れば、お前の妻は冥界に戻り、二度と黄泉還ることはかなわぬぞ」

しかし、冥界から戻る道中で、オルフェウスは妻がついてきていないのではと不安に駆られ、つい後ろを振り返ってしまいました。ハーデースの言葉通り、エウリュディケーは冥界に連れ戻され、オルフェウスは再び妻を失うこととなったのです。

オルフェウスは、悲しみを忘れようとひたすら竪琴を奏で続けました。するとその調べに導かれるように木々が彼のもとへ集まりました。そのひとつにニレの木がありました。ニレはオルフェウスの竪琴を聴いて育ち、大きな木立をいくつも作ります。オルフェウスは、そのニレの木のそばで竪琴を鳴らし、ときに休息を取ってくつろぎました。

やがて長い年月が経ち、オルフェウス

は眠るように亡くなり、冥界にいるエウリュディケーと再会しました。ふたりは結婚したときのように、いつまでも一緒にいられるようになったのです。

アイヌの国の人々

北海道の日高地方に伝わる創世神話は次のようなものです。国造りの神が海を棒でかき混ぜアイヌの国を造ったとき、棒を土に刺したまま帰ってしまいました。その棒はハルニレの木となり、国の中心にそびえ立つ木に育ちました。そして、そこからハルニレの女神チキサニが生まれました。ある日雷神が下界をのぞき込んでいたところ、勢いあまってハルニレの木の上に落ちてしまいました。そのあとチキサニは身ごもり、男の子を生み落としました。アイヌラックルと名づけられたその子は、国造りの神に育てられ成長したのちに下界へ戻りました。そして彼はアイヌの人々の祖先となりました。

ハルニレの木

天地創造のころ、コタンカムイ（創造神）はドロノキを揉んで火を熾そうとしました。しかしドロノキは白や黒の木屑となって飛び散るばかりで、それらは魔人や淫乱の神、疱瘡の神になってしまいました。そこで今度はハルニレの木で発火台と発火棒を作ってこすり合わせると、アペフチという火の神が生まれました。そのためハルニレは、最高に尊い神として敬われるようになったといわれています。

昔のこと、アイヌの国造りの神は天にそびえ立っていたハルニレの木で鋤《すき》を作りました。神はそれを持って下界に降り立ち、山と川、森と湖、動物を作りました。できあがったのち神は天界へと帰りましたが、ハルニレの木で作った鋤を忘れてしまいました。しばらくたってその鋤は根を下ろし、1本の立派な木となりました。そしてその木からはチキサニ(ハルニレの木)という女神が生まれました。あるとき、ハルニレの木のそばを通りかかった疱瘡の神が彼女を見初め、妻にしました。ほどなく男の子が生まれ、その子はアイヌ民族の祖先アイヌラックルになったといわれています。

ハルニレの木に始まるアイヌ神話の創世伝説は、地方によってさまざまな異聞があります。

火の神が初めて地上に降り立ったとき、右手にラルマニ（イチイ)、左手にチキサニを連れていきました。その光景を見た日の神はチキサニの美しさに見とれ、振り返ってじっと見つめていました。火の神の計らいによってふたりは結ばれ、アイヌラックルが生まれました。

地方によっては、ハルニレと結ばれるのは雷神であったという民話も残っています。国造りの神が地上に降り立ったとき、ハルニレとイチイとヨモギを連れていました。その中でも特に美しいのはハルニレの女神（チキサニ）で、天上の神々は揃って下界を見下ろす日々が続きました。ところが押されたはずみで雷神が地上に落ち、ハルニレの上に覆いかぶさりました。間もなくハルニレは身ごもり、ひとりの男の子を生みました。とはいえ地上は風が強く、とうてい男の子を育て

ることはできそうにありませんでした。そこでハルニレは子供に自分の皮を剥いで作った着物を着せ、抜くと火の燃える刀を与えて、天上の神々のもとに預けました。男の子は成人し、アイヌラックルとなって下界に降り、人々を導いたといわれています。

エルム街の悪夢

赤く焼け爛れた顔と右手にナイフの爪を持つ怪人フレディ・クルーガーで知られるのが、ホラー映画《エルム街の悪夢（原題：A Nightmare On ELM STREET)》シリーズです。

人々に焼き殺された男が悪夢として黄泉還り、少年少女を惨殺していく場所が“ニレの街”であるのは、ヨーロッパ文化の源流であるギリシア神話において、死と復活に密接な関係があるこの木らしいところです。

Japanese Lacquer Tree

ウルシ

日本を代表する塗料の木

ウルシ科ウルシ属の落葉樹で、毒性があるものの、樹液が塗料となることで有名です。案外知られていませんが、秋にはきれいな紅葉を楽しむこともできます。

東アジアに分布する種で、利用もほぼこの地域に限られます。

赤道に近いインドや東南アジア諸国では、太さ1メートルほどに成長します。ただし樹液にはゴム質が多いため、塗料として用いるには今ひとつです。

日本産のものは高さ10メートル、太さ40センチメートルと小さな部類ですが、樹液の質は最良です。理由は液の主成分ウルシオールの含有率の高さにあります。ゴム質に含まれる酸化酵素ラッカーゼの働きも重要で、空気中の水分を吸収してウルシオールを結合させ、漆を硬化させます。

この配分の妙は、温暖湿潤な気候がもたらす恩恵です。広大な国土を誇る隣国の中国でも、日本と環境の似た場所で上質の漆が採れます。

栽培と漆掻

雌雄異株の高木であるウルシの栽培には、表皮が滑らかで樹液が採取しやすい雌木が好まれます。ただし風媒花なので、多少は雄木を植えなければいけません。

栽培にはふたつのやり方があります。ひとつは種をまき苗木を育てる方法で、12年ほどで採算が取れる大きさに育ちます。

もうひとつは、幹を伐って根っこを残す方法です。地中浅く張る根は先端から芽を吹くので、それだけで大丈夫なのです。こちらのほうが確実で、栽培期間が短くてすみます。

通常ウルシは、5月に黄緑色の花を咲かせ、6月に葉を茂らせます。

葉が生えきると、樹液の採取が始まります。専門の道具を使い、引っ掻くように掻き集めるため、漆掻《うるしかき》と呼ばれます。

最も質の高い漆が採れるのは、盛夏の7、8月です。以降、中の水分が減って品質が低下しますが、そんな漆でも需要があるため、11月まで作業が続けられます。

採取の仕方にも2種類あります。一方は“養生掻”と呼ばれる方法で、木が成長するように少しずつ採ります。

もう一方は、その年のうちに幹はもちろん枝まですっかり絞り取る“殺掻”というやり方です。

老木になるほど樹液の量は増すため、“養生掻”のほうが1本の木から多く採ることができますが、“根分け法”があるため、効率の点から“殺掻”が主流となっています。

潤い滴る樹液

和名の由来は諸説あるものの、潤汁《うるしる》または潤為《うるし》からでしょう。前者は原液を、後者は原液を採る者の意で、語源の古さが察せられます。

漢名は“漆樹《シツジュ》”で、音はほかにシチがあります。“潤い滴るシツの木”ということができるので、“し”については漢音の影響も考えられます。

学名はルース・ヴェルニキフルア（*Rhus verniciflua* ワニスを含むウルシの木）、英名は日本の塗料の木《ジャパニーズ・ラッカー・ツリー》で、両者とも樹液にスポットが当てられています。

誕生花と花言葉

誕生花は11月25日で、紅葉する時期に合わせたものでしょう。

花言葉は、大事にすれば長持ちする漆器の特色をとらえた“変わらないもの”や“頭脳明晰”です。

東北の長い伝統

北海道函館市（旧南茅部町）にある垣ノ島B遺跡の土壙墓《どこうぼ》から出土した服飾品には、漆が使われています。年代測定の結果、約9000年前の縄文早期に作られた、世界最古の漆製品だと分かりました。日本は漆利用の先進地域なのです。

三内丸山遺跡をはじめとする青森県各地から発掘された漆器は、質・量ともに豊富で、当時すでに計画的にウルシが栽培され、製作技術も非常に高い水準にあったことがうかがえます。破損や素地の腐食のため、器としての原型は留めていませんが、漆自体は今でも輝きを放ち続けており、感嘆を禁じ得ません。

縄文以来の伝統は“津軽塗”として受け継がれました。“馬鹿塗”と呼ばれるほど、厚く丁寧に塗りと研ぎを重ねるため、非常に丈夫なものです。この発展には“津軽砥《つがるど》”という、県内特産の良質の砥石が大きく寄与しました。

同じく北東北の岩手県には“浄法寺塗”または“正法寺塗”があります。双方ともよく似ているため、同系統と考えられます。現在は、県の中心である盛岡で発展した前者が有名です。

“浄法寺塗”は、奈良時代の僧行基が二戸郡浄法寺町に八葉山天台寺を開山した際、導入された技術によって起こったと伝えられています。ただ、青森寄りに位置する地であり、塗りも津軽と同じように堅牢のため、縄文からの流れを引くと考えられます。

中国から西日本へ

中国では、太平洋に面した浙江省東部の余姚市《よようし》にある、紀元前6000年から5000年ごろのものと推定される河姆渡《かぼと》遺跡出土の漆器が一番古いものです。

漢代の楽浪郡遺跡の製品に見られるように、漆工芸はしばらく順調に発展したのですが、大陸は何度も戦乱に巻き込まれたために衰退し、現在まで伝わりませんでした。

それを継承し、独自に発展させたのが、古来より中国大陸の影響を受け続けた西日本です。もっとも、漆の使用についてはほぼ同時期でした。

島根県松江市の夫手《それて》遺跡から出土した土器には、漆が入れられた跡が残っており、河姆渡遺跡と同年代のものと推定されるのです。また福井県の若狭町（旧三方町）にある、6000年前のものといわれる縄文遺跡の鳥浜貝塚からは、赤に塗られた櫛が発掘されました。

今でも、島根県では“八雲塗”、福井県では“若狭塗”として存続しています。

太平洋側からは、2500年前のものといわれる高知県土佐市高岡町の居徳《いとく》遺跡から、花弁の文様の描かれた漆器が出土しています。

起源はヤマトタケルに？

正和4年（1315）ごろ、橘忠兼が編纂した辞書『十巻本伊呂波字類抄《いろはじるいしょう》』巻5「本朝事始《ほんちょうことはじめ》」によれば、倭武《ヤマトタケル》が宇陀の阿貴山に狩猟に行った際、漆の木を折って得た汁を矢尻に塗って、大猪を仕留めました。そのとき汁で手が真っ黒に染まったのを見て、器物に塗らせたのが、日本における漆塗りの起源といわれています。

そのため、この地は漆河原《うるしがはら》（現在の奈良県大宇陀区嬉河原《うれしがわら》）と呼ばれ、曽爾《そに》には“漆部造《ぬりべのみやつこ》”が置かれました。

前述したように、実際には縄文時代から漆器は作成されていますから、逸話自体は創作でしょう。それでも、14世紀には漆芸の技術が著しく向上し、古《いにしえ》の英雄に関連づけられるほど、権威と価値あるものになったことが分かります。

漆芸の歴史

8世紀の奈良時代には、仏教の隆盛に伴って漆の需要が増大し、各地から年貢として集められました。東大寺正倉院には、当時製作されたものが保存されています。

藤原氏が栄えた平安期は、金銀などの粉をまいて文様をつける蒔絵《まきえ》が独自に発展したため、“漆器時代”と呼ばれます。

政治の中心が東国の源氏に移ってからは、禅宗の影響を受けた“鎌倉彫”が起こります。これは木彫りに漆を塗ったものです。

紀州根来寺では、内部の用をまかなうため、自ら漆器を作り始めました。これが“根来塗”と呼ばれるものです。黒の上に一度だけ朱という塗り方が特徴的で、使っているうちに朱がいい具合に剥げて、味が出ます。製作が途絶えた今では、美術品として高く評価されています。

有名な石川県の“輪島塗”は、同寺の高僧が輪島近くの総持寺に招聘されたことが起源になりました。

戦国期には、静岡の今川氏や会津の蒲生氏が、地場産業を興そうと保護、奨励しました。

最もこの動きが盛んになったのは、天下太平が訪れた江戸期です。この時代に興った産地は、石川県の金沢、富山県の高岡、岐阜県の飛騨高山などで、大半は今でもよく知られています。

才人としては本阿弥光悦や尾形光琳がおり、彼らの作った漆器は国宝に指定されたほどです。

明治以降に海外への輸出が始まると、

大量生産の必要から工程を減らした粗悪品も出回るようになり、漆製品全体の評価が下落しました。西洋の食生活が導入され、国土の工業化が進んだこともあり、ウルシの生産量は減少の一途をたどりました。現在では、約90パーセントを中国やベトナムからの輸入に頼っています。

しかし、少しずつではあるものの、国内の生産量も増えてきています。伝統工芸として見直されたほか、塗料としての優秀性も再認識されつつあるのです。

最高の塗料＆接着剤

採取したままのウルシの樹液・生漆《きうるし》は、非常に繊細で、絵具のもとになる顔料の不純物に敏感に反応します。そのため、絵具の質を確かめる検査液の役割を果たします。

生漆を塗料とするには、攪拌して水分を取り除く必要があります。乳白色の油状から茶褐色で半透明の液体になったら、用途に応じて鉱物性の顔料を入れ、染色して用います。

湿気が多いと固まるのが早いため、梅雨時などは20分から30分ですみます。ただ、あまりに急だと“焼け”と呼ばれるムラができるので、適度な調節が必要です。そこで漆室または漆風呂という、一定の湿度と温度を保った場所に置き、だいたい一晩かけて漆を素地に定着させます。逆に早めたい場合は、水のほか酒をその場所に何度か吹きつけると、ラッカーゼがよく働きます。

乾く温度は4度から40度くらいまで、または80度以上です。通常は40度に近いほうがよく乾きます。120度以上にするとすぐに固まりますが、素地が金属でないと使えません。

塗面に定着した漆は、長きにわたって硬度と輝きを保ち続けます。揮発油、アルコール、酸類、塩類などに強く、電気を絶縁します。触れてもほとんど変化を見せません。ただし他の塗料と同じように太陽光や高熱には比較的弱いです。

固まると非常に硬度があるため、接着剤にもなります。

主に奈良時代に作られた“乾漆像”は、粘土で作った原型に麻布を幾重にも貼りつけた仏像で、小麦粉を混ぜ粘着力を増した“麦漆”で接着しました。手の指などの細かい部分には、針金で芯を作ったあと、食物繊維を混ぜた“刻苧漆《こくそうるし》”で形を作りました。仕上げに塗ったのも、やはり漆なのです。

粘土で作った“塑像《そぞう》”には“箔押《はくおし》”がされました。箔押とは、漆を塗った上に金銀などの箔を漆で貼りつけることです。

金閣寺の昭和の大修復で、金箔の接着に使われたのも漆でした。通過する紫外線によって漆の結合が壊れて剥げるのを防ぐため、金箔の厚さを通常の5倍にしたのですが、重みのため、普通の漆では無理でした。そこで特に、接着力と耐久性に優れる浄法寺漆が採用されたのです。

明治には船体にも塗られました。見栄えをよくするために渡航中に塗り直しを迫られても、漆が定着した箇所にはその必要はありませんでした。

多彩な用途と技法

古くから漆は、神聖な建造物に使われてきました。

仏閣で有名なのは、宇治の平等院鳳凰堂や平泉の中尊寺金色堂です。ともに平安時代の技術の粋を結集した見事な仏殿で、極楽浄土が表現されました。

伊勢神宮の朱塗りの鳥居に代表されるように、神社では主に門に塗られました。

著名な建物としては、日光東照宮があります。ここは神厩舎を除き、至るところ漆で塗られた極彩色の神域です。

ほぼ同時期に、桂宮家の別荘として建てられた桂離宮も、日本庭園の美しさとともに、漆が使われた中世の建造物の傑作として知られています。

漆器の素材は木が基本で、それ以外に竹、布、紙、土、皮、金属、プラスチックなどがあります。日用品として飲食器や家具、文房具の硯や矢立など、その利用は多彩です。茶器や武具は、芸術品として各地の美術館にも展示されています。

岡山県の津山市では、ペンダント、指輪、ボタン、カフス、タイピンなど、さまざまな漆製のアクセサリーを販売しています。これらの品々には“堆漆《ついしつ》”と呼ばれる技法が使われており、何十回、ときには何百回と塗り重ねます。津山の堆漆は、美しい文様を作るために、さまざまに着色された色漆が使われます。

単色の堆漆は、色によって呼称が異なり、赤なら“堆朱《ついしゅ》”、黒なら“堆黒《ついこく》”です。新潟の村上木彫堆朱や、その流れを引く宮城の仙台堆朱は木製の彫刻にこの技法を使い、盆、印籠、香合などの容器を作ります。

堆漆に文様を彫刻する技法が“彫漆《ちょうしつ》”です。その溝に金箔や金粉を埋め込むのは“沈金《ちんきん》”、色漆を充填するのは“蒟醤《きんま》”といいます。

代表的な技法としては、色漆で無地の漆器に絵を描く“漆絵”、文様を描いたあとに彫って浮かび上がらせる“存清《ぞんせい》”があります。

“平文《ひょうもん》”という技法は、切り取った金属の薄板を漆面に貼りつける、または金属の上に漆を塗って必要な箇所を削ることで、文様を表現します。金属を貝類に変えることは、特に“螺鈿《らでん》”と呼びます。

日本人が、従来の技法をもとに工夫を重ね発達させたのが、前述した“蒔絵”です。

これらの技術が組み合わされ、さまざまな漆製品が作られています。

効能と利用

毒性があるため、しばしば「漆にかぶれる」などといいます。ウルシオールの毒性によって皮膚が炎症を起こすのです。

大変個人差が大きく、体質によって全然かぶれない人もいれば、空気を通じただけでそうなる人もいます。完全に乾いてしまえば、その恐れはありません。増量剤を大量に使った漆製品は、中まで乾ききっていない場合があるので、注意が必要です。

かぶれには、サワガニをすりつぶした汁が特効薬となります。海水や、スギ、ハス、シソなどの葉や山椒の実をすりつ

ぶしたもの、硼酸《ほうさん》なども使えます。

“漆消《うるしげし》”または“漆姫草《うるしひめそう》”といわれる植物に、ナス科のヒヨドリジョウゴがあります。実には強い毒性があるので気をつけなければいけませんが、葉や茎などほかの部分を煎じたものは、解毒にいいそうです。

精製前の純粋な生漆を入れた1杯の水を飲むと、胃酸過多に効き、強壮剤にもなります。

アカギレには、夜、楊枝で患部に入れ、その上から和紙を貼っておくと、翌日には治ります。

乾燥させると“乾漆”という生薬になり、粉末にして咳止めや虫下しに用いられます。

新芽は、かつて茶人が珍味として愛好し、テンプラや酢和えなどにして食されました。しかし時期や食べ方を誤ると、嘔吐や下痢などの症状を起こして危険なので、現在は食用植物から外されています。

ウルシの果実には蝋質が多く含まれ、種子を包む内果皮からは、良質の蝋を取り出すことができます。

種子の核を煎って粉にしたものは、煎じて飲むことができます。その香りはコーヒーのように、大変香ばしいものです。

漆龍

日向国中部の米良《めら》（現在の宮崎県児湯郡西米良村）の伝承によれば、漆掻《うるしかき》を生業にする兄弟がいました。

兄の安佐衛門が漆を求めて山へ入ったところ、米良川（現在の一ツ瀬）沿いの道で足を滑らせて、漆を採る道具を川の中に落としてしまいます。仕方なく川に潜った安佐衛門は、底に特上のウルシが沈んでいるのを発見しました。

それを拾い、弟の十兵衛とともに売りにいったところ、弟よりはるかに儲けることができました。欲深い安佐衛門は弟にさえ、この漆の採取場所を秘密にしたのです。

驚いた十兵衛は兄のあとをつけてカラクリを知ると、同じようにそこから漆を採って稼ぎました。

弟にばれたと悟った安佐衛門は木彫りの龍を買い、例の川底に仕込みます。すると、慌ててやって来た十兵衛から「米良川の淵に龍が棲みついた。炎を吐かれ、命からがら逃げ帰ったんだ！」といわれました。

それを聞いてほくそ笑むと、意気揚々として漆を採りにいきました。ところが、安心しきっていたところを龍に襲われ、二度と戻りませんでした。

臨月を迎えていた安佐衛門の妻は、龍を呪ってその川で入水自殺を遂げました。龍は石となって淵の底に沈み、頭だけを出したといいます。

同様の伝説が、主に太平洋側の各地に伝えられています。

たとえば和歌山県南部の東牟婁《ひがしむろ》郡古座川町では、舞台は漆が淵で、ある一族がそこから漆を採取していました。十五夜の夜にのみ淵に潜るなど、細部は異なり、兄が龍を使ったのは、弟にのみその場所が口伝されたことで嫉妬に狂ったのです。

これらの逸話は、不朽性のある漆には魔力が秘められているという信仰があった証左なのかもしれません。きちんと塗られた漆は紫外線以外の自然環境を乗り越え、いつまでもその輝きを放つ希有な塗料なのですから。

惟喬親王の祈り

第55代とされる平安前期の文徳天皇の御代、第1皇子たる惟喬《これたか》親王が、いまだ完全ならぬ漆や漆器の製法の発展を祈るため、嵐山の法輪寺に籠もりました。すると本尊の虚空蔵菩薩からそれらを伝授され、日本全国に広まったといわれています。

漆に携わる者たちは、親王参籠《さんろう》の満願の日にあたる11月13日に、霊験がいつまでも続くようにと、供養を行うのが習わしとなりました。

そのため昭和60年（1985）、日本漆工芸協会はこの日を“ウルシの日”と定めたのです。

世界に名立たる漆器

1867年にパリで開催された万国博覧会に、初めて日本から漆器が出品されました。ここで大変な評判を得たことがきっかけで、ヨーロッパに漆芸品の素晴らしさが広まりました。それゆえ、陶器がチャイナといわれたように、漆器がジャパンと呼ばれたのです。

その流れを感じ取った人間国宝の松田権六は、サイン文化である西洋への輸出品として蒔絵万年筆を創始しました。ダンヒル社の依頼でパイプの塗装も行い、長持ちさせるだけでなく、光沢が美しいと高い評価を得ました。またライターの装飾にも、漆が使われました。

現在でもダンヒル社やデュポン社などでは、漆を使った高級パイプやライターを製造しています。

私たちが普段使う漆器というと、汁物に使う椀が多いでしょう。金属やガラス製品、陶器では熱くて持てないものでも、漆器に入れれば火傷することはありません。そして何ともいえない温かみを味わうことができます。

そんな偉大なウルシだからこそ、太古からずっと愛され続けたのです。

Maple

カエデ

秋の風情を体感する

2属に分類されるカエデ科のうち、カエデ属（*Acer* 鋭い）の総称です。英語ではメープルで、語源も古くからカエデを意味しました。

温帯を代表する落葉広葉樹で、日本や北アメリカを中心に200を超える種が存在します。カエデ科のもう1属はキンセンセキ属で、こちらは中国にわずか2種しかありません。

秋、葉が黄または紅に色づく代表的な樹木で、モミジともいわれます。

他種との見分け方は、葉が対生すること、および果実がプロペラのついた2分果であることです。ノコギリのようにギザギザした掌状の葉が多い種がよく知られています。

日本を代表する種

黄葉や紅葉の風情が愛された日本では、江戸時代を通じて自然変異種が盛んに選別栽培され、多数の園芸品種が作られました。最盛期は明治で、我が国だけで202品種もあったほどです。第二次世界大戦後、その数は半分近くに減りましたが、モミジの葉の鮮やかさは健在です。

日中は晴れ、夜は冷えるといった寒暖の激しい肥沃な土地で見事に色づきます。そのためか、たいていの名所は、渓谷や山崖など、あまり人間が足の踏み入れない場所になります。それでも我々日本人は、その風情を味わいたいために、秋になると紅葉狩りにいそいそと出かけます。

最も名高いイロハカエデまたはイロハモミジ（*A.palmatum* 掌状の）は日本を代表するカエデで、品種も数多い種です。5枚から7枚ある葉は紅く染まります。

和名は「イロハニホヘト」と葉を数えたことに由来し、頭の3文字が採られました。京都の高雄山が名所として古くから親しまれているので、タカオモミジともいわれます。

漢名は鶏の爪を連想させるのか鶏爪《ケイソウ》槭《シュク》です。

英名はずばり日本《ジャパニーズ》メープル（Japanese maple）で、ヨーロッパなどには苗木が輸入され、好評を博しています。

ハウチワカエデ（*A.japonicum* 日本の）も紅葉する仲間です。学名の意味が示すように、日本にのみ原生する種で、漢名も“日本槭”とされました。

9から11に分かれる掌状の大きな葉が特色なので、和名は“羽団扇”、別名は粋にもメイゲツカエデです。英名は満月《フルムーン》メープル（Fullmoon maple）とされました。

比較的巨木になる種に、ハナノキ（*A.pycnanthum* 花が密生する）があります。本州中部の長野県、岐阜県、愛知県、滋賀県に分布する日本特産種なので、英名や漢名はありません。

和名は4月に、葉の前に紅い花をつけることからつけられました。葉はきっちり3つに分かれ、やはり秋に花と同じ色となります。

中国から伝来したトウカエデ（*A.buergerianum*）も該当します。漢名は三角楓、英名もそのままに三叉槍《トライデント》メープル（Trident maple）です。

黄葉する種では、イタヤカエデ（*A.mono* ひとつの）が知られています。葉のつき方がよく、“板屋根”のようなので、その名がつけられました。漢名の“地錦槭《ジキンシュク》”、英名の塗《ペインティド》られたメープル（Painted maple）も、由来は葉の形状からです。

アイヌ語ではトペニといい、意味の“乳液の出る木”は糖分が含まれていることを示します。

北アメリカ・西洋の種

北アメリカでは、サトウカエデ（*A.saccharum* 砂糖）が紅葉します。英名も砂糖《シュガー》メープル（Sugar maple）です。この木はイタヤカエデと比べて糖分の含有量が多いため、5大湖周辺を中心に事業として樹液が採られ、メープルシュガーとされます。

カナダの国花として、国旗にはメープル・リーフが使われ、99.99パーセント以上の純度を誇るメープル金貨の図案にもされました。『メープル・リーフ・フォーエヴァー Maple Leaf Forever』は国民歌として親しまれています。

黄緑色の複葉《ふくよう》をしたネグンドカエデまたはトネリコバカエデ（*A.negundo*）は、例外的に挿し木で増やせるうえ、成長が早い木です。ボックス・エルダー（Box elder ツゲニワトコ）ともいわれます。日本でも知られる園芸品種のフラミンゴ（Flamingo）は、名の由来となった、鳥の羽のような白桃色の葉をつけるので、とてもきれいです。

西洋の原生種は、黄葉するタイプがほとんどです。

一般に見られるヨーロッパカエデ（*A.platanoides* プラタナスに似た）もそうで、別名はノルウェー・メープル（Norway maple）です。

シカモア（Sycamore スズカケノキ）と呼ばれるセイヨウカジカエデ（*A.pseudoplatanus* 偽プラタナス）は、材の白さが際立つため“白樹”、その色をした樹液が豊富なので、アルザス地方では“ミルクの樹”といわれます。

これらふたつの種小名に使われるプラタナスとは、スズカケノキ科の木で、和名はモミジバスズカケノキまたはカエデバスズカケノキといいます。命名からも察せられるように、ヨーロッパにおけるカエデは、大変慎ましい存在だったのでしょう。

ほかに、低木のコブカエデ（*A.campestre* 覆うもの）があります。英名は、家畜の食料にされたことから、牧草地《フィールド》のメイプル（Field maple）です。ゲルマン人は古くからこの木を“食用ニワトコ”と呼び、大切にしています。

語源と錯綜する漢字表記

『万葉集』に収録された、大伴田村《おおとものたむらの》大嬢《おおいらつめ》の歌「わが屋戸《やど》に 黄変《もみつ》蛙手《かへるで》 見るごとに 妹を懸けつつ 恋ひぬ日は無し」からうかがえるように、古くから、その葉はカエルの手のようだと考えられました。ここからル音が脱落し、現在の形になりました。

漢字表記は多数あるので、少々やっかいです。

この蛙手《かへるで》や、ニワトリの赤いトサカに似ていることから使われた和製漢語の鶏《けい》冠木《かんぼく》は素直なあて方で、それだけに本質をついています。

一般には“楓”です。この読みにはカエデのほか、フウやカツラがあります。

フウは漢語で、マンサク科フウ属の木を意味します。正しいカエデの漢名は槭《シュク》ですが、この名は中国の詩文でほとんど用いられなかったので、日本では知られていませんでした。

万葉のころ、フウが“霊木”という情報だけは伝わっていたため、貴族たちは“月に生える霊木”カツラと同意義の存在であるとし、どちらも幻想の樹木というニュアンスで、歌に詠みました。

平安のころになると、フウとは紅葉する木という知識が広まります。そのため、中国文化に傾倒する貴族は、改めてカエデに“楓”の字を用いたのです。結果、それまではモミジが黄葉と書かれることが多かったのですが、紅葉と使われることが増えました。

いずれにしろ、漢字をあてた当事者はフウの実物を見ることはなかったのでしょう。中国原産で紅葉するトウカエデが伝来したのは、江戸期の享保年間（1716～1736）なのです。

モミジとは“揉出《もみづ》”の変化に由来します。

紅花を揉んで赤色を出すことを“揉出”といい、それを木にも適用させて名詞化させたのがモミジです。昔は秋に色づく木の総称としてカエデモミジなどと使われ、いつしかモミジといえば、紅葉の代表的な木であるカエデを指すようになりました。

ちなみに、掌で強く相手を叩いてできた跡を俗にモミジといいます。掌をモミジに見立てたもので、カエデの語源を連想させるものがありますね。

誕生花と花言葉

秋の木にふさわしく10月3日、25日、31日、12月7日の誕生花で、いずれも色づきの始めおよび終わりを示します。

よく知られた花言葉は“寡黙”“遠慮”“自制”です。基本はヨーロッパ起源のようで、存在の慎ましさを示していると思われます。コブカエデのみ自生するイギリスでは“愛と豊穣”のシンボルで、食用木であることを意味します。

大陸のケルト暦によれば、カエデ期は

10月14日から23日および4月11日から20日です。

この期間の生まれの人は、明快さを好みます。功名心が旺盛で、自ら望んで困難に立ち向かい、持ち前の誠実さと忍耐強さで物事を成し遂げます。ただ自説を貫き通す頑固者なので、その点は注意が必要です。

音を響かせる薬用木

日本では、観賞木として庭や公園に植えられ、盆栽にもされます。もちろん街路樹にも用いられるので、しばしば見かけることができます。

加工しやすい木で、ヨーロッパでは昔から、杯や木皿、ボウルなど日用品の材料となりました。

木目の滑らかな散孔材のうえ、光沢が美しいので、イタヤカエデ、サトウカエデ、セイヨウカジカエデなどは建築材や家具材として利用されます。特に鳥眼杢《ちょうがんもく》のある木材は価値が高く、人気があります。

音をよく振動させるため、ヴァイオリンやピアノなどの楽器の材料としても最高です。かの名器ストラディヴァリウスに使われているのも、カエデなのです。

薬効にも優れており、紀元前1600年ごろに書かれたと推定される、エジプトの神官が作成した重要薬用植物のリストに載せられた木のひとつでした。

古代ローマの博物学者・大プリニウスの『博物誌』には、根を打ち砕きブドウ酒に混ぜたものをあてると、肝臓の痛みによく効くと記されています。

中世には、葉には冷却作用があるとされ、虫刺されや疲労した部位にあてました。昔の湿布ですね。

コブカエデの葉は主に家畜の飼料になりますが、かつては人間も食用としました。イタヤカエデの葉は現在でも食用に使われており、天ぷらなどにして秋の風流を楽しみます。

サトウカエデの樹液は、メープルシロップの原料として有名です。メープルシロップは透明度の高い順にエキストラライト、ライト、ミディアム、アンバー、ダークの5段階に分類され、香りと味の調和が取れたミディアムが最も一般的です。ダークは煙草の香りづけなど、工業的に使用されます。

メープルシロップの起源

北アメリカにおける先住民の言い伝えによれば、水を司る大地母神ノコミス（Nokomis 地球）が、サトウカエデの木から上質のシロップが採れるのに気づきました。その孫の創造神マナブシュ（Manabush）は「こんなにも素晴らしいものが容易に手に入ってしまったら、男たちが働かなくなる」と危惧し、ノコミスと相談のうえ、サトウカエデの中に水を流し込みます。

そのためシロップは樹液となり、採取して煮詰める必要が出たので、男たちは懸命に働いたのです。

なお、マナブシュ自身がシロップを創造したという伝承もあります。

セネカ族には、天空に住まう創造神ソンクワイアティソンが木々を作ったとき、サトウカエデの木を特別な存在として、人間に残したと伝えられています。

今でも彼らは、カエデ糖を採取する時期になると、神へ感謝するための祭りを開きます。

類似の逸話では、早春のころ、夫が捕ったヘラジカの調理用の水を得るのに、水場が遠いと敬遠した女が、サトウカエデの樹液で代用しました。いっぱいの樹液を入れた鍋に火をかけて鹿肉をぶち込むと、女は近所の主婦とおしゃべりを始めました。

しばらくして戻ると、汁がすっかりなくなっていたため、仰天しました。鍋からは香ばしい香りがするものの、肉は茶色いネバネバの中に埋まって、ひどく見栄えが悪いものでした。

夫の折檻を想像した女は脱兎のごとく逃げ出します。しかし冷静になると「いなくなったほうが騒ぎになる」と思い直し、恐る恐る帰りました。

その夫は、肉には見向きもせず、鍋に指を入れて茶色のネバネバをすくい取って舐めるという行為を繰り返していました。謝ろうと姿を現した女は、夫に抱きしめられ、優しい感謝の言葉をかけられたのです。

夫やその部族にとって、シロップの発見こそが、何よりの贈り物だったのですね。

裁きのカエデ

イギリスの伝承「孤独の木 Lone tree」では、ドーヴァー郊外の守備隊の兵士が、セイヨウカジカエデの棒で、仲間を撲殺してしまいます。その兵士は良心を痛めたのか、凶器を地面に突き刺して「この棒が根づくことがあれば、この罪を告白する」と誓い、処罰を神の手にゆだねました。

数年後、この地を再訪したとき、例のカエデの棒が成長しているのを見ました。罪を償うために、自首した兵士は絞首刑に処せられます。

この逸話から、このセイヨウカジカエデは“孤独の木”と呼ばれました。

ハンガリーのカエデの笛

ハンガリーでは、金髪の王女が、ある羊飼いが奏でるカエデの笛の音に聞き惚れました。間もなくこのふたりは身分の差を超え、相思相愛の仲となります。

そんなさなか、イチゴ摘みの季節になると、食い意地の張った王は、金髪の王女とその黒髪のふたりの姉妹へ「いち早く籠いっぱいのイチゴを摘んで戻った者に王位を授ける」と宣言しました。

金髪の王女が最初に籠を満たしたので、嫉妬する黒髪の姉妹は金髪の王女を殺して、カエデの木の下に埋め、王には「彼女は鹿に食べられた」と虚偽の報告をします。

事情を知らない羊飼いが、金髪の王女の死体の埋まったカエデのところへやって来ました。そこにカエデの若木が生えていたので、気に入って、新しい笛を作りました。さっそく吹いてみると「私はかつての王女。今や笛に」と、愛する王女の声が音色となって聞こえたのです。

驚愕した羊飼いは王のところへ行き、この笛を奏でました。すべてを悟った王は、黒髪の姉妹を国から追放します。羊飼いはこの笛の音とともに、嘆き暮らしたとのことです。

中国の楓

『山海経《せんがいきょう》』の第十五「大荒南経」によれば、黄帝《こうてい》に敗れた蚩尤《しゆう》のはめられた枷《か》鎖《さ》が、蚩尤の死後に変化して誕生したのが、楓《フウ》です。

楓は、古くより紅葉するさまが詩人に好まれ、宮殿にも盛んに植えられました。中でも『唐詩選』に収められた張継の七言絶句「楓《フウ》橋《キョウ》夜《ヤ》泊《ハク》」が有名で、承句は「江楓漁火對愁眠」と詠まれました。「紅葉した江の楓と漁火が目に映って、なかなか眠ることができない」という意味で、その赤の素晴らしさが対照されています。

“漁火”は“漁夫”とされている場合もありますが、情景としては色の要素が強調された“漁火”のほうがふさわしいでしょう。

楓の嫁さらい

山東省の漢族に伝わる民話「赤い泉」によれば、仲睦まじい石圃《シートン》と玉花《ユイホワ》という若夫婦がいました。玉花が石圃の継母から虐待を受けたため、ある夜更けに若夫婦は馬で逃亡します。

紅山を越えたところで朝日が昇ると、疲れていたふたりは、付近に湧いていた赤い泉のほとりで休息を取りました。その水を飲んだところ、玉花と2頭の馬がたちまち元気になったので、何やら胸騒ぎを感じ、早々にその場を立ち去りました。

やがて小さな村にたどり着くと、気のいいやもめの婆さんと知り合いになり、一緒に暮らし始めます。ところがその秋、玉花が赤ら顔のバケモノに連れ去られてしまいました。

婆さんによれば、このバケモノは紅山にある巨大な楓《フウ》の木の精で、自らの根から水をしみ出させて、赤い泉を作ります。そして葉が紅葉する季節になると、この水を飲んだ者の中で最も美しい女性をさらって、妻とするのです。

それを聞いた石圃は馬を駆って紅山に向かいますが、玉花はバケモノの望みを拒絶したため、石に変えられていました。必ず連れて帰ると念じる石圃は妻を抱えると、重みに耐えきれなかった馬を捨て、下山します。

それを見た楓《フウ》の精は感激し、玉花をもとの姿に戻しました。以後嫁さらいをすることはなかったそうです。

聖徳太子の霊木

滋賀県東近江市には、天然記念物に指定された2本のハナノキの巨木があります。

うち南花沢町のほうは、幹周り約4メートルと北花沢町のものよりも大きく、樹齢もおおよそ400年と古いとされています。

近隣の人々は霊験あらたかな木として古くから崇めていました。

この2本の木が植えられた縁起は一緒です。かの聖徳太子が同市にある百済寺を創建したとき、仏教の繁栄を願って自分の箸をそれぞれ刺したところ、立派な木に成長し、花をつけました。そのため、町の名を南花沢、北花沢とつけたそうです。

樹齢から考えるに、当時のものではないですが、現在の老木はその子孫かもしれません。

称名寺のトキワカエデ

室町期の佐阿弥《さあみ》作といわれる謡曲「六《むつ》浦《ら》」によれば、相模国六浦（現在の神奈川県横浜市金沢区六浦《むつうら》）の称名寺《しょうみょうじ》には、いち早く色づく立派なカエデがありました。

鎌倉後期の歌人たる冷泉為相《れいぜいためすけ》卿は、この木に心打たれ「いかにして この一本に 時雨《しぐれ》けん 山に先立つ 庭の椛葉《モミジバ》」と詠みました。するとカエデは「功なり名を遂げて身しりぞくはこれ天の道なり」と返し、葉の色を変えるのをやめたため、以後“青葉楓”と呼ばれるようになりました。

この逸話を聞いた京の僧が、その晩、称名寺で読経したところ、カエデの精が現れます。その精は仏の高徳を称えた舞を奏し、東の空が白《しら》むと消え去りました。

詠われたカエデは昭和40年（1965）まで存在しましたが、枯死してしまいました。それを惜しんだこの地の人々は、区制50周年記念として、植田孟縉《うえだもうしん》編纂の江戸期の地誌『鎌倉攬勝考《かまくららんしょうこう》』（1829）の挿絵を参考に、この青葉楓と思われる常磐楓《トキワカエデ》を選定し、平成10年（1998）5月に植えました。

現在、この若木は11月始めに黄葉し、ほかのカエデが紅葉する月末には枯れてしまいます。冷泉卿以前の時代に、戻ってしまったようですね。

秋はモミジの彩り

秋を歌った名曲に、童謡『紅葉』があります。

この歌は、明治44年（1911）、尋常小学唱歌第二学年用として高野辰之作詞、岡野貞一作曲で発表されました。高野は、信越本線の熊ノ平駅（現在は廃駅）から眺めた碓氷峠の紅葉の美しさに心打たれ、この詞を書いたといいます。曲も、夕日に映えるモミジの情景や、落葉したモミジが川に流れる様子が思い浮かび、つい口ずさんでしまう素晴らしいものです。

昭和40年（1965）にNHK『みんなのうた』で発表された、薩摩忠作詞、小林秀雄作曲の童謡『まっかな秋』では、赤を連想される秋の風物が次々と歌われ、モミジは1番に登場します。沈む夕日と対照されているのは、前述の『紅葉』と一緒です。

葉は和菓子に

大阪府箕面《みのお》市の名物に“もみじの天ぷら”があります。紅葉したモミジの葉を1年以上塩漬けにし、小麦粉と砂糖を溶いた甘い衣をつけて葉の形そのままに揚げた、かりんとうのようなお菓子です。

およそ1300年前、箕面山で修行していた役《えん》の行者が、美しい紅葉に感動し、灯明用の菜種油で揚げて、修練に訪れた旅人に振る舞ったのが始まりと言い伝えられています。

広島県宮島の名物“紅葉饅頭”は、モミジの葉をかたどった和菓子です。

明治40年（1907）ごろ、厳島神社近くの老舗旅館・岩惣に茶菓子を納める高津常助が、女将の岩村栄子（または仲居頭のおまん）からアイディアをもらい、製造したのが最初でした。

一般には、宮島を訪れた伊藤博文が、ある娘の可愛い手を見たときの発言がキッカケになったといわれています。

変化を感じること

レオ・バスカーリアの絵本『葉っぱのフレディ：いのちの旅 The Fall of Freddie the Leaf』(1982) に掲載された、黄葉・紅葉する写真の数々は、まぎれもなくカエデです。

春に誕生したフレディ以下、同じ木の葉っぱの仲間たちは、夏をめいっぱい遊び、秋にはそれまでの経験に応じ、濃いまたは明るい黄色、燃えるような赤、深紫、そして赤と青と金が混じった色と、さまざまな異なる色彩を放ちました。一般のカエデではあり得ない多様な色づき方は人間の成長と重ねられており、我々はそこに生命の素晴らしさを感じます。

平成14年（2002）には、松山善三監督によって映画化されました。フレディたちの木に選ばれたのは、長野県大峰高原の200年以上も生きているカエデでした。高さ15メートル、太さ1.2メートルの立派な木で、枝ぶりは実に見事なものです。

日本は四季の移り変わりを、はっきりと体感できる国です。秋の風情は格別なもので、中でも木々が紅葉、黄葉する姿は最たるものでしょう。

この変化を楽しむことは、自然の摂理を学ぶということでもあります。そして、それは知らず知らずのうちに、心を豊かにしてくれるのです。

Linden Tree

ボダイジュ

悟りを開いて涅槃に至る

ボダイジュと呼ばれている樹木にはいくつかの種類があります。主なものに、インド原産のクワ科イチジク属の常緑高木インドボダイジュやベンガルボダイジュ、シナノキ科シナノキ属の落葉高木でヨーロッパから中国一帯を原産地とするセイヨウボダイジュ、アメリカボダイジュ、ボダイジュがあります。

インドボダイジュとベンガルボダイジュは、熱帯と亜熱帯に分布する樹木で、温帯ではあまり見ることができません。葉は幅広の卵型で花は白く、枝はやや垂れ下がって伸びます。実は熟すると種子を包む苞《ほう》とともに落下し、風に乗って広がります。

中国や日本でボダイジュとして植えられている木は、ゴータマ・シッダールタことブッダが悟りを開いたインドボダイジュとはまったく別の種類です。インドボダイジュは寒さを嫌うため東アジア地方では生育できず、葉の形が似たこの木が植えられ、ボダイジュとして広まったという説があります。また、日本からの留学僧が天台山へ登った際、中国に自生していたインドボダイジュに似た木を間違えて“ボダイジュ”と呼んだともいわれています。日本へは建仁寺の開祖・栄西が宋から種子を持ち帰り、庭に植えたのが始まりです。

ブッダが入滅の際に身を横たえた沙羅《さら》双樹《そうじゅ》はサラノキともいい、フタバガキ科の常緑低木の総称です。原産地はヒマラヤ地方で、インド全域にわたって広く分布しています。葉の形が馬の耳に似ていることから、サンスクリット語でアシュヴァガルナ（aśvakarṇa 馬耳樹）とも呼ばれます。ギリシア神話ではフィレモンとバウキスという老夫婦が死んだあと、夫はオーク、妻はボダイジュに姿を変えたという伝承が伝わっています。

また、日立グループのコマーシャルで採用された3代目“日立の樹”はベンガルボダイジュです。

ボダイジュの語源

インドボダイジュの学名はフィクス・レリギオーサ（*Ficus religiosa*）、ベンガルボダイジュの学名はフィクス・ベンガレンシス（*Ficus benghalensis*）です。“Ficus”はラテン語で「イチジク」、“religiosa”は「修道女」「尼僧」「宗教的な」という意味で、この木が寺院の境内に植えられたことに由来していると考えられます。“benghalensis”は「ベンガルの」という意味のラテン語です。

セイヨウボダイジュの学名は“*Tilia vulgaris*”、ボダイジュの学名は“*Tilia miqueliana*”です。“Tilia”はラテン語で「ボダイジュ」という意味で、シナノキ属を指す古語からきています。“vulgaris”は「普通」「通常」、“miqueliana”はオランダの分類学者ミケルに由来しています。英語名はLinden、ドイツ語名はLinde（複数形はLindenbaum）ですが、ゲルマン語で“セイヨウボダイジュ”を指していたと思われる“linta”が転化したという説があります。もうひとつの英語名“lime”は古英語の“lynde”“lind”が変化したものであると考えられています。また、植物学者のリンネの名は、生家にあったこの木にちなんで名づけられたといわれています。

漢語の菩提樹の“菩提”はサンスクリット語の Bodhi の音訳当て字で「悟りを開いて涅槃に至る」という意味です。仏教の開祖ブッダがこの木の下で悟りを開いたことから「ブッダが悟りを開いた木」という意味でしょう。また別名で覚樹、道樹ともいい、この名もブッダとボダイジュの伝説をもとにしています。日本へは音訳当て字の“菩提”がそのまま伝わりました。

誕生花と花言葉

ボダイジュは7月9日と30日、8月23日の誕生花です。花言葉は“結婚”“情熱の恋”で、木の花言葉は“夫婦の愛”。これらは、オークとボダイジュにまつわるギリシア神話から連想された花言葉です。

ボダイジュの使い道

ボダイジュは観賞用の庭木として植えられるほか、種子は“菩提子《ぼだいし》”と呼ばれ、乾燥させて穴を開け糸でつなぎ、数珠の玉にします。また古くは樹皮から繊維を採り、布糸などの代用品にしたようです。

ヨーロッパではセイヨウボダイジュの樹皮を煎じた汁が吹き出物に効くとされ、葉や花をハーブティーの材料としても使います。養蜂家はミツバチをセイヨウボダイジュの花へ誘導させ、1か所に集めて蜂蜜を採ります。

サラノキの幹からは、燃やすと芳香が出る樹脂のドゥーナー（damar）を採取することができます。樹脂の煙が強力な殺菌作用を持つことから、祭壇や家屋の浄化材としても使われ、ヒンドゥー教の祭礼には欠かすことができません。材木は丈夫で水にも強く、建築用材や線路の枕木に使用されます。

セイヨウボダイジュは葉の形が美しく、白い花を咲かせて芳香を放ち、生育も早いことから街路樹として植えられます。ドイツの首都ベルリンにあるメインストリートの名前は“ウンター・デン・リンデン（Unter den Linden ボダイジュの木の下）”です。名前の通り、中央の並木道はセイヨウボダイジュがまるでアーチのようで、世界的にもよく知られた場所のひとつになっています。第二次世界大戦では多くの木が戦火を受け、また燃料として伐採されて、大きな被害を受けましたが、戦後の復興政策で往時の姿を取り戻しています。

ケイローンの母

ピリュラー（philyra シナノキ）は海の神オーケアノスの娘で、黒海に浮かぶ小さな島に暮らしていました。

ある日、叔父である時の神クロノスが彼女のもとを訪れ、ふたりは逢瀬を楽しんでいました。ところがその場面をクロノスの娘ヘーラー（Hera）に見つかってしまい、彼は慌てて駿馬に身を変え、その場から去っていきました。

のちにピリュラーはクロノスの子を身ごもったことを知ります。月満ちて生まれたその子は、上半身が人間で下半身が馬という怪物でした。彼女は自らの罪に恐れおののき、父オーケアノスに自分の身をボダイジュに変えてもらうよう願い出ました。

ボダイジュは古代ギリシアの時代から「病人を癒やし、未来を予言する」樹木であるといわれてきました。花は薬として用いられ、樹皮を帯状に裂いたものは占いの道具として使われました。のちにピリュラーの息子であるケイローンが高名な医者として名を馳せたのも、母が姿を変えた“奇蹟を呼ぶ木”ボダイジュから力を授かったからであるといえるでしょう。

神の宿る木

インドの女神ラクシュミーは富と吉をもたらす女神で、主神ヴィシュヌの妻でもあります。もとはヒンドゥー教の女神ですが、仏教にも取り入れられ吉祥天《きっしょうてん》と呼ばれるようになりました。そして人々のあいだでは古くから、そのラクシュミーが宿る木はインドボダイジュであると信じられてきました。
神々と魔族アスラが不死の薬アムリタを得ようと乳海を攪拌したとき、浮かんだ泡からアーリアのラクシュミーが生まれました。神々は主神ヴィシュヌにこの女神を娶るように頼みましたが、彼女はヴィシュヌにこういいました。
「私には姉でアーリア人《びと》ではないラクシュミーがいます。ですから、その姉が結婚しないうちは自分も結婚はいたしません」
そこでヴィシュヌは初めに姉のほうと結婚し、その後彼女のもとから去りました。そして妹であるアーリアのラクシュミーを妻にしたのです。夫のヴィシュヌが自分を捨てて妹を妻にしたと知り、姉のラクシュミーは身を寄せたアシュヴァッタ（インドボダイジュ）の木のもとでただ泣き暮らしていました。そのことを知ったヴィシュヌは、最初の妻がいるアシュヴァッタの木まで行き、慰めるようにこういいました。
「この木は私の体から生まれたものだ。だからお前は、この木を私と思ってここに住むがいい」
女神ラクシュミーは幸運を司るものの、人々に不運ももたらす女神でした。のちに不運をもたらす女神はラクシュミーの姉アラクシュミーとして具現化します。しかしラクシュミーはこの伝承のように双子であったともいわれており、富と吉、不幸と貧困が表裏一体であるということも表しています。
また、インドボダイジュの化身は主神ヴィシュヌ、ベンガルボダイジュは嵐の神ルドラ（咆哮を上げる者）の化身であるという伝承も伝わっています。
あるとき、主神のひとりであるシヴァとその妻パールヴァティーが、人里離れた場所で抱きしめ合い、愛戯にふけっていました。そのことを知っていた神々は、火の神アグニをバラモン僧の姿でふたりのいる場所に向かわせることを考えつきました。そのことはパールヴァティーの耳にも入り、怒った彼女はその話を企てた神々に呪いをかけ、木に変えてしまいました。その結果、ブラフマーはハナモツヤクノキ、ヴィシュヌはインドボダイジュ、そしてルドラはベンガルボダイジュに姿を変えたといわれています。

悟りと入滅の木

一国の王位継承者としての身分を捨て、真理を求め若くして苦行者となったゴータマ・シッダールタは、名立たる師のもとへ教えを求めて訪ね歩きます。しかし納得するような答えはいっこうに見つかりませんでした。
彼はマガダ国に入り、ネーランジャラー河のほとりにあるウルヴェーラーという場所へたどり着きました。その河のほとりには宇宙樹アシュヴァッタ、すなわちインドボダイジュの木が生い茂っていました。シッダールタはその木の下に座り、瞑想を始めました。その間、死の神マーラの度重なる誘惑が彼を襲います。神は軍勢を揃えてシッダールタのもとを訪れ、毒蛇を使って毒を浴びせかけました。また強い風や嵐を巻き起こし、地中からは溶岩や熱い泥の川を湧き出させ、彼のもとへ流しました。「マーラの

千人の息子」である魔物たちは岩の塊や大木を投げつけ、シッダールタに容赦ない攻撃を加えます。しかし彼は、“私は強き者である”との言葉通り、マーラの攻撃に耐え抜きました。

そしてとうとう、シッダールタは悟りを開くまでになりました。それは“澄みきって、人知を超えた天眼”を得、“無限の時間、無限の空間を一目で見わたすことができる”というものでした。戦いに敗れたと悟ったマーラはシッダールタのもとから去っていきますが、そのとき「聖者ゴータマは、我が帝国を破壊するだろう」との言葉を地面に書き残したといわれています。

その後、シッダールタは“ブッダ（仏陀 悟りを開く者）”と名前を変え、この世の真理を悟るべく修行を続けました。何十年かたち、彼は自分の命がさほど長くないことに気がつきます。彼はつき従ってきた弟子にこう告げました。

「さあアーナンダよ、ヒラニヤヴァティー川の対岸にあるクシナガラ村のサラノキ（沙羅双樹）の森に行こう」

サラノキの森に着くと、ブッダは疲れた体をその下に横たえて、いいました。

「この2本のサラノキのあいだに、私の頭を北に向けて床をしつらえてくれないか」

この言葉に従って弟子たちが用意した床に横たわったブッダは、その日の真夜中、静かに息を引き取りました。そのとき、沙羅双樹の花が突然満面に咲き誇り、ブッダの亡骸のそばに花びらを次々と落としていったといわれています。

仏教で死者を北枕に安置するのはこの

伝承が起源となっており、また『平家物語』の序に見える「沙羅双樹の花の色、盛者必衰の理《ことわり》をあらわす」という一節は、ブッダの入滅をモチーフとして描写されたものです。

実際には、ブッダが悟りを開いたインドボダイジュと、入滅の瞬間を見届けたサラノキは別のものです。彼がこの世に生を受ける前に存在した過去7仏のうちの第3仏ヴェッサブが修行の際、悟りを開いた木はサラノキでした。しかしその木はインドボダイジュであったともいわれ、このふたつはしばしば同一視されました。どちらも生と死を象徴する木であることから、仏教ばかりでなくヒンドゥー教でも聖なる木として崇拝されました。ブッダが悟りを開いた木は、仏教を迫害したベンガル王シャシャーンカによって伐り倒されてしまいますが、幹を燃やされサトウキビの汁を根元に注がれたにもかかわらず、また力強く芽吹き再生したといわれています。この木は、仏教の経典を求めてインドへやって来た玄奘三蔵が祈りを捧げ、1811年にイギリス人の学者ブキャナン・ハミルトンがこの地を訪れた際にも見ることができたといいます。現在はこの木の種子を受け継ぐ若木が現れ、しっかりと根を生やしています。

Baobab

バオバブ

乾いた大地に生きる 1000 年の傘

バオバブは、パンヤ科の総称です。とても大きな果樹で、20メートルを超すその大きさと、差した傘のような独特な形で知られています。サバンナの低木の中にひょっこりと頭を出しているそのひょうきんな姿は、見る者を不思議議な感覚にいざないます。

巨大な幹の先に葉が茂るのは、わずかに年に2度の短い雨季のみです。しかし幹の表面には葉緑素が備わっており、葉のない乾季でも光合成をすることができます。幹の内部はスポンジ状になっており、環境によって幹の太さが大きく異なります。同種でも森林で育ったものは細長く、日差しの強く乾燥した地域では、幹により多くの水分を蓄えるために、ずんぐりとした形になるのです。自分の体重の65パーセントもの水分を蓄えることができ、ときには2年も続く厳しい旱魃にも耐えます。

雨季が始まり葉が茂ると、夕方から夜にかけて花を咲かせます。色は白や橙、赤褐色などがありますが、どの種も花弁を大きく反らせ、たくさんの雄しべをむき出しにしています。短い期間で効率よく動物たちに花粉を運ばせるための、進化の結果なのでしょう。

ほとんどのバオバブの花は嫌な臭いがするのですが、ザー・バオバブ（*A. za*）だけは香り高く、熟れた果実を思わせる、フルーティで爽やかな匂いがします。2005年、初めてこの花の香りの再現に成功し、同年に開催された「愛・地球博」に、バオバブのレプリカとともに展示されました。

バオバブの寿命は、スポンジ状の幹の材質と、栽培地域に四季がないことから、年輪が明確ではありません。幹の成長速度も年間わずか5ミリメートルから4、5センチメートルと一定ではなく、旱魃のときには縮むこともあるので、正確な樹齢を測定することは不可能とされています。しかし幹の直径が17メートル強という、ギネスブックに載った世界最大のバオバブをみると、この木の樹齢は計り知れません。さまざまな角度で調べられた推定樹齢は1000年から6000年とかなり幅がありますが、ほかの植物に比べ、格段に長寿であることは確かです。

バオバブは寿命を迎えると、幹に水分をためることができなくなります。水分を失った幹がスカスカになって、自重を支えられなくなると、ひとりでに地面に崩れ落ちます。風化して木屑の山となると、風に飛ばされて、跡形もなくなるのです。

バオバブの名前とその由来

バオバブはパンヤ（*Bombacaceae*）科アダンソニア（*Adansonia*）属の木本植物の総称であり、10種類が確認されています。アフリカ、マダガスカル島、オーストラリア北西部にのみ自生しており、そのうち8種はマダガスカルに特有の種類です。アダンソニアという学名は、バオバブを初めて学会で発表した、18世紀の植物学者アダンソン（Michel Adanson 1727～1806）の名前を採って、植物分類学の創始者リンネ（Carl von Linne 1707～1778）により名づけられました。

バオバブと一般的にいった場合、普通はアフリカ・バオバブ（*Adansonia digitata*）を指します。“digitata”は「掌状の」という意味で、葉を1か所から掌のように広げる特徴を、よく表しています。他の種類の学名は、白花を咲かせることからつけられたアルバ・バオバブ（*A. alba* 白い）を除くと、フニー・バオバブ（*A. fony*）、マダガスカル・バオバブ（*A. madagascanesis*）、ディエゴ・バオバブ（*A. suarezensis* ディエゴスワレズ）、ザー・バオバブ（*A. za*）の4種は、いずれも自生していた地域の名前を採っています。残りの4種は学者の名前からつけられており、ディディエ・バオバブ（*A. grandidieri* 博物学者グランディディエ）、ペリエ・バオバブ（*A. perriei* 植物学者ペリエ）、オーストラリア・バオバブ（*A. gregorri* 地質学者・冒険家グレゴリー）、スタンブリー・バオバブ（*A. stanburyana* 植物研究家スタンブリー）となっています。

俗名のバオバブは、アラビア語の“bu hib（果実が多い）”が語源になっています。そこから中世のエジプトの市場では、実を bu hobab（種のいっぱいあるやつ）という名で売り出し、それをヴェネチアの薬草家アルピノ（Prospero Alpino）が、1592年にヨーロッパに紹介したのです。bu hobabはbaobabと縮められて、世界中へ広がっていきました。その過程で、セネガルの言葉では「1000年の木」という意味を持つようにもなりました。

原住民からは、親しみを込めてさまざまな呼び名で呼ばれます。アフリカやインドでは、大事な食料としての別名「猿のパンの木（monkey bread tree）」と呼び、オーストラリアでは、実がブドウ酒発酵の際にできる酒石に似ているため「酒石英の木（cream of tartar tree）」、毛に覆われた細長い実が木にぶら下がっている様子が、まるで死んだネズミがぶら下がっているように見えることから「死んだネズミの木（dead rat tree）」などと呼ばれていたりもします。ほかにも、甘酸っぱい実をつけることから「酸っぱいひょうたんの木」「甘酸っぱい氷砂糖の実がなる木」、長寿で神聖なイメージからマダガスカル語の母《レニ》と森《アラ》を縮めた「森の母《レナラ》」、その大きさや形状から「植物界の象さん」などとも呼ばれています。

逆さまの木

バオバブは、その特徴的な形状から、よく「根と幹を逆さに入れたような形」といい表されます。アフリカでは、その形状にまつわるこんな話が伝わっています。

昔々、神様が動物たちに「これを植えなさい」と、1本ずつ木を与えていました。ハイエナは来るのが遅かったので、最後に残っていたバオバブの木をもらいます。そそっかしいハイエナは木を逆さまに植えてしまったので、バオバブの枝は、こぶこぶのある根っこにそっくりだということです。

この物語に派生して、もともとは普通に植わっていたのを、悪魔が根ごと引き抜いて、逆さまに突き刺したという説もあり、そのユニークな形からは、さまざまな想像を膨らますことができます。

サバンナの中でひときわ目立つバオバブは、とても存在感があります。澄みわたった空の下で、天に届く勢いで幹を伸ばし、雲をつかまんとばかりに枝を広げる様子は、巨大な人の手のようです。力強さがあり、ときに神秘的でもあり、畏怖さえ感じてしまうそのシルエットは、しばしば図案として用いられます。マダガスカルや南アフリカでは通貨のデザインに起用され、ジンバブエをはじめとするいくつかの国で、写真や絵を用いた切手が多数発行されています。

誕生花と花言葉

バオバブは、誕生花を昔から愛用していたヨーロッパ人による発見が比較的最近であるため、誕生花にはされていません。

また、花の大半が不快な臭いのため、贈答花ではありません。ゆえに花言葉も存在しないのです。秘めた思いを植物に託して楽しむロマンチシズムより、重要な資源として有効に活用するリアリズムのほうが強い植物のようです。

バオバブの利用法

バオバブは資源としてとても価値のある植物で、無駄にできるところはほとんどありません。原住民はこの恵みの木を、最大限に生活に取り入れています。

果実の毛に覆われた堅い殻を開けると、パルプ状の繊維が種子を包み込んでいます。この繊維の果実は、ラムネ菓子のような甘酸っぱい味がして、そのまま子供のおやつにしたり、水に溶かして清涼飲料水にします。また、ゴムや乳製品の凝固剤としても使われています。

殻は主に容器として使われます。またオーストラリアでは、殻にカンガルーやエミューをはじめとしたオーストラリアの生物と風俗の模様を施し、民芸品として販売しています。

種子は、そのまま装飾品にも利用されますが、その堅さと丸み、大きさを利用して、土器作りに欠かせない道具となります。種子を数珠状に糸に通し、半乾きの土器の面をこすって、表面を滑らかにするのです。それ以外にも、灰などを入れたアルカリ水で煮たり、発酵させたりして食べることもできるうえ、種子をひいて煎ることで、コーヒーの代用品にもなるのです。煎った種子をひくと黄色を帯びた油が採れ、食用に使用したり、石鹸の材料となります。カラハリに住むサン族は、この油を吹き矢の解毒剤として重宝しました。種子を燃やした灰はカリウムを多く含み、石鹸の代わりにもなります。

葉は肉厚で弾力があります。タンパク質に富み、ビタミンCをはじめとするミネラルも豊富です。雨季が近づくと顔を出す新芽は、サバンナの貴重な野菜です。人々は新芽を摘むと、パルキアという豆を発酵させた調味料をベースとした、日本の味噌汁に近い、おつゆの具にします。ほろ苦くてぬめりがあり、野生の葉独特の新鮮な香りが、乾季で乾ききった村人の心と体を潤してくれます。西アフリカのマリ共和国では、アフリカ・バオバブを栽培し、天日で干して粉にして、野菜のない乾季の保存食にしています。

スポンジ状で弾力性がある幹は、柔らかいため土木用材には不向きですが、乾燥させれば多孔質の燃えやすいつけ火用の薪となります。

表面の樹皮は簡単に大きく剥ぐことができるうえ、とても丈夫なので、干したあとに葺き屋根や壁材に使われます。また、細くちぎって紐を作り、籠や衣服を編んだり、縄を作ったりもします。車を牽引できるほど頑丈なこの縄は、神聖なものとして扱われることがあり、マリ共和国のドゴン族は、人が死ぬと、この縄で遺体を村の背後の断崖に引き上げ、自然の洞窟に納めるという習慣があります。

幹にたっぷり含んだ樹液は、オーストラリアの先住民アボリジニーがその粘り気を利用して、接着剤として利用していました。

根の部分も、樹皮を煎じると赤色の染料になります。根の先端部分にできる球根は、乾燥させたあと粉にして、水や牛乳で煮た、ポリッジと呼ばれるオートミールになります。

アフリカでは、乾季になると象たちが幹を食いちぎって樹液を吸い、喉の渇きを癒やします。象たちは幹に大きな穴が開くほど食いちぎることもしばしばありますが、生命力が強いバオバブは、たちまち樹皮を再生し、巨体を持ち直すのです。

巨大な万能薬

バオバブはその栄養分の高さから、し

ばしば民間薬として利用されています。葉から根に至るまで、さまざまな用途に対処できる、いわば万能薬です。

種子を包むパルプ状の繊維は、発汗や解熱を促す薬となり、葉を煎じた汁は、子供の下痢止め、解熱、喘息、去痰、皮膚の炎症を抑える、腸を丈夫にするなどという効果もあります。また最近では、葉から抽出したエキスが保湿効果に優れ、保護皮膜を形成する働きがあることが分かり、化粧品の原料として注目されています。

木の生汁は目薬になり、樹皮も表層を削って煎じると、単にカルシウムの補給になるだけでなく、解熱、下痢止め、黄疸やマラリアの治療ができ、タンザニアでは歯痛を抑えるためにも使われています。

また根も解熱のほかに病人の滋養強壮によく効き、マラウイでは肌がすべすべになる赤ん坊の入浴剤として使われています。

自然の容器

象が食いちぎるなどして形成されたうろの部分では、幹の内部を掘り出して水がめを作り、乾季に備えて貯水します。またオーストラリアでは、その形状から牢屋として使われていました。

セネガルでは、村の長老のお墓に、このうろを用いました。「メメント・モリ(死を忘れるな、死を思い出せ)」という思想があるため、死体を外からも見えるところに置き、長老の死をいつまでも忘れずに後世へと伝えていくのです。

バオバブ自体ではありませんが、うろにはハチが巣を作るので、人々はハチを燻り出し、蜜蝋《みつろう》を採取します。朽ちたあとの木屑からはフクロタケが自生します。市場に出向くと、この朽木から採れたきのこを見かけることも珍しくありません。

同じパンヤ科のパキラは、「幸せの木」という別名があり、日本では観葉植物として愛用されています。英名は近い味がする種子からつけられた guiana chestnut（ギアナのクリ）で、種子はアフリカでは保存食にされます。

神木としてのバオバブ

バオバブは、その大きさと生命力の強さから、とても神聖な木として扱われています。「森の母」と認められた老木には、頭に「ウム（母）」がつく特別な固体名をつけ、人間の年長者のように敬います。

マダガスカル西側では村や部族ごとにさまざまな悩みを相談する「聖なるバオバブ《バオバブ・サクレ》」が決められていて、白や赤などの、目立った色の衣がかけられています。この神木は、かつて種族の王がお祈りするところであったため、一般の人は近づくことは許されていませんでした。現在では、王の代わりにウンビアーサと呼ばれる呪術師が良い精霊を呼び出し、病をはじめ結婚や雨乞いなどの問題を、解決していきます。

レスリー・ビークの小説『バオバブの木と星の歌』では、森の母として、バオバブがナミビアに住むサン族の少女ビーを温かく見守っています。苦しい生活と人間関係に絶望したビーは、毒矢で自らを刺し、村のバオバブの根元に横たわりました。バオバブはそんなビーに寄り添い、自らの解毒作用でビーの毒が少しでも回らないように手を貸しながら、星にビーの憧れの青年クーを呼び寄せるよう頼んだのです。のちにやって来たクーは、ビーを優しく抱き寄せ、「愛してるよ」とささやきます。バオバブとクーに見守られながら、ビーは生きる希望を取り戻すのでした。

また、今江祥智の児童文学『風にふかれて』では、象の墓を荒らしにきた人間から森の平和を守った小象に、森の守護者らしいバオバブという名前を与えています。

三橋一夫の短編小説『ばおばぶの森の彼方―ある森番の小説的記録―』では、神聖なイメージが、作品の中に効果的に使われています。

大山太次一家は追い詰められていく生活苦の中で、努めて明るく過ごしていました。しかし一家は、裏山で巨人木《ばおばぶ》の森を見つけてしまいます。ばおばぶの森を見た太次は一瞬たじろぎますが、「立派な森だね。……いい森だ。……さ、森の向こうへ行こう。きっと良いところへ出られるよ!!」と、一家揃って森の彼方へと消えていきました。

この話の舞台は伊豆であり、実際にはバオバブは自生しません。しかし一家が最期を迎える神聖な場所として、「ばおばぶの森」は確かに存在するのです。

バオバブと精霊アビク

アフリカの地方ではアニミズム(animism 精霊信仰)も根強く残っています。さまざまな精霊がいますが、ナイジェリアに伝わるアビク(Abiku)と呼ばれる精霊は、人間社会の富を奪うため、霊界から遣わされた使者とされています。アビクは同じ母親のもとに、何度も生まれては幼くして死んでいくといわれています。厳しい環境の中、旱魃などで幼い子供を失うことが多い民は、そのたびに「私の子供はアビクだったのだ、この世よりもきれいで楽しい精霊の世界に帰ったのだ」と、自らを慰めるのです。

またアビクは、死んだ子供が亡霊となって再生されたものだという考えもあります。このアビクは、神木バオバブを住み家とすることが多いようです。

木葉井悦子《きばいえつこ》の絵本『バオバブのこ アビク』では、自分の住み家を人間に伐り倒されてしまったアビクが、通りがかった男に憑いて、新しい家を探します。アビクは旅の先々で、さまざまなおまじないをかけては人々にいたずらをしていきますが、男が自分の村に着くと、村に生えていたバオバブを新しい住み家に決めました。アビクはお礼として、男に赤ん坊を贈りました。男はアビクの恵みに感謝し、バオバブに向かって「わたしの、こども」とつぶやくのでした。

妹尾猶《せのおひさし》がサバンナに伝わる物語をもとにした絵本『ふしぎなふしぎなバオバブの木』でも、アビクが木の上から一家を見守っています。

バオバブの木の下に家を構えていた一家のもとに1匹のウサギが訪れ「一晩泊めてほしい」と頼みます。「どんな変なことが起こっても、絶対に笑わない」という約束を守ったウサギに、アビクは翌朝、花嫁のウサギをプレゼントします。その様子を見ていたハイエナは、ウサギ

と同じように一家を訪ねますが、ハイエナは約束を破り、げらげらと笑いました。約束を守らないハイエナに怒ったアビクは、小人になって自ら出向き、ハイエナを棒で殴りつけたのです。

アフリカのラジオ局でパーソナリティをしているジェリ・ババ・シソコが語ったくれた、マリ共和国に伝わる物語『バオバブのきのうえで』にも、アビクを思わせる子供が登場します。

ジョレという村に、生後すぐに父母をなくした男の子がいました。村人たちは、災いを呼ぶ子として、赤子を森へ捨ててしまいます。男の子は森で動物たちに育てられ、大きくなって自分がジョレの村で捨てられたことを知ると、バオバブの木に登って嘆きの歌を歌いました。すると、村には雨が降らなくなり、作物が育たなくなってしまったのです。村の人々が男の子を見つけて歓迎すると、村に雨が戻り、男の子は王の跡継ぎとして、村を治めていきました。

この男の子は、捨てられた当時は普通のか弱い赤ちゃんでした。果たして、厳しい森の中で、赤子は無事に育つことができたのでしょうか？　もしかしたらこの男の子は、森の中でアビクとして再び生を受けたのかもしれません。

精霊アビクは、バオバブを通して人々の暮らしをのぞいては、正しい行いをした者を祝福し、悪い行いをした者に罰を与えます。アビクが悪さをしないために、人々は自らの行いを正すのです。

心に潜むバオバブの芽

バオバブは、世界でも有数の巨大樹です。何千年もの寿命が尽きるまで、どんどんと成長を続ける様子は、しばしば心に膨らんでいく脅威の象徴として描かれます。

中でも有名なのは、日本では『星の王子さま』のタイトルで知られるアントワーヌ・ド・サン＝テグジュペリの『Le Petit Prince 小さな王子』でしょう。

サハラ砂漠に不時着した飛行士は、小さな星からやって来た王子さまと出会います。王子さまは自分の星に心配事を抱えていました。そのうちのひとつが、星にはびこるバオバブでした。初めのうちは小さいのですが、放っておくとどんどん大きくなって、王子さまの小さな星を破裂させてしまうというのです。王子さまは毎朝、その芽を見つけると、ひとつひとつ掘り起こして「面倒なことだけど、きちょうめんにやればいいことだよ」といいます。

星にはびこっていくバオバブは、人間の心に潜むわだかまりです。面倒なことですが、小さいうちに解決しておけばたやすく取り除くことができます。しかし、放っておくとどんどん膨らんでいき、最後には自分自身を突き破ってしまうのです。

『星の王子さま』のバオバブは、王子さまとともにさまざまな世界へと飛んでいきます。青柳祐美子が、雑誌《CREA》で連載していたエッセイ『バオバブの記憶 Voice from the Past』で、エッセイのひとつひとつを「バオバブのようなものだ」といっています。ずっと伝えたかった気持ちを文章に託すことで、心に潜むバオバブの芽を、ひとつひとつ摘んでいたのでした。木村功の『バオバブのゲンバク』では、核のリサイクル工場の建設を、自分たちの生活を脅かすバオバブの芽であるといい、工場が放射線をばら撒き、死をもたらすゲンバクとなって襲ってくる前に、早急に対処すべきだ、と訴えています。

バオバブの里親制度

このように、バオバブは私たちを脅かすものの象徴とされることもあります。しかし実際のところは、バオバブのほうが人間によって危機にさらされているのです。本来、バオバブはサバンナではなく、森に生えている植物でした。放牧や農地の開発で森が焼き払われた結果として、火に強いバオバブだけが残ったのです。バオバブは焼かれても生き続けていますが、周りに植物がないため、土に水分を蓄えることができません。すなわち、いくら種子を落としても、発芽できないのです。世代交代ができないまま老木が朽ちてしまえば、種は途絶えてしまいます。

そこで1990年、NGOボランティア・サザンクロスジャパン協会が設立され、島内の生物の80パーセントが固有種というマダガスカルの自然生態系の保護と、人々の生活の向上を目標に活動しています。中でも森の再生に力を注いでおり、1998年からは「バオバブの里親基金」という制度を設けて、バオバブの苗木の資金を出してくれる里親を募集しています。募金額は一口2万円ですが、事業を始めてから植栽された苗は8万1000を超え、徐々に本来の森の姿へ戻りつつあります。

生命力が強いバオバブの中にも、地域荒廃という“バオバブの芽”が潜んでいます。手遅れにならないうちに、根気よく砂漠化の芽を摘み取り、新たな緑を植えていくことが、絶滅の危機から守る秘訣といえましょう。

Mangrove

マングローヴ

海と陸を結ぶ大いなる恩恵

海と陸の境目にあたる、塩分を含む海水および汽水域の泥地に生える植物または群落で、あたかも海に森が浮かんでいるかのように見えるため“海の森”といわれます。

基本的な植物の分類である科や属には当てはまらない包括的な呼称で、単一の植物も、それらで形成された森をも指します。そのため一般には、構成種である植物は“マングローヴ”または“マングローヴ植物”、森は“マングローヴ林”といい分けられます。

分布域と生育地

熱帯または亜熱帯に自生するマング

ローヴの分布範囲は、南北の緯度ともに30度付近までで、構成種の数によって大きくふたつに分けることができます。

ひとつは東南アジアやオーストラリア北部を中心とした、太平洋およびインド洋に面する地域で、構成種は60から70と豊富です。

西はアフリカ東海岸、南はニュージーランドの北端くらいまで、東はハワイなどのわずかな島々から中南米の西岸に達しています。ただし、種子が海流に乗って広大な太平洋を乗り越えるのは厳しかったせいで種の数は少なく、孤立していることもあり、独自の発展を遂げました。

北は日本の南西諸島のあたりまでで、薩摩半島南部の鹿児島市（旧喜入《きいれ》町）が北限です。もともと同市のマングローヴ林は、江戸期に薩摩藩が移植したものですが、すでに150年以上世代交代を繰り返しているため、そう認められています。

もうひとつの範囲は中南米に端を発する大西洋の地域で、構成種は12から13ほどしかありません。北はバミューダ島、南はブラジル北部、東は大西洋を越えアフリカ西海岸まで到達しました。

主な生育地は、波の穏やかな入江付近と、淡水と海水が入り混じる河口です。

海岸沿いのみと思われがちですが、淡水よりも比重が高い海水が満潮時に河川をさかのぼって汽水域を広げるため、河口からずいぶん先まで自生します。中には300キロメートルも上流までマングローヴ林が形成されている場所もあるのです。

代表的な種

マングローヴに分類される植物は80種ほどです。

特性の多少によって“純マングローヴ”と“準マングローヴ”に分けます。主要な種で構成されたマングローヴ林の後背地に生育する植物を、準マングローヴに分類する場合もあります。

特質が薄い、またはないものの、一緒に森を構成する植物は“従マングローヴ”や“非マングローヴ”と呼ばれます。このクラスになると学者によって判断基準が分かれるため、絞り込むことは困難です。

代表的なマングローヴの科属名をあげると、以下になります。

・イソマツ科のアエギアリティス属
・クマツヅラ科のヒルギダマシ属
・センダン科のホウガンヒルギ、アモーラ各属
・ハマザクロ科のハマザクロ属
・ヒルギ科のヤエヤマヒルギ、オヒルギ、メヒルギ、コヒルギ各属
・フトモモ科のオスボルニア属
・ヤブコウジ科のツノヤブコウジ属

特異な種子と根

最もマングローヴらしいのは、アエギアリティス属やヒルギ科の各属です。

これらの種は果実の中に種子を作らず、胚が発生を始めると、果実の下部から根となる器官・担根体《たんこんたい》を伸ばします。長さは種によって異なり、平均は20セ

ンチメートルほどですが、中には1メートル以上になる巨大なものもあります。

このように母樹についたまま成長するため、種子は“胎生種子”または“胎生芽”と呼ばれます。マングローヴ第1等の特質ですが、上述以外の植物には見られません。

成熟した胎生種子がいい具合の泥地に落下すると、突き刺さって根を生やします。満潮によって水に埋もれると、しばしば海を漂い、遠く離れた場所に根を下ろします。それを繰り返して棲息域が広がったと考えられます。

もうひとつの外見的特徴は、大気にさらされる根にあります。生え方は支柱根、筍根《じゅんこん》、膝根《しっこん》、板根の4タイプに分かれます。

ヤエヤマヒルギ属に代表される支柱根は、泥面の上に蛸足のごとく何本もの根を生やし、葉緑素を有するため、葉と同様に光合成を行う気根です。

ハマザクロ属マヤプシキやヒルギダマシ属は、タケノコ型をした筍根を何本も生やします。根の先端を海中から天に向かって伸ばすタイプで、酸素を取り込む構造を備えているため、特に“呼吸根”と呼ばれます。

膝根を有する代表はオヒルギ属です。この属には短い支柱根があるのですが、その何本かの先端が横に伸び、膝のように“くの字”に曲げた根となるため、その名があります。

ホウガンヒルギ属は“変形膝根”と呼ばれる類似の根を生やします。地面を波打つように曲がりくねって伸びるため“波形板根”ともいわれます。

ほかに、同属のニリスホウガンや同科アモーラ属は、伸ばした根のところどころに棍棒のようなコブを作るため“棍棒根”と呼ばれます。

メヒルギ属は、衝立のように板状にくねる小さな板根を形成します。

大きなものを作るのは、アオギリ科のサキシマスオウノキで、ときには4メートルの高さにもなります。ただし後背地に見られる種のため、厳密にはマングローヴといいがたい樹木です。

根から吸収した水を全身に送る維管束を有する植物でありながら、海水で育つという点で、マングローヴはほかの維管束植物と一線を画すため、自然と根の働きも違います。

根の先端にある毛の細胞膜の浸透圧によって海水を吸収した根は、導管に水分を送ります。その際塩分が多少濾過されるので、導管内の濃度はぐっと薄まります。

排出方法はそれぞれ異なり、胎生種子を有するタイプはその場所にたまります。ヒルギダマシ属などは葉の表側にある塩類腺から排出するため、葉の表面に細かい塩の結晶ができます。

名称の由来

語源は、西インド諸島の先住民たるアラワク語系の有力部族タイノ（Taino）の言語によるといいます。大航海時代の先駆者たるスペイン人は“マングル(mangle)”、ポルトガル人は“マングー(mangue)”と呼びました。本来の語形と意味は、島々の植民地化を進めたスペインがタイノ族を早々に滅ぼしてしまったため、定かではありません。

イギリスが海の覇者となると、“マングロウ（mangrow）”または“マングレイヴ（Mangrave）”といわれました。マングローヴそのものを示す前半部のマン（Man）に英単語がくっついた形で、前者は「成長する」で後者は「墓」という意味があります。どちらも、海に浮かぶ未知の植物に対する、驚嘆の念が感じられる呼称です。

統一の必要が出たためか、後半部は「小規模な森」を意味する英語のグローヴ（grove 木立）とされました。この命名は既存の分類に当てはまらない、さまざまな科や属の種が入り混じって群落を形成する植物であると、認められたことによるのでしょう。そのためマングローヴ自体に「森」という意味が含まれるのです。

和名は、明治の植物学者が英名を単にカタカナ表記にして紹介したことに由来します。鹿児島や沖縄の島々にはマングローヴが自生するのですが、当時の西洋びいきとカタカナ呼称のインパクトが強かったためか、すっかり定着しました。

木の皮を剥ぐと紅いため、中国では“紅樹林”と呼ばれました。

分類が特異な植物なので、特に花言葉や誕生花は作成されなかったようです。

自生地における利用

ヤエヤマヒルギは良質の薪炭となります。自生地ではガス普及前の主要な燃料でした。

建材としては材質が堅く頑丈ですが、加工に手間がかかるため、そのままの形で柱や梁に使われることが多いようです。最近は大木が減ったため、八重山諸島でもコンクリートの建物が目立つようになりました。

オヒルギは虫に弱いので、沖縄では利用する前に海水に沈め、虫害防止を図ります。

ヤエヤマヒルギ属の根株は碇に、サキシマスオウノキの板根は舵に使われることもあります。

ところで、日本神話に登場する少名毘古那神《スクナビコナノカミ》または少彦名命《スクナビコナノミコト》が出雲にやって来たとき、乗っていたのがガガイモ製の船です。

蔓性のガガイモ科植物は日本にも自生しますが、マングローヴ圏である熱帯地方に多い種です。実際にハマベガガイモまたはウミベガガイモが準マングローヴに分類されるので、その船はマングローヴ製だった可能性も考えられるでしょう。

アオイ科オオハマボウやサキシマハマボウの樹皮は、より縄とされます。

タンニンを多く含むヒルギ科植物の樹皮を乾燥させたものからは、赤茶色の染料が採れます。これは丹殻《たんがら》といい、沖縄の織物に使われています。

煮出して固めたものはカッチと呼ばれ、戦前には軍靴などの革製品に使われました。

ヤシ科ニッパヤシの葉を編んだものは屋根や壁に用いられ、雨具にもされます。

若葉を乾燥させたものは、刻み煙草を巻くために使われます。

果実はパイナップルのようで生食ができ、花軸から出る樹液からは酒や砂糖も作られます。

オヒルギの若い胎生種子は煮たり、スライスしてスープに入れたりして、食されます。

ホウガンヒルギの種子からは油を採ることができます。

自生地では、古くから民間薬として重宝されてきました。

ヒルギダマシ属の種子から作った軟膏は、腫れ物や天然痘に用いられました。

マヤプシキ属の果実の汁は湿布剤、発酵させたものは止血剤になりました。

ヤエヤマヒルギ属の樹皮を煎じた汁は止血、下痢止め、赤痢、血尿病に効きます。

ホウガンヒルギ属になると、コレラにもいいそうです。

コヒルギ属のものは、出産時の止血に使われました。

マングローヴ林の現状

陸海の境界に自生するマングローヴ植物は、さまざまな役割を果たします。

陸から海に流れ込む養分の急激な流出を防ぎ、林床に蓄えます。また赤外線を遮って木陰を提供するため、水温が適度に保たれ、海の生き物が過ごしやすい空間を作ります。

それらの理由から、産卵地、稚魚の生育地、成魚の避難場所、回遊魚の休息地などになるのです。そうした豊かな水産資源を利用するのは、もちろん人間ですね。

海から押し寄せるサイクロンや台風による被害を緩和してくれます。現在は多数の死者を出す大災害を巻き起こしますが、現地の古老によれば、マングローヴが豊富だったころは被害はそれほどでもなかったといいます。

人間は直接的にも、大いなる恩恵を受けていることが分かります。

そんなマングローヴ林を、先進国では

手厚く保護しています。現地人の生活サイクルに組み込まれておらず、生態系の維持が重要視されるからです。

かつて植民地だった東南アジアの国々におけるマングローヴ林は、ジャングルの一部であり、マラリアなどのタチの悪い風土病の宝庫です。主な生育地である入江は海賊の格好の住み家でもあるため、宗主国たる西洋諸国は特に手をつけませんでした。

第二次世界大戦後、独立した国々で工業が興ると、都市部に人口が集中しました。マングローヴ林は、必要となった膨大なエネルギーをまかなう薪や炭とするため、盛んに伐採されました。

日本人やアメリカ人の好むエビをはじめとした魚介類の棲み家でもあったので、外貨獲得のための乱獲が始まりました。そして水産資源が目立って減少すると、マングローヴ林を伐採し、跡地にエビの養殖地を建造したのです。

マングローヴ林だった場所は餌となる有機物が多いので、容易に転換が図られました。しかし供給元がもはや存在しないため、いったん餌を食いつぶしてしまうと人工飼料が投入されました。それはしだいに池の底にたまり、病気の発生のもととなります。エビが全滅すると養殖地は放棄され、新たな場所へ建てられました。

ほかにも錫の採掘のため、マングローヴ林が更地にされることもしばしばでした。

いずれにしろ一度土地が荒廃すると、二度と自然の状態に戻ることはないのです。

現在は国をあげて保護され、植林計画が実行されています。民間レベルでもNGO が盛んに活動し、着実に実りを上げています。

植林は、容易さと確実さからヤエヤマヒルギ類やオヒルギ類の胎生種子を植えることが多いです。水に浸けて発芽させ、苗木としてから植えるとうまくいきます。その際は潮汐によって流されないよう、支柱にくくりつけます。

その後の保育作業には地元民の協力が不可欠です。彼らの生活に根ざした植林でなければ、結局は元の木阿弥になってしまうのですから。

陸上から海中へ

不思議なことに、ある程度自生したマングローヴ植物を移植し、淡水で育てても問題なく成長します。この事実を踏まえると、マングローヴは本来陸上の植物だったものの、天変地異などの原因で海水に接するようになり、生存のために進化を遂げたと考えられます。

これはマングローヴ固有の話なのでしょうか？

ボルネオ島やマダガスカル島のマングローヴ林に棲息するテングザルは、川を巧みに泳ぎ、長い鼻をシュノーケルのように使って呼吸します。浅い川の場合2足歩行することもあります。

その姿があまりにも人間に似ているため「人間はかつて半水中生活を送り、しだいに陸上に適応して現在の姿になった」という説が生まれました。マングローヴの誕生に通じる話で、無下に退けることができない信憑性を感じます。

海と陸を結ぶ第3の生態系と呼べる貴

重な存在であるマングローヴは、人類の偉大な財産にして、その進化の道筋を解き明かす鍵かもしれません。

Japanese Cypress

ヒノキ

高貴なる幸せと希望の守護樹

日本人の最高の贅沢のひとつに“総檜の家”があげられます。その材となるのが、日本特産の常緑高木であるヒノキ科ヒノキ属のヒノキ（*Chamaecyparis obtusa* 丸みを帯びた小さいイトスギ）です。

ヒノキ科（*Cupressaceae*）の樹木は、極寒地や熱帯を除き世界各地で生育する、最も用途が広い針葉樹です。尾根や崖などの痩せ地でも適応するので、種類も21属140種と多様なのが特徴です。分類によってはスギ科も含みます。それよりは飛散量は多くありませんが、やはり花粉症の原因となる木のひとつです。

通常ヒノキ科は、北半球のヒノキ亜科と南半球のカリトリス亜科に2大別され、前者からさらにビャクシン属とネズミサシ属を亜科として設ける場合があります。これらは多肉で汁を多く含む球果を有し、裂果しない点が異なるのです。

我々日本人に身近なヒノキは、主に福島県と新潟県以南の本州および四国の山地に育つ雌雄同株の樹木で、寿命はおおよそ1000年といわれます。

スギ同様に真っすぐ伸びる幹は、平均して20～30メートル。樹皮は赤みのある褐色で、縦に薄く裂けます。密生した平たい枝には鱗片状の葉が対生し、その裏にはY状の気孔線が浮かびます。

春、枝先に紫褐色の雄花と、緑を帯びた白い雌花を咲かせ、秋に赤褐色の丸い実をつけると、小さな翼のある種子を飛ばします。ただし自然の状態では、他種が繁栄するため、増やすためにはきちんとした植林と管理が必要です。

木曽のヒノキ林は、秋田のスギと並ぶ日本の三大美林のひとつとして知られ、“木曽五木”の筆頭でもあります。ほかの4種は、同属のサワラ、クロベ属のクロベ（または別名のネズ）、アスナロ属のヒバ、コウヤマキ科のコウヤマキです。

ほかにヒノキ属には、台湾産のベニヒやタイワンヒノキ、アメリカ産でベイヒと呼ばれるローソンヒノキや、ベイヒバの名で親しまれるアラスカヒノキなどがあります。

近縁のアスナロとヒバ

アスナロ（*Thujopsis dolabrata* ツルハシ状のクロベ属）は湿地と日陰を好む樹木です。根を張りやすいので、挿し木や取り木という枝を直に地面に植える方法で、容易に増やすことができます。

分布域は北海道渡島《おしま》半島から鹿児島県高隈山までと広範囲に及びますが、北関東および能登半島先端の宝立山以北になると果鱗の突起が極端に短いタイプに変わります。これをヒノキアスナロといい、ヒバの名で親しまれています。

青森の津軽と下北半島を中心に生育するヒバは、日本三大美林の最後のひとつです。分類上はアスナロの変種とされます。もっとも原産地の下北半島は、東通村の太平洋沿岸には1000年前にも及ぶ埋没林が存在するなど相当古い種なので、実はアスナロのほうが変種なのかもしれません。

西洋はイトスギ

西洋のヒノキが、イトスギ属(Cypress 等しく生み出す）です。暖かい気候を好む種で、イタリアイトスギ（Italian cypress）がよく知られています。樹形が円錐形のピラミダリス(Pyramidalis）や円筒状のホリゾンタリス（Horizontalis）は園芸用に用いられます。

地中海東端の島キプロス（Cyprus）はイトスギの主産地だったので“イトスギの生える島”の意味で、その名がつけられた珍しい例です。

この島は地理的重要性から、長年にわたってヨーロッパのキリスト教勢力と中東のイスラム勢力の争奪地でした。1571年にヴェネチアからオスマン・トルコへ支配権が移ると、島の北部にトルコ系住民が大量に入植し、ギリシア系住人とたびたび衝突しました。

20世紀初頭にイギリスの植民地にされたキプロスは、1960年に独立を果たし、国家となりました。しかし、1974年のギリシア系将校のクーデターの際にトルコが介入して北部を占拠し、1983年にその占領地域が“北キプロス・トルコ共和国”として独立します。ただしトルコしか承認していない国家で、和平交渉が続けられたものの2003年3月に決裂するなど、いまだ争乱の種が絶えません。

なお、トルコ語ではキブリス（Kibris）といいます。

高貴なる日の木

一般にヒノキの語源は、発火しやすい性質があるため“火の木”であるといわれますが、これは音韻学の見地から否定されます。古代にはヒの音は甲乙の2種類がありました。“火”の音は乙類音ですが、ヒノキの古語“桧”は甲類音です。これに当てはまるのが“日”なので、本来“日の木”であったというわけです。

漢字表記は“檜”です。漢名では、枝が平たいことから扁柏《へんぱく》ですが、これはビャクシンまたはイブキを指し、反対に“檜《カイ》”がビャクシンを意味するので、注意が必要です。

ヒノキの英名はそのまま日本のイトスギという意味ですが、ヒノキという名は知れわたっているため、単に Hinoki でも通じます。

アスナロの漢字表記は“翌檜”または“翌桧”です。

古名はアツハヒノキで、文字通り葉の厚いヒノキの意です。それが縮まって“厚桧《アツヒ》”。しだいに Atsuhi から t が欠落し「ヒノキまでは及ばない」という意味で浅桧《アスヒ》または“明日の名がついたヒノキ”の意で明日桧《アスヒ》と呼ばれたと推測されます。

その後、この木にある精油分の異臭が好まれず、水中貯木などで除かれることから、いつしか「明日はヒノキになろう」という逸話が生まれ、しだいに現在の形となったのでしょう。

アスナロの別名のアテヒは、能登の、スギ林の下にヒバの直挿しか挿し木で苗を植栽するアテ林業からきています。アテは「陰地」の意味なので、すなわち“アテ＋ヒ”です。

ヒバの漢字表記は“榍”です。意味は“檜葉”で、その葉がヒノキに似ていることからの命名でしょう。

“糸杉”の表記は、糸巻きのように螺旋状の樹形で、スギとよく似ていることからきています。炎のようにも見えることから、火を拝んだゾロアスター教では特に愛されました。

漢名は“柏木《ハクボク》”です。単に“柏《ハク》”と呼ばれ、これは科名をも指します。

日本ではブナ科の柏《かしわ》にもこの漢字があてられたため、混乱を防ぐために、ヒノキ科を指す場合、常緑の意味で“かえ”や“かへ”と読むことがあります。

誕生花と花言葉

ヒノキ全般としては11月15日、12月14日と31日の誕生花で、花言葉は神聖性から“不死”“不滅”を意味します。

アスナロは2月1日、7月4日、12月5日の誕生花で、ヒノキに及ばないため“不満”や“永遠の憧れ”が花言葉となりました。

イトスギは2月11日や9月30日の誕生花で、花言葉はギリシア神話のエピソードから“死”“永遠の嘆き”です。

ケルトでは“復活の木”とされ、イトスギ期は7月26日から8月4日、または1月25日から2月3日が該当します。このふたつの期間は、日の長短が実感できる、太陽の運動が盛んなときです。この生まれの人は、イトスギが光を渇望するように、自分ひとりの力で、運命に対して果敢に立ち向かう勇気があり、しばしば他者や思想のために殉じます。ただし洞察力やバランス感覚にも優れているので、判断を間違うことは少ないでしょう。

神聖な高級材

スギに比べて成長は遅いものの、その芳香と光沢は日本人に愛されています。たとえば、冬の寒い中に振る舞うヒノキ風呂といえば、最大級の馳走のひとつでしょう。

『日本書紀』「神代上」に、スサノヲが宮殿に用いるために胸毛からヒノキを作ったとあるほど由緒正しい木で、実際に加工が容易で狂いづらい、防虫剤がいらないなど多くの利点があるため、古くから宮殿や神社仏閣の建材に使われています。

特に木曽のヒノキは、天照大神《アマテラスオオミカミ》を祭神とする伊勢神宮の建材となります。ほかにも法隆寺や東大寺の正倉院もそうです。ただし近年はそのような最高級の材は入手が困難なため、平安神宮や、薬師寺金堂の再建、明治神宮の大鳥居などには、ベニヒが求められました。

シロアリに強いヒバは、ヒノキより安価で大径材が入手できるため、東北地方を中心に重宝されています。最大の産地である青森県では、桑原にある全仏山青龍寺の五重塔のほか、弘前城天守閣にも用いられました。岩手県平泉町の中尊寺金色堂もヒバ材で建造されています。その大改修の際には、築900年近くたっているにもかかわらず、大半が再利用可能でした。

伊勢神宮では、毎日、神へ捧げる飯を炊く火を熾すために、ヒノキの臼が使われます。これは出雲大社の神主の地位を譲り渡すときの儀式である“神火相続”でも同様です。

ほかにも天平時代以降の木製の仏像には、たいていヒノキが使われました。

“檜皮葺《ひわだぶ》き”という呼び方があるように、樹皮は屋根を葺くのに使われます。今でも寺社はこの方式のところも多いのです。内樹皮の繊維は“槙皮《まきはだ》”になり、風呂桶や木造船の隙間を埋めるのに用いられます。

こんなヒノキが使われた床で劇や舞を行うことは、神聖な儀式であると同時に、晴れ舞台であったことでしょう。そのため“檜舞台”には“ここ一番の大舞台”という意味が生まれたのです。

イトスギもその性質からしばしば神殿造営に用いられ、ノアの箱船や神像の材料にもなりました。木の形が美しいことから、小さい種は庭園の木としても使われます。

古代ローマ時代の博物学者・大プリニウスの『博物誌』によれば、育てるのが難しい木であるものの、材の価値が高かったので、その苗床は“娘の持参金”と呼ばれました。

古くからその樹皮は香料の原料として知られ、樹液は酒にもなっています。

葉は潰瘍や痛風に効き、根を混ぜたものは膀胱の痛みを取り除き、排尿を促進します。

球果は蛇の咬み傷やヘルニアに用います。種子を合わせたものは目や睾丸の治療にいいそうです。

保生樹

主に中国西南部に居住する苗《ミャオ》族の民話によれば、かつて金鶏山《キンケイサン》のふもとの小さな村にいた劉保生という男は耕作に従事し、貧しいながらもどうにか年老いた父と母を養っていました。

あるとき日照りのため、村は草の根を食い尽くすほどのひどい飢饉に見舞われました。そこで保生は野草を求めて山々を越え、ようやく草木が生い茂る土地までたどり着きます。ある木の根本を掘ってみると水が湧き出たので、これを村まで引くことを考えました。

疲労困憊して眠りに就いたところ、夢枕に天の神が立ち「ここは月の女神の御祓を行う神聖な場所だから、口外してはならない。もし黙っているなら、女神はお前の一家にラクに暮らせる恵みを与えるだろう。さもなければ、天罰が下る」と告げました。

悩む保生でしたが、同じように困窮する村人を見捨てられず、結局みなにこの泉の位置を話し、用水路を作ることを提案します。

それが完成した翌日、保生は家の門の前で1本の檜と変化し、両親は死んでし

まいました。村人たちは保生の行いに感謝し、その両親を手厚く葬ると、保生が変じた木を“保生樹”と名づけたのです。

嘆きの木たるイトスギ

古代ローマの叙情詩人オウィディウスの『変身物語』では、太陽神アポローン（Apollon）の寵愛を受けた美少年キュパリッソス（Kyparissos）は、金の角がある大きな牡鹿を連れ、ケオス島の野山を散策するのが常でした。

ある夏の暑い日、狩りに出たキュパリッソスの投げた槍が、誤って牡鹿に当たり、その命を奪ってしまいます。

友の死に絶望したキュパリッソスには、アポローンの慰めの言葉も耳に入らず、ただ永遠の嘆きを望むだけでした。そのうちキュパリッソスの体は緑色になり始め、しまいにはイトスギへと変化したのです。

アポローンはその死を永遠に悼むことを誓い、キュパリッソスには「他者の死を悲しみ、その死を嘆く者の友になるように」と語りかけました。

この逸話を知る美の女神アフロディーテー（Aphrodite）は、美少年アドーニス（Adonis）が死んだとき、イトスギで額を飾りました。

結果、ローマでは冥府の王プルートー（Pluto 富者）に捧げる木となりました。

キリスト教の伝承によれば、アダムの死体からイトスギ、レバノンスギ、ナツメヤシの木が生え出ました。この3本の木は絡まり合って、まるで1本の木のように見えたそうです。さらにイトスギとレバノンスギは、キリストの磔に使われた十字架の材料になりました。

これらの伝統を継ぐヨーロッパでは、イトスギは葬儀に用い、墓場に植える木として、死と永遠性の象徴とされたのです。

イトスギを愛した画家

ヒマワリの絵で有名なオランダ生まれの画家フィンセント・ファン・ゴッホは、イトスギを題材として、数多くの絵を描きました。『糸杉のある風景』のほか『糸杉』や『麦畑と糸杉』と、あげればキリがありません。それらの絵はくねりつつも天に向かって伸び、あたかも緑色の炎のようであることが共通しています。

“死”をイメージさせるイトスギは、現世と冥界の境目を示す木なので、ゴッホは“死”と見つめ合うために、イトスギをしばしば取り上げたのでしょう。しかしそれはゴッホの精神に狂気をもたらし、37歳にして自殺という結末を迎えました。

希望と成長のシンボル

高貴なイメージがあるヒノキと違い、その逸話から親しみを感じさせてくれるアスナロは、日本人の大好きな樹木です。そんなアスナロを題材とした作品の中でも古典といえるのが、昭和28年（1953）に出版された井上靖の『あすなろ物語』です。

伊豆の天城にて両親と離れ祖母とふたりで暮らす少年・梶鮎太の家に、親戚の年上の娘・冴子が転がり込んできました。型破りの性格をした美しい冴子に淡い恋心を覚える鮎太ですが、彼女は大学生の加島と心中してしまいます。その死体を見た鮎太は、彼女から聞かされたアスナロの話を思い出し、この異常な出来事を乗り越えるため、自分はヒノキになろうと誓うのです。

それから努力を重ねるのですが、どこか冴子に似た年上の女性に恋心を覚えるたび、悲哀とともにアスナロの話を思い出します。それらの恋は成就することなく、しだいに周りからヒノキとなる人間が消えていき、自分はまったくのアスナロだと諦観するのでした。

昭和30年（1955）には、黒澤明の脚本を堀川弘通監督が映画化しました。こちらではアスナロの話を告げるのは加島であり、物語自体も鮎太の高校時代までに絞られているため、それほど鮎太に悲愴な影は見られません。アスナロの逸話は希望の象徴として語られ、青春時代の甘酸っぱさと清涼感を残してくれます。

アスナロと聞いて真っ先に思い浮かぶのは「あすなろ　あすなろ　あすはなろう」で始まる、大きなヒノキになろうと願う歌かもしれません。これは昭和37年（1962）6月にNHKの『みんなのうた』で発表された、坂口淳作詞、渡辺今朝蔵作曲の『あすなろ』という曲で、真理ヨシコが歌いました。歌詞は希望にあふれ、フレーズはすーっと体に入り込む名曲なので、今なお多くの人々に愛されています。

この歌に影響を受けたさだまさしは、アルバム『うつろひ』に自身の作詞・作曲の『明日桧』（1981）を収録しました。やはり繰り返される「あすなろ」というフレーズが心に染みるのですが、『あすなろ物語』に共感したのか、アスナロの悲哀を歌い上げた曲です。

里中満智子の漫画『あすなろ坂』では、幕末、会津藩士の有馬武史に嫁ぐ芙美《ふみ》が、長い坂の上にある江戸の藩邸で立派なアスナロを目にします。木の名の由来を知った芙美は、幼なじみの帯刀新吾との結ばれぬ自身の運命を重ね、この木に「希望は失わない」と固く誓いました。

しかし夫からその想いごと包み込むように愛されたため、明治維新後、新吾と再会すると初恋に別れを告げたのです。以後アスナロは、家族との愛を育む幸せと希望の守護樹となりました。その恩恵を得るため、芙美は孫や曾孫の誕生や結婚の際、その木から作ったお守りや文箱をプレゼントします。そして大正、昭和と時代が移りゆく中、最期のときまで温かく家族の明日を見守り続けたのです。

Japanese Cleyera

サカキ

神を祝い神を降ろす

神事に使われる木の代表格です。

古い神社の中には“榊山”といわれる、その社《やしろ》専用の榊の生えた山があります。大祭が近づくと「榊取り」と称して精進潔斎した男性が山の中に入り、サカキの形状や大小、枝葉のつき方を吟味して、持ち帰ります。

伊勢神宮では、祭典で宮垣の内にある鳥居の左右に立てるサカキを“八重榊”と呼び、頻繁に取り替えます。そのほかにも飾りとして使い、取り替えるサカキも多数あって、その数は500本に上るといわれています。

サカキを取るのは、“山向《やまけ》”または“内人《うちひと》”と呼ばれる担当者が中心となり、榊山に入って刈り取りをさせました。

ほかの神社でも、サカキを伐採する役目の人は“山毛”という姓で、代々その仕事にあたってきました。この字は山向と同じ読みで、伊勢神宮での慣習にならったものです。

サカキとヒサカキ

植物学でいうサカキは、ツバキ科サカキ属の常緑樹です。アジア東南部から中南米一帯に数種が分布しており、日本で1種が自生しています。

近縁種のヒサカキと区別するためにホンサカキ、マサカキ、ミヤマサカキ、またはカミシバと呼ばれることがあります。一年を通じて葉の色が変わらないことから、別名を“常盤木《ときわぎ》”ともいいます。もうひとつの別名シャカキはサカキが訛ったもので、主に南九州での呼び名です。

高さは10メートルほどにまで成長し、葉は皮革に似た質感を持つ細い楕円形をしています。一部は晩秋から冬にかけて紅葉し、若木の枝は産毛がなく、冬になると葉を内側に巻き込んだような、鎌の形をした芽が生え出します。

ひとつの枝には5弁の白い花を咲かせますが、時間がたつと黄色を帯びてきます。果実は5～9ミリメートルくらいに成長し、12月ごろに光沢のある黒色に熟します。

近縁種のヒサカキはツバキ科ヒサカキ属の常緑小高木で、主な自生地は南アジア方面です。その一部はニューギニアや太平洋諸島のミクロネシアやポリネシア、中南米にまで及びます。日本では奄美大島や琉球諸島の固有種であるテリバヒサカキやマメヒサカキ、ヒメヒサカキが知られるほか、本州の中南部ではヒサカキやハマヒサカキを見ることができます。

“ヒサカキ”とは、サカキに似て小さいことから“ヒメサカキ”と呼んでいたのが縮まったものだといわれています。サカキ属のサカキと区別してイヌサカキ、ノサカキ、ムラサカキということがありますが、広島県の一部や北九州各地、鹿児島県の一部や千葉県の安房地方ではサカキと呼んでいます。またメサカキ、ビシャカキ、ビシャナゴという名前もあります。

サカキとヒサカキは形状が大変似ているのですが、サカキが単株での繁殖なのに対し、ヒサカキは一回り小さく雌雄異株で、枝の根元に壷状の花が咲き、瓦を重ねたように密着します。葉の縁は鋸歯《きょし》状になり、光沢もあまり見られません。ハマヒサカキの葉はサカキよりも厚くて丸く、葉脈がへこんでいます。その表面は艶出しをした皮革のように滑らかです。

どちらも日陰に強く、肥沃な土地を好

みます。寒さに弱いため、植栽する場合は関東地方が北限となります。

学名と語源

学名は“*Cleyera japonica Thunb.*”です。属名“Cleyera”は、プロシア（現在のドイツ）の医者で植物学者のアンドレース・クライエル（Andreas Cleyer）の名前にちなんでいます。“japonica”はラテン語で「日本」を指し、“Thunb.”は植物学者リンネの弟子で、江戸時代に長崎の出島で日本固有の植物を研究したカール・ツンベルク（Carl Peter Thunberg）のことです。

類似種であるヒサカキの学名は“*Eurya japonica Thunb.*”です。属名“Eurya”はギリシア語で「広い」または「大きい」を意味する“eurys”に由来しています。ハマヒサカキの学名は“*Eurya emarginata Thunb.*”で、“emarginata”は「へこんだ形の、凹形の」を意味するラテン語です。

サカキの漢字表記は、さまざまです。

“榊”とは“木”と“神”が合わさった国字で「神に供える」木、「神の依代《よりしろ》（神が宿る場所）となる」木という意味です。

“賢木”とは「神が鎮座する場所」であり「さかしくかしこみたてまつる場所にある木」ということで、太安万侶《おおのやすまろ》が編纂した『古事記』や紫式部の『源氏物語』にも記述が見られます。

『古事記』の「天《あめ》の岩戸隠れ」では、高天原にやって来た素戔嗚尊《スサノオノミコト》の横暴に恐れをなした天照大神《アマテラスオオミカミ》は天の岩戸を開き、その中に籠もってしまいました。高天原は真っ暗となり、下界にある葦原の中つ国にも太陽が昇らなくなったため、神々は天照大神を呼び戻そうとします。そして天《あめ》の香具山《かぐやま》に生えていたサカキを根こそぎ掘り起こして玉《ぎょく》や鏡などで飾りつけ、岩戸の前で祭礼を行ったとあります。

“坂木”や“坂樹”は“榊”の俗称で、“賢木”と同じ意味で使われていたようですが、舎人《とねり》親王を中心として編纂された『日本書紀』と、『日本書紀』の注釈書である『日本紀私記』、平安時代中期編纂の『延喜式』、同時期に編纂された辞書『和名類聚抄』に狩谷棭斎《かりやえきさい》が註を施し明治16年（1883）に出版した『箋注倭名類聚抄』に名を留めている程度です。

“境木”は「境界に生えている木」のことで、「神の鎮まりいます区境《さかい》を表す磐境《はいさか》（いわさかとも。神が鎮座する区域）の木」という意味でもあります。

“栄木”や“繁木”は、サカキが「青々と繁り栄えて」いることから名づけられたとされますが、古文献にはそう書かれた例がなく、後年の誤用ではないかという説も唱えられています。

サカキの漢字には“狐”をあてていた時期もありました。これは神木としてよく知られたサカキを、神の使いとされたキツネの象徴としたことによるものと考えられます。

誕生花と花言葉

サカキには残念ながら誕生花と花言葉はありません。神事に使われる木のため贈答用にならないのと、花言葉の発祥地であるヨーロッパにはない樹木であることが、その理由だと思われます。

神を宿す場所

かつて神事に使われる常緑樹はすべて“サカキ”と呼び習わしていました。

その中には現在、仏壇に供える枝として使われるシキミも含まれていました。ナンテンもかつては神事に使われた樹木で、今でもサカキと呼ばれることがあります。

中でも葉が青々と繁り、樹木の姿も非常に美しいサカキは、よく似た形状をしたヒサカキとともに神社の境内に植えられました。

江戸時代になると品種改良が行われ、葉に斑《ふ》（まだら模様）が入った品種、フイリヒサカキも栽培されるようになります。現在では、神事に利用するのはもちろん、生垣、盆栽、切枝にも利用されています。

神事のときに作られる神籬《ひもろぎ》は、八脚台という木の台の上に枠を組み、その中央に榊の枝を立て、紙垂や麻、木綿《ゆう》を取りつけたものです。これも、神が降臨するための依代になる場所で、現在は主に地鎮祭で使われます。

神籬の語源は、霊力を表す“ヒ”と、“天下る”を意味する“アモル”が転じた“モロ”、木の読み“キ”が合わさったもので、漢字の“籬”は垣根のことです。すなわち、心霊が憑依する場所ということになります。

その起源は『日本書紀』の「天地創造」で、高皇産霊尊《タカムスビノミコト》が自分の鎮座する場所を作り、それを「“天津神籬《あまつひもろぎ》”、“天津磐境《あまついわさか》”という名にせよ」といったことにまでさかのぼります。

もとの神籬は、石で神域の周囲を固めた、非常に堅固なものでした。古い文献に見える“磯城《しき》の神籬”も、同じように石で四方を囲んだものと思われます。これは神域の周りに厳重な囲いを作ることで、御神体が外界から見えないようにするための手段だったことは想像に難くありません。

時代の移り変わりにより、神籬の囲いは石から木枠に取って代わり、常緑の葉を有する木が使われました。そしてサカキが祭祀専用の木へと変化し、神事を代表する木となったことで、ほかの常緑樹が担っていた役割も、この木に集約されたことになります。

各地に残る風習

神社ではサカキの枝を依代として、幣《ぬさ》をつけ神に奉納する玉串にします。神域のしるしとして植栽を行うほか、その境界線として枝を挿し、しめ縄を張ったりするなど、俗世と神の御世との境界を示す樹木として使われます。

一般家庭でも、サカキは神棚やかまど、厠《かわや》の神に供えたりします。神に供える神聖な木であるという信仰からか、一般の者がむやみに伐採したり、燃やしたりすることは禁じられ、破った者はケガなど災難に襲われるとされました。また、民家にサカキを植えるとその家は位負けするといわれ、不浄の場所に植えることや船材に使うことも禁忌とされました。

一方、サカキを布団に敷いて寝ると吉夢を見ることができ、夜道を通るときサカキを持って“神の子”と唱えれば、魔物を追い払えるとも信じられました。伊勢地方では門松の材料にサカキが使われ、松の内の期間に民家の玄関を飾ります。

奥能登地方に伝わるアエノコトは、12月に田の神を苗代田《なわしろだ》から家庭に迎え入れるという、収穫に感謝する行事です。家の主人は正装し、神の依代となったサカキの枝を家に招き入れご馳走を振る舞います。田の神は人々の農作業を見守っていたときの疲労で失明したとされるため、主人は神が道に迷わないように苗代田まで迎えにいくのです。

そして翌年の立春を過ぎたころ、再び12月のときと同様の儀礼を行って豊年を祈り、田の神を送り出します。

アエノコトの語源は、饗応を意味する"アエ"と神を意味する"コト"が合わさったものだといわれ、民間で行われてきた、その年の豊作を祈る新嘗祭や祈年祭の原初の姿を偲ばせる行事でもあります。稲作伝来以降、農耕に従事してきた日本人の生活の一端をうかがわせる民俗として、とても重要な行事です。

愛知県東北部の奥三河地方では、11月から翌年の2月にかけて"花祭り"と呼ばれる、悪霊退散や五穀豊穣を祈る神事が行われます。旧暦11月の別称である霜月に行われたことから「霜月神楽」ともいいます。現在では県外からも観光客が訪れ、冬の観光イベントとして知られるものになりました。

この神事は天竜川水系の地である愛知県北設楽郡東栄町、豊根村、設楽町（旧津具村）の3町村、17か所に伝えられています。花祭りの始まりは豊根村の、現在はダム湖に水没した真古立地区とされ、林蔵院や万蔵院と称する修験者が、この地域で神楽を始めたといいます。

しかし、それは豊根村に口伝として受け継がれていたもので、実際の起源については判然としていません。伊勢や熊野の修験者、山伏、加賀白山の修験僧といった人々によって伝えられたという説と、この地に流れてきた諏訪の修験者のあいだで行われてきた神楽がもとになったという説があります。

花祭りをはじめとした霜月神楽は、煮えたぎった大釜の湯を撒き散らして踊る湯立《ゆだて》が特徴的です。同時に無病息災と願望成就を祈願するもので、清めの湯は出産のときに使われる産湯を連想させます。修験道の教えのひとつである、生きていながら一度死を迎え、修行によって再生するという"生まれ清まり"にも通じているかもしれません。"花"も季節ごとに咲く花のことではなく、極楽浄土に咲く蓮華の"花"で、死後極楽浄土へ生まれ変わるための祈りを捧げる儀式だとする意見もあるようです。

神事における舞踊の種類はさまざまで、およそ40種類にもわたります。稚児たちによる可憐な"花の舞"から、巨大な面をつけ鬼に扮した男たちが舞うものまで、夜を徹して行われます。江戸時代には7日7晩ものあいだ繰り広げられたという記録も残っています。

その中で"榊鬼"は面も非常に大きく、その重さは5キログラムにもなります。文字通りサカキを腰に挿したり手に持って登場する鬼で、"狐鬼"とも書きます。花祭りの鬼は災厄を追い払うことができる存在ですが、榊鬼は最も格式が高いものです。その所作は独特で、現地で"へんべ"と呼ぶ反閇《へんばい》（北斗七星の形を模し

て歩く呪的歩行）を踏みますが、その所作は最も神聖なものとされました。

サカキの持つ呪力と祭りの地に生きる神の力を重ね合わせ、霊障を鎮める榊鬼は人々にとって特別な存在となっています。

神への賛歌

神楽歌《かぐらうた》とは、神事において神に奉納するために行われる歌舞のことです。

“かぐら“の語源はいろいろありますが、“かむくら”、もしくは“かみくら”が転じたという説が一般に知られています。神座こと“かむくら”は神の宿るところを意味し、そこでの歌舞が“かぐら”と呼ばれるようになったと思われます。“かぐら”が定着する以前には、“神遊び”と呼ばれました。

その始まりは、天照大神が天の岩戸に隠れたとき、連れ戻すために行った神々の祭礼だとされています。当時の神事では葉の繁った常緑樹のみが使われており、草木を使い始めたのは後年のことです。季節ごとに咲かせ、実を結ぶ“ハナ”も、常緑樹も含めた神の依代となる植物のことをいいました。

“ハナ”はもともと“神や霊魂が現れる先の端”を意味し、そこには呪力が宿るとされました。植物の“ハナ”ばかりでなく、枝や果実、幹や根にも力が宿ると考えられ、人々は未来の予見や吉凶を判断する材料として使いました。そして人智を超えた力を“ハナ”にまで引き降ろし、ときにはそれを手にする者に乗り移らせて“神懸かり”という状態を作り出しました。

神々の祭礼で、笹やサカキの“ハナ”を持ち踊った天鈿女命《アメノウズメノミコト》は陶酔し、着衣を脱いでしまいます。これも植物に降りた神が与える神秘的な力がもたらした結果といえるでしょう。

天鈿女命の子孫とされ、朝廷の祭祀に携わってきた氏族のひとつである猿女君《さるめぎみ》は、宮中で鎮魂の儀式に携わっていました。そのため、神楽の原初の形態は鎮魂に伴う行事だったと考えられています。

宮中で行われる御神楽《みかぐら》では、最初に採《とり》物《もの》歌が謡われます。

採物とは神事で舞人が手に持つもののことで、執物、取物と書くこともあります。神を降臨させる依代として、力を発動させる役割を持っています。使用されるのは榊、幣《みてぐら》、杖、篠《ささ》、弓、剣《つるぎ》、鉾《ほこ》、杓《ひさご》、葛《かずら》の9種類で、これら採物に降臨した神を舞人自身に取り憑かせ、神懸かりさせるために使われることもあります。しかし御神楽では、実際に採物を手に持って舞うことはありません。

この儀式では、それぞれの採物の歌を謡うことが神事の主体をなしており、天皇即位の際、最初に採れた穀物などを神々に献納する大嘗祭が簡略化されて歌のみとなり、御神楽として定着したと思われます。

その採物歌で、最初に謡われるのはサカキの歌です。では、現在伝わっているものから、いくつかご紹介しましょう。

榊葉の育ちはいづく山越えて なお山越えて育ちなるもの

（この美しいサカキはどこで育ったものだろう。きっと遠い遠い山の向こうで育ったものに違いない）

神垣の御室の山の榊葉は 神の御前に茂りあひにけり 茂りあひにけり
（神が降りてこられた山の榊の葉は、今は尊い神々の御前で勢いよく茂り合っていることでしょう）

サカキへの賛歌ともいうべきこの2首からも分かるように、採物歌の中でも一番重要な位置を占めています。これは常緑樹が神を宿すものとして神聖視されたことの名残でもあります。

恋人たちを別つ枝

『源氏物語』全54巻のうち、10巻目にあたる『賢木《さかき》』では、光源氏と六条御息所が交わした歌にサカキが詠み込まれています。

年下の恋人であった光源氏との関係に疲れ果てた六条御息所は、娘が伊勢の斎宮となって下向するのに伴い、都を離れることにしました。しかし彼女に未練を残す源氏は、六条御息所が出立前に精進潔斎を行っていた嵯峨野の野宮を訪ねます。

突然の訪問を知った彼女は、源氏に歌を詠んで贈りました。

神垣は しるしの杉も なきものを いかにまがへて 折れるさかきぞ
（神のおわしますこの垣には、人を招くしるしの杉もないというのに、なぜ榊の枝を折ったりしたのですか）

六条御息所のこの歌は、知らせもしないのになぜこんなところまでやって来たのか、という詰問にも似た思いを込めて詠まれたものです。

対する源氏の返歌は、このようなものでした。

少女子《おとめご》が あたりと思へば 榊葉の 香《か》なつかしみ とめてこそ折れ
（私がいとおしく思っていたお嬢さんはここにいるはずだと訪ねてみたところ、漂う榊の香りが懐かしく、つい手折ってしまったのですよ）

六条御息所の度重なる嫉妬によって疎遠になってしまった間柄とはいえ、一度愛した女性を忘れられない源氏の心境が詠み込まれた歌です。早くに死別した生母・桐壷更衣《きりつぼのこうい》と、彼女に生き写しであった義母・藤壷女御《ふじつぼのにょうご》の面影を彼女に投影していたのかもしれません。

この物語では、サカキは歌に詠まれるばかりでなく、神の国である伊勢へ発つ者と見送る者とを結ぶ役割も果たしています。

源氏は六条御息所との最後の別れの日、嵯峨野で折り取ったサカキの枝に歌を結びつけて贈るのですが、その返事は芳しくありませんでした。自分より年も若く、美しい恋人を何人も作っては浮名を流す源氏に嫉妬し、彼の妻であった葵の上を自らの生霊で殺した六条御息所にとって、かつての恋人の存在は辛く悲しいだけのものだったのです。

そして源氏が贈ったサカキの枝は、愛する女性と自らを遠く隔ててしまうものであり、現世に生きる身では踏み込むことができない世界への道標にもなりました。

春日大社の大サカキ

院政期から南北朝にかけて、比叡山延暦寺や興福寺、賀茂神社などの有力寺社が僧兵や神人を組織して徒党を組み、時の朝廷や幕府に要求を突きつける事態が頻発しました。これは強訴《ごうそ》または嗷訴といわれ、神輿や神木を携えて入洛する示威行動でした。

記録に現れる最初の強訴は、興福寺の衆徒が近江守高階為家《たかしなのためいえ》の処罰を求めて上洛した寛治7年（1093）です。

事の始まりは、為家が近江国蒲生郡にある寺領の奴婢を許可なく使役したこと、春日大社の社領を巡って対立したことです。国守側は譲歩を求める興福寺の要求に応じなかったため、衆徒数千人が春日大社の神木を奉じて入洛しました。

興福寺側に屈した朝廷は為家を土佐へ配流としましたが、これ以後寺社の信徒による強訴が激増しました。事態収拾のため、朝廷は荘園の警護を目的に、武装した集団である武士を動員するようになりました。彼らの権限が大きくなるにつれて貴族政治は衰退し、平清盛をはじめとした平氏の隆盛を招きます。彼らもまた、新興勢力となった源氏に駆逐され滅亡しますが、この流れは最初の武家政権である鎌倉幕府の始まりにつながっていきます。

ところで、なぜ春日大社の神木であるサカキが、強訴に使われたのでしょうか。

藤原氏の祖神とされる天児屋根命《アメノコヤネノミコト》は、春日大社の第三殿に祀られています。同時に藤原氏一門の信仰の中心地でもあったため、その場所にある神木を動かすことは、彼らの信仰を利用することでもありました。実際に神木が入洛すると、一門の公卿をはじめ氏人《うじびと》は揃って参向し、藤原の姓を持つ受領は、一緒にやって来た僧兵の兵糧を負担せねばなりませんでした。そして神木が滞在するあいだは謹慎となり、朝廷への出仕も中止されました。

それは政権の中枢が麻痺するという事態を引き起こし、最悪の場合崩壊という事態も招きかねませんでした。

つまり強訴は、時の政権の最大の弱点を突いて自己の要求を通そうというもので、サカキという神木が象徴する“信仰”を盾に取った、デモンストレーションのひとつだったといえるでしょう。

第４章

幻想の聖木

Tree People

樹人

厳しくも優しい森の妖精

樹人とは、樹木を本体とする、または樹木そのものの姿をした、妖精や神の総称です。

ギリシア・ローマ神話における、樹木の妖精《ニュンペー》ドリュアス（Dryad）は女性です。彼女たちの本体はむろん木なのですが、出現時はまったくの人間であるため、一見しただけではそうだと気づきません。

一方、男性は地域を問わず、樹木と一体化した姿で現れることが多いようです。その理由は、彼らの起源と密接にかかわっています。

植物を司る豊穣神

エジプトのオシリス（Osiris）、フェニキアのバアル（Baal 主）、シュメールのドゥムジ（Dumuzi 唯一の息子）またはバビロニアのタンムーズ（Tammuz 真の水の子）、ギリシアのアドーニス（Adonis）という豊穣神はみな、冬に殺されて冥界行きとなったあと、春に配偶神たる女神の力によって復活を果たします。

J.G.フレイザーの『金枝篇』によれば、かつては王が豊穣神に擬せられました。不作が続いた場合、王の生命力が衰えたのが原因とされ、現王が殺害され、新王が選ばれます。そして古き王の神聖なる肉体が食されたのです。もっとも後代になると、単に王の座が交替するとされ殺害も儀礼的になりましたが、本質において変わりはありません。

これら一連の儀式は、四季の移り変わりを示すと同時に、植物の生育のサイクルを表しています。秋に種子を飛ばした植物は、冬には枯死して大地に横たわり、新しい芽生えの栄養となるのです。

そういう意味で豊穣神は、植物を司ります。ヨーロッパには、緑の精霊グリーンマン（Green-man）という同様の存在がいます。

森の守護者であるグリーンマンは、葉や茎または苔で覆われた樹木そのものです。人間との融合体のような巨人で、自らの意志で動きます。新芽を出した伐りたての棍棒を握っている場合もあり、不法に森をしいたげる人間を威嚇します。

知恵のグリーンマン

スコットランド民話「知恵のグリーンマン」では、魔法の国へ旅立った青年ジャックが、カード・ゲームに興ずるグリーンマンと出会います。それを大得意とするジャックが勝負を申し込むと、思慮深い顔つきの老人のようなグリーンマンは「金を持っているならば」と受けて立ちました。

グリーンマンもなかなかの強さでしたが、生まれてからずっとカードで遊んでいたジャックには一歩及ばず、とうとう

有り金を残らず取られてしまいます。帰り際、グリーンマンは自分の棲み家を教え「必ず訪ねてくるように」といい残すと、影もなく消え去りました。

この不思議なグリーンマンに魅了されたジャックは、再び旅へ出ました。道中、鍛冶屋に魔法を教えてもらうと、それを使ってグリーンマンの末娘を惚れさせます。

末娘に導かれてグリーンマンと再会を果たしたジャックですが、グリーンマンは「歓待する」とジャックを油断させて石牢に閉じ込め、無理難題をふっかけました。できなければ命を奪うつもりでしたが、末娘の助力を得たジャックは次々とクリアします。

結局、たくさんの黄金と末娘を与えるはめになったグリーンマンは、上のふたりの娘とともに、家路に着くジャックを襲撃します。しかし、ジャックが末娘からもらった火の粉を投げると一面火の海となり、上のふたりの娘ともども焼け死んでしまいました。

こうして逃げ延びたジャックは、グリーンマンからせしめた黄金を元手に事業を起こし、並ぶ者がないほど裕福になりました。末娘とは結婚し、末永く幸せに暮らしたということです。

この民話でのグリーンマンは、荒々しく実り豊かな自然そのものです。それを制した者に大いなる報酬が与えられるというのも、現実に即しています。

自然信仰とキリスト教

この民話からうかがえるように、はるか昔のヨーロッパでは、自然崇拝に基づく森の神や大地母神が信仰されました。そこから発生した習慣は人々の生活に深く根を下ろしていたため、教化を勧めるキリスト教の伝道師は、積極的に教会の中に組み込んだのです。

グリーンマンとされた“森の神”は、首を刎ねたあと、樹木を象徴する建物の支柱の頂上に飾られました。これは教会の建築に用いられ、現在もその名残を見ることができます。

飾る習慣そのものは、ケルトの祝祭に由来する春の祭典メイディ（May Day 5月の日）における、世界樹の象徴メイポール（May Pole 5月柱）の花環に引き継がれました。この柱の周りでは、春を呼び起こすモリスダンス（morris dance 荒野《ムーア》人の踊り）が行われます。

ちなみに大地母神は聖母マリアと同一化され、5月の女王《メイ・クイーン》となりました。教会建築にはグリーンマンの女性も見られますが、その数は極めて少ないので、早い段階でメイ・クイーンに吸収されたのでしょう。

ほかに、農耕の儀式として起こったペンテコステ（Pentecost 聖霊降臨祭）もグリーンマンに関係します。これらの祭日には、人々はグリーンマンに扮し、儀礼として殺されるのです。

特にメイディでは、グリーンマンの形をしたクッキーを作って、みなで食べます。これは王の肉体を食した古い慣習の名残です。『新約聖書』「マタイによる福音書」第26章26節において、最後の晩餐を迎えたイエスが、弟子にパンを分け与えながら「これは私の体だから、食べなさい」と告げたのも、これらの儀礼を踏まえているからです。

五月祭における変遷

鮮緑色《リンカン・グリーン》（Lincoln green）で身を包む、森番にして義賊のロビン・フッド（Robin Hood）がグリーンマンの象徴と考えられると、メイディで大きな役割を果たすようになります。そして17世紀には、メイ・クイーンたる乙女《メイド》マリアン（Maid Marian）を永遠の恋人とした劇が上演され、好評を博しました。

産業革命以後、人心が大地や教会から離れると、グリーンマンも変化しました。

1780年以降のメイディでは、木の葉や枝で覆った木製の円錐をかぶった者が練り歩くようになります。これはメイポールを擬人化したもので、緑のジャック（Jack-in-the-green）と呼ばれました。

その周りでは、煙突掃除人《チムニー・ジャック》（chimney-jack）の少年たちが派手に踊ります。当時の煙突掃除は少年がするもので、緑のジャックは煙突をも表していたわけです。

木剣を持った踊り手のひとりが緑のジャックを突き倒すシーンで、祭りはクライマックスを迎えます。続けて厳粛な詩の朗読が終わると、祭りの参加者はめいめい、死した緑のジャックから葉や花をむしり取ります。持ち帰ってお守りとするのです。

こうして見事メイディに組み込まれた緑のジャックですが、煙突掃除については陰嚢ガンの原因であることが発覚したため、少年たちが働くのは禁じられました。

8番目のグリーンマン

グリーンマンを題材とした創作物語には、イギリスの女流作家G・G・ペンダーヴスの短編『八番目の緑の男《エイス・グリーンマン》』（1928）があります。

アメリカ東北部の州コネチカットの森に、車に乗った探検家ラウール・シュリマン・ダーブルとその友人ニコラス・バーケットが入り込みました。その先の道には、大男が鎧を着たような7本の人間樹が2列に並んでおり、酒場《七本の人間樹《セヴン・グリーンメン》》亭がありました。異様なほど真に迫った樹木だったため、ダーブルはいぶかしがりますが、バーケットは「精巧に刈り込まれたに過ぎない」と意に介しません。

酒場に入ったふたりは、主人から秘密クラブ“エノクの息子”の話を聞かされました。興味を抱いたバーケットは、次の金曜の真夜中に再び訪れる約束を交わします。

帰途、バーケットのなじみの店《茶色のふくろう《ブラウン・アウル》》亭に寄ったところ、主人のパクストンじいさんは狂乱し、息子が《七本の人間樹》亭の6本目の樹木にされたと告白します。この息子は、ある日を境に重度の精神遅滞者となったのです。

約束の日、バーケットはダーブルを連れて《七本の人間樹》亭へ向かいます。不審に思うダーブルは、用心して神聖なアラブの短剣を忍ばせていました。

店の中は真っ暗な異世界でした。主人とあの7本の人間樹が待ち構えており、強制的にでも入信の儀式を受けさせようとふたりを取り囲みます。

短剣を抜いたダーブルは斬りつけながら、必死に悪魔祓《ばら》いの呪文を唱えます。そして気がつくと、ひとり《七本の人間樹》亭の外に出ていました。しばらくして店の中からバーケットがよろよろと出てきます。その様子はパクストンじいさんの息子と同じです。よく見てみると人間樹が1本増えており、店の看板は《八本の人間樹《エイト・グリーンメン》》亭と、緑のペンキで塗り替えられていました。

樹木に変えられた人間については、主にブラッド・ツリーの項目で取り上げたので、そちらも合わせてご覧ください。

スラヴの森の精

スラヴのグリーンマンといえる存在が、森の精霊レーシィ（Leshy）です。本体はモミの木と思われますが、変身能力があって、しばしば老人となって現れます。牧童の姿や野良着が多いのですが、服を裏表に着たり、右裾を折ったり、靴を左右逆に履いたりします。

これらの着こなしは異界の住人である証拠で、実際レーシィには影がありません。正体を見破るには股のあいだからのぞく、つまり人間のほうが逆さまになればいいのです。

獣の統率者たるレーシィは、天変地異が起こる前に獣を移動させます。猟師の活動も基本的に妨害しますが、彼らが「決して正体を明かさない」という条件を守ると誓えば、協力関係を結んでくれます。逆に獣を守る牧童には友好的で、気に入れば"家畜を意のままにできる帯"を与えてくれます。

そんなレーシィを呼ぶためには、木曜日にシラカバの古木に登って「森の王よ、すべての獣の王よ、姿を見せてください！」と、3度大声を上げるといいそうです。やって来たレーシィは、未来の予言や重大な秘密を教えてくれることもあります。

普段は温厚で、赤子や家畜など森への忘れものは大事に扱います。レシャチーハ（Leshachiha）と呼ばれる妻も、森に迷い込んだ人間の場合があります。酒色を好むためか、ときに嫁にする女性をさらいますが、これは豊穣神としての性格でしょう。獣の皮で覆われた家に棲み、妻とのあいだにレショーンキ（Leshonki）という子をもうけるのです。

レーシィの生命力は木々とともに変動するため、冬が近づくと機嫌が悪くなりますが、春になれば、木々の芽吹きとともに力が湧き、穏やかな性格を取り戻します。

ただし縄張り意識が強いため、レーシィはむやみに森へ入った者を道に迷わせます。7月20日の聖イリヤの日など、特定の祝日にやって来た者も同様です。

すべてが眠りに就く夜は、水を使うこともタブーです。子供が森で騒ぐのもいけません。

これらのような森の掟を破った場合、恐ろしい姿を見せて警告します。ただし生命までは取りません。森の守り手として当然の義務を果たしているだけなのです。

レーシィが最も嫌うのは、恩を仇で返す行為です。

フィンランドの作家ザカリアス・トペリウス（1847～1896）の『子供たちの

ための読み物』に収録された「笛吹きクヌート」には、モミの木の姿をした“森の王”が登場します。

7マイル（約11.2メートル）四方を治める森の王の梢には、鷲が止まるのが常でした。

あるとき、森の中へクヌートと名乗る少年がやって来ます。目的を尋ねたところ「腹が空いている」と返ってきたので「マツの枝を使い、苔を7杯食べるがよい」と忠告を与えます。しかしクヌートがこれを拒否したため、鷲をけしかけました。

するとクヌートが懐から草笛を取り出し、吹き始めました。その笛の音色には「聴いた者を眠りに誘う」という効果があったため、たちまち睡魔に襲われ、鷲を巻き込むようにして倒れ伏したのです。

巨樹種誕生

ウェールズでは、カト・ゴダイ（Kat Godeu 木々の戦い）と呼ばれる詩が、6世紀ごろの吟遊詩人タリエシン（Taliesin）によって詠われました。『タリエシンの書』第8詩に収録されたこの詩は、魔術師グウィディオン（Gwydion uab Don）が、魔法をかけた木々を兵士として敵に向かわせたという勇ましい内容です。その力によってグウィディオンは勝利を収めたといいますが、古詩のため不明な点が多く、詳細は分かりません。

この詩にインスピレーションを得たJ・R・R・トールキンは、人間と樹木の融合したエント（Ent）という巨樹の種族を考案しました。木々の牧人（Shepherds of the Trees）の異名がある彼らをエントと呼んだのは、騎士の国《リッデルマルク》ローハンの民です。ローハンの言葉のモデルはアングロ＝サクソン語で、本来エントには“巨人”の意味があります。

ただし物語上の語源は、上位エルフ《クウェンヤ》語のオノドリム（Onodorim 土地から与える者たち）から派生した、エルフ共通《シンダリン》語のエニュド（Enyd）です。

エントとは種族の男性を指す言葉でもあり、女性はエント女《ワイフ》（Entwife）、子はエンティング（Enting）といいます。

なおトールキン以外の創作物語では、樹木の意味を強調させトレント（Treant 樹木の巨人）と呼ばれることがあります。

創造者は、匠の神《ヴァラ》アウレの妻にして土の守護女神ヤヴァンナ（Yavanna 果実をもたらす者）です。

夫が自分の技を伝えるために創造したドワーフ族に、木々が伐採されるのを恐れたヤヴァンナは、ある夢を見ました。それを知った創造主がその夢を“創造の御歌《みうた》”に入れさせると、“大地の骨”ともいわれるオルヴァル（Olvar 根を張るもの）に精霊が宿りました。これが中つ国にエルフ、ドワーフに続く第3の種族エントが誕生した瞬間です。ちなみに次に人間が作り出されました。

エントの生態

エルフから名と言葉を授かったエントは、エルフ語をもとに自身の気性にふさわしい独自の言語を構築しました。あたかも歌うかのようなエント語の会話は長時間に及ぶうえ、“寄り合い《エントムート》”（Entmoot）と称される彼らの会議は、決定が下されるまで少なくとも数日かかります。

この時間の使い方は、呆れるほど長いエントの寿命のためです。生誕以来7000年の歳月が流れましたが、いまだ自然死を遂げた者はいません。ただ活動を停止し、正真正銘の樹木になる者も出始めました。

平均4メートルの長身からくり出される一撃は、岩はおろか鋼も粉砕するほどです。ただ穏やかな性質なので、滅多にそんなことはしません。

歩みも膝を曲げることなくゆったりとしたものですが、一大事には驚くほど俊敏に動きます。その長さは“エント歩幅”と呼ばれ、距離を測るのに用いられます。

疲れることを知らない種族のため、いつも立ったままです。家には乾し草やワラビで覆ったベッドもありますが、横になるのは体を流れる水や栄養分の回りを調節するときが主です。本質が樹木なので、そうすることが一番自然なのでしょう。

食事代わりに、植物の生育を促進させる成分が豊富に含まれた水のような液体を摂ります。この不思議な飲料は他種族にも効くので、これを飲んだ小人族《ホビット》のメリーとピピンは、種族に似つかわしくないほどの背丈になりました。

棲み家は、中つ国中央部に広がる大森林ファンゴルン（Fangorn）です。エントの最長老の名は木の髭ファンゴルン（Treebeard Fangorn）で、そこから採られています。“木の髭”の名の由来ともなった灰色の髭はとても長く、下半身を隠すほどです。

ほか、木の皮肌フラドリヴ（Skinbark Fladrif）と木の葉髪フィングラス（Leaflock Finglas）の2体が、上古から存在します。この3体はそれぞれブナ、ナラ、ナナカマドがモデルになっていると思われます。

“木の皮肌”と同族のせっかちブレガラド（Quickbeam Bregalad）は、最も若い（といっても数千歳）ため、しばしば他種族との交渉の窓口となります。といっても普段は交流自体があまりなく、数千年にわたって森林エルフ《シルヴァン》くらいしか接触がありませんでした。

ほかにはクリ、トネリコ、モミなどの木をベースとした仲間が、約50体います。

ちなみにこれらの名は、他種族の言葉で省略されたものです。真の名は、誕生してから今日までの全体験という長大なもので、一言では語り尽くせません。そのため、エント自身省略名を使います。

樹木であるエントの弱点は、当然ながら火です。生活圏で焚き火でもされると、理由のいかんを問わず、敵対行為と見なす場合があります。

ほかに、木々を伐採する斧を憎んでいます。厚く覆われたエントの外皮は並の木よりもはるかに堅固なので、斧の一撃や二撃はものともしませんが、仲間である森の木々にとって致命傷です。そのため、この道具を携帯するドワーフとは仲がよくありません。

「クウェンタ・シルマリルリオン」第22章では、ドワーフの戦士たちをエルド・リンドンの森の中に追い込み、殺しました。

これは、エントとしては珍しい行動です。ドワーフらは灰色エルフ《シンダール》の都メネグロスを襲撃して逃げ帰るところだったので、長年にわたるエルフの友誼に応えたのかもしれません。

生存をかけた攻防

エントの宿敵といえるのが、巨人トロルです。悪神メルコールがエントに似せて石から作った種族のため、何かと比較されやすいのですが、自分たちが本元という自負のあるエントは、トロルの話が出るとムキになります。

憎んでいるのは、エント語でブラールム（bra'rum）と呼ばれるオークです。ドワーフとは違い、目的もなく木々をむやみやたらと伐採するので、当然のことでしょう。

トロルやオークは、メルコールやその後継者たる冥王サウロンに従い、たびたび中つ国の表舞台に登場しました。一方、自然のあるがままを愛するエントは沈黙を守り続け、その存在は伝説と化します。エントワイフは想いのままに作り上げた花や果実の庭園を好むため、人間とも接触がありましたが、いつしか戦乱に巻き込まれ、新天地を求めてはるか彼方へ移住してしまったのです。

エントワイフと会うことができなくなったエントは、子孫を残すことができず、種自体も徐々に衰えていきました。

そんなさなか『指輪物語』では、サウロン対人間の、全生物を巻き込んだ“指輪戦争”が勃発します。前述のメリーとピピンによって、森の外の動きを知らされたエントたちは、木の髭主導でエントムートを開くと、エントにしては早い3日という会議で、人間の側に立って森の西にあるイセンガルドを攻めると決定します。その地の主である堕落した魔法使い《イスタル》サルマンが、オークを使って森を散々に破壊したことが決め手となりました。

一度決断したエントの行動は素早いものです。眷属ともいえる、エントによって世話をされたため意志を得た樹木フオルン（Huorn）を数千数百も率い、圧倒的な攻撃力でたちまちオークらを引き裂き、サルマンの居塔オルサンクを丸裸にしました。そして水攻めをし、オークに汚された土地を洗い流し、植林を始めたのです。

以後も、知人の魔法使い《イスタル》ガンダルヴの要請を受けて、角笛城に援軍に赴くと、何千ものオークを殲滅し、中つ国中にその名を響かせました。

この活躍は、エントワイフに届いたのでしょうか？

イセンガルドを“オルサンクの木の国（Treegarth of Orthanc）”と変え、庭園も造ったエントは、エントワイフに再会する日を心待ちにしているのです。

エンデのボルケントロル

ドイツの作家ミヒャエル・エンデは『はてしない物語（Die unendliche Geschichte）』で、トールキンのエントと北欧の代表的怪物トロールが融合した樹皮《ボルケン》トロル（Borkentroll）を登場させました。

彼らは生息地のハウレの森で、男女ともに暮らしています。その体は節の多い巨樹で、パッと見た目には普通の木としか思えません。ただし必要なときには話をし、枝を腕、根を足のように動かします。いざというときにはトロールと呼ばれるだけの剛力を発揮するのです。

虚無に呑み込まれようとするファンタージエン（Phanta'sien）の救世主を探すアトレーユ（Atre'ju）がこの森を訪れたとき、すでにボルケントロルは虚無の侵食を受けていました。彼らから発せられた警告を胸に秘めたアトレーユは、決意も新たに旅路に着くのです。

ここで紹介した樹人は自然の存在なので、みな厳しくも優しいものたちばかりです。都市での生活に疲れたら、彼らの棲み家である森にでも行き、自然と触れ合ってみるのがいいでしょう。ちゃんと掟さえ守れば、温かく迎えてくれるのですから。

Floating Tree

浮遊木

宙を漂う不思議の木

浮遊木とは、空中に浮かんだり飛行したりする力のある木のことです。

浮力を得るために

ポール・スチュワート＆クリス・リデルの《崖《がい》の国物語》では、広大な森林地帯である深森《ふかもり》（Deepwoods）に繁茂する多彩な木々の中に、ボヤント・ウッド（Buoyant wood 浮揚木）と呼ばれる種類があります。

深森に棲むウッドトロル（Woodtroll）の伝承によれば「いつかきっと空を飛べる」と信じるラフウッド《シズノキ》（Lufwood 帆の木）がいました。灰色のレッドウッド《ナマリノキ》（Leadwood 鉛の木）から「証明してみろ！」といわれると、梢を回し、根を揺らすのですが、それはかないません。レッドウッドがウソと決めつけ吹聴しようとしたとき、ラフウッドに雷が落ちました。すると燃え上がったラフウッドはしだいに地面から引き離され、天に昇りました。

ボヤント・ウッドの種類

この逸話のように、木にとって忌むべき火をつけることで、ボヤント・ウッドは宙に浮きます。

代表的なボヤント・ウッドであるラフウッドを好むウッドトロルは、頑丈で軽いこの木材を使い、大木の枝の上に家を建てます。心を落ち着かせる穏やかな紫色の炎を出すので薪としても重宝し、弦楽器のネックなどにもなります。

燃やすと上質な香となるセントウッド《ニオイノキ》（Sentwood 夢見心地の木）は、素晴らしい夢に導いてくれます。ウッドトロルの死者を送る儀式の際、遺骸はこの木で作られた寝台に載せられ、天に打ち上げられます。

青緑色のララビー・ツリー《ナゲキ》（Lullabee tree 子守蜂の木）は、子守歌のようなもの悲しい調べを奏でる不思議な木です。世界に1匹しかいないケイターバード《シュゴチョウ》（Caterbird 期待に応える鳥）はしばしばこの木に繭を作り、オークエルフ(Oakelf) はこの木の根本に埋葬される習わしがあります。

黒色のアイアンウッド《テツノキ》(Ironwood 鉄の木) は、文字通り、鉄のようで耐久性に優れています。建材を中心として、長椅子やボウル、入れ歯や顎の補強、ときには投擲武器に使われますが、燃えにくいため、ボヤント・ウッドとしては劣ります。

獰猛な食肉植物

燃えやすいブラッドオーク《チスイガシ》(Bloodoak 血の楢) は、最高のボヤント・ウッドです。

幹は太いゴムのような大木で、コウモリのような鳴き声を上げます。先端には悪臭を放つ巨大な口がぽっかりと開いており、鳥の嘴に似た鋭い歯が密生しています。この赤い歯は特徴的なので、味方を見分ける符丁として使われることがあります。

さて獲物が近づくと、共生するタリー・ヴァイン《アブラヅタ》(Tarry vine 留まるツタ) が襲いかかります。イバラのムチのような緑の触手で、絡みつくと食い込んで離しません。そのうちの1本を仮に切り取ったとしても、たちまち3本のツタとなります。切り口からは汁があふれ出てヌメヌメと滑るので、つかむことすら困難なのです。

ついに口に入れられた獲物は、押しつぶされるようにコナゴナに砕かれてしまいます。

第1巻5章のトウィッグ (Twig 小枝) のように、トゲつきの衣服であるハメルホーン《ケナガオオツノ》(Hammelhorn) の毛皮のチョッキなどを着ていると、その痛さで吐き出してくれるので、助かります。ブラッドオークといえども、口内までは頑強ではないのです。

凶悪な性質のため、木々の扱いのエキスパートたるウッドトロルでも伐採するのは命がけです。ただしブラッドオークは極端に火を恐れ、炎が近づくと悲痛な叫び声を上げるので、それを利用するとうまくいくでしょう。

ブラッドオーク信仰

深森の地中に棲むヤシャトログ《ターメゲント》(Termagant Trog) は、ブラッドオークを神聖なる木として崇める女性上位の種族です。

彼らの女性は成人の儀式の際、崇めるブラッドオークの巨木の前で祈りを捧げると、ピンク色をした根がしだいにどす黒く変化します。すかさず根っこに蛇口を差し込み、成人する者はそこから流れ出る真っ赤な樹液を全身に浴び、腹が破裂するほど飲みます。すると髪はすべて抜け落ち、体は膨張、巨大化し、流血を好む荒々しい性格に変貌するのです。

男性には「毒だから決して飲ませてはいけない」という伝統があります。真偽のほどは不明ですが、男性がその血を飲んで変化するのを恐れての措置かもしれません。

天翔る建材

ボヤント・ウッド製の建造物で代表的なのが、飛空船です。飛空船の材としてはラフウッドが最高級品で、浮力の調節のためには主にブラッドオークが用いられます。

取り引きのため深森にやって来る“空賊”と呼ばれる者たちは、裏切りなどの重罪人を処罰するとき、ブラッドオークにくくりつけて火をつけます。これは“打ち上げの刑”と呼ばれる確実な死を約束する厳罰で、みなこの言葉を聞いただけで震え上がります。

飛空船のように巨大な建造物を浮かすには、ボヤント・ウッドだけでは不十分です。仮に浮力を得られるほどの木を燃やしたとすれば、その前に船体が焼け落ちてしまいます。そこで「熱すると重くなり、冷やすと浮かぶ」という希有な性質を有する“浮遊石”をコアとして使うのです。

なお、宮崎駿監督の『天空の城ラピュタ』(1986) にも、科学技術の結晶たる飛行石が登場します。超巨大な“ラピュタの樹”がこの石および天空の城そのものを包むかのように取り囲んでおり、その優しくも神秘的な光景は圧巻の一言です。

あるときを境に、崖の国には“浮遊石”がボロボロと崩れ落ちる“岩の巣病”が流行しました。当然飛べなくなった“空賊”たちは解散を余儀なくされたので、ボヤント・ウッドとしての需要は落ち込み、建材として有用なアイアンウッドが主に使われるようになりました。

そんな中、新しい使い方として“飛翔機”が編み出されました。これはひとり乗りの小舟で、サンプウッド《ヌマノキ》(Sumpwood 沼の木) に特殊なニスを塗ることによって浮力を得ます。このニスの開発者といわれるのが、透明な体をしたスピンドルバグ《アシナガバッタ》(Spindlebug 足長虫) のトウィーゼル (Tweezel) という年老いた知恵者です。

真っ赤な肌の種族であるスロータラー《ホフリ》(Slaughterer 屠殺者) のナックル《コブシ》(Knukkle 指関節) によれば「友のように接する」ことが、飛翔機をうまく飛ばすコツだそうです。

このように、世界に変化が起きたとしても、ボヤント・ウッドは常に有効利用される貴重な資源なのです。

空飛ぶ木の翼

ライマン・フランク・ボームの《オズ》シリーズ第4作『オズと不思議な地下の国 (DOROTHY AND THE WIZARD IN OZ ドロシーとオズの魔法使い)』(1908) に登場する木の怪物ガーゴイル (Gargoyle) は、飛ぶ力のある短い木の翼を蝶番で取りつけることで、音もなく自由自在に空を翔けます。

生物はもちろん、国土までが木でできたナート《ナイナイ》(Naught) 王国に棲息し、群れて行動するのを常とします。

木製の体はおおよそ3フィート (約90センチメートル) で、堅固な丸い胴体に、長い棍棒のような腕と短い足がついています。醜い顔や頭頂の彫刻が特徴的で、たとえば王には冠が彫られているため、一発で分かります。

頑強で優秀な追跡者ですが、もとが木であるためか、睡眠を必要とします。その際は邪魔となる翼を外して1か所にまとめ、寝っ転がって休むという習慣があります。

この国には音という音がほとんどない

ので、騒音が大の苦手です。オズの魔法使いに拳銃を発射されたときは、その轟音で次々と気絶してしまいました。また、自分を消滅させてしまう火には近づくことはありません。ナート王国に迷い込んだドロシーたちはガーゴイルの追跡を受けましたが、狭い洞窟で火を放つことによって、辛くも逃げ延びることができたのです。

ただ、この木の翼がどんな仕組みなのか、それは定かではありません。

Tree of Life/Tree of Knowledge

生命の樹／智恵の樹

神の力の象徴

“智恵の樹”とは、動物のような存在だった人間に、神のごとき英知を授ける実をつける、伝説上の存在です。

それと対になるのが、食べると新たな（または永遠の）命を授けてくれる実をつける“生命の樹”です。

この2本の聖樹は、世界のあちこちの伝説で語られています。そこにはいったい、どんな意味が隠されているのでしょうか？

ペルシアの聖樹

ペルシア（現在のイラン）で古代から信仰されていたゾロアスター教では、世界は最高神アフラ・マズダー（Ahura Mazda 智恵の主）によって造られたとされています。まず天空が、次いで海が、そしてそのあとに大地ができ、世界は3分割されました。

やがてこの海の中央から、世界最初にして、すべての植物の母とされる“サエーナ（Saēna 猛禽）樹”がそびえ立つようになりました。そこにはすべての種類の薬草の種が実っていたため、聖典『アヴェスター』の一編「ヤシュト」第12章17節では「あらゆる癒やしの木」または「百種樹」と呼ばれています。

“サエーナ樹”には、『アヴェスター』ではサエーナ鳥、叙事詩『王書《シャー・ナーメ》』ではスィームルグ（Sīmurgh）と記される霊鳥が棲んでいました。あらゆる鳥の長であり、この樹木の種を食らったせいで、長寿を誇っていました（これは、エジプトの不死鳥ポイニクス、アラビアの巨鳥ロックの原型ともいえる鳥です）。

スィームルグが羽ばたくと、これらの薬草の種が飛散します。それらが落下すると、海は生命力に満ちあふれました。

また、別の巨鳥であるチャムローシュ（Camrōsh）は、“サエーナ樹”の種子を拾い集め、恒星シリウスの精霊である“東の星の首領”ティシュトリア（Tishtrya）のもとに届けます。ティシュトリアがその種子を清めると、チャムローシュは再びそれらを受け取り、今度は世界中にそれを撒くのです。

ところが、アフラ・マズダーと対立す

る暗黒神アンラ・マンユ（Angra Mainyu 邪悪な魂）は“サエーナ樹”を枯らすために、海中から自分の部下の蛙（またはトカゲ）を派遣し、その根を食べさせます。

アフラ・マズダーは、カラ（Kar）という魚を10匹作り出し、蛙を撃退します。それ以外にも、3本足、6つの目、9つの口がある白いロバが、聖樹に危害を加えんとする侵略者に立ち向かいます。水と植物の精霊アムルタート（Ameretat 不滅）もまた、聖樹の守護を司っていました。

必死の防戦もむなしく、“サエーナ樹”は結局、アンラ・マンユ自身がもたらした毒によって枯れ、その使いである悪魔《ダエーワ》たちによって倒されてしまいました。

するとアムルタートは“サエーナ樹”の残骸をすりつぶし、雨と一緒にあたりに撒いたのです。これ以来雨には、豊穣の力が宿りました。地上には、ありとあらゆる植物がいっせいに生えたのです（日本の民話の「花咲かじじい」との共通要素に注目してください）。

ところで“サエーナ樹”の隣には、ガオケレナ（Gaokerena 牡牛の角なるもの）という名のもうひとつの大樹がそびえ立っていたという話もあります。このガオケレナの葉を口にした者はたちどころに癒やされ、不死の命を得られるのです。

その周囲には、ハオマ（Haoma）という草または木が生え、これを醸造するとあらゆる病を癒やすゾロアスター教の霊酒（これもハオマと呼ばれる）ができるとされました（ハオマは、インドの仏典に登場する神々の糧ソーマ〈Soma 甘露〉と、語源的にも意味的にも同じものです）。

ゾロアスター教において、牡牛は最初に創造された動物ですが、アフラ・マズダーと対立する暗黒神アンラ・マンユによって殺されました。しかしその体からは植物が生え、その精子は月によって清められ、地上でさまざまな動物となったのです。

三日月は、形状が牡牛の角に酷似していることから、世界のさまざまな場所で、この二者は結びつきが深いものとされています。ガオケレナという名の意味を考えてみると、これは月を象徴した樹木であり、つまりは原初の牡牛の精子を清めた樹なのかもしれません。

とするなら、もう一方のサエーナ樹は、太陽の象徴と考えることもできます。

とはいえ「“サエーナ樹”の残骸から植物が生えたこと」と、ガオケレナの名称の由来となった「原初の牡牛の死骸から植物が生えたこと」は、極めて似通ったストーリーです。どちらの聖樹も生命力と豊穣力を司っていますし、本来は同一の存在なのかもしれません。

世界樹の記憶

ペルシアと神話や伝説の多くを共有するインドでもまた、聖典のひとつ『カータ・ウパニシャッド』に「根は高く伸び、枝は低く育つこの永遠なるアシュヴァッタ（Asvattha イチジク）は、純粋なるもの、宇宙の根本《ブラフマン》原理であり『不死なるもの』とされ、全世界がそこに宿るのである」と書かれています。つまり逆さまに生えているのです。

北欧神話の世界樹ユッグドラシルはト

ネリコ(ask)であったとされていますが、語源的にアシュヴァッタと似ているのが気になるところです。ちなみに現代英語でトネリコはアシュ（ash）であり、むろん古北欧《ノルド》語のトネリコ《アスク》と同語源です。またユッグドラシルは逆さではありませんが、その根は天界、人間界、冥界のどれにも達しており、アシュヴァッタの「根が高く伸び」と、部分的に合致しています。

さらにこのユッグドラシルは、“サエーナ樹”とはさらに多くの点で共通しています。

その梢には2羽の巨鳥がいました。うち、より大きく世界中の風を起こす鷲フレースヴェルグ（Hre'svelgr 死者を呑み込む者）は、スィームルグに対応します。その眉間には、ヴェズルフォルニル（Vedhrförnir 風を打ち消すもの）という名の鷹がいますが、これはむろんチャムローシュです。それ以外にも、やはりさまざまな動物がユッグドラシルの幹や枝葉に棲んでいます。根本の泉に住み、白鳥に化身できる運命の3女神ノルンは、アムルタートの役を担っています。彼女たちは幹に泥を振りかけて、樹木の育成を図ります。

ユッグドラシルの根を噛んで枯らそうとしている、悪竜ニーズホッグ（Ni'dhhöggr 嘲笑する虐殺者）率いる毒蛇軍団は、むろんアンラ・マンユの蛙やトカゲにあたります。

ちなみに、ユッグドラシルとは「最高神オーディンの馬」という意味であり、オーディンはその枝から首を吊って生死の境をさまよい、冥界から魔法の文字ルーンを奪って地上に帰還しました。そういう意味では、ユッグドラシルには“智恵の樹”の側面もあるのです。

一方北欧には、ガオケレナに相当する話もあります。

まず原初の牡牛には、アウズフムラ（Audhumla 肥沃なる黎明）という名がありました。

ハオマに該当するのは、神々を永遠の若さに保つために必要な、女神イドゥン（Idun）のリンゴでした。また『ヴォルスング一族のサガ』では、不妊に困っていた王と王妃に、オーディンが部下の戦乙女《ヴァルキュリャ》に命じて“生命のリンゴ”を渡させました。すると王妃はたちまち懐妊し、そこから王と英雄の系譜が始まったというのです。

ギリシア神話にも、食べた者に不死を与えるというヘスペリスの園の黄金のリンゴがあります。

つまりこちらは“生命の樹”であるということです。

エデンの東の園

中東のヘブライ神話には“エデンの東の園”と呼ばれる楽園の記憶が残っています。『旧約聖書』の「創世記」2章9節によれば「見るからに好ましく、食べるに良いものをもたらすあらゆる木を地に生えいでさせ、また園の中央には、命の木と善悪の知識の木を生えいでさせられた」とあります。

神は泥から作った最初の人間の男アダム（Adam 赤土）をここに住まわせ「園のすべての木から取って食べなさい。ただし、善悪の知識の木からは、決して食べてはならない。食べると必ず死んでしまう」といいました。

それから神は「人《アダム》が独りでいるのは良くない」と、あらゆる獣や鳥を作り、またアダムの伴侶として、その肋骨から女であるイヴを作ります。ふたりは服を着ていませんでしたが、恥ずかしがることもありません。自分たちが裸だということを、知らなかったからです。

ところで、エデンの園で最も賢い生き物は蛇でした。蛇はイヴの前に現れ「神はどの果物を食べてはいけないと禁じたか？」と尋ねました。イヴが神の教え通りに答えると、蛇は「決して死ぬことはない。それを食べると目が開け、神のように善悪を知る者となることを神はご存じなのだ」といいくるめました。

そういわれると、知識の木の実はいかにも美味しそうで、賢くなるように見えました。イヴがそれを取って食べ、一緒にいたアダムにも渡すと、彼もまた食べました。すると蛇のいった通り知識の目が開き、裸であることが恥ずかしいことだと知ったふたりは、慌ててイチジクの葉で局所を隠しました。そして神がエデンの園にやって来ると、ふたりは姿を見られることを恐れて隠れました。

神はアダムに「なぜ隠れているのか」と問いかけました。アダムが「あなたの足音が園の中に聞こえたので、恐ろしくなり隠れております。私は裸ですから」と答えると、神はさらに「お前たちが裸だと誰が告げたのか。取って食べるなと命じた木から食べたのか」と問い詰めました。

アダムは「イヴが取ってくれたから食べた」と答え、イヴは「蛇が騙したので食べてしまった」と言い訳しましたが神は許さず、エデンの東の園からふたりを追放しました。

楽園を失った人間には寿命が定められ、生きるために労働し、また子を生むために苦しまねばならなくなったということです。

蛇の甘言に弄されて楽園と永遠の生を失ったことは、“サエーナ樹”が悪魔の毒によって枯れたことの変形のようにも思えます。

またここで、エデンの東の園では、アダムとイヴは性交を行わず、そんな考えも起きなかったことに注目してください。彼らは楽園喪失のあとに、子供を生むという能力を授かっているのです。つまりこれは、北欧の伝説にある「不妊の夫婦に子を授ける」という話と共通です。

つまりアダムとイヴは「智恵とともに生命力を授かった」と読むこともできるのです。このこともまた「智恵の樹と生命の樹が、実は一緒のものではなかったのか？」という疑念を呼び起こすのです。

カバラのセフィロト

ユダヤの神秘思想カバラ（cabala 口伝）では、この神話をもとに、宇宙全体を10個の球体《セフィラ》（Sephira）と、そのあいだをつなぐ22の経路《ダアス》で構成された、セフィロトの樹（Sephiroth tree）であると考えました。

最上位のセフィラであるケテル（Kaether 王冠）は、大宇宙との接点であり、生命力と創造の源泉です。以下コクマ（Cochma 智恵）、ビナー（Binah 理解）、ケセド（Chesed 慈悲）、ゲブラー（Geburah 神の力）、ティファレト

(Tiphreth 美)、ネツアク(Netreth 勝利)、ホド（Hod 栄光)、イェソド（Iesod 基盤）で、一番下の10番目が、五感を通して知ることができる物質的世界マルクト（Malchut 王国）です。

図像では、インドのアシュヴァッタと同じく天に根を張り、下に向かって伸びる樹として描かれます。つまり生命や創造の源ケテルから伸びるため、俗に“生命の樹”と呼ばれています。

また智恵ある人間は、精神修養によって最下位のマルクトからセフィラをひとつひとつ獲得し、経路を通じてケテルを目指すのですが、この意味では神の世界に至る“智恵の樹”となるわけです。

そして多くの人々が、おのれの智恵を駆使して、この経路を登ろうとしたのです。

世界を照らす双樹

イギリスの言語学者J・R・R・トールキンの創作神話『シルマリルの物語：The Silmarillion』もまた、聖なるふたつの樹木の影響を、色濃く受けています。

世界を造った精霊ヴァラール（Volar 力ある者たち）は、天地を照らす2本の大樹の生えた、西の海の果ての国ヴァリノール（Valinor ヴァラールの島）に住んでいました。

うちテルペリオン（Telperion 白の木）は、裏が銀色に輝く濃い緑の葉を生やし、その無数の花々からは、銀色の光のしずくが絶えずこぼれ落ちていました。

もう1本のラウレリン（Laurelin 金の歌）は、ブナの若葉に似た金の縁取りがある薄緑の葉で、枝からは炎のような黄色の花房が垂れ、ひとつひとつが角笛のような形のその花からは、金色の雨が地面にこぼれ、温かな熱と光を放ちました。

この2本の樹ですが、片方の光がしだいに強まっていっぱいに輝いたあと、再び弱まって光が消えます。輝いている時間を7とすると、その光が消える1時間単位前に、もう一方の木が輝き始めます。つまり神々の国は、常に金か銀の光で満たされていたのです。

これらの樹の光は、はるか東にある大陸たる中つ国（Middle Earth）の東岸まで届き、星明かりしかない薄闇の世界を照らしました。そして暗闇で耐えていた草木や生命を蘇らせ、眠っていたエルフ族を呼び寄せたのです。

しかしテルペリオンとラウレリンは、のちにヴァラールのひとりであったけれども悪に堕したメルコール（Melkor 力にて立つ者）によって損なわれ、枯れてしまいました。しかし残りのヴァラールの尽力によって、テルペリオンには銀の花が、ラウレリンには金の果実がつきました。これがつまり、月と太陽の起源なのです。

物語のタイトルになっているシルマリルとは、これら2本の樹の光を閉じ込めた宝玉です。シルマリルは、そのあまりの美しさと樹から受け継いだパワーゆえに、エルフ族や人間を、幾度もの争いに導きました。しょせん生命の樹の力、定命の者が扱うには荷が重過ぎるのです。

命の極彩色

芸術家たる岡本太郎の代表作といえば、昭和45年（1970）に開かれた大阪万国博覧会のシンボル「太陽の塔」といっても過言ではないでしょう。そして、この塔の中には「生命の樹」というパビリオンがあったのです。

塔の内壁は、真っ赤に塗られた金属板で鱗のように覆われて、その中心に“進化の系統樹”をかたどった鋼管製のオブジェがあります。枝は青、赤、黄、緑の蛍光塗料でカラフルに彩られ、進化の過程に沿って、さまざまな動物の模型で飾られています。

さらに開催当時には、この樹が回転し、一部の模型の動物もモーターや流体駆動で動きました。この極彩色でユーモラスな世界は、生命というものの力強さ、進化の不思議を強く感じさせ「命を質に入れても見にきてよかった」と語った老人がいたほどです。

残念なことに、大阪万博の終了とともに太陽の塔の中には入れなくなり、今では特別な場合を除き「生命の樹」を見ることはできません。それでも平成15年(2003)には、抽選で1970人に一般公開されました。生物の模型も一部は取り除かれ、生命の樹も半壊していましたが、往時を偲ばせる迫力に、観客は驚きました。

プロテクター

生命の樹と進化を結びつけたのは、何も岡本太郎だけではありません。アメリカのSF作家ラリイ・ニーヴンは1973年の長編『プロテクター Protector』の中で、人類の進化論に独特の一石を投じました。

はるか250万年前、パク(Pak)と呼ばれる人間に似た種族が、銀河系の中心核付近に生存していました。彼らは幼年期(child)、繁殖期《ブリーダー》(breeder)、守護者《プロテクター》(protector)と3段階に変貌します。そしてブリーダーからプロテクターになるには“生命の樹”の根茎を食べねばならなかったのです。また生命の樹の根茎は、プロテクターの主食でもあります。

ノウンスペースにおける“生命の樹”は、ヤムイモ(ナガイモやヤマイモの類)です。ブリーダーが繁殖を果たし、適切な期間が過ぎると“生命の樹”に対する耐えがたい食欲を覚えます。その根茎をむさぼり食うと、やがて“生命の樹”の中に宿るウイルスが、その体と頭脳をプロテクターへと作り変えるのです。

頭蓋骨が緩んで髪は抜け落ち、脳が肥大化して知能が格段に増し、そのあとで頭の外壁が兜のように硬化します。歯は抜け、代わりに硬い嘴になります。手足の関節は大きく膨らみ、テコの原理によって筋力が増します。生殖器がなくなると同時に寿命という概念もなくなり、記録では、少なくとも3万2000年生きたあとに殺された者がいます(つまりニーヴンも“智恵の樹”と“生命の樹”を同じものであると考えたのです)。

そんなプロテクターですが、自分につながる血統のブリーダーを守るためには、他の血統のブリーダーやプロテクターを殺すのに、何の躊躇もしません。プロテクターは高度な知能を有していたのですが、同時に過激な生存競争を強いるDNAのプログラムに対して抵抗できない“本能の奴隷”でもあったのです。したがってパクの世界では闘争が絶えず、核兵器や質量兵器(隕石)を用いた宇宙戦争も、頻繁に行われていました。そこで他の一族との闘争を避けるために、亜光速宇宙船に乗って、銀河のあちこちに散らばっていった者たちもいました。

自分の血につながるブリーダーをすべて失ったプロテクターのほとんどは、食事を摂らなくなって餓死します。しかし中には、パク人すべてを守護する任務に目覚める者もいました。そんな変わり者のプロテクターのひとりフスツポク（Phssthpok）が目指した先が、我々の惑星である地球だったのです。記録によれば、地球にはかつてパク人が入植していたはずであり、もしかしたら自分は、地球の守護者になれるかもしれないと思ったのです。

しかし、フスツポクは失望しました。地球は確かに、パクの植民地になりました。ところが生命の樹は育ったものの、その中にいたはずのウイルスが死滅し、誰も新たにプロテクター化することができなかったのです。そこで無知蒙昧なブリーダーたちは、ホモ・ハビリス（直立原人）として繁殖したのみならず、やがては突然変異を起こしていきました。

突然変異した個体は、プロテクターにとっては“悪臭を放つ存在”であり、もはや血族に属すとはみなされません。したがって、地球古代のプロテクターは、変種のブリーダーを皆殺しにしようとしたのです。これが、神々（プロテクター）が人類（ブリーダー）を滅ぼす神話となったのです。

しかしそんな神々も、やがては死滅し、ブリーダーはさらなる進化を遂げて、我々ホモ・サピエンス・サピエンスとなりました。人間は、繁殖期のあとで老年期を迎えますが、これは遺伝子に従ってプロテクターになろうとしつつ、なれない滑稽な似姿なのです。

そんな世界に、フスツポクはウイルスの死んでいない生命の樹を持ち込もうとしていたのです。そしてジャック・ブレナン（Jack Brennan）という宇宙船乗りが、フスツポクと接触しました。ブレナンは、ブリーダーとしては適齢期であったので、すぐさま生命の樹の根茎を食らい、プロテクターへと変貌しました（別の人間は繁殖期を過ぎていたので、変貌に耐えきれずに死にました）。そしてブレナンはその肥大化した知能によって、フスツポクとの会話から、以上のような恐るべき真実を悟ります。しかもフスツポクのあとから、さらなるパクの艦隊が来るというではないですか？

かくして生粋のパク人のプロテクターと、人類から進化したプロテクターの、種の存亡をかけた血で血を洗う抗争が繰り広げられるのです。そしてその過程で、人類は“生命の樹”から毒性を取り除く方法を開発し、細胞賦活剤（booster spice）という名の、プロテクターにならずに300歳以上の長命を維持できる薬を開発しました。

さてこの続きは、実際の本や、同じく《既知空域《ノウンスペース》》シリーズに属する『リングワールド』4部作を参照してください。そこには、時空間を超えためくるめくスペース・アクションの絵図が、展開されているでしょう。

DNAからのメッセージ

永遠の命や、神のごとき智恵を象徴する神話上の図像に、神杖カドゥケウス（caduceus）があります。これは2匹の蛇が互いに絡み合った杖であり、ギリシア神話では智恵の神であるヘルメースや、医療の神アスクレピオスが手にしています。そしてオーディンは、ゲルマン人のヘルメースと呼ばれていました。

ふたつの柱と蛇。これはまさしく、エデンの東の園での事柄を表しています。そしてむろん、北欧のふたつの樹木と邪竜ニーズホッグ、あるいはペルシアのふたつの樹木を襲う蛙やトカゲでもあります。

現代人である我々は、この形状から、どうしても遺伝子の本体であるDNAの二重螺旋を思い浮かべずにはいられません。それは動植物を乗り物として無限に増殖する永遠の存在であると同時に、バイオ的に複雑な情報を記録する媒体、あるいはコンピュータといってもいいのです。生命と智恵のふたつが互いに絡み合い、ふたつともいえるし、ひとつともいえるDNAが、何らかの形で神話の中に出てきていたとしたら……。

ふたつの樹木の神話を読み解いていくうち、何か深遠なるものに触れたような気になるとしたら、我々の集合無意識が、遺伝子そのものにアクセスした結果なのかもしれないのです。

Fusang

扶桑

太陽を宿し下界の生命を育む東洋の世界樹

ここでは、東洋の世界樹ともいうべき“扶桑《ふそう》”と、樹木にまつわる信仰を取り上げます。

洋の東西を問わず、現在まで樹木には神や魂が宿るという教えが伝えられてきました。特に日本ではその信仰は多種多様で、八百万《やおよろず》の神々として崇拝の対象になってきました。その名残は各地に散見され、現在でも私たちの生活に大きな影響を与えているといっても過言ではありません。

古代から連綿と続く植物と信仰の世界を解き明かす鍵は、どこにあるのでしょうか？

10個の太陽を宿す木

扶桑は榑桑、博桑とも書かれる空想上の樹木です。その木ははるか東の海上にあり、見上げるほど巨大な桑の姿であるといいます。

絵画として表したものでは、中国の湖南省長沙市東部にある前漢時代の遺跡・馬王堆第1号墓から出土した帛画《はくが》（平織りの絹に描かれた古代中国の絵画）が有名です。長さ2メートルあまりの絹布に、

天上界、現世、黄泉の国こと地下の世界が描かれています。天上界にあたる上部には、扶桑と並んで日・月、蛇身人首像と青龍があります。この絵で扶桑は、丸い実をつけた蔓のような姿で青龍に寄り添っています。

扶桑の語源については諸説ありますが、“扶”には「支え合う、助け合う」という意味があり、同じ場所から2本の桑の木が生え出し寄りかかっているとされることから“支え合う桑の木”が変化したのではないかという説が有力です。

戦国時代から秦、漢期にかけて成立した中国最古の地理書『山海経《せんがいきょう》』の「海外東経」には、「湯の湧く谷の上に扶桑があり、10個の太陽が湯浴みをするところである。水の中に大木があって、9個の太陽は下の枝にあり、上の枝には1個の太陽が今にも姿を現そうとしている」とあります。

一方「大荒東経」には「山の上に扶木《ふぼく》がある。高さは300里、その葉は芥菜《からしな》のようである。そこにある谷は湯谷《ゆこく》（湯のある谷）といい、上に扶木がある。1個の太陽がやって来ると、1個の太陽が出ていく。太陽はみな鳥を載せている」と記されています。

扶桑に宿る10個の太陽は、下の枝から上の枝へと1日をかけて移動し、一巡りの期間が“旬《じゅん》”となります。

前漢の時代に、淮南王劉安が学者たちに編纂させた哲学書『淮南子《えなんじ》』には、「扶桑に10羽の火烏《ひがらす》が住んでおり、口から吐いた火が太陽になった」と記されています。この烏が、対となった扶桑の東側から1羽ずつ昇り、西側の若木から地下に潜って、太陽の運行を司るのでした。

三皇五帝のひとりであった堯《ぎょう》の時代、なぜか太陽の出る順番が狂ってしまい、すべての火烏と10個の太陽が姿を現しました。そのおかげで下界の草木は焼けただれ、灼熱地獄と化してしまいます。堯は弓の名手である羿《げい》に火烏を射抜くよう命じ、扶桑の木へ遣わしました。しかしあまりに見事な腕前だったため、堯は太陽がすべて射落とされるのを恐れ、矢を1本抜き取りました。その結果火烏は1羽だけ残り、今のように太陽はひとつになったといわれています。

聖君と桑の木

三皇五帝の時代、皇娥《こうが》という名の仙女がいました。

彼女の仕事は天宮で暮らす人々が使う織物を作ることでしたが、あるとき仕事を休んで天の川へ筏遊びをしにいきました。

皇娥を乗せた筏はそのまま川をさかのぼり、やがて西海のほとりにある窮桑《きゅうそう》という神木の下にたどり着きました。皇娥はそこで出会った若者と恋に落ち、ひとりの男の子・少昊《しょうこう》を生みました。

父親である若者はのちに黄帝《こうてい》となり、先の帝である神農《しんのう》に代わって国を治めました。一方少昊は、成人してから東方へと向かい、そこで鳥の王国を建国し、のち帝位を継いだといわれています。

別名である窮桑は、少昊が生まれた場所にあった神木の名前です。

夏《か》王朝の創始者とされる伝説上の皇帝である禹《う》の妃は塗山公の娘で、ふたりは台桑の地で結ばれ結婚したと伝えられています。ふたりのあいだに生まれた男子は啓と名づけられ、彼もまた王朝を継ぐ名君となりました。

戦国時代になり、楚で詠われた詩を集めた『楚辞』には、以下の一節があります。

禹は彼の功績を君子に捧げ、みずからは野に下って天下の四方を見回っていた。

そのときなぜ塗山氏の娘をめとり、台桑の地を選んで交わったのであろうか。

夏王朝末期から殷にかけての政治家である伊尹《いいん》の母が彼を胎内に宿していたときは、夢枕に神女が現れました。

「かまどや臼に蛙が出るとき、ほどなく洪水が起こるでしょう。そのときはすぐ走って逃げなさい。一度たりとも後ろを振り返ってはなりません」

しばらくたって伊尹の母が台所に下り立つと、臼とかまどに蛙が這い出していました。夢で見た神女の言葉を思い出し、着の身着のままで家を飛び出しました。ところが自分の住む村が気になったのか、つい後ろを振り返ってしまいました。

すると、そこには1本の空桑の木が生え出し、村も大洪水に襲われました。

そして水が引いたあと、村人は空桑の木の下に赤子がいるのを見つけました。赤子は引き取られ伊尹と名づけられましたが、彼が身を横たえていた桑の木はまさしく、母が姿を変えたものでした。

中国では、桑の花や葉、根を解毒と解熱の薬として用います。人間が発するほとんどの病は熱を伴うものとされ、この症状を緩和させることは万病のもとを断つということにもなりました。そこから命を育み霊薬を生む木として、桑が神聖視されたと考えられます。

実際、桑は神木として崇拝の対象になっていました。日本でも桑の木を御神体とする富山県の若宮八幡神社があり、東北地方で田の神として信仰されているオシラサマは牡馬と娘の姿をかたどったもので、桑の木を彫って作ります。

高さ300里といわれ、天を凌駕する大きさともいわれた扶桑は太陽を宿し、上空から照らされる光によって生命は芽吹いて育ち、実りをもたらします。そして扶桑の“現《うつ》し身”となった桑は人々をあまねく統治し、善政を行う君主と同一視されるようにもなりました。

前述した少昊や禹、伊尹の伝説は、聖なる木が人に変化《へんげ》したものであり、彼らを生み育てた母、いずれは国母となる妻とともに、後世の為政者の統治の範となり、人々の理想の姿になったのです。

世界樹

古代オリエント地方にも、扶桑とよく似た桑の木の伝承が残っています。

エジプトの『死者の書』では「諸々の霊魂《クウ》たちのアアトから東の方角に、巨大な桑の木が2本見える。太陽がこの木の間から昇る。霊たちは2本の桑を生命の木として崇めている」という文章があります。

天を担ぐアアトは霊界の最も東にあり、東の地平線に接しています。太陽はここから昇り、中央にイチジクの木が生えています。女神はこの木と愛を交わすため、梢に登って自ら体を開き身ごもります。そして女神は地上で子供を生み落とし、疲れた体を近くにあるセンカの沼で休めました。沼は安息の地となり、疲れを感じることはありません。

ここに見えるイチジクと桑も、扶桑や北欧神話に見えるユッグドラシル（Yggdrasil オーディンの馬）と同じように、世界の中心に位置する世界樹と同じ役割を果たしていると考えることはできないでしょうか。

センカ沼の近くに生えるイチジクは、『山海経』で湯谷に生えている大木と共通していることをうかがわせます。「大荒南経」に登場する女神・羲和《ぎわ》は、大木と愛を交わして10個の太陽を生んだとされ、同じようにイチジクと交わった女神が子供を生み落としたことも、それぞれの伝説のもとになった土壌が関係し、変化したと思われます。

世界樹は、そこに暮らす者の営みを一手に引き受けている存在です。

樹木が生命の根源を司っているという思想や信仰は、自然と人間がより密接にかかわっていた時代に共通していたものでもあります。その事実に基づく伝説や神話は、生まれた場所に即した形態として変化を遂げ、のちの世に伝わっていきますが、その根底に流れるものは生死に対する畏怖や自然がもたらす脅威と恵みなど、人間が体験するすべての現象なのかもしれません。

扶桑はどこに存在するか

中国の後漢の時代、仙人と噂された東《とう》方朔《ほうさく》が記したといわれる『十洲記』にも、扶桑についての項目が登場します。

扶桑の地は東海の東の外れにあり、上陸してからまた東へ1万里ほど直進すると、碧海《へきかい》という海にたどり着きます。碧海は東海と同様に広々としていますが、水の色は見事なまでに美しい紺碧で、普通の海と違い、甘くいい香りが漂っています。

扶桑の地には森林が多く、生えている木の葉はみな桑の葉のようです。これとは別に、桑の実に似た形をした椹樹が生えていて、高さは数千丈、太さは2000余囲にも達しています。それらはひとつの根から2本の木が並んで飛び出しており、相手に寄り添うように伸びています。

扶桑という名は、この木の生えている様子になぞらえたものです。

この木はとても大きいのですが、生えている葉は中華の地にある桑の木とほとんど変わりません。

『十洲記』が成立したとされる後漢以降は、梁の歴史家である蕭子顕《しょうしけん》が著した『南斉書』、唐代の史学家・姚思廉《ようしれん》の手になる『梁書』、同じく唐代にまとめられた李延寿《りえんじゅ》著『南史』に扶桑の名を見ることができます。

これら、中国の古い文献に登場する扶桑がどこにあったかについて、数々の学者や研究者によってたくさんの学説が提唱されています。

扶桑国とされた場所もさまざまで、日本列島や樺太、蘇我王権説や朝鮮（高句麗）説、鬱陵島説、西域ウルムチ説、メキシコ説、ムー大陸説が主なものです。しかしどれも決め手に欠けており、いまだ推測の域を出るものではありません。

扶桑だとされる植物は、日本や中国、朝鮮では桑となっていますが、メキシコ説ではトウモロコシ、もしくはリュウゼツランであるとしています。扶桑国ボルネオ説では、扶桑は樹木ではなくスラウェシ島にある巨峰、ランテマリオ山だと考えられています。太陽が山のあいだから昇るさまを比喩したものなのでしょう。

近年、扶桑国は琉球諸島にあったとする説も唱えられるようになりました。沖縄の方言アカバナーはブッソウゲのことで、ハイビスカスの別名です。ブッソウゲは“扶桑花”もしくは“仏桑花”が訛ったといわれ、もとの言葉の漢字表記から扶桑と同一視されるようになったと思われます。

日本人と扶桑

中国神話の聖なる木とされた扶桑は「東の海上に位置する」という文面から日本と比定され、別名や美称として使われるようになりました。

平安時代の私撰歴史書である『扶桑《ふそう》略記《りゃっき》』は、比叡山功徳院の僧にして、浄土宗開祖である法然の師・皇円《こうえん》が編纂したとされています。

神武天皇から堀河天皇の御世の寛治8年（1094）3月2日までの国史について、仏教関係の記事を中心に漢文・編年体で記しています。多くの典籍を引用しているのが特徴ですが、その大半は今日まで残されていません。そのため出典の明らかでない記事も見られ、同じように神代から持統《じとう》天皇までの御世を扱い、舎人《とねり》親王を中心として編纂された『日本書紀』ほどの信頼度はありません。

『扶桑略記』の執筆にあたっては、皇円自身の日記や私的記録も出典として使われたと見られ、その文は鎌倉時代の歴史書『水鏡』や『愚管抄』にもしばしば引用されています。一個人が残した歴史書とはいえ、後世に多大な影響を与えている書物です。

実際、日本の別称としての扶桑は、あちらこちらで使われています。

旧日本帝国海軍が建造した戦艦のうち、“扶桑”と名がつくものはふたつありました。

初代のものは、正式名称を“扶桑艦”といい、明治8年（1875）に海軍がイギリスに3隻発注した軍艦の1隻です。

2代目の戦艦扶桑は明治45年（1912）に呉海軍工廠で起工され、大正3年（1914）3月に進水式が行われました。世界の列強が超大型戦艦の建艦競争を繰り広げている最中のことです。

初代はアジア最初の近代国家として、また海軍の歴史を刻む最初の大型艦としての期待をかけ、2代目は以後の海軍を担う主力艦であることから、自国である日本の別称を与えたのではないかと思われます。

ちなみに、競馬の第4回安田賞（現在の安田記念）優勝馬フソウ号の馬名と生産牧場である扶桑牧場の名は、2代目の戦艦扶桑に由来しています。馬主である中村正行氏の親族が、艦長を務めていたことから名づけられました。

法人名としては、製薬会社である扶桑薬品工業やフジサンケイグループ傘下の出版社、扶桑社が知られています。三菱自動車工業系の企業で大型車生産を専業とし、現在はダイムラー・クライスラーの系列となっている三菱ふそうトラック・バスも、扶桑の名がもとになっています。

地名としても、日本各地に扶桑の名を冠するところがあります。ほとんどはもともと養蚕が盛んな地で、クワの木が多かったことと日本の別称としての“扶桑”をかけたものですが、尼崎市の扶桑町は命名の由来が違い、住友金属工業の前身である扶桑金属があったことによります。現在この地は住友精密工業の工場敷地となっています。

御柱

はるか昔より、木や石などの自然物には精気が宿ると信じられてきました。それを神格化するという行為は、世界の至るところに散見される原始宗教の一形態です。

先に述べてきた通り、扶桑は太陽を宿し下界の生命を育むこと、木と交わった者が新しい生命を生み出すことから、人智を超えた神秘的な存在として今に伝わっています。これも、そういった信仰が変化したものと考えることができるでしょう。

しかし、巨大な石や木そのものに意思が宿るという考え方は、日本や中国などアジア独特のものです。自然を神の従属物としたり、人間が懲罰や個々の事情で変身させられるというエピソードが多く見受けられるギリシア・ローマ神話とは一線を画しています。

現在日本で、私たちが見ることのできる巨木信仰の形態を残すものとしては、青森県の三内丸山遺跡にある掘立柱《ほったてはしら》の遺構が最古でしょう。

直径は2メートルと大きく、実際に入る木も相当の高さであったろうと推測されます。竪穴式住居とは別に作られているこの遺構は、建築物の支柱跡だったとも、柱列の遺構、いわばトーテムポールの一種だったともいわれています。どちらの説が正しいのかは不明ですが、そこには生活以外の何かが見え隠れしています。

太安万侶《おおのやすまろ》が編纂した『古事記』や『日本書紀』に見える国生みの神話では、伊邪那岐命《イザナギノミコト》と伊邪那美命《イザナミノミコト》が暮らした神殿に“天の御柱”と呼ばれる大きな柱がありました。これはふたりを象徴するもので、神の数え方を“はしら”というのも、この神話がもとになっています。

そして巨木と同一視された神は、鎮座する場所にその身を横たえました。

伊勢神宮の内宮《ないぐう》の地下には“心《しん》の御柱”と呼ばれる巨木が埋められており、御神体である天照大神《アマテラスオオミカミ》の象徴となっています。京都の八坂神社にも“心の御柱”があり、その御神体は素戔嗚尊《スサノオノミコト》です。

国譲りの神話で知られる出雲国（現在の島根県）にある出雲大社と、長野県諏訪地方にある諏訪大社は非常に密接な関係を持っています。

高天原からの使者である建御雷神《タケミカヅチノカミ》と大国主神《オオクニヌシノカミ》の子である建御名方神《タケミナカタノカミ》は力比べを行い、建御名方神は敗れて諏訪湖まで逃げ、その地で諏訪明神となりました。

大国主神も、高天原にある神殿と同じく壮麗な社《やしろ》を造営することを条件に国を譲ることにしました。出雲大社はその大国主神を祀った場所ですが、神殿の高さは16丈（約48メートル）にもなったといわれています。近年の発掘調査で3本の巨木を束ねた柱の根元が発見され、ここでも“心の御柱”が存在していたことを示しています。

諏訪大社で寅と申の年に行われる“御柱祭”は、“心の御柱”となる巨木を山から伐り出し、境内地である上社の本宮と前宮、下社の春宮と秋宮に運ぶ神事です。御柱となるモミの木は、上社は八ヶ岳山麓にある社有林・御小山《おこやさん》、下社は下諏訪町の東俣国有林から伐採したものです。伊勢神宮の遷宮と同じように、祭りの際には鳥居などを含め、すべての社殿が建て替えられていました。しかし江戸時代以降は、4本の御柱と東西の御宝殿が交互に建て替えられるだけになりました。現在は御柱祭が終わった6月15日に遷座祭が行われています。

この祭りの起源については、具体的な事実はまったく伝わっていません。しかし巨木には特殊な能力があるとされたことから、集落の出入り口のところに魔除けの柱を立てるため木を伐り出す慣習が下敷きとなり、諏訪大社の出自と融合したと考えられます。

国譲りの勝負に敗れた諏訪明神こと建御名方神は「この諏訪の地から出ないので許してほしい」と建御雷神に頼んだといわれ、神を外へ出さないための結界が御柱になったという説もあります。

しかし御柱祭の形態は日本だけのものではなく、ネパールやインド、タイ、メキシコなどでも類似の祭りが行われていたようです。巨木の持つ特殊な能力を人間の世界に持ち帰る行為は、国や民族を問わず行われていたことが分かります。

枯野という名の船

『古事記』下巻「仁徳天皇」には、“枯《から》野《の》”という名がついた船が登場します。

和泉国（現在の大阪府）に1本の木が生えており、それは朝日に当たればその影は淡路島まで及び、夕日に当たれば高安山にも届くであろうといわれるほどの大きさでした。そこでこの木を伐って船を造ったところ、とても速く走る船になりました。

その船は枯野と名づけられ、朝と夕に船を出し、淡路島の清水を汲みにいきました。その水は天皇が飲まれる水として献上されました。

船が壊れると、人々は破片を燃やして海水から塩を取り出し、焼け残ったもので琴を作りました。弦をかき鳴らすと、その音色は遠く7つの村にまで響きわたったといいます。

『日本書紀』では、第10巻「応神天皇」に登場します。

伊豆国（現在の静岡県）には船を造るのによい木がたくさんあることを知り、帝は国守に1艘造らせ、献上するように命じました。

“枯野”と名づけられたその船の長さは10丈あまりで、水に乗せれば軽々と浮き、とても速く走るものでした。しかし時間がたち、船体もところどころ朽ち始めたのを見て、帝は残念そうにこういいました。

「この船は長らく役に立ってくれた。そのことはとうてい忘れられるものではない。船の名前を絶やすことなく、のちの世に伝えるのにいい考えはないものだろうか」

そこで家臣は人々に、船を薪に切って塩を焼かせましたが、あとには燃えていない材木がたくさん残りました。そのことを不思議に思い、帝に献上したところ、帝は驚き怪しんで琴を作らせることにしました。枯野の船から作った琴が奏でる音はとても澄んでいて、大変遠くにまで響きわたりました。

塩焼きの材木にした枯野の船を、次は琴にしてみたが、淡路島の由良の石に触れているナズの木が潮に打たれているかのような音で鳴っていることよ。

帝はそう、歌に詠んだといいます。

『日本書紀』の“枯野”には“軽野《かるの》”が転訛したものという注釈があります。船が壊れてからの経緯は『古事記』とほぼ共通しており、巨木が神の依代《よりしろ》（神が宿る場所）として信仰の対象になっていたことを証明しています。

“軽野”もしくは“枯野”の意味は、一般的に“（枯れ野を）軽やかに速く駆ける船”と解釈されますが、東京商船大学（現東京海洋大学）名誉教授の茂在寅男氏は「“枯野”や“軽野”は漢字の当て読みで、ほかにもカラノやカノなど、多彩な読み方が行われていたのではないか」と提唱しています。

日本語が南洋ポリネシア圏の言語と同語源であるいう説に基づき、カラノやカノと似た言葉を探していくと、カヌー（Canou）にたどり着きます。その語源はカリブ諸島地域で船を意味するカノア（Canoa）が語源で、「櫂《かい》で漕ぐ舟」という意味です。

南太平洋上に位置するバヌアツ共和国、エファテー島の遺跡からは日本の縄文土器とおぼしい破片が見つかっており、日本人の祖先のひとつである縄文時代の人々が、海を越えて南洋の島々へたどり着き、独自の言語文化を持っていた可能性も指摘されています。彼らの使っていた言葉が時を経て、ポリネシアに残されたとしても不思議ではありません。

“軽野”にまつわる説話は、南洋の島々で船とともに生きる人々の、遠い記憶とつながっているのかもしれません。

The Integral Tree

インテグラル・ツリー

宇宙にまで枝葉を伸ばす生命の力を見よ！

「遠く離れた宇宙にも、私たちと共通するDNAの種族が生の営みを繰り広げ、果実や樹木が息づく場所がある」――これは、いくつものSF小説や映画に共通するテーマです。

アメリカの作家ラリイ・ニーヴンは、1983年に発表した『インテグラル・ツリー』と、1987年の続編『スモーク・リング』で、積分記号《インテグラル》“∫”の形状をした樹《ツリー》を登場させ、その付近に棲む住人が独自の進化を遂げて環境に適応し、迫り来る危機を乗り越えていく姿を、生き生きと描き出しています。

積分記号という名の樹

巨大なガス惑星ゴールドブラット（Goldblatt 黄金の葉）は、“ルヴォイの星（Levoy's Star）”略称ヴォイ（Voy）という中性子星の周りを巡っています。そしてゴールドブラットの公転軌道のすべては、ドーナツ状の天文学的な雲スモーク・リング（Smoke Ring 煙の輪）で覆われていました。そこは水分や酸素も豊富で、重力がほとんど働かない自由落下状態《フリー・フォール》の、信じられないほど巨大な空間です。

インテグラル・ツリーは、そのスモーク・リングの内部に、数千本単位で浮かんでいます。100キロメートルにも及ぶ幹の両端は、袋状のタフト（Tuft 端房）に包まれています。中性子星ヴォイからの潮汐力は、インテグラル・ツリーの姿勢を基本的に安定に保ちますが、同時に両端のタフトには、常に5分の1Gほどの重力がかかり、ハリケーンが吹き荒れています。タフトはこの強風の影響によってねじ曲げられ、ブランチ（Branch 支幹）と呼ばれる長い枝と、そこから無数に生える軸枝を、風下に伸ばしています。通常はそこにある葉むらの、ツリーマウス（Tree Mouth 樹口）という漏斗状の穴で、ふるいにかけるようにして風の中の養分を摂り込みますが、ときには動植物の死骸まで吸収し、そのすべてを栄養として、成長を続けていきます。

この樹に、人間が住んでいる場合もあります。切り取った軸枝を編んで小屋を作り、その中で暮らしています。

人間の営みにまつわるマイナス面の生理活動（排泄やごみを捨てること、死を迎えることなど）も、“樹を肥やす（Feed the tree）”ためには大切な要素です。ただこの言葉は必ずしもプラスの意味だけではありません。“肥やし野郎（Treefeeder）”は「役立たず」「汚らわしい」などと相手を揶揄したり罵ったりする際に使われ、“樹にやっちまえ（Feed it to the tree）”は「放っておけ」「どうでもいい」ということになります。

寄生植物

そんなインテグラル・ツリーから、養分を吸い取る植物も存在します。

タフト・ベリー（Tuftberry 端房いちご）は、タフトに生える果肉植物で、樹がスモーク・リングの中心線にごく近い位置に移動すると結実し、種を撒き散らします。その赤い果実は染料となり、主に衣服の染色に用いられます。

ファン・ファンガス（Fan fangus 扇子茸）は、その名の通り食用にできる扇形の茸で、縁が赤いものは薬として使われます。

オールドマンズ・ヘア（Oldman's hear 老爺の髪）は、白髪に似た白い茸です。

フラッフ（fluff ふわふわ）は、緑色の毛に覆われた斑紋のような植物で、インテグラル・ツリー以外の植物、動物、人間にも寄生します。そして、宿主が死ぬまで離れることはありません。寄生箇所はさまざまで、特に頭に張りついた場合、方向感覚を狂わせたり思考能力を奪ったりします。

ドールトン＝クィン・ツリー

ある日スモーク・リングに、単一の統一国家ザ・ステート（The State）となった地球から、移民船ディシプリン（Disciplin 紀律）号がやって来ます（惑星ゴールドブラットはその天文物理学者、中性子星ルヴォイはその航法士の名から採られました）。

ところが乗組員たちは、ザ・ステートに反旗を翻して搭載されていたCARM《カーム》（Cargo And Repair Module 輸送兼補修モジュール）を奪って逃げ、たどり着いたインテグラル・ツリーを、リーダーの名前からドールトン＝クィン・ツリー（Dorlton＝Quin Tree）と称しました。

そしてその子孫は、そのタフトの内部に500年ものあいだ住み着いていました。外界とはツリーマウスを介して行き来し、あたりに漂う動植物や繁殖用の七面鳥を、主たる食料としています。

地球産の食用植物では、煙草、トマト、トウモロコシなどがありますが、その数はごくわずかです。毒羊歯《しだ》の汁を精製したものは、矢じりに塗る毒として使われます。即効性があり、射られた者は確実に命を落としてしまいます。

スモーク・リング産では、カップ・ヴァイン（Cup vine 椀ぶどう）やコプター・プラント（Copter plant ヘリ草）は食料になり、スクイーズ・グアド（Squeese gourd 絞り瓢箪）は、飲み物を入れる容器になります。

ドールトン＝クィン・ツリーは、長い年月のあいだに軌道を逸れます。やがて太陽光、養分、水分を満足に取り込めなくなると、両端のタフト内部で旱魃が起きました。内側にあるクィン・タフトに住む一族のチェアマン（Chairman 議長）は、新たなる移住先を見つけるために遠征隊を組織し、樹の幹方向へと送り出します。

ちょうど幹の中間地点で、クィン一族の部隊は、逆のタフトから来た女戦士たちと戦闘になります。ちょうどそのとき、ドールトン＝クィン・ツリーが潮汐力に耐えきれなくなり、真っぷたつに折れてしまいます。このとき生じた破滅的な衝撃と炎によって、多くの人命が失われました。

パフ・ジャングル

生き残ったドールトン＝クィン・ツリーの住民は、裂けた樹の皮の残骸を筏代わりにして、宙を漂っていました。

ところが目の前に現れた緑色の物体と激突しそうになり、そこの住民に捕らえられてしまいます。そこはカーサー国《ステート》（Carther State）という名のパフ・ジャングル（Puff Jungle 膨らみ密林）でした。

パフ・ジャングルとは、スモーク・リング内に浮かぶ植物の集合体で、表面にはさまざまな色の花が咲いており、昆虫や鳥が群れをなして飛び交っています。根元に生えるフォーリング・オニオン（Falling Onion 落ち玉葱）は、サーモン・バード（Salmon Bird さけ鳥）の肉のつけ合わせとして供されます。インテグラル・ツリーのツリーマウスと似た形状の穴もあり、その内部は人の住居になっていたりします。

この規模が小さいものは“綿菓子ジャ

ングル（Cotton-Candy Jungle）”と呼ばれ、緑色の部分を食します。その味は普通お菓子のように甘いのですが、環境によって変わるようです。たとえばドールトン＝クィン・ツリーが旱魃を起こしていたときには「ひどく筋っぽい綿菓子のような味」をしていました。

カーサー・ステート

そんなパフ・ジャングルのひとつであるカーサー・ステートは、シャルマン（Sharman）によって統治されています。これはシャーマン（Shaman 呪術師）またはチェアマン（Chairman 議長）からの転化だと思われます。

その付近には、敵対的なロンドン樹《ツリー》（London Tree）という名のインテグラル・ツリーがあり、長らく互いに敵対関係にありました。よってカーサー・ステートは常に臨戦態勢にあり、戦争に参加できる住人のみを“市民”と呼んだのです。

ロンドン・ツリー

ロンドン・ツリーは、高度な文明を構築していました。内側のタフトの内部には、空中船用の木製の広い発着場があり、樹を統治する〈科学者〉がいるシタドル（citadel 館）や、市民用食堂などもありました。外側のタフトから調達された食料で、住民全員の食事をまかなうことができます。ツリーマウスの縁に近い場所には貯水槽が設けられ、住民はここにあるシャワーで体を洗うことができます。

しかしこの繁栄は、奴隷制《コプシック》によって維持されていました。人間狩り部隊コプシック使い（copsik runners）は、カーサー・ステートの住民を拘束してはコプシックにし、大きな小屋に収容して管理しつつ、家畜と同じように酷使します（ドールトン＝クィン・ツリーの住人も、何人か捕獲されてしまいます）。たとえばタフトの上側に設置された便利なエレベーターは、自転車を動力源とし、それを漕ぐのは男のコプシックの役目でした。そして死んでも、決して故郷に戻したりなどはしないのです。

コプシック

コプシックとは、再生人コープシクル（corpsicle）から転化した言葉です。これはコープス（corpse 死体）とポップシクル（Popsicle アイスキャンディー）の合成語で、地球において末期ガンなどで余命幾ばくもない人々が、医療技術が発達した未来で治療してもらうことを夢見て、自分の体を冷凍保存した状態をいいます。

しかしザ・ステートでは、こうしたコープシクルを再生させても市民権を与えず、探査船に乗せて宇宙のあちこちに送り出したのです（この経緯は、同シリーズの第1長編『時間外世界 A World Out of Time』で詳述されています）。

このような背景をもとに、スモーク・リング内では、コプシックという単語は“奴隷”と同義になったのです。ディシプリン号の反乱の背景にも、コープシクルの人権問題がありました。ドールトン＝クィン・ツリーに住み着いた祖先20人のうち8人（つまり4割）は、コープシクルだったのです。

シチズン・ツリー

やがてコプシックたちは、血気盛んなドールトン＝クィン・ツリーの生き残りを中心にして反旗を翻します。シタドルを陥落させて樹の実権を掌握し、カーサー・ステートの戦士や、そこに残された仲間と連携を取って、〈コプシック使い〉や樹の守護者である〈海軍〉に戦いを挑み、ついにはロンドン・ツリーが隠し持っていたCARMを奪います。

こうして彼らは、ガス惑星ゴールドブラットの彼方にある、未開の空域にたどり着きました。そこには大小合わせて8本のインテグラル・ツリーがあり、その中のひとつをシチズン・ツリー（Citizen Tree 市民の樹）と名づけて、自分たちが生きるための新たなる場所を作り始めるのでした。それはコプシック、市民、戦士などという身分の違いを超え、共存しようという意味を込めた命名でした。

シチズン・ツリーの内側のタフト内は、ドールトン＝クィン・ツリーとはまったく違っていました。豊かな水が流れ、生い茂る緑に覆われた、旱魃や飢えとはまったく無縁の場所だったのです。

タフトの上部には、エレベーター籠《ケージ》が作られました。動力源となる踏み車を押すことによって、上下に動かすことができるというものです。

タフトの真ん中あたりには住民たちが集まる公共ホール、ツリーマウスに近い場所には洗濯桶を置くためのスペースを設け、ブランチの上には料理用の窯が作られました。

クランプ

スモーク・リング内には、ヴォイとゴールドブラットを結ぶと正三角形になるラグランジュ点が、2か所存在します。その付近一帯では塵芥が集まりやすく、藪知らず《クランプ》（clump）と呼ばれる巨大な疑似惑星になっています。

クランプには、パフ・ジャングルの住人たちが集まって交易を行う市場《マーケット》があります。取り引きには、まず店を出して競売の公示をし、一番高い金額を出した者に商品を引き渡します。クロス・イヤー（Cross Year 交節季）の時期には会合があり、半ダースほどのパフ・ジャングルの住民が出席します。

管理しているのはクランプの全権を握るアドミラルティ（Admiralty 海軍本部）で、マーケットの隣に“司令部”を置いています。財政は店から徴収する関税でまかなわれていて、その額は基本的に売り上げの半分です。またスモーク・リングを放浪する人々をクランプに移送させたり、訴訟が起こったときには裁判を開いて判決を下します。

アドミラルティの警察機構ともいうべき〈海軍〉は、店と客とのあいだで正当な取り引きが行われているかどうかを監視するほか、外で横行する奴隷狩りや海賊行為を取り締まってもいます。

“栽培場”と呼ばれる区域は、農地を囲む大きなジャングルです。巨大なガラス瓶に入った泥土に種をまき、縦横に走る枝編み細工を埋め込んでいます。これは、豆の蔓を巻きつかせるのに必要なものです。

ここで栽培されている野菜や果物は、オレンジ、スモモ、豆、コーン、南瓜、レタスなど、すべて私たちにもおなじみのものです。ただバナナとイチゴは、潮汐力の関係でうまく育ちません。

栽培場では、クランプの住民やマーケットにやって来た人々向けに、作物の販売が行われています。植物の種も一緒に売られていて、持ち帰って自分の住むところで栽培を始めることも可能です。

ダーク

クランプ内部の空洞地帯はダーク（Dark 暗黒部）と呼ばれています。その入り口には蜘蛛の巣が張っていて暗く、枯れたインテグラル・ツリーの残骸など、たまった塵芥が堆積しています。空気はよどんでかび臭く、腐敗したものが炎を上げて燃えているところもあります。

ところが中へ進むにつれ、太陽たるヴォイの光が差し込んで明るくなっていきます。生息する植物はほとんどが茸類で、その青やオレンジの光に照らされている光景を“美しい”という人もいるほどです。

カチーフ（Kerchief）はピンクや緑色の布切れを20枚ばかり縫い合わせたような形をしています。風に漂っている姿は花のようです。

フリンジ（Fringe 茸縁）は金色の胞子をした白く小さい茸で、クランプではブラックブレイン（Blackbrain 黒い脳）やクルミ《ウォルナット》クッション（Walnut Cushion）と並んで、高く取り引きされます。

フリンジやブラックブレインを煎じたものはお茶として、ウォルナット・クッションは食用として広く好まれています。

しかしフリンジの胞子には強い麻薬作用があり、吸い込むと酩酊状態に似た中毒症状を起こします。ひどくなると胞子を吸わずにはいられなくなり、泥酔して分別のつかない状態になるのです。

ダークに生えている珍しい植物を採るため、そんな危険を承知で中へ潜る専門家もいます。彼らはダーク・ダイヴァー（Dark Diver 暗黒部への潜り人）と呼ばれ、肉食動物たるダーク・シャーク（Dark Shark 暗黒部の鮫）をかいくぐりながら、獲物を収穫します。それをまた買い取る専門の業者もおり、茸は特に高値で売れます。

スモーク・リングの植物たち

このほかにも、スモーク・リングという特殊空間に適応するために、地球とは違う進化の過程をたどった植物がたくさん存在します。

ローズ（Rose 薔薇）は、地球の薔薇に似てはいますが、大きく平均4メートルにまで成長します。色は暗赤色で、中性子星ヴォイの光を受けて輝きます。潮汐力によって安定した姿勢を保ち、どこかに落下することはありません。

ポッド・プラント（Pod plant 莢植物）は、無重力に近い大気の中で姿勢を制御するため、ガスや種子を噴出できるジェット莢《ポッド》（Jet pod）を備えており、そこには腐敗ガスや酸素が充満しています。枯れかけたとき、種をまくとき、軌道が離れ過ぎたときに、一定方向へガスを噴出します。

人間はその機能を利用し、スモーク・リング内を移動するための乗り物として使います。この場合、ジェット・ポッドを綱で木の枝にくくりつけ、出発の際に莢を切って飛ばします。

フィンガー・カクタス（Finger cactus 指状さぼてん）の芽は緑色をしていて、一見ジャガイモのようです。最大の違いは、芽から指状の突起が生え出し、分裂を繰り返すということです。成熟したものには20本、多くて30本の指が見られ、先端にある毒針で獲物を刺し、その内部に入り込んで養分を吸収します。成熟期を過ぎ、枯れた指からは、また新芽が生え出し、指を何本も増殖させて再び成長していきます。

フィッシャー・プラント（Fisher Plant 魚捕り植物）は、直径100〜300メートルほどの球形植物です。“池”（スモーク・リングを通る大きな水滴の塊）に根を張り、水分と養分を摂取します。毒針があり、池に棲む生物のほか、鳥も捕獲することがあります。

これが巨大化すると、直径400〜700メートルのフィッシャー・ジャングル（Fisher jungle）となります。中に取り込まれた獲物は養分を吸い尽くされ、残骸も腐敗して、原形を留めなくなってしまいます。

ゴールド・ワイヤープラント（Gold wire plant 金線植物）は、その名の通り金色をした針金のような形をしています。

スティング・ジャングル（Sting jungle 毒針密林）も一種の植物で、禁忌の場所となっています。ハニー・ホーネット（Honey hornet 大ミツバチ）という、刺激に非常に敏感な、神経毒のあるミツバチに似た鳥の住み家で、これに刺されると最悪の場合死に至ります。

世界樹との関係

ラリイ・ニーヴンが描く“宇宙にある樹”を巡る物語は、北欧神話の“世界の中心を統べる樹”を彷彿とさせます。神々や人間が暮らすその樹には、生きるために必要なすべてのものが集まり、育まれています。その場所を離れて生きることは不可能で、樹の寿命が尽き果てるときには“世界の終わり《ラグナロク》”を迎えることとなります。

以上見てきたように、自分たちが住む“世界”の滅亡を知ったインテグラル・ツリーの住民たちは、安らぎの地を求めてスモーク・リング内をさまよいます。それは生きるための旅でもあり、新たなる“世界の中心を統べる樹”を探す旅でもありました。

私たち自身も、過去から現在まで、植物とともに生き、死や再生を繰り返してきました。そして遠い未来、人類はこのように、大いなる植物と共生するのかもしれません。このスモーク・リングを描いた2部作は、そのときの生き方を提示したという点において、非常に興味深い内容になっているのです。

なお本文中の植物の邦名は、小隅黎訳を基準にしています。ありがとうございました。

参考文献

映像作品、音楽レコード・CD、ゲームを除き、特定の項目のみで参考にされたものは、その項目の項に載せてあります。

●全般

植物と神話　近藤米吉 編著　雪華社

続植物と神話　近藤米吉 編著　雪華社

樹《バウム》：樹木の神話、医療用途、料理レシピ　スザンネ・フィッシャー・リチィ 著／手塚千史 訳　あむすく

花の神話と伝説　C.M.スキナー 著／垂水雄二、福屋正修 訳　八坂書房

プリニウス博物誌 植物篇　プリニウス 著／大槻真一郎 編　八坂書房

プリニウス博物誌 植物薬剤篇　プリニウス 著／大槻真一郎 編　八坂書房

季節の花事典　麓次郎 著　八坂書房

花の西洋史 花木篇　A.M.コーツ 著／白幡洋三郎、白幡節子 訳　八坂書房

花を贈る事典366日　西良祐 著　講談社

花の事典 和花：日本の花・伝統の花　講談社 編　講談社

図説 花と樹の事典　木村陽二郎 監修／植物文化研究会 雅麗 編　柏書房

植物ことわざ事典　足田輝一 編　東京堂出版

おもしろくてためになる植物の雑学事典　大場秀章 監修　日本実業出版社

シーボルト日本の植物　P.F.B.フォン・シーボルト 著／瀬倉正克 訳　八坂書房

日本植物誌：フローラ・ヤポニカ　シーボルト 著／木村陽二郎、大場秀章 解説　八坂書房

和漢三才図会　寺島良安 著／島田勇雄、樋口元巳、竹島淳夫 訳注　平凡社

本草綱目：臨床百味　李時珍 著／寺師睦宗 訓　名著出版

意釈神農本草経　浜田善利、小曽戸丈夫 著　築地書館

食物本草　中村璋八、佐藤達全 著　明徳出版社

日本の樹木　辻井達一 著　中央公論社

神話・伝承事典　バーバラ・ウォーカー 著／山下圭一郎 他 訳　大修館書店

花とギリシア神話　白幡節子 著　八坂書房

ギリシア神話　ロバート・グレーヴス 著／高杉一郎 訳　紀伊国屋書店

抄訳・ギリシア神話　ロバート・グレイヴズ 著／椋田直子 訳　PHP研究所

ギリシア・ローマ神話　ブルフィンチ 作／野上弥生子 訳　岩波書店

ギリシア神話　アポロドーロス 著／高津春繁 訳　岩波書店

祭暦　オウィディウス 著／高橋宏幸 訳　国文社

変身物語　オウィディウス 著／中村善也 訳　岩波書店

歴史　ヘロドトス 著／松平千秋 訳　岩波書店

ホメーロスの諸神讃歌　ホメーロス 著／沓掛良彦 訳註　平凡社

プルタルコス英雄伝　プルタルコス 著／村川堅太郎 編　筑摩書房

ギリシア・ローマ神話事典　マイケル・グライト、ジョン・ヘイゼル 著／西田実 他 訳　大修館書店

ギリシア・ローマ神話図詳事典　水之江有一 編著　北星堂書店

ディオニューソス：神話と祭儀　ワルター・F.オットー 著／西澤龍生 訳　論創社

ヴィジュアル版世界の神話百科（ギリシア・ローマ/ケルト/北欧） アーサー・コットレル 著／松村一男、蔵持不三也、米原まり子 訳　原書房
ケルトの神話：女神と英雄と妖精と 井村君江 著　筑摩書房
ケルトの賢者「ドルイド」：語りつがれる「知」 スチュアート・ピゴット 著／鶴岡真弓 訳　講談社
図説ドルイド ミランダ・J.グリーン 著／井村君江 監訳／大出健 訳　東京書籍
エジプト神話 ヴェロニカ・イオンズ 著／酒井傳六 訳　青土社
エジプトの神話 ジョージ・ハート 著／阿野令子 訳　丸善
聖書：THE BIBLE 日本聖書協会　三省堂
聖書：旧約聖書続編つき 新共同訳　日本聖書協会
旧約聖書一日一章 榎本保郎 著　主婦の友社
聖書と花 安部薫 著　八坂書房
聖書の植物物語 中島路可 著　ミルトス
コーラン 井筒俊彦 訳　岩波書店
策略の書：アラブ人の知恵の泉 ルネ・R.カーワン 編／小林茂 訳　読売新聞社
ギルガメシュ叙事詩 矢島文夫 訳　筑摩書房
ギルガメシュ叙事詩 月本昭男 訳　岩波書店
メソポタミアの神話：神々の友情と冒険 矢島文夫 著　筑摩書房
世界最古の物語 T.H.ガスター 著／矢島文夫 訳　社会思想社
総合百科事典 ポプラディア ポプラ社
原色ワイド図鑑 樹木・果実 学習研究社
新編原色果物図説 小崎格、上野勇 他 監修　養賢堂
新訂 牧野新日本植物圖鑑 牧野富太郎 著／前川文夫、原寛、津山尚 編／小野幹雄、大場秀章、西田誠 改訂編　北隆館
新日本植物誌 顕花篇 改訂版 大井次三郎 著／北川政夫 改訂　至文堂
園芸植物大事典 青葉高 他 編　小学館
花を愉しむ事典 J.アディソン 著／樋口康夫、生田省悟 訳　八坂書房
花ことば：起源と歴史を探る 樋口康夫 著　八坂書房
四季の花事典 麓次郎 著　八坂書房
中国の愛の花ことば 中村公一 著　草思社
江戸東京歳時記 長沢利明 著　吉川弘文館
植物の名前の話 前川文夫 著　八坂書房
図説世界のくだもの366日事典 天野秀二 著　講談社
樹木大図説 上原敬二 著　有明書房
金枝篇 フレイザー 著／永橋卓介 訳　岩波書店
初版金枝篇 J.G.フレイザー 著／吉川信 訳　筑摩書房
金枝篇 J.G.フレイザー 著／神成利男 訳／石塚正英 監修　国書刊行会
図説金枝篇 ジェームズ・ジョージ・フレーザー 著／内田昭一郎、吉岡晶子 訳　東京書籍
木と日本人：木の系譜と生かし方 上村武 著　学芸出版社
日本人と木の文化 鈴木三男 著　八坂書房

スギ・ヒノキの博物学　上原敬二 著　大日本山林会
ヨーロッパの森から　谷口幸男、福嶋正純、福居和彦 著　日本放送出版協会
ケルト 木の占い　マイケル・ヴェスコーリ 著／豊田治美 訳　NTT出版
20世紀日本人名事典　日外アソシエーツ株式会社 編　日外アソシエーツ
日本昔話通観 第1巻 北海道（アイヌ民族）　稲田浩二、小沢俊夫 責任編集　同朋舎出版
更科源蔵アイヌ関係 著作集2 アイヌ民話集　みやま書房
アイヌ叙事詩神謡・聖伝の研究　久保寺逸彦 編著　岩波書店
北方諸民族の世界観：アイヌとアムール・サハリン地域の神話・伝承　荻原真子 著　草風館
世界樹木神話　ジャック・ブロス 著／藤井史朗、藤田尊潮、善本孝 訳　八坂書房
ゲルマン神話 上 神々の時代　ライナー・テッツナー 著／手嶋竹司 訳　青土社
中国の神話伝説　袁珂 著／鈴木博 訳　青土社
日本神話の源流　吉田敦彦 著　講談社
昔話の変容：異形異類話の生成と伝播　服部邦夫 著　青弓社
広辞苑 第3版　新村出 編　岩波書店
古事記　倉野憲司 校注　岩波書店
古事記　次田真幸全 訳注　講談社
日本書紀　坂本太郎 他 校注　岩波書店
風土記　武田祐吉 編　岩波書店
新訓万葉集　佐佐木信綱 編　岩波書店
古今和歌集　佐伯梅友 校注　岩波書店
日本古典文学全集 古事記 上代歌謡　荻原浅男、鴻巣隼雄 校注・訳　小学館
日本古典文学全集 御伽草子集　大島建彦 校注・訳　小学館
日本古典文学全集 宇治拾遺物語　小林智昭 校注・訳　小学館
日本古典文学全集 方丈記 徒然草 正法眼蔵随聞記 歎異抄　神田秀夫、永積安明、安良岡康作 校注・訳　小学館
全訳 源氏物語　紫式部 著／与謝野晶子 訳　角川書店
岩波講座 能・狂言　横道萬里雄・小山博 編　岩波書店
世界神話伝説大系 11 中国・台湾の神話伝説　名著普及会
東アジアの古代文化第55号 88年春特集 日本神話と古代史　大和書房
仏教植物散策　中村元 編著　東京書籍
マハーバーラタ　上村勝彦 訳　筑摩書房
仏教説話大系5 ジャータカ物語2　仏教説話大系編集委員会 著　すずき出版
ジャータカ・マーラー：本生談の花鬘　干潟竜祥、高原信一 訳著　講談社
ジャータカ・マーラー：仏陀の前世物語　アーリャ・シューラ 作／杉浦義朗 訳　桂書房
イソップ風寓話集　パエドルス、バブリオス 著／岩谷智、西村賀子 訳　国文社
完訳 グリム童話集　金田鬼一 訳　岩波書店
完訳 アンデルセン童話集　大畑末吉 訳　岩波書店
ラ・フォンテーヌ寓話　Jean de La Fontaine 著／市原豊太 訳　白水社
日本の昔話と伝説　リチャード・ゴードン・スミス 著／吉沢貞 訳　南雲堂

日本の昔話4 さるかにかっせん　小沢俊夫 編　ぎょうせい
世界の民話4 東欧（1）　小沢俊夫 編　ぎょうせい
世界の民話21 モンゴル・シベリア　小沢俊夫 編　ぎょうせい
世界の民話22 インドネシア・ベトナム　小沢俊夫 編　ぎょうせい
世界の民話24 エスキモー・北米インディアン・コルディィリェーラインディアン　小沢俊夫 編　ぎょうせい
神話・迷信・家相　田中實 著　講談社出版サービスセンター
中国の神話考古　陸思賢 著／岡田陽一 訳　言叢社
世界の神話　マイケル・ジョーダン 著／松浦俊輔 他 訳　青土社
荘子　金谷治 訳注　岩波書店
聊斎志異　蒲松齢 作／立間祥介 編訳　岩波書店
中国民話集　飯倉照平 編訳　岩波書店
列仙伝・神仙伝　劉向、葛洪 著／沢田瑞穂 訳　平凡社
山海経：中国古代の神話世界　高馬三良 訳　平凡社
西遊記　呉承恩 作／中野美代子 訳　岩波書店
フィリピンの民話　マリア・D.コロネル 編／竹内一郎 訳　青土社
郷土の研究3 フィリピンの民話　野村敬子 編　星の環会
サルカメ合戦：フィリピンの民話　村上公敏 編訳　筑摩書房
リキュール銘酒事典　橋口孝司 著　新星出版社
注文の多い料理店　宮沢賢治 著　新潮社
媚薬の博物誌　立木鷹志 著　青弓社
《崖の国物語》シリーズ　ポール・スチュワート 作／唐沢則幸 訳　ポプラ社
The Edge Chronicles.　Paul Stewart & Chris Riddell　CORGI BOOKS
指輪物語　J.R.R.トールキン 著／瀬田貞二、田中明子 訳　評論社
新版 シルマリルの物語　J.R.R.トールキン 著／田中明子 訳　評論社
ぴあシネマクラブ 外国映画編2002～2003　ぴあ
最後の読みカルタ 改訂増補最終版　山口泰彦 著述・編　山口泰彦
悪戯好きの妖精たち　秦寛博 文／健部伸明 監修　新紀元社
花の神話　秦寛博 編著　新紀元社

●語源
和漢古典植物考　寺山宏 著　八坂書房
語源辞典 植物編　吉田金彦 編著　東京堂出版
植物和名の語源　深津正 著　八坂書房
植物と日本文化　斎藤正二 著　八坂書房
花古事記　山田宗睦 著　八坂書房
木の名の由来　深津正、小林義雄 著　東京書籍
伊呂波字類抄　橘忠兼 著／正宗敦夫 編　風間書房
和名類聚抄古写本・声点本本文および索引　馬淵和夫 著　風間書房

天理図書館善本叢書 和書之部 第2巻 和名類聚抄　天理図書館善本叢書和書之部編集委員会 編
天理大学出版部
古典の植物を探る　細見末雄 著　八坂書房

●モモ
大いなる眠り　レイモンド・チャンドラー 著／双葉十三郎 訳　東京創元社
1/1億の桃太郎伝説　吉村卓三 著　メタモル出版
柳田國男全集10 桃太郎の誕生　筑摩書房

●アンズ
礼記　下見隆雄 著　明徳出版社
敦煌の伝説　陳鈺、上海文芸出版社 編／蔡敦達、高梨博和 訳／劉宇廉 絵　東京美術
日本の名作童話25 あんず林のどろぼう　立原えりか 作／安田隆浩 絵　岩崎書店

●リンゴ
若菜集　島村藤村 著　日本図書センター

●ナシ
三国志演義　羅貫中 作／立間祥介 訳　徳間書店

●ベリー
苺ましまろ　ばらスィー 著　メディアワークス
いちご100%　河下水希 著　集英社
いちご新聞　サンリオ

●クワ
呂氏春秋　楠山春樹 著　明治書院
捜神記　干宝 著／竹田晃 訳　平凡社
縄文文明の発見：驚異の三内丸山遺跡　梅原猛、安田喜憲 編著　PHP研究所
荀子　戸川芳郎、関口順、森秀樹 訳　学習研究社

●ブドウ
医心方 巻30（食養篇）　丹波康頼 撰／槇佐知子 訳　筑摩書房
ワイン道　葉山考太郎 著　日経BP社

●ザクロ
アーユルヴェーダ　V.B.アタヴァレー 著／稲村晃江 訳　平河出版社
中国詩人選集二集 第4巻 王安石　吉川幸次郎、小川環樹 編　岩波書店

●イチジク

食卓の賢人たち　アテナイオス 著／柳沼重剛 訳　京都大学学術出版会

南方熊楠全集 第5巻 文集第1　渋沢敬三 編　乾元社

●カキ

子規句集　正岡子規 著／高浜虚子 選　岩波書店

新編左千夫歌集　伊藤左千夫 著／土屋文明、山本英吉 選　岩波書店

●柑橘類

ペンタメローネ：五日物語　ジャンバッティスタ・バジーレ 作／杉山洋子、三宅忠明 訳　大修館書店

紀伊国屋文左衛門：元禄豪商風雲録　羽生道英 著　廣済堂出版

●メイフラワー

花物語　オルコット 著／松原至大 訳　角川書店

●トロピカルフルーツ

パパイヤの伝説：フィリピンの民話　フィリピン民話の会 編　勁草書房

中国名詩選 下　松枝茂夫 編　岩波書店

●マンゴー

世界の民話19 パンジャブ　小沢俊夫 編　ぎょうせい

●アーモンド

アーモンド入りチョコレートのワルツ　森絵都 作／いせひでこ 絵　講談社

●ブナ

日本のブナ帯文化 普及版　市川健夫、山本正三、斎藤功 編　朝倉書店

白神山地ブナの森から　嶋祐三 写真・解説　国土社

いまに語りつぐ民話集1　野村純一、松谷みよ子 監修　作品社

日本民俗文化資料集成 第12巻 動植物のフォークロア2　谷川健一 編　三一書房

●オーク

初稿 チャタレー卿夫人の恋人　D.H.ロレンス 著／増口充 訳　彩流社

●クリ

中国の思想6 老子・列子　奥平卓、大村益夫 訳　徳間書店

●ハシバミ

日本科学古典全書 復刻6 農業・製造業・漁業　三枝博音 編　朝日新聞社

フィン・マックールの冒険：アイルランド英雄伝説　バーナード・エヴスリン 著／喜多元子 訳　社会思想社
W・B・イェイツ全詩集　鈴木弘 訳　北星堂書店

●マツ
常陸国風土記　秋本吉徳 訳注　講談社

●スギ
古代エジプト神々大百科　リチャード・H.ウィルキンソン 著／内田杉彦 訳　東洋書林

●セコイア
街の博物誌　河野典生 著　早川書房
メタセコイア　斎藤清明 著　中央公論社
セコイアの森：カリフォルニアの大自然　ヴァーナ・R.ジョンストン 著／西口親雄 訳　八坂書房
冬のソナタ 完全版　キム・ウニ、ユン・ウンギョン 著／根本理恵 訳　ソニー・マガジンズ

●ツタ
十二の恋の物語：マリー・ド・フランスのレー　マリー・ド・フランス 作／月村辰雄 訳　岩波書店
伊勢物語　大津有一 校注　岩波書店
《ターザン》シリーズ　エドガー・ライス・バロウズ 著　早川書房
《赤毛のアン》シリーズ　L.M.モンゴメリー 著／掛川恭子 訳　講談社
最後のひと葉　オー・ヘンリー 作／金原瑞人 訳　岩波書店
《ハリー・ポッター》シリーズ　J.K.ローリング 著／松岡佑子 訳　静山社
レンズマン・シリーズ1 銀河パトロール隊　E.E.スミス 著／小隅黎 訳　東京創元社
BATMANオリジナル・コミック日本語版　松村光生、松本しげる 訳　近代映画社
《バットマン》シリーズ　DCコミック／小学館プロダクション
《バットマン》シリーズ　DCコミック／JIVE

●ポプラ
在りし日の歌：中原中也詩集　中原中也 著／佐々木幹郎 編　角川書店

●ヤナギ
柳の文化誌　柳下貞一 著　淡交社
漢詩選10 白居易　田中克己 著　集英社
蘇東坡詩集　蘇軾 著／小川環樹、山本和義 編訳　筑摩書房
陶淵明全集　松枝茂夫、和田武司 訳注　岩波書店
怪談・奇談　小泉八雲 著／平川祐弘 編　講談社

●ブラッド・ツリー
神曲1 地獄篇　ダンテ・アリギエーリ 著／寿岳文章 訳　集英社
狂えるオルランド　アリオスト 著／脇功 訳　名古屋大学出版会
妖精の女王1　エドマンド・スペンサー 著／和田勇一、福田昇八 訳　筑摩書房
The Faerie Queene.　Edmund Spenser　WORDSWORTH

●ネムノキ
ネムノキ・ファンタジア　吉川房江 著　日本図書刊行会
おくのほそ道：付 曾良旅日記、奥細道菅菰抄　松尾芭蕉 著／萩原恭男 校注　岩波書店
ねむの木　竹久夢二　実業之日本社

●ウルシ
うるしの話　松田権六 著　岩波書店
うるしの文化　藤澤保子 著　小峰書店
金閣寺平成の茶室　有馬頼底、木下孝一、千宗屋 監修　新建新聞社
近世の蒔絵：漆器はなぜジャパンと呼ばれたか　灰野昭郎 著　中央公論社

●カエデ
葉っぱのフレディ：いのちの旅　レオ・バスカーリア 作／みらいなな 訳　童話屋

●バオバブ
バオバブの木と星の歌：アフリカの少女の物語　レスリー・ビーク 作／さくまゆみこ 訳　小峰書店
風にふかれて　今江祥智 著　BL出版
三橋一夫ふしぎ小説集成1 腹話術師　三橋一夫 著　出版芸術社
バオバブのこ アビク　木葉井悦子 著　福音館書店
ふしぎなふしぎなバオバブの木　妹尾猶 著　童心社
星の王子さま オリジナル版　サン＝テグジュペリ 著　岩波書店
バオバブのゲンバク　木村功 他 作　汐文社
バオバブの木の下で：マダガスカルの自然と人と15年、ボランティア サザンクロス ジャパン協会の歩み　淡輪俊 監修　東京農業大学出版会
森の母・バオバブの危機　湯浅浩史 写真・文　日本放送出版協会

●マングローヴ
マングローブ入門：海に生える緑の森　中村武久、中須賀常雄 著　めこん

●ヒノキ
森林ニッポン　足立倫行 著　新潮社
あすなろ白書　柴門ふみ 著　小学館
あすなろの詩　鯨統一郎 著　角川書店

あすなろ物語　井上靖 著　新潮社
《あすなろ坂》シリーズ　里中満智子 著　フェアベル

●樹人
スコットランドの民話　三宅忠明 著　大修館書店
ジャッコ・グリーンの伝説　ジェラルディン・マコーリアン 作／金原瑞人 訳　偕成社
ウィアードテールズ 第2巻　那智史郎、宮壁定雄 編　国書刊行会
はてしない物語　ミヒャエル・エンデ 作／上田真而子、佐藤真理子 訳　岩波書店

●浮遊木
オズと不思議な地下の国　ライマン・フランク・ボーム 著／佐藤高子 訳　早川書房

●生命の樹/智恵の樹
王書：ペルシア英雄叙事詩　フィルドゥスィー 著／黒柳恒男 訳　平凡社
世界古典文学全集 第3巻 ヴェーダ、アヴェスター　辻直四郎 他 訳　筑摩書房
ウパニシャッド　辻直四郎 著　講談社
カバラ入門　ゼブ・ベン・シモン・ハレヴィ 著／松本ひろみ 訳　出帆新社
プロテクター　ラリイ・ニーヴン 著／中上守 訳　早川書房

●扶桑
山海経：中国古代の神話世界　高馬三良 訳　平凡社
新書漢文大系34淮南子　楠山春樹 著／本田千恵子 編　明治書院
世界最古の原典・エジプト死者の書　ウォリス・バッジ 編／今村光一 編訳　たま出版
南斉書　蕭子顕 撰／荻生茂卿 句読　汲古書院
梁書　姚思廉 撰／荻生茂卿 句読　汲古書院
南史　李延寿 撰　汲古書院
扶桑略記・帝王 編年記　黒板勝美 編　吉川弘文館
水鏡　中山忠親 著／和田英松 校　岩波書店
愚管抄　慈鎮 著／丸山二郎 校註　岩波書店
世界の艦船2007年10月号増刊 日本戦艦史　世界の艦船編集部 編　海人社
歴史群像 太平洋戦史シリーズ30 扶桑型戦艦　歴史群像編集部 編　学習研究社

●インテグラル・ツリー
インテグラル・ツリー　ラリイ・ニーヴン 著／小隅黎 訳　早川書房
スモーク・リング　ラリイ・ニーヴン 著／小隅黎 訳　早川書房

●映像作品
ポパイ　ロバート・アルトマン　東宝
男はつらいよ 寅次郎夢枕　山田洋次　松竹

いちご白書　スチュワート・ハグマン　MGM
冬のソナタ完全版　ユン・ソクホ　NHK
バットマン&ロビン〜Mr.フリーズの逆襲!!〜　ジョエル・シュマッカー　ワーナー・ホーム・ビデオ
《エルム街の悪夢》シリーズ　ウェス・クレイヴン 他　アミューズソフト販売
あすなろ物語　堀川弘通　東宝
天空の城ラピュタ　宮崎駿　ブエナ・ビスタ・ホーム・エンターテイメント

●音楽レコード・CD
ポール・モーリア全集〜オリーヴの首飾り　ポール・モーリア　USMジャパン
シンガー・ソングライターからの贈り物 荒井由実作品集『いちご白書』をもう一度/卒業写真　荒井由実　ソニーミュージックエンタテインメント
Rosé　飯島真理　ビクターエンタテインメント
並木路子／リンゴの唄　並木路子　コロムビアミュージックエンタテインメント
リンゴ追分／ひばりの佐渡情話　美空ひばり　コロムビアミュージックエンタテインメント
リンゴ村から／夕焼けとんび／母恋吹雪　三橋美智也　キングレコード
ゴールデンベスト　野口五郎　ユニバーサルインターナショナル
こどものためのサティ　エリック・サティ／高橋あき演奏　EMIミュージック・ジャパン
チャイコフスキー:バレエ音楽「くるみ割り人形」　アンドレ・プレヴィン指揮／ロイヤル・フィルハーモニー管弦楽団演奏　EMIミュージック・ジャパン
ワーグナー：楽劇「トリスタンとイゾルデ」　ヘルベルト・フォン・カラヤン指揮／バイロイト祝祭管弦楽団演奏　ORFEO
南国土佐を後にして／学生時代／ドレミの歌　ペギー葉山　キングレコード
すみれの花咲く頃／さよなら皆様　安蘭けい　株式会社宝塚クリエイティブアーツ
ねむの木の子守歌　鮫島有美子　コロムビアミュージックエンタテインメント
NHKみんなのうた第2集　ビクター
うつろひ　さだまさし　フォア・レコード
楓　スピッツ　ポリドール
キャプテンフューチャー オリジナル・サウンド・トラックー完全盤ー　ピーカブー、タケカワユキヒデ 他　コロムビアミュージックエンタテインメント
サンタが街にやってくる　ミッチ・ミラー合唱団　ソニーミュージックエンタテインメント
全集・日本吹込み事始　EMIミュージックジャパン

●ゲーム
ブロックス　バーナード・タビシャン　ビバリー／Sekkoia

あとがき

人間は、樹木から多くの恩恵を受けています。
幹を材木として、家屋の建築や舟、家具などになります。最近はコンクリートと鉄の家屋も増えましたが、神社仏閣をはじめとする木造建築は、私たち日本人にとって懐かしさと落ち着きを与えてくれるものではないでしょうか。
燃やして暖を取るのにも使われています。枝葉の枯れたものはそのまま焚きつけに、乾燥させた幹は薪にされます。焚き火や暖炉の火は、ガスや石油、電気などのストーブよりは不便であっても、どこか人の心に訴えるものがあります。

伐り出した木を一度焼いて、木炭にしたりもします。
炭火の温かみは独特で、他の燃料や手段では代えられないさまざまな要素があります。特に食材を焼くための調理用の火としては、炭火は最適です。備長炭に代表される白炭であれば高い温度を得られますし、油脂のように燃えたときに臭いを発生させることもなく、ガスのように水を発生させることもありません。それだけでなく、炎でなく放射熱で温める炭火は、食材の中までじっくりと熱を通すことができます。経済的には他の手段のほうがよくても、炭火焼を看板にする料理店が絶えないのは、このためです。
木炭は燃料以外にも役に立っています。細かな空洞が多数あり、不純物を吸着する能力が非常に優れているので、濾過材や脱臭用に使われているのを見たことがあるのではないでしょうか。また、ご飯を炊くときに白炭を入れておくと美味しくなるというのも、炭が強過ぎる匂いや雑味を吸い取ってくれるからです。

樹木の若い芽や葉が、食卓を賑わせることもあります。
ウドやフキノトウと並んで春の山菜を代表するタラの芽は、成長を始めたばかりのタラノキの若芽です。独特の芳香と苦味があり、おひたしや天ぷらにすると非常に美味なものです。
タラノキと同じウコギ科のコシアブラも、春から初夏の山菜として舌を楽しませてくれます。
田楽や煮魚などに香りを添えてくれる木の芽は、サンショウの若い葉です。使うときには掌で挟むようにしてポンと叩くと、香りが強くなります。

食に関していえば、樹木からの最大の恵みはやはり果実でしょう。何しろ、ほとんどは木に実っているところを取るだけで味わえる甘味なのです。サトウキビやテンサイのように絞る必要もありませんし、サトウカエデの樹液のように集めて煮詰める手間もありませんし、刺される危険を冒してハチの巣から採取することもありません。そのぶん、保存や使い勝手は劣りますが……。

ところで、猿が木の洞などに果実を集めていたものが自然発酵したものが猿酒という伝説がありますが、本当にこんなことが起き得るのでしょうか？

アルコール発酵は、十分な糖分があり、酵母がいさえすれば起こりますし、果実の中には表面に酵母が生息しているものもあります。猿が集めたという部分は伝説としても、熟れ過ぎた果実が酒になることは十分あり得るわけです。実際、果実または果汁を発酵させたアルコールは、蜂蜜酒と並んで古いと考えられています。果実が人間に与えてくれた恩恵のひとつなわけですね。

もっとも、天与のものだけでは満足しないのも人間の特徴かもしれません。やがて人間は、コウジカビの作用や麦芽の酵素によりでんぷんを糖化させて、穀物や芋からも酒を造り出すようになりました。極端な例では、穀物も果実もないシベリアで、キノコを原料に醸した酒もあったといいますから、人の酒に対する愛着は凄まじいものです。機会があれば、このあたりの話も書きたいものです。

最後に、バオバブについて親身にご相談に乗ってくださった化生物学研究所主任研究員の湯浅浩史教授と、ここまでおつき合いくださったあなたに、執筆者を代表して心からお礼を申しあげます。

ありがとうございました。

平成23年2月24日

秦寛博 拝

執筆者一覧

秦ひとりでは、この本はとうてい完成には至りませんでした。原稿は、以下の担当で執筆されました。言及のない原稿に関しては、すべて秦が担当しています。また、すべての原稿に目を通しておりますので、最終的な内容の責任は、すべて秦にあります。

健部伸明

メイフラワー

大原広行

マツ、スギ、セコイア、キリ、ヤドリギ、トネリコ、カバノキ、ポプラ、ヤナギ、エニシダ、ブラッド・ツリー、ウルシ、カエデ、マングローヴ、ヒノキ、樹人、浮遊木

高城葵

ハシバミ、ツタ、バオバブ

森真弓

モモ、リンゴ、ブドウ、ザクロ、イチジク、柑橘類、バナナ、トロピカルフルーツ、マンゴー、果実の王、ブナ、オーク、クリ、クルミ、クリスマスの樹、イチイ、ニレ、ボダイジュ、扶桑、インテグラル・ツリー

荒川源幸

生命の樹/智恵の樹

Truth In Fantasy 87

樹木の伝説

2011年8月10日　初版発行

■編著　秦 寛博（しん・ともひろ）
■カバーイラスト　鈴木理華
■本文イラスト　鈴木理華／添田一平／月岡ケル／那知上陽子
■編集　堀 良江
株式会社新紀元社 編集部
■デザイン　スペースワイ
■発行者　藤原健二
■発行所　株式会社新紀元社
〒101-0054
東京都千代田区神田錦町3-19
楠本第3ビル4F
tel.03-3291-0961 fax.03-3291-0963
http://www.shinkigensha.co.jp/
郵便振替 00110-4-27618
■印刷・製本　株式会社リーブルテック

ISBN978-4-7753-0399-3
定価はカバーに表示してあります。
Printed in Japan